ESTRUTURAS DE MADEIRA

gen
Grupo
Editorial
Nacional

ESTRUTURAS DE MADEIRA

Dimensionamento segundo a
Norma Brasileira NBR 7190/97 e critérios das
Normas Norte-americana NDS e Européia EUROCODE 5

6ª EDIÇÃO

Revista, atualizada e ampliada

WALTER PFEIL
Professor Catedrático de Pontes e Grandes Estruturas da Escola Politécnica
Universidade Federal do Rio de Janeiro

MICHÈLE PFEIL
Professora-Associada da Escola Politécnica
Universidade Federal do Rio de Janeiro

- **Atendimento ao cliente: (11) 5080-0751 | faleconosco@grupogen.com.br**

  Uma editora integrante do GEN | Grupo Editorial Nacional
  Travessa do Ouvidor, 11
  Rio de Janeiro – RJ – 20040-040
  www.grupogen.com.br

  1.ª edição: 1977 — Reimpressão: 1978
  2.ª edição: 1980
  3.ª edição: 1982 — Reimpressão: 1984
  4.ª edição: 1985 — Reimpressões: 1986, 1988
  5.ª edição: 1989 — Reimpressões: 1994, 1995, 1998, 2000, 2002
  6.ª edição: 2003 — Reimpressões: 2007, 2008, 2009, 2011, 2012, 2013 (duas), 2014, 2015 (duas), 2017 e 2018.

- Ficha catalográfica

CIP-BRASIL. CATALOGAÇÃO-NA-FONTE
SINDICATO NACIONAL DOS EDITORES DE LIVROS, RJ.

P627e
6.ed.

Pfeil, Walter
Estruturas de madeira : dimensionamento segundo a norma brasileira NBR 7190/97 e critérios das normas norte-americana NDS e europeia EUROCODE 5 / Walter Pfeil, Michèle Pfeil. - 6.ed., rev. e ampl. - [Reimpr.]. - Rio de Janeiro : LTC, 2021.

Inclui bibliografia

ISBN 978-85-216-1385-5

1. Madeira. 2. Madeira - Medição. 3. Construção de madeira. I. Pfeil, Michèle. II. Título.

08-4100. CDD: 620.12
CDU: 624.011.1

PREFÁCIO

A madeira é um material de construção empregado pelo homem desde épocas pré-históricas. Até o século XIX, as mais importantes obras de engenharia eram construídas com pedra ou madeira, combinando-se freqüentemente os dois materiais.

Apesar do longo período de utilização, só na primeira metade do século XX foram estabelecidas teorias técnicas aplicadas às estruturas de madeira. Após a II Guerra Mundial, as pesquisas tecnológicas tiveram grande incremento, dispondo-se hoje de métodos precisos para o projeto das mais variadas formas estruturais.

Atualmente a utilização de madeira, como material de construção competitivo economicamente e ao mesmo tempo aceitável em termos ecológicos, se baseia nas modernas técnicas de reflorestamento aliadas ao desenvolvimento de produtos industrializados de madeira com minimização de perdas. Pesquisas sobre o comportamento mecânico desses produtos e seu uso em sistemas estruturais têm propiciado a expansão do uso da madeira como material de construção.

Neste livro os autores apresentam os produtos de madeira e seu emprego em estruturas civis, as propriedades físicas e mecânicas da madeira, e a metodologia de dimensionamento dos elementos estruturais no contexto do assim chamado método dos estados limites. Os assuntos são expostos de modo a considerar, ao mesmo tempo, as finalidades didáticas e profissionais da obra. Os critérios de dimensionamento são introduzidos a partir dos conceitos teóricos e resultados experimentais em que se baseiam e são seguidos de aplicações práticas na forma de problemas numéricos resolvidos. Cada assunto é encerrado com uma série de questões e problemas propostos para verificação de assimilação do conteúdo. A obra é completada por um conjunto de tabelas (Anexo A) e ábacos (Anexo B), cujos dados numéricos são utilizados na solução dos problemas.

Focalizam-se os critérios adotados pela norma brasileira NBR 7190/1997 (que substituiu a NB11/1951), abordando-se também, em alguns casos, os critérios das normas européia EUROCODE 5 (1996) e norte-americana NDS (1997).

A 6.ª edição apresenta a obra totalmente revista, ampliada e atualizada. Ao capítulo sobre os modernos produtos de madeira acrescentou-se uma descrição, fartamente ilustrada com figuras e fotos, da aplicação da madeira em obras civis e seus sistemas estruturais, tais como coberturas, pontes e cimbramentos. Em função da adoção pela norma brasileira de nova metodologia de dimensionamento (em substituição ao método das tensões admissíveis), substanciais revisões foram necessárias nos capítulos referentes ao dimensionamento de elementos estruturais e ligações. Em muitos capítulos foram acrescentados novos problemas resolvidos e séries de problemas propostos, e no capítulo sobre treliças um exemplo completo de projeto de cobertura foi introduzido.

Alguns dos exemplos práticos incorporados na 4.ª edição inspiraram-se nas notas de aula do eminente Prof. Octávio Jost, falecido em 1980.

Os autores agradecem ao engenheiro e professor Ronaldo da Silva Ferreira pela leitura atenta dos originais, bem como pelas valiosas sugestões oferecidas, e também ao professor Pedro Almeida pelo expressivo apoio em termos de bibliografia consultada. Aos leitores, os autores agradecem antecipadamente pelas sugestões e críticas que enviarem, assim como pela notificação de erros, possíveis apesar de todos os esforços empregados para eliminá-los.

Rio de Janeiro, julho de 2003

WALTER PFEIL
MICHÈLE SCHUBERT PFEIL

NOTAÇÕES

LETRAS MINÚSCULAS ROMANAS

a – Flecha, distância, aceleração; distância livre entre peças de coluna múltipla.

a_1 – Distância entre eixos de peças de coluna múltipla.

b – Largura; largura de mesa de uma viga em T, duplo T ou caixão.

b_e – Largura efetiva da mesa comprimida de uma viga.

d – Diâmetro; diâmetro do eixo de pino, parafuso ou prego.

d' – Diâmetro do furo para parafuso.

e – Excentricidade da carga, referida ao centro de gravidade da seção.

f – Tensão resistente média.

f_c – Tensão resistente média à compressão paralela às fibras da madeira.

f_c' – Tensão resistente à compressão paralela às fibras, com flambagem.

f_{cn} – Tensão resistente média à compressão normal às fibras.

f_d – Tensão resistente de projeto.

f_e – Tensão resistente média ao embutimento (compressão localizada em ligações com pinos).

f_k – Tensão resistente característica.

f_M – Tensão resistente média à tração, medida no ensaio de flexão de peça retangular admitindo diagrama linear de tensões.

f_t – Tensão resistente média à tração determinada no ensaio de tração simples.

f_{tn} – Tensão resistente média à tração normal às fibras.

f_{el} – Tensão limite de elasticidade ou proporcionalidade do material.

f_v – Tensão resistente média a cisalhamento paralelo às fibras.

f_y – Tensão de escoamento (*yield*).

g – Carga permanente uniformemente distribuída; aceleração da gravidade.

h – Altura total de uma viga.

h' – Menor altura da seção transversal de uma viga com entalhe.

h_1 – Altura de peça individual componente de haste múltipla.

h_f – Espessura da mesa (flange) de uma viga T.

i – Raio de giração ($I = A \cdot i^2$).

i_1 – Raio de giração de peça individual, componente de haste múltipla.

k – Coeficiente.

k_{mod} – Coeficiente de modificação da resistência.

ℓ – Comprimento, vão teórico, distância entre pontos de apoio lateral de vigas.

ℓ' – Vão livre de uma viga.

ℓ_0 – Distância horizontal entre os centros dos apoios de uma viga.

ℓ_1 – Comprimento livre de uma peça individual componente de haste múltipla; comprimento efetivo de vigas para cálculo de flambagem lateral.

$\ell_{f\ell}$ – Comprimento de flambagem de uma haste.

q – Carga variável.

r – Raio, raio de curvatura.

t – Espessura.

x, y – Coordenadas.

x_g, y_g – Coordenadas do centro de gravidade.

x – Distância do centro do apoio a uma seção da viga.

y_{sup} – Distância do bordo superior à linha neutra.

y_{inf} – Distância do bordo inferior à linha neutra.

z – Coordenada; braço de alavanca interno de uma viga.

LETRAS MAIÚSCULAS ROMANAS

A – Área da seção transversal de uma haste.

A_n – Área líquida da seção transversal de uma peça com furos ou entalhes.

C – Módulo de deslizamento em ligações.

D – Diâmetro do conector de anel.

E – Módulo de elasticidade, valor médio.

E_c – Módulo de elasticidade médio determinado em ensaios de compressão paralela às fibras.

$E_{c\,\text{ef}}$ – Módulo de elasticidade efetivo.

E_M – Módulo de elasticidade aparente determinado no ensaio de flexão.

E_t – Módulo de elasticidade na direção tangencial.

E_r – Módulo de elasticidade na direção radial.

E_n – Módulo de elasticidade na direção perpendicular às fibras.

F – Força aplicada numa estrutura.
F – Força transmitida por conector, na direção das fibras.
N_{cr} – Carga crítica (de Euler).
F_n – Força transmitida por conector, na direção normal às fibras.
I – Momento quadrático de uma área (correntemente denominado momento de inércia).
I_r – Momento quadrático reduzido, em peças compostas com ligações deformáveis.
G – Carga permanente; centro de gravidade; módulo de cisalhamento.
H – Força tangencial horizontal, provocada pelo cisalhamento.
K – Parâmetro de flambagem.
L – Comprimento.
M – Momento fletor.
M_u – Momento fletor de ruptura, determinado experimentalmente.
N – Esforço normal.
N_c – Esforço normal de ruptura (experimental), à compressão, com ou sem flambagem.
O – Centro de torção.
P – Esforço de protensão.
Q – Ação variável.
R – Reação, esforço.
R_d – Esforço de corte resistente de projeto em ligações.
S – Momento estático.
T – Momento de torção.
V – Esforço cortante.
W – Módulo de resistência da seção.
W_r – Módulo reduzido de resistência, em peças compostas, com ligações deformáveis.
Z – Módulo plástico da seção.

LETRAS MINÚSCULAS GREGAS

α, β – Ângulos.
α – Coeficiente; coeficiente de dilatação térmica do material.
γ – Coeficiente de majoração de cargas; coeficiente de redução de resistência; peso específico do material; deformação angular causada pelas tensões de cisalhamento.
δ – Deformação, flecha.
ϵ – Deformação unitária ($\epsilon = \Delta\ell/\ell_0$).
σ – Tensão normal.
σ_c – Tensão de compressão paralela às fibras.
σ_{cn} – Tensão de compressão normal às fibras.
σ_t – Tensão de tração simples ou tração na flexão.
τ – Tensão de cisalhamento.
φ – Coeficiente de impacto; coeficiente de fluência.
ρ_{bas} – Densidade básica, igual à razão entre a massa da madeira seca e o volume saturado.
$\rho_{aparente}$ – Densidade aparente, igual à razão entre a massa e o volume da madeira a 12% de umidade.
ψ – Coeficiente de combinação de ações.

LETRAS MAIÚSCULAS GREGAS

Δ – Diferença, acréscimo.
Δ_T – Variação de temperatura em °C.
Σ – Soma.
ϕ – Fluxo de cisalhamento $\phi = \tau \cdot b$.

SISTEMAS DE UNIDADES

Tradicionalmente, os cálculos de estabilidade das estruturas eram efetuados no sistema MKS (metro, quilograma-força, segundo) de unidades.

Por força de acordos internacionais, o sistema MKS foi substituído pelo "Sistema Internacional de Unidades — SI", que difere do primeiro nas unidades de força e de massa.

No sistema MKS, a unidade de força, denominada quilograma-força (kgf), é o peso da massa de um quilograma, vale dizer, é a força que produz, na massa de um quilograma, a aceleração da gravidade ($g \cong 9{,}8$ m/s^2).

No sistema SI, a unidade de força, denominada Newton (N), produz, na massa de um quilograma, a aceleração de 1 m/s^2. Resultam as relações:

$$1 \text{ kgf} = 9{,}8 \text{ N} \cong 10 \text{ N}$$
$$1 \text{ N} = 0{,}102 \text{ kgf}$$

Utilizam-se correntemente os múltiplos quilonewton (kN) e meganewton (MN):

$$1 \text{ kN} = 10^3 \text{ N} \cong 100 \text{ kgf} = 0{,}10 \text{ tf}$$
$$1 \text{ MN} = 10^6 \text{ N} \cong 100 \times 10^3 \text{ kgf} = 100 \text{ tf.}$$

A unidade de pressão no sistema SI denomina-se Pascal (Pa), recomendando-se o uso do múltiplo megapascal (MPa):

$$1 \text{ MPa} = 1 \text{ MN/m}^2 = 1 \text{ N/mm}^2 = 0{,}1 \text{ kN/m}^2 \cong 10 \text{ kgf/cm}^2 \cong 100 \text{ tf/m}^2$$

SUMÁRIO

ÍNDICE DE TABELAS

ÍNDICE DE ÁBACOS

ESTRUTURAS
DE MADEIRA

Capítulo 1

A MADEIRA COMO MATERIAL DE CONSTRUÇÃO

1.1. INTRODUÇÃO

A madeira é, provavelmente, o material de construção mais antigo dada a sua disponibilidade na natureza e sua relativa facilidade de manuseio.

Comparada a outros materiais de construção convencionais utilizados atualmente, a madeira apresenta uma excelente relação resistência/peso, como mostra a Tabela 1.1. A madeira possui ainda outras características favoráveis ao uso em construção, tais como facilidade de fabricação de diversos produtos industrializados e bom isolamento térmico.

Por outro lado, a madeira está sujeita à degradação biológica por ataque de fungos, brocas etc. e também à ação do fogo. Além disso, por ser um material natural apresenta inúmeros defeitos, como nós e fendas que interferem em suas propriedades mecânicas. Entretanto, estes aspectos desfavoráveis são facilmente superados com o uso de produtos industriais de madeira (ver Cap. 2) convenientemente tratados, em sistemas estruturais adequados, resultando em estruturas duráveis e com características estéticas agradáveis.

Tabela 1.1 Propriedades de alguns materiais de construção

Material	ρ(t/m^3)	f(MPa)	f/ρ
Madeira a tração	0,5–1,2	30–110	60–90
Madeira a compressão	0,5–1,2	30–60	50–60
Aço a tração	7,85	250	32
Concreto a compressão	2,5	40	16

Nota: ρ = massa específica; f = resistência característica.

1.2. CLASSIFICAÇÃO DAS MADEIRAS

As madeiras utilizadas em construção são obtidas de troncos de árvores. Distinguem-se duas categorias principais de madeiras:

- **madeiras duras** — provenientes de árvores frondosas (*dicotiledôneas,* da classe Angiosperma, com folhas achatadas e largas), de crescimento lento, como peroba, ipê, aroeira, carvalho etc.; as madeiras duras de melhor qualidade são também chamadas madeiras de lei;
- **madeiras macias** — provenientes em geral das árvores *coníferas* (da classe Gimnosperma, com folhas em forma de agulhas ou escamas, e sementes agrupadas em forma de cones), de crescimento rápido, como pinheiro-do-paraná e pinheiro-bravo, ou pinheirinho, pinheiros europeus, norte-americanos etc.

As árvores frondosas perdem geralmente suas folhas no outono, enquanto as coníferas mantêm suas folhas verdes todo o ano.

Essas categorias distinguem-se pela estrutura celular dos troncos e não propriamente pela resistência. Algumas árvores frondosas produzem madeira menos resistentes que o pinho.

1.3. ESTRUTURA E CRESCIMENTO DAS MADEIRAS

1.3.1. Crescimento e macroestrutura das madeiras

As árvores produtoras de madeira de construção são do tipo *exogênico*, que crescem pela adição de camadas externas, sob a casca. A seção transversal de um tronco de árvore revela as seguintes camadas, de fora para dentro (ver Fig. 1.1):

a) *casca* — proteção externa da árvore, formada por uma camada externa morta, de espessura variável com a idade e as espécies, e uma fina camada interna, de tecido vivo e macio, que conduz o alimento preparado nas folhas para as partes em crescimento;

b) *alburno* ou *branco* — camada formada por células vivas que conduzem a seiva das raízes para as folhas; tem espessura variável conforme a espécie, geralmente de 3 a 5 cm;

c) *cerne* ou *durâmen* — com o crescimento, as células vivas do alburno tornam-se inativas e constituem o cerne, de coloração mais escura, passando a ter apenas função de sustentar o tronco;

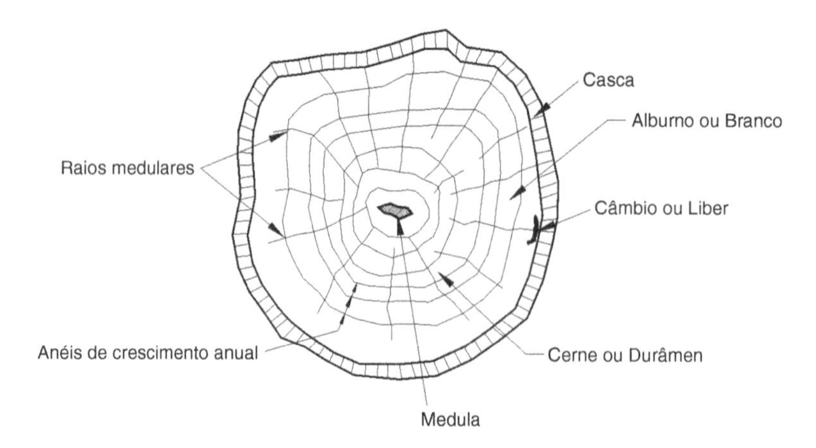

Fig. 1.1 Seção transversal de um tronco, mostrando as camadas.

d) *medula* — tecido macio, em torno do qual se verifica o primeiro crescimento da madeira, nos ramos novos.

As madeiras de construção devem ser tiradas de preferência do cerne, mais durável. A madeira do alburno é mais higroscópica que a do cerne, sendo mais sensível do que esta última à decomposição por fungos. Por outro lado, a madeira do alburno aceita melhor a penetração de agentes protetores, como alcatrão e certos sais minerais. Não existe, entretanto, uma relação consistente entre as resistências dessas duas partes do tronco nas diversas espécies vegetais.

Os troncos das árvores crescem pela adição de anéis em volta da medula; os anéis são gerados por divisão de células em uma camada microscópica situada sob a casca, denominada *câmbio*, ou *liber*, que também produz células da casca.

Nos climas frios e temperados, o crescimento do tronco depende da estação. Na primavera e no início do verão, o crescimento da árvore é intenso, formando-se no tronco células grandes de paredes finas. No final do verão e no outono, o crescimento da árvore diminui, formando-se células pequenas, de paredes grossas. Como conseqüência, o crescimento do tronco se faz em anéis anuais, formados por duas camadas: uma clara, de tecido brando, correspondente à primavera; outra escura, de tecido mais resistente, correspondente ao final do verão e outono. Contando-se os anéis, pode-se saber a idade da árvore. Nos climas equatoriais, os anéis nem sempre são perceptíveis.

Na Fig. 1.2, vê-se um tronco de sequóia (*redwood*) com mais de mil anos de idade.

1.3.2. MICROESTRUTURA DA MADEIRA

As células da madeira, denominadas fibras, são como tubos de paredes finas alinhados na direção axial do tronco e co-

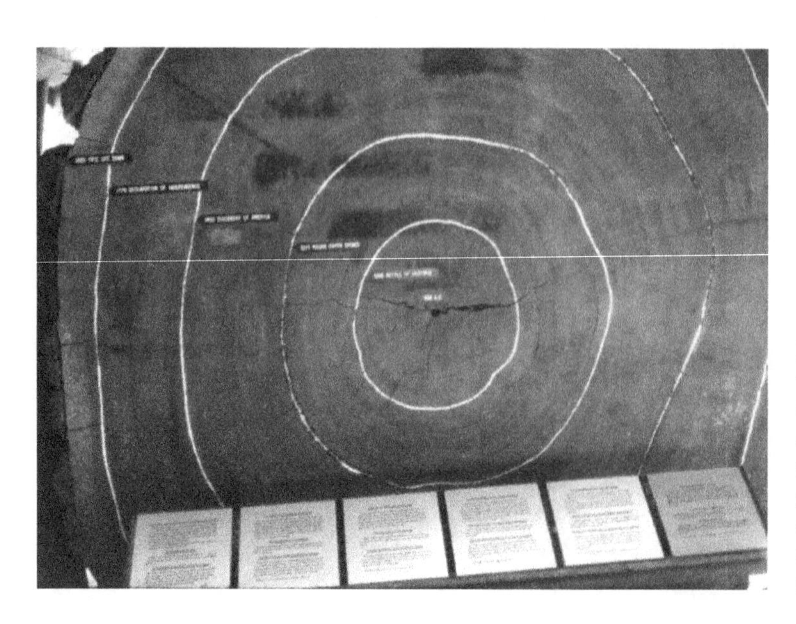

Fig. 1.2 Seção transversal de uma árvore gigante, da variedade *redwood* (Parque Nacional Muir Woods, Califórnia). Contando-se os anéis anuais de crescimento, é possível determinar a idade da árvore na época do corte da mesma. O espécime da foto tem mais de mil anos de idade. Alguns anéis são desenhados mostrando o diâmetro da madeira em datas históricas, como o descobrimento da América etc. A *redwood* é a árvore mais alta do mundo, atingindo alturas superiores a 100 m.

lados entre si (ver Fig. 1.3*a*). As fibras longitudinais possuem diâmetro variando entre 10 e 80 micra e comprimento de 1 a 8 mm. A espessura das paredes da célula varia de 2 a 7 micra.

Nas madeiras macias (coníferas) cerca de 90% do volume é composto de fibras longitudinais, que são o elemento portante da árvore. Além disso, elas têm a função de conduzir a seiva por tensão superficial e capilaridade através dos canais formados pelas cadeias de células. As fibras das árvores coníferas têm extremidades permeáveis e perfurações laterais que permitem a passagem de líquidos, como mostra a Fig. 1.3*b*. Algumas coníferas apresentam ainda canais longitudinais, ovalizados, onde são armazenadas resinas.

Nas árvores frondosas, as células longitudinais são fechadas nas extremidades; a seiva, então, circula em outras células de grande diâmetro, com extremidades abertas, justapostas, denominadas vasos ou canais. As fibras têm apenas a função de elemento portante.

A excelente relação resistência/peso da madeira (Tabela 1.1) pode ser explicada pela eficiência estrutural das células fibrosas ocas, com seção arredondada ou retangular (Fig. 1.3).

As fibras longitudinais distribuem-se em anéis, correspondentes aos ciclos anuais de crescimento.

Além das fibras longitudinais, as árvores têm em sua composição o parênquima, tecido pouco resistente, formado por grupos de células espalhadas na massa lenhosa e cuja função consiste em armazenar e distribuir matérias alimentícias. Nas árvores coníferas as células do parênquima são orientadas transversalmente do centro do tronco (medula) para a periferia formando as fibras radiais, denominadas *raios medulares*. Nas árvores frondosas o parênquima se distribui transversal e longitudinalmente.

Na Fig. 1.4 são mostradas seções transversais típicas de madeira de árvore conífera e de árvore dicotiledônea.

A estrutura celular da madeira constitui a base da identificação micrográfica das espécies. Preparam-se lâminas com espessuras da ordem de 30 micra, contendo seções transversal, longitudinal tangencial e longitudinal radial. A distribuição celular nessas lâminas, observada com auxílio de microscópio, permite uma perfeita identificação da espécie vegetal. Muito útil na identificação é a distribuição do *parênquima*, que constitui uma verdadeira impressão digital da madeira.

1.3.3. ESTRUTURA MOLECULAR DA MADEIRA

A madeira é constituída principalmente por substâncias orgânicas. Os principais elementos constituintes apresentam-se nas seguintes porcentagens aproximadas, independentemente da espécie vegetal considerada (Young et al., 1998):

carbono	50%
oxigênio	44%
hidrogênio	6%

O composto orgânico predominante é a *celulose*, que constitui cerca de 50% da madeira, formando os filamentos que reforçam as paredes das fibras longitudinais. Outros dois componentes importantes são as hemiceluloses (constituindo 20 a 25% da madeira) e a lignina (20 a 30%) que envolvem as macromoléculas de celulose ligando-as (Wangaard, 1979). A lignina provê rigidez e resistência à compressão às paredes das fibras.

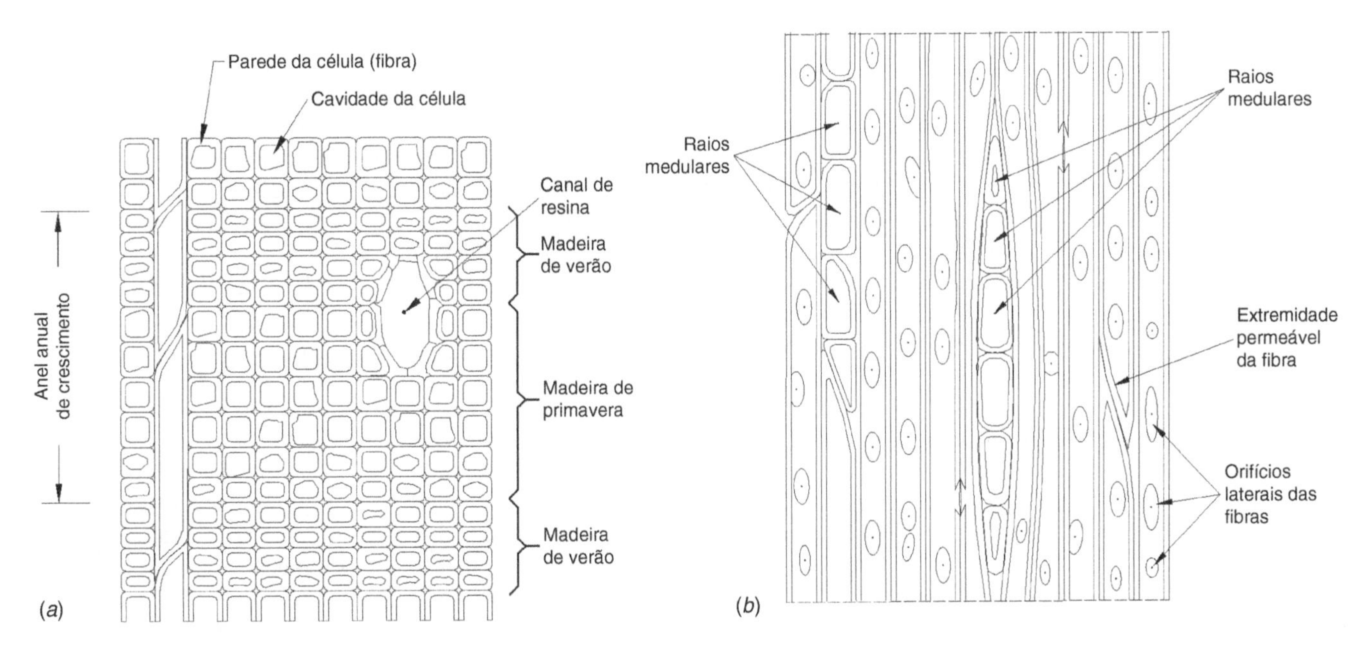

Fig. 1.3 Seções muito ampliadas do tecido celular de árvore conífera: (*a*) seção transversal; (*b*) seção tangencial.

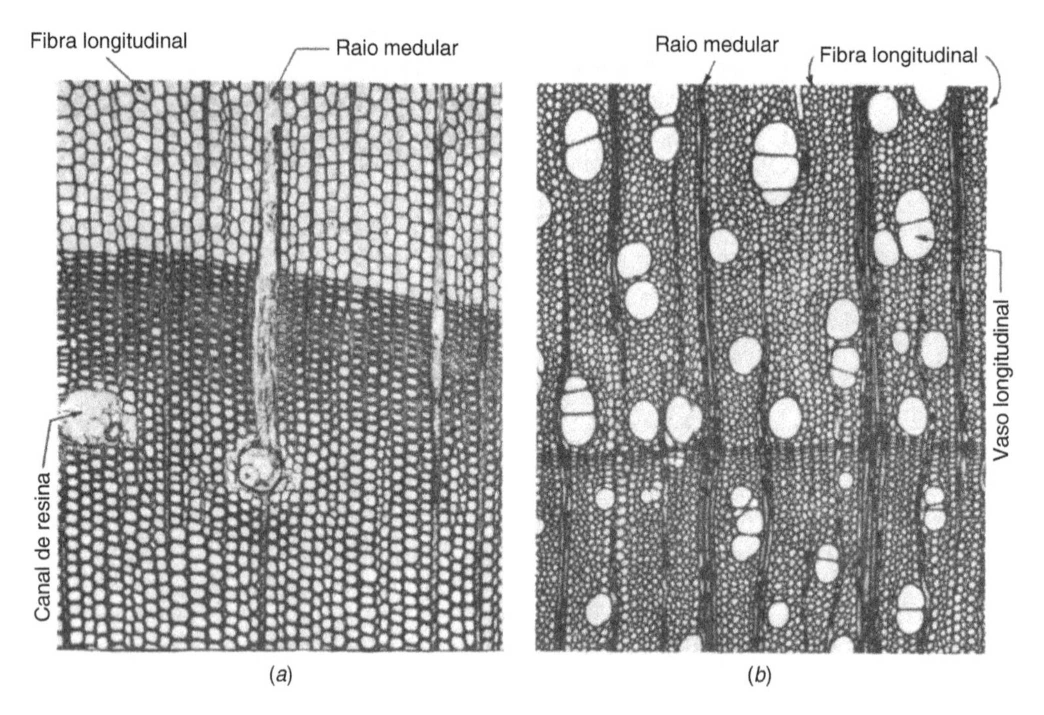

Fig. 1.4 Seções transversais ampliadas típicas de madeira: (*a*) de conífera; (*b*) de árvore frondosa.

A estrutura da madeira apresenta ainda pequenas quantidades (0,2 a 1%) de sais minerais, que constituem os alimentos dos tecidos vivos. Esses minerais produzem as cinzas quando a madeira é queimada.

As espécies vegetais apresentam ainda materiais, como resinas, óleos, ceras etc., que são depositados nas cavidades das células, produzindo coloração e cheiro característicos da espécie.

1.3.4. Material compósito

As paredes das células longitudinais da madeira (fibras) podem ser descritas como um material compósito: os filamentos compostos de celulose constituem o reforço das fibras, e a matriz de polímeros (hemiceluloses e lignina) tem a função de manter unidos os filamentos e prover rigidez à compressão das fibras (Wangaard, 1979).

1.4. PROPRIEDADES FÍSICAS DAS MADEIRAS

1.4.1. Anisotropia da madeira

Devido à orientação das células, a madeira é um material anisotrópico, apresentando três direções principais conforme mostram as Figs. 1.5 e 1.6: longitudinal, radial e tangencial. A diferença de propriedades entre as direções radial e tangencial raramente tem importância prática, bastando diferenciar as propriedades na direção das fibras principais (direção longitudinal) e na direção perpendicular às mesmas fibras.

1.4.2. Umidade

A umidade da madeira tem grande importância sobre as suas propriedades. O grau de umidade U é o peso de água contido na madeira expresso como uma porcentagem do peso da madeira seca em estufa P_s (até a estabilização do peso):

$$U(\%) = \frac{P_i - P_s}{P_s} 100 \qquad (1.1)$$

onde P_i é o peso inicial da madeira.

A quantidade de água das *madeiras verdes* ou recém-cortadas varia muito com as espécies e com a estação do ano. A faixa de variação da umidade das madeiras verdes tem como limites aproximados 30% para as madeiras mais resistentes e 130% para as madeiras mais macias.

A umidade está presente na madeira de duas formas:

— água no interior da cavidade das células ocas (fibras) e
— água absorvida nas paredes das fibras.

Quando a madeira é posta a secar, evapora-se a água contida nas células ocas, atingindo-se o *ponto de saturação das fibras*, no qual as paredes das células ainda estão saturadas, porém a água no seu interior se evaporou. Este ponto corresponde ao grau de umidade de cerca de 30%. A madeira é denominada, então, *meio seca*. Continuando-se a secagem, a madeira atinge um ponto de equilíbrio com o ar, sendo, então, denominada *seca ao ar*. O grau de umidade desse ponto depende da umidade atmosférica, variando geralmente entre

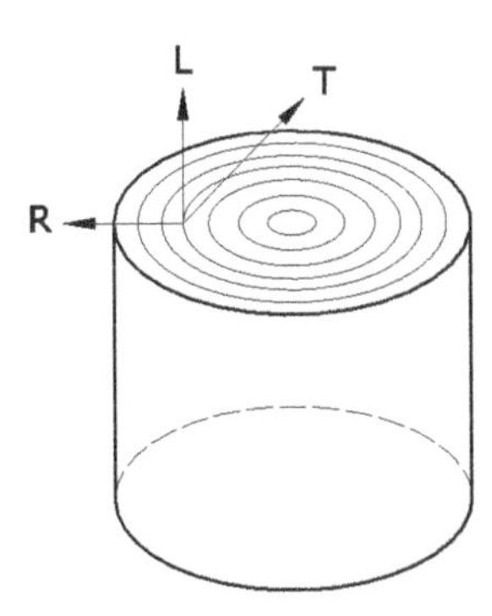

Fig. 1.5 Anisotropia da madeira. São indicadas as direções longitudinal (L), radial (R) e tangencial (T).

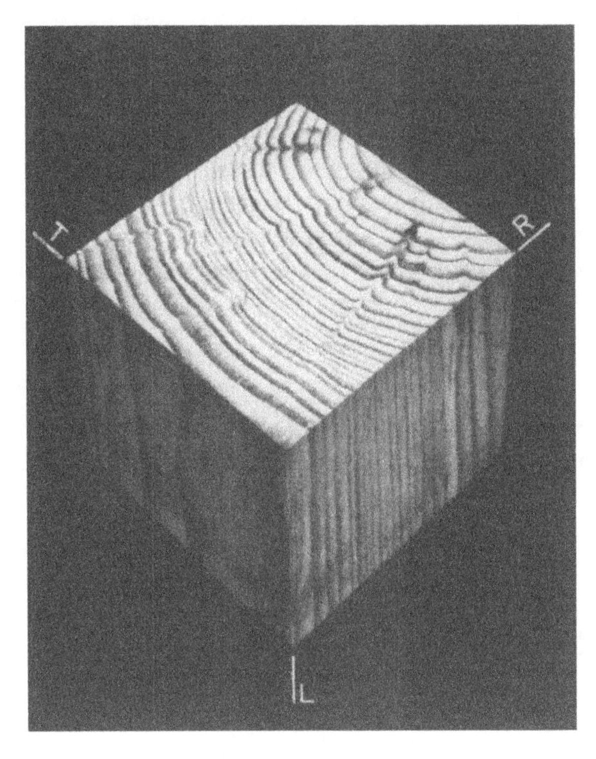

Fig. 1.6 Vista de uma peça serrada de madeira, mostrando as direções longitudinal (L), radial (R) e tangencial (T). Observem-se os anéis de crescimento.

10 e 20% para a umidade relativa do ar entre 60% e 90% e a 20°C de temperatura (Karlsen et al., 1967).

Em face do efeito da umidade nas outras propriedades da madeira, é comum referirem-se estas propriedades a um grau de umidade-padrão. No Brasil e nos Estados Unidos, adotam-se 12% como umidade-padrão de referência.

Devido à natureza higroscópica da madeira, o grau de umidade de uma peça em serviço varia continuamente, podendo haver variações diárias ou de estação.

1.4.3. RETRAÇÃO DA MADEIRA

As madeiras sofrem *retração* ou *inchamento* com a variação da umidade entre 0% e o ponto de saturação das fibras (30%), sendo a variação dimensional aproximadamente linear. O fenômeno é mais importante na direção tangencial; para redução da umidade de 30% até 0%, a retração tangencial varia de 5% a 10% da dimensão verde, conforme as espécies. A retração na direção radial é cerca da metade da direção tangencial. Na direção longitudinal, a retração é menos pronunciada, valendo apenas 0,1% a 0,3% da dimensão verde, para secagem de 30% a 0%. A retração volumétrica é aproximadamente igual à soma das três retrações lineares ortogonais.

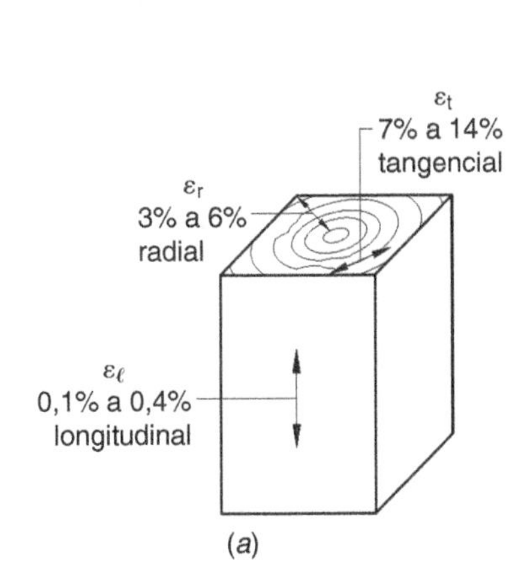

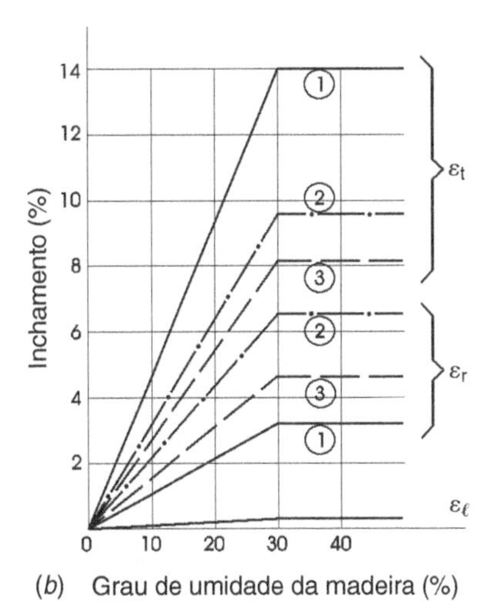

Fig. 1.7 Diagramas de retração ou inchamento de três espécies vegetais, em função do grau de umidade. A variação entre 0 e 30% de umidade é aproximadamente linear: (*a*) vista isométrica da madeira, mostrando as três direções principais; (*b*) diagrama de retração ou inchamento linear (ϵ_u, medido em %), em função do teor de umidade da madeira: ① carvalho brasileiro; ② eucalipto; ③ pinho brasileiro.

1.4.4. DILATAÇÃO LINEAR

O coeficiente de dilatação linear das madeiras, na direção longitudinal, varia de $0,3 \times 10^{-5}$ a $0,45 \times 10^{-5}$ por °C, sendo, pois, da ordem de 1/3 do coeficiente de dilatação linear do aço. Na direção tangencial ou radial, o coeficiente de dilatação varia com o peso específico da madeira, sendo da ordem de $4,5 \times 10^{-5}$°C^{-1} para madeiras duras e $8,0 \times 10^{-5}$°C^{-1} para madeiras macias. Vê-se, assim, que o coeficiente de dilatação linear na direção perpendicular às fibras varia de 4 a 7 vezes o coeficiente de dilatação do aço.

1.4.5. DETERIORAÇÃO DA MADEIRA

A madeira está sujeita à deterioração por diversas origens, dentre as quais se destacam

— ataque biológico e
— ação do fogo.

Fig. 1.8 Peça de madeira que sofreu ataque de moluscos marinhos.

Fungos, cupins, moluscos e crustáceos marinhos (ver Fig. 1.8) são exemplos de agentes biológicos que se instalam na madeira para se alimentar de seus produtos (Wangaard, 1979).

A vulnerabilidade da madeira de construção ao ataque biológico depende

— da camada do tronco de onde foi extraída a madeira (o alburno é mais sensível à biodegradação do que o cerne),
— da espécie da madeira (algumas espécies são mais resistentes à biodeterioração) e
— das condições ambientais, caracterizadas pelos ciclos de reumidificação, pelo contato com o solo, com água doce ou salgada.

Por ser combustível a madeira é freqüentemente considerada um material de pequena resistência ao fogo. Mas, ao contrário, as estruturas de madeira, quando adequadamente projetadas e construídas, apresentam ótimo desempenho sob ação do fogo. As peças robustas de madeira possuem excelente resistência ao fogo, pois se oxidam lentamente devido à baixa condutividade de calor, guardando um núcleo de material íntegro (com propriedades mecânicas inalteradas) por longo período de tempo. Já as peças esbeltas de madeira e as peças metálicas das ligações requerem proteção contra ação de fogo.

Por meio de tratamento químico pode-se aumentar a resistência da madeira aos ataques de agentes biológicos e do fogo. Este tratamento, em geral, consiste em impregnar a madeira com preservativos químicos (por exemplo creosoto) e retardadores de fogo.

A escolha da espécie de madeira, a aplicação de tratamento químico adequado e a adoção de detalhes construtivos que favoreçam as condições ambientais resultam em estruturas de madeira de grande durabilidade.

1.5. DEFEITOS DAS MADEIRAS

As peças de madeira utilizadas nas construções apresentam uma série de defeitos que prejudicam a resistência, o aspecto ou a durabilidade. Os defeitos podem provir da constituição do tronco ou do processo de preparação das peças. A seguir, descrevem-se os principais defeitos da madeira.

Nós. Imperfeição da madeira nos pontos dos troncos onde existiam galhos. Os galhos ainda vivos na época do abate da árvore produzem nós firmes, enquanto os galhos mortos originam nós soltos. Os nós soltos podem cair durante o corte com a serra, produzindo orifícios na madeira. Nos nós, as fibras longitudinais sofrem desvio de direção, ocasionando redução na resistência à tração.

Fendas. Aberturas nas extremidades das peças, produzidas pela secagem mais rápida da superfície; ficam situadas em planos longitudinais radiais, atravessando os anéis de crescimento. O aparecimento de fendas pode ser evitado mediante a secagem lenta e uniforme da madeira.

Gretas ou **ventas.** Separação entre os anéis anuais, provocada por tensões internas devidas ao crescimento lateral da árvore, ou por ações externas, como flexão devida ao vento.

Abaulamento. Encurvamento na direção da largura da peça.

Arqueadura. Encurvamento na direção longitudinal, isto é, do comprimento da peça.

Fibras reversas. Fibras não paralelas ao eixo da peça. As fibras reversas podem ser provocadas por causas naturais ou por serragem. As causas naturais devem-se à proximidade de nós ou ao crescimento das fibras em forma de espiral. A serragem da peça em plano inadequado pode produzir peças com fibras inclinadas em relação ao eixo. As fibras reversas reduzem a resistência da madeira (ver item 3.3.3).

Esmoada ou **quina morta.** Canto arredondado, formado pela curvatura natural do tronco. A quina morta significa elevada proporção de madeira branca (alburno).

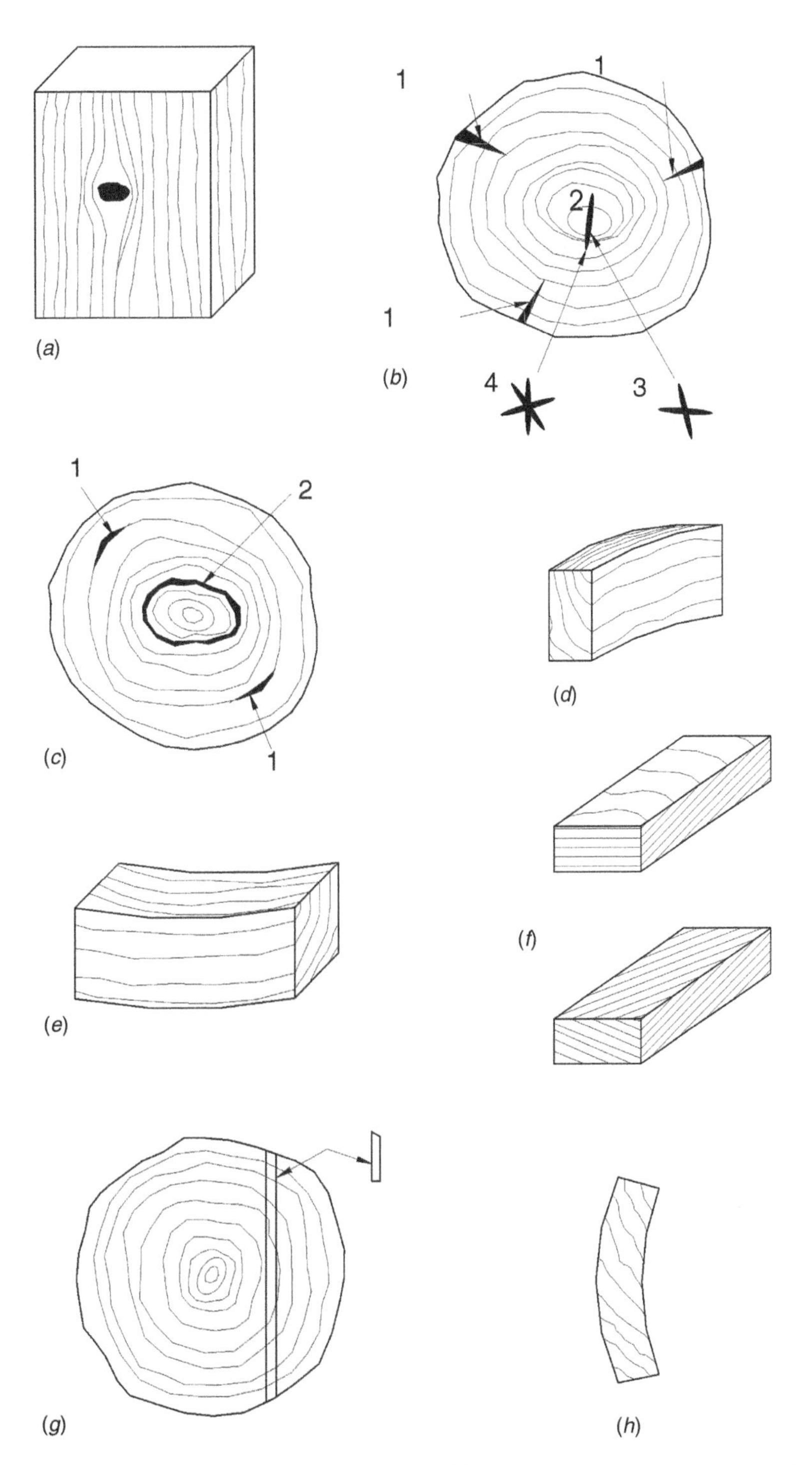

Fig. 1.9 Defeitos nas madeiras: (*a*) nó, provocando inclinação das fibras; (*b*) fendas: 1 — fendas periféricas (*split*); 2 a 4 — fendas no cerne (*shake*). Em peças de pequeno diâmetro, as fendas podem atravessar a seção, separando-a em duas partes: (*c*) gretas (*cup shake*): 1 – greta parcial; 2 – greta completa; (*d*) abaulamento (*sweep*); (*e*) arqueamento (*camber*); (*f*) fibras reversas (*slope of grain, cross grain*); (*g*) esmoado (*wane*); (*h*) empenamento (*warping*).

1.6. PROBLEMAS PROPOSTOS

1.6.1.

O que são anéis anuais de crescimento?

1.6.2.

Quais são as principais diferenças entre a microestrutura das madeiras duras (dicotiledôneas) e das madeiras macias (coníferas)?

1.6.3.

Qual a característica anatômica da madeira que conduz a sua anisotropia?

1.6.4.

Desenhe um cubo de madeira e ilustre os anéis anuais de crescimento e as três direções principais da madeira.

1.6.5.

Defina ponto de saturação das fibras.

1.6.6.

Identifique as causas dos defeitos da madeira citados no texto (item 1.5) dentre as seguintes: constituição do tronco; processo de secagem da madeira; processo de serragem.

CAPÍTULO 2

PRODUTOS DE MADEIRA E SISTEMAS ESTRUTURAIS

2.1. TIPOS DE MADEIRA DE CONSTRUÇÃO

As madeiras utilizadas nas construções podem classificar-se em duas categorias:

- **madeiras maciças:**
  - — madeira bruta ou roliça
  - — madeira falquejada
  - — madeira serrada
- **madeiras industrializadas:**
  - — madeira compensada
  - — madeira laminada (ou microlaminada) e colada
  - — madeira recomposta.

A madeira bruta ou roliça é empregada em forma de tronco, servindo para estacas, escoramentos, postes, colunas etc.

A madeira falquejada tem as faces laterais aparadas a machado, formando seções maciças, quadradas ou retangulares; é utilizada em estacas, cortinas cravadas, pontes etc.

A madeira serrada é o produto estrutural de madeira mais comum entre nós. O tronco é cortado nas serrarias, em dimensões padronizadas para o comércio, passando depois por um período de secagem.

Além dos defeitos oriundos de sua fabricação (item 1.5), a madeira serrada apresenta limitações geométricas tanto em termos de comprimento quanto de dimensões da seção transversal. Para ampliar o uso da madeira em construção, diversos produtos foram desenvolvidos na Europa e na América do Norte com o objetivo de produzir peças de grandes dimensões e painéis, com melhores propriedades mecânicas que a madeira utilizada como base de fabricação.

O produto mais antigo é a madeira compensada, formada pela colagem de lâminas finas, com as direções das fibras alternadamente ortogonais.

A madeira laminada e colada é o produto estrutural de madeira mais importante nos países da Europa e América do Norte. A madeira selecionada é cortada em lâminas, de 15 mm a 50 mm de espessura, que são coladas sob pressão, formando grandes vigas, em geral de seção retangular.

Sob a designação de madeira recomposta encontram-se produtos na forma de placas desenvolvidos a partir de resíduos de madeira em flocos, lamelas ou partículas. Foram desenvolvidos também alguns produtos fabricados à base de lâminas finas (1 a 5 mm) que são coladas e prensadas com as fibras orientadas paralelamente para formar vigas ou painéis largos e compridos.

2.2. MADEIRA ROLIÇA

A madeira roliça é utilizada com mais freqüência em construções provisórias, como escoramento. Os roliços de uso mais freqüente no Brasil são o pinho-do-paraná e os eucaliptos. As árvores devem ser abatidas de preferência na época da seca, quando o tronco tem menor teor de umidade. Após o abate, remove-se a casca, deixando-se o tronco secar em local arejado e protegido contra o sol.

As madeiras roliças, que não passaram por um período mais ou menos longo de secagem, ficam sujeitas a retrações transversais que provocam rachaduras nas extremidades. Os contraventamentos construídos com madeira verde aparafusada tornam-se, em geral, inoperantes pela fissuração das extremidades da madeira. Para evitar as rachaduras nas extremidades, recomenda-se revestir as seções de corte com alcatrão ou outro impermeabilizante.

A umidade nos troncos das árvores varia muito com as espécies e a época do ano. Na estação seca, a madeira verde tem menor umidade que na estação chuvosa. Retirando-se a casca e deixando secar o tronco, evapora-se primeiramente a água contida no interior das células ocas; a madeira chama-se, então, *meio seca*, sendo seu teor de umidade cerca de 30%. Continuando-se a secagem, a madeira atinge um ponto de equilíbrio com a umidade atmosférica, chamando-se, então, *seca ao ar*. Como a evaporação da

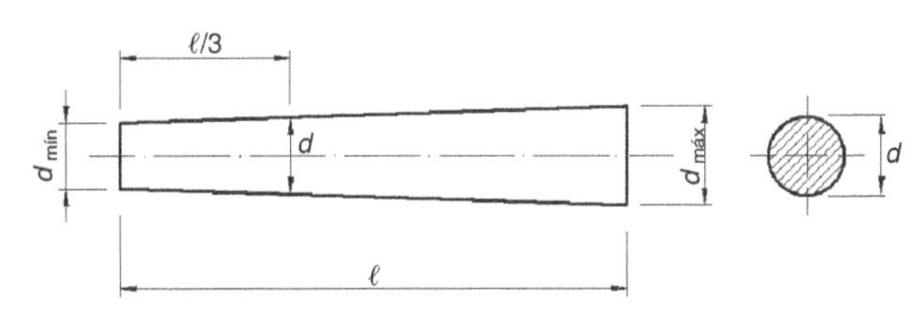

Fig. 2.1 Diâmetro nominal (d) de madeira roliça ($d \leq 1{,}5\, d_{mín}$).

umidade é mais rápida nas extremidades (onde as fibras longitudinais estão abertas), a peça pode fendilhar-se durante a secagem. Pode-se evitar a formação de fendas pintando-se as extremidades com alcatrão ou qualquer outro meio que retarde a evaporação.

As madeiras roliças devem ser utilizadas nas condições meio seca ou seca ao ar.

As peças roliças de diâmetro variável (em forma de tronco de cone) são comparadas, para efeito de cálculo, a uma peça cilíndrica de diâmetro igual ao do terço da peça (Fig. 2.1).

2.3. MADEIRA FALQUEJADA

A madeira falquejada é obtida de troncos por corte com machado. Dependendo do diâmetro dos troncos, podem ser obtidas seções maciças falquejadas de grandes dimensões, como, por exemplo, 30 cm × 30 cm ou mesmo 60 cm × 60 cm. No falquejamento do tronco, as partes laterais cortadas constituem a perda. A seção retangular inscrita que produz menor perda é o quadrado de lado $b = d/\sqrt{2}$ (Fig. 2.2).

Há interesse em determinar a seção retangular ($b \times h$) de maior módulo resistente $bh^2/6$, que se pode obter de um tronco circular de diâmetro d. A Fig. 2.3 fornece o resultado deste problema.

2.4. MADEIRA SERRADA

2.4.1. CORTE E DESDOBRAMENTO DAS TORAS

As árvores devem ser abatidas de preferência ao atingir a maturidade, ocasião em que o cerne ocupa a maior percentagem do tronco, resultando, então, em madeira de melhor qualidade. O tempo necessário para que a árvore atinja maturidade varia conforme as espécies, podendo chegar a cem anos.

A melhor época para o abate é a estação seca, quando o tronco tem pouca umidade. O desdobramento do tronco em peças deve fazer-se o mais cedo possível após o corte da árvore, a fim de evi-

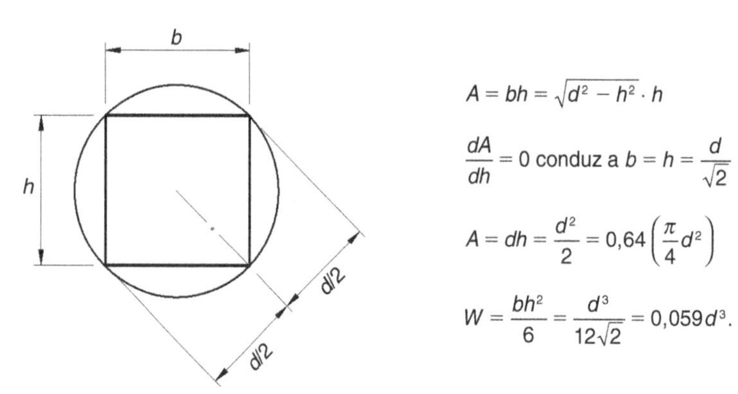

$$A = bh = \sqrt{d^2 - h^2} \cdot h$$

$$\frac{dA}{dh} = 0 \text{ conduz a } b = h = \frac{d}{\sqrt{2}}$$

$$A = dh = \frac{d^2}{2} = 0{,}64\left(\frac{\pi}{4}d^2\right)$$

$$W = \frac{bh^2}{6} = \frac{d^3}{12\sqrt{2}} = 0{,}059d^3.$$

Fig. 2.2 Seção retangular de menor perda de madeira inscrita na circunferência de diâmetro d. A área inscrita vale 64% da área do círculo.

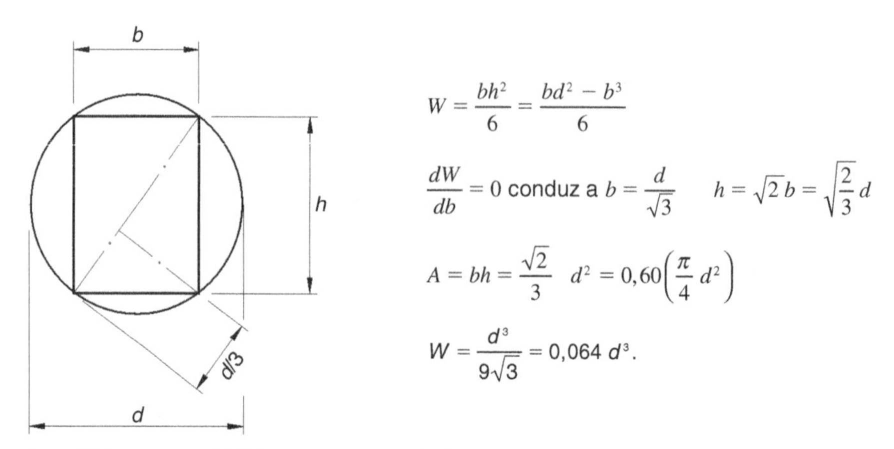

$$W = \frac{bh^2}{6} = \frac{bd^2 - b^3}{6}$$

$$\frac{dW}{db} = 0 \text{ conduz a } b = \frac{d}{\sqrt{3}} \qquad h = \sqrt{2}\,b = \sqrt{\frac{2}{3}}\,d$$

$$A = bh = \frac{\sqrt{2}}{3}\,d^2 = 0{,}60\left(\frac{\pi}{4}d^2\right)$$

$$W = \frac{d^3}{9\sqrt{3}} = 0{,}064\,d^3.$$

Fig. 2.3 Seção retangular de maior módulo resistente $bh^2/6$, inscrita na circunferência de diâmetro d. A área inscrita vale 60% da área do círculo.

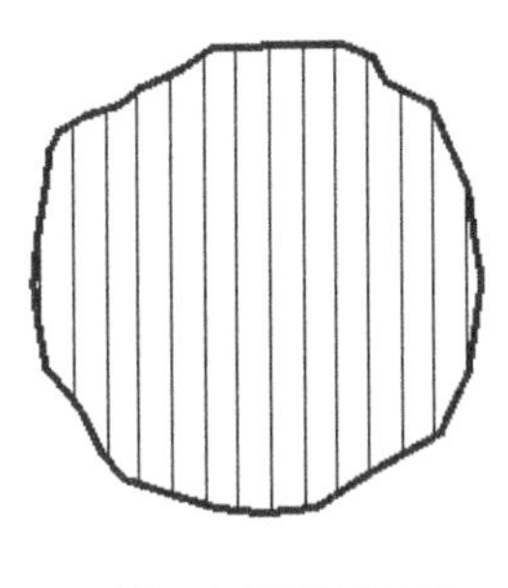

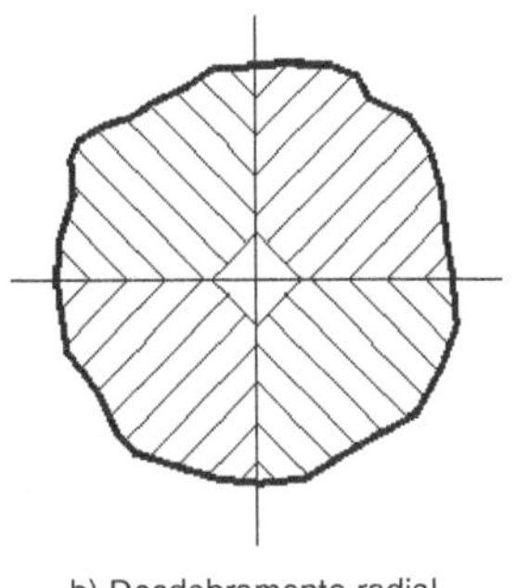

Fig. 2.4 Esquemas de corte das toras de madeira.

tar defeitos decorrentes da secagem da madeira. Se a árvore for cortada na estação chuvosa, deixam-se secar as toras durante algum tempo, para reduzir o excesso de umidade. Os troncos são cortados em serras especiais, de fita contínua, que os divide em lâminas ou pranchas paralelas, na espessura desejada (Fig. 2.4*a*).

As serras de fita possuem comandos mecânicos para o avanço do tronco, que garantem a espessura uniforme das lâminas. As espessuras obedecem, em geral, a padrões comerciais.

Um outro processo de desdobramento é o indicado na Fig. 2.4*b*, no qual o tronco é dividido inicialmente em quatro partes, e o desdobramento se faz na direção radial. O desdobramento radial produz material mais homogêneo, porém é mais oneroso, razão pela qual é utilizado com menor freqüência que o desdobramento paralelo.

O comprimento das toras é limitado por problemas de transporte e manejo, ficando geralmente na faixa de 4 m a 6 m.

2.4.2. Secagem da madeira serrada

Antes de ser utilizada nas construções, a madeira serrada deve passar por um período de secagem para reduzir a umidade. A secagem pode produzir deformações transversais diferenciais nas peças serradas, dependendo da posição original da peça no tronco (Fig. 2.5). Por isso a madeira deve ser utilizada já seca (grau de umidade em equilíbrio com a umidade relativa do ar – ver item 1.4.2), evitando-se, assim, danos na estrutura tais como empenamentos e rachas oriundas da secagem.

O melhor método de secagem consiste em empilhar as peças, colocando separadores para permitir circulação livre do ar em todas as faces. Protegem-se as pilhas da chuva, colocando-as em galpões abertos e bem ventilados. O tempo necessário para secagem natural é de um a dois anos para madeiras macias e de dois a três anos para madeiras de lei.

Como a secagem natural é lenta, desenvolveram-se processos artificiais de secagem. Fazendo circular ar quente entre as peças de madeira serrada, empilhadas como indicado, obtém-se secagem mais rápida. A temperatura e a umidade do ar insuflado devem ser controladas para evitar evaporação demasiadamente rápida da madeira, o que pode prejudicar a durabilidade da mesma.

Outro processo artificial de secagem consiste em deslocar a madeira lentamente através de um túnel alongado, no qual a temperatura do ar circulante aumenta à proporção que a madeira avança, de modo a manter uma velocidade de evaporação mais ou menos constante. O tempo necessário para a secagem artificial da madeira verde é de dez dias a um mês, por polegada (1 polegada = 2,54 cm) de espessura da peça.

2.4.3. Dimensões comerciais de madeiras serradas

As madeiras serradas são vendidas em seções padronizadas, com bitolas nominais em centímetros ou em polegadas. Uma

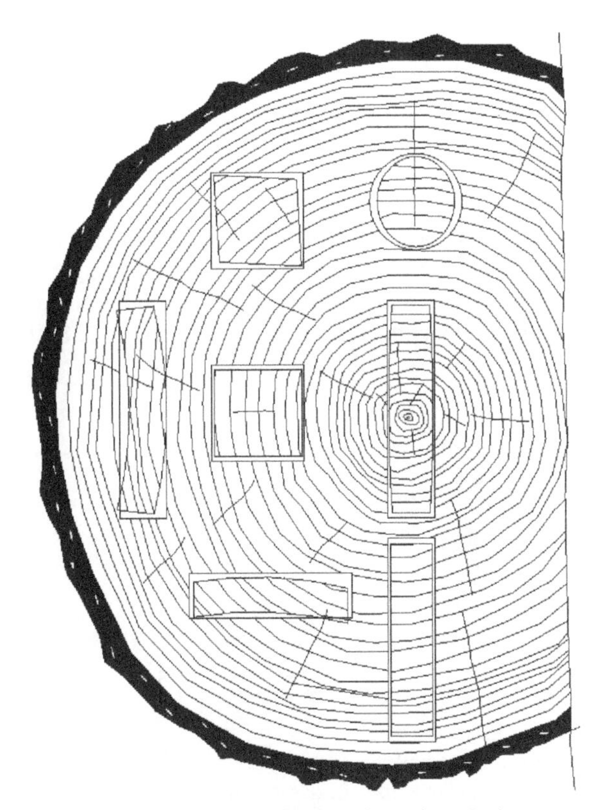

Fig. 2.5 Distorção por retração de peças de madeira de diversas formas, conforme a posição relativa dos anéis anuais.

pesquisa entre fornecedores de madeira da cidade de São Paulo (Zenid) em 1996 revelou uma grande quantidade de dimensões disponíveis e também uma grande diversidade de nomenclaturas. A Tabela A.2.1 (Anexo A) apresenta os principais perfis, obedecendo à nomenclatura da ABNT (Padronização PB-5) em dimensões comerciais.

2.4.4. DIMENSÕES MÍNIMAS DA SEÇÃO TRANSVERSAL DE PEÇAS DE MADEIRA SERRADA USADAS EM ESTRUTURAS

As seções transversais de peças utilizadas em estruturas devem ter certas dimensões mínimas, para evitar fendilhamentos ou flexibilidade exagerada.

As dimensões mínimas especificadas pela Norma brasileira NBR 7190 encontram-se na Tabela 2.1.

TABELA 2.1 Espessuras e áreas mínimas construtivas de seções retangulares (NBR 7190)

	Espessura mínima (cm)	Área mínima (cm^2)	Seção mínima de menor espessura (cm × cm)
Peças principais			
Seções simples	5	50	5 × 10
Peças componentes de seções múltiplas	2,5	35	2,5 × 14
Peças secundárias			
Seções simples	2,5	18	2,5 × 7,5
Peças componentes de seções múltiplas	1,8	18	1,8 × 10

2.5. MADEIRA COMPENSADA

A madeira compensada (Fig. 2.6) é formada pela colagem de três ou mais lâminas, alternando-se as direções das fibras em ângulo reto. Os compensados podem ter três, cinco ou mais lâminas, sempre em número ímpar.

Com as camadas em direções ortogonais alternadas, obtém-se um produto mais aproximadamente isotrópico que a madeira maciça. A madeira compensada apresenta vantagens sobre a maciça em estados de tensões biaxiais, que aparecem, por exemplo, nas almas das vigas, nas estruturas de placas dobradas ou nas cascas.

As lâminas, cujas espessuras geralmente variam entre 1 mm e 5 mm, podem ser obtidas das toras ou de peças retangulares, utilizando-se facas especiais para corte. Em geral utiliza-se o corte com rotação do tronco de madeira em torno de seu eixo contra uma faca, como mostra a Fig. 2.7. A seguir, são submetidas à secagem, natural ou artificial. Na secagem natural, as lâminas são abrigadas em galpões cobertos e bem ventilados. A secagem artificial se faz a temperaturas de 80°C a 100°C, impedindo-se os empenamentos com auxílio de prensas. A secagem artificial é muito rápida, variando de 10 a 15 minutos para lâminas de 1 mm até quase uma hora para lâminas mais espessas.

A colagem é feita sob pressão, podendo ser utilizadas prensas a frio ou a quente. As colas sintéticas são prensadas a quente.

Os compensados destinados à utilização em seco, como portas, armários, divisórias etc., podem ser colados com cola de caseína. Os compensados estruturais, sujeitos a variações de umidade ou expostos ao tempo, devem ser fabricados com colas sintéticas.

As chapas de compensado são fabricadas com dimensões padronizadas, 2,50 × 1,25 m, e espessuras variando entre 4 e 30 mm.

A madeira compensada apresenta uma série de vantagens sobre a madeira maciça:

a) pode ser fabricada em folhas grandes, com defeitos limitados;

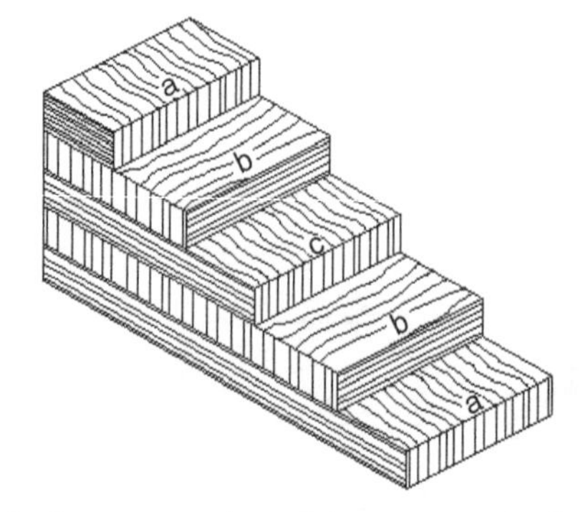

Fig. 2.6 Seção de uma peça de madeira compensada, destacando-se as camadas de madeira. As camadas externas (*a*) e a camada central (*c*) têm as fibras na direção longitudinal. As camadas intermediárias (*b*) têm as fibras na direção transversal.

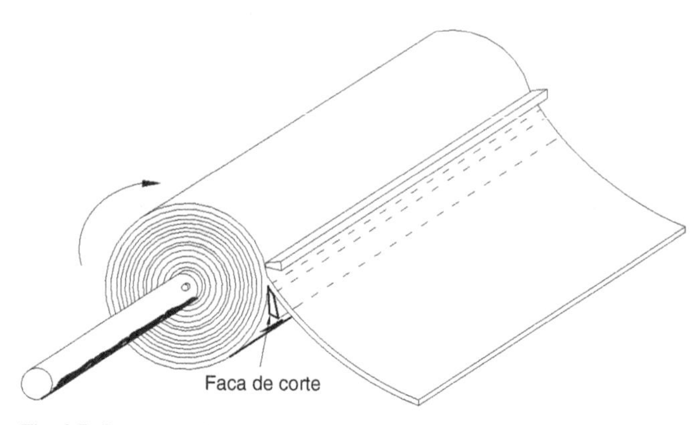

Fig. 2.7 Corte rotatório de lâminas de madeira.

b) reduz retração e inchamento, graças à ortogonalidade de direção das fibras nas camadas adjacentes;

c) é mais resistente na direção normal às fibras;

d) reduz trincas na cravação de pregos;

e) permite o emprego de madeira mais resistente nas capas externas e menos resistente nas camadas interiores, o que é vantajoso em algumas aplicações.

A desvantagem mais importante está no preço mais elevado.

2.6. MADEIRA LAMINADA E COLADA

A madeira laminada e colada é um produto estrutural, formado por associação de lâminas de madeira selecionada, coladas com adesivos e sob pressão (ver Fig. 2.8). As fibras das lâminas têm direções paralelas. A espessura das lâminas varia em geral de 1,5 cm a 3,0 cm, podendo excepcionalmente atingir até 5 cm. As lâminas podem ser emendadas com cola nas extremidades, formando peças de grande comprimento. As estruturas de madeira laminada e colada foram idealizadas em 1905 na Alemanha, tendo grande aceitação na Europa (Callia, 1958). Posteriormente se popularizaram nos Estados Unidos juntamente com a industrialização das madeiras e das colas.

As etapas de fabricação de peças de madeira laminada e colada consistem em (Callia, 1958):

— secagem das lâminas
— preparo das lâminas
— execução de juntas de emendas
— colagem sob pressão
— acabamento e tratamento preservativo.

Antes da colagem as lâminas sofrem um processo de secagem em estufa, que demora de um a vários dias, conforme o grau de umidade inicial. A madeira sai da estufa com uma umidade máxima de 15%. As especificações limitam a variação do grau de umidade das lâminas entre si, não devendo ultrapassar 5% na ocasião da colagem, a fim de controlar tensões internas devidas à retração diferencial.

O preparo das lâminas que vão compor a peça consiste em aplainá-las e serrá-las nas dimensões necessárias.

De particular importância são as emendas das lâminas, que podem ser executadas com um dos detalhes ilustrados na Fig. 2.9. As emendas são geralmente distribuídas ao longo da peça de forma desordenada (Fig. 2.9*a*). A eficiência da junta em chanfro depende da inclinação do corte: quanto mais inclinada, mais resistente, conforme mostra a Tabela 2.2. As emendas denteadas são mais eficientes do que

TABELA 2.2 Eficiência de juntas inclinadas (Garfinkel, 1973)

Inclinação t/ℓ (ver Fig. 2.9)	1/12	1/10	1/8	1/5
Eficiência	0,85	0,80	0,75	0,60

Fig. 2.8 Prensagem de lâminas de madeira com interposição de cola, para duas vigas retangulares de madeira laminada colada (Holzbau Taschembuch, 1974).

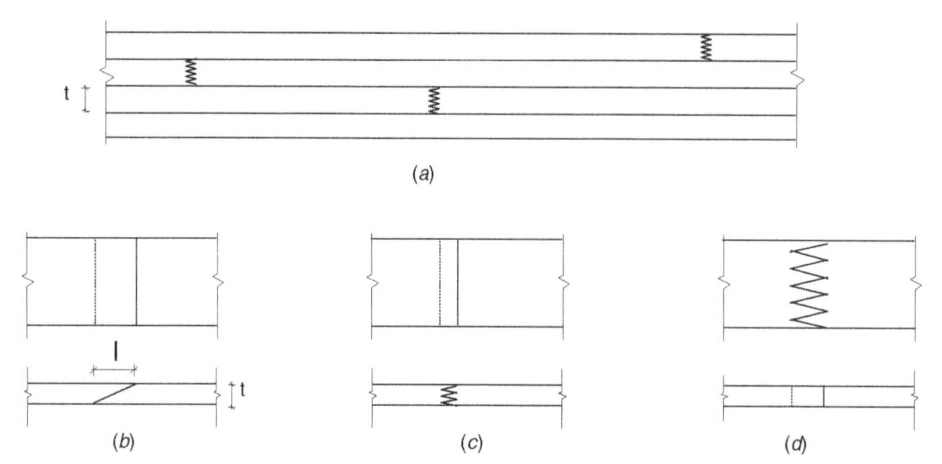

Fig. 2.9 Detalhes de emendas de lâminas; (*a*) distribuição das emendas na direção longitudinal; (*b*) junta por corte em chanfro; (*c*) emenda denteada vertical; (*d*) emenda denteada horizontal.

as emendas com chanfro, além de serem mais compactas. A Fig. 2.10 mostra uma emenda denteada horizontal de lâmina com 35 mm de espessura. O corte em cunhas denteadas se faz com máquinas especiais de grande eficiência. O comprimento das cunhas varia de 10 a 60 mm em sua inclinação de 1/7 a 1/10.

Os tipos de cola e a técnica de colagem são essenciais à durabilidade do produto. Para utilização em seco, pode ser empregada cola de caseína, que é um produto obtido do leite. Para vigas sujeitas à variação de umidade ou expostas ao tempo, usam-se colas sintéticas, de fenol-formaldeído (baquelita) ou resorcinol-formaldeído. Os produtos estruturais industrializados são fabricados com colas sintéticas. A colagem é feita sob pressão variável de 0,7 a 1,5 MPa, sendo as pressões mais baixas utilizadas em madeiras macias e as mais altas, em madeiras duras. A quantidade de cola utilizada é de cerca de 250 g por metro quadrado de superfície colada. As especificações estipulam resistências a cisalhamento para as colas, variando os valores, conforme as espécies vegetais e a umidade da madeira na ocasião da colagem.

Os produtos estruturais industrializados de madeira laminada e colada são fabricados sob rígidos padrões de controle de qualidade, que lhes garantem as características de resistência e durabilidade. Em função do processo de fabricação resulta um material mais homogêneo que a madeira serrada, pois os nós da madeira são partidos e distribuídos mais aleatoriamente ao longo da peça fabricada.

A madeira laminada e colada apresenta, ainda, em relação à madeira maciça, as seguintes vantagens:

a) permite a confecção de peças de grandes dimensões (as dimensões comerciais de madeira serrada são limitadas);
b) permite melhor controle de umidade das lâminas, reduzindo defeitos provenientes de secagem irregular;
c) permite a seleção da qualidade das lâminas situadas nas posições de maiores tensões;
d) permite a construção de peças de eixo curvo, muito convenientes para arcos, tribunas, cascas etc.

A desvantagem mais importante das madeiras laminadas é o seu preço, mais elevado que o da madeira serrada.

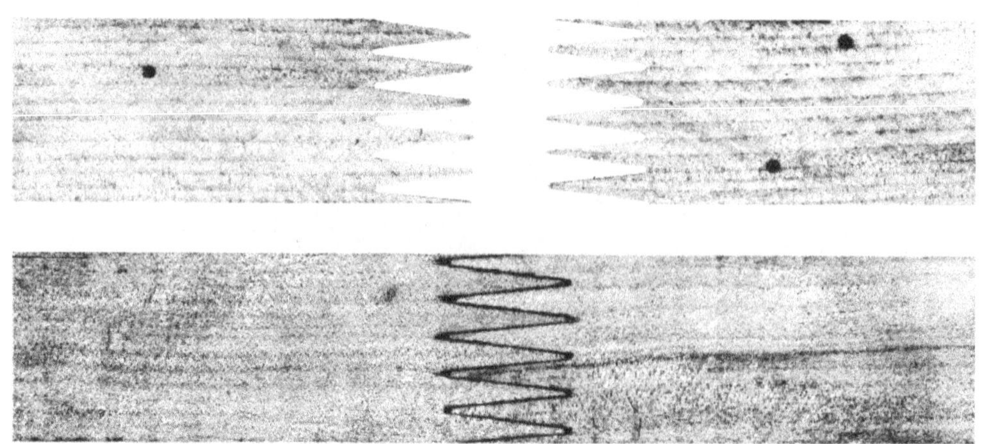

Fig. 2.10 Emenda de lâmina com cunha denteada.

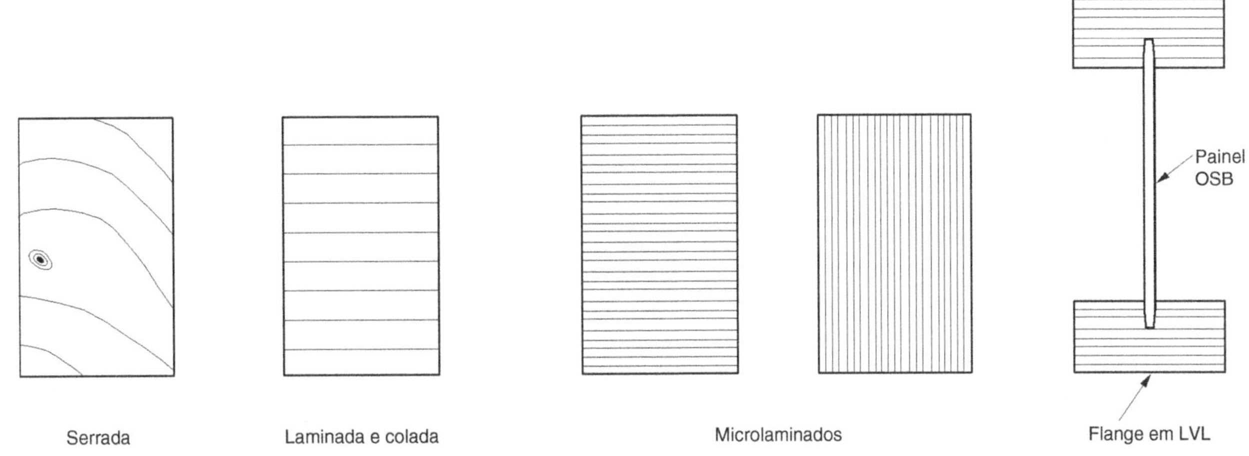

Fig. 2.11 Peças de seção retangular e I de madeira serrada e laminada e colada.

2.7. MADEIRA MICROLAMINADA E COLADA

Os produtos à base de finas lâminas de madeira (de 1 a 5 mm de espessura), os quais podem ser denominados microlaminados, foram introduzidos na construção civil na década de 1970 (Lam, 2001). As lâminas são obtidas por corte rotatório do tronco, da mesma forma que as de madeira compensada (item 2.5), mas são posteriormente utilizadas na fabricação de vigas e painéis com as fibras orientadas paralelamente.

O LVL (*Laminated Veneer Lumber*) é produzido a partir de lâminas que, após a secagem, são empilhadas com as fibras orientadas na direção do comprimento e coladas com as juntas defasadas. A colagem é feita sob pressão a uma temperatura de 150°. Com esta técnica podem ser fabricados diversos produtos com até 20 m de comprimento, na forma de vigas ou chapas, com espessuras variando entre 20 e 200 mm.

Na Fig. 2.11 estão ilustradas peças de seção retangular de madeira serrada, madeira laminada e colada, e madeira microlaminada. Em função da redistribuição e minimização dos defeitos, os produtos microlaminados apresentam uma estrutura mais homogênea e tendem a ser mais resistentes que a madeira serrada e a madeira laminada colada tradicional. Além disso, como as lâminas são obtidas por corte rotatório do tronco, árvores de pequeno diâmetro podem ser utilizadas na fabricação.

2.8. PRODUTOS DE MADEIRA RECOMPOSTA NA FORMA DE PLACAS

Produtos na forma de placas foram desenvolvidos a partir de resíduos da madeira serrada e compensada convertidos em flocos e partículas e colados sob pressão. Em geral, estas placas de madeira prensada não são consideradas materiais estruturais devido à baixa resistência e durabilidade, sendo muito utilizadas na indústria de móveis. As características mecânicas destas placas dependem das dimensões das partículas e do adesivo usado.

Já o produto denominado OSB (*Oriented Strand Board*) é muito popular na América do Norte e na Europa em aplicações estruturais, tais como painéis diafragma, almas de vigas I compostas (ver Fig. 2.11), além de revestimentos de piso e cobertura. Os painéis de OSB são fabricados com finas lascas de madeira coladas sob pressão e alta temperatura, sendo que nas duas camadas superficiais as lascas são alinhadas com a direção longitudinal dos painéis, enquanto nas camadas internas são dispostas aleatoriamente ou na direção transversal. Dessa forma busca-se assemelhá-las às placas de madeira compensada mas com reduzida massa específica (entre 550 e 750 kg/m^3) e significativa vantagem econômica.

2.9. SISTEMAS ESTRUTURAIS EM MADEIRA

Sendo a madeira um material utilizado para construção há muitos séculos, uma grande variedade de sistemas estruturais em madeira pode ser observada, os quais vêm evoluindo em função dos diversos produtos industrializados. Talvez o sistema estrutural mais tradicional seja o sistema treliçado utilizado em coberturas tanto residenciais quanto industriais e em pontes. Pórticos de um andar para galpões e pórticos de vários andares para edificações, além de arcos e abóbadas são exemplos de sistemas estruturais adotados para estruturas em madeira.

2.9.1. TRELIÇAS DE COBERTURA

A Fig. 2.12 ilustra alguns sistemas treliçados utilizados em coberturas de madeira — alguns dos quais são designados por nomes próprios —, bem como a nomenclatura adotada para seus elementos. A treliça Howe é a mais tradicional para uso em madeira, e seus componentes recebem uma designação especial, conforme ilustrado na Fig. 2.12, em função da geometria e dos esforços atuantes para cargas de gravidade: tração no montante e no banzo inferior e compressão na diagonal e no banzo superior. Nas treliças Pratt e belga, os esforços nos montantes e diagonais se invertem em relação aos da treliça Howe.

As treliças de cobertura — também chamadas de tesouras — sustentam o telhamento e seu vigamento de apoio. No caso de telhas cerâmicas, mais usadas em coberturas de edificações residenciais, o vigamento de apoio é composto dos seguintes elementos, conforme ilustra a Fig. 2.13*a*:

a) terças — vigas vencendo o vão entre treliças e apoiando-se, em geral, em seus nós;
b) caibros — apóiam-se nas terças e são espaçados de 40 a 60 cm;
c) ripas — peças nas quais se apóiam as telhas cerâmicas e cujo espaçamento (da ordem de 35 cm) é função do comprimento da telha.

Podem também ser utilizadas telhas metálicas formadas por chapas corrugadas, as quais se apóiam diretamente nas terças.

A inclinação do telhado é função do tipo de telha adotada. Os valores mínimos do ângulo entre o plano do telhamento e o plano horizontal são da ordem 25° para telhas cerâmicas e 2° para telhas metálicas.

As treliças de cobertura estão sujeitas às cargas de gravidade (pesos próprio e das telhas e seu vigamento de apoio) e às cargas de vento. Os pesos do telhamento e seu vigamento de apoio, assim como as ações devidas ao vento, são cargas distribuídas na superfície do telhado que se transmitem como forças concentradas aos nós das treliças por meio das terças (ver Fig. 2.13*b*).

No caso de telhas cerâmicas dispostas sem fixação sobre o vigamento, somente as ações de sobrepressão de vento são transmitidas às treliças (a ação de sucção externa produz o levantamento das telhas). Com as telhas fixadas à estrutura (como no caso das telhas metálicas parafusadas às terças), as ações de vento de sucção e de sobrepressão são transmitidas à treliça de cobertura.

A Fig. 2.13*c* ilustra detalhes típicos de ligações entre as peças de uma treliça Howe, as quais não apresentam inversão de esforços sob ação de carga permanente mais vento. As peças comprimidas (banzo superior e diagonal) podem ter suas ligações executadas por entalhe (os parafusos representados têm finalidade construtiva). A ligação do montante tracionado com o banzo inferior pode ser feita por meio de talas metálicas parafusadas (detalhe C). Encontra-se também ilustrado nesta figura o vigamento de apoio de telhas cerâmicas composto de terças, caibros e ripas.

As treliças de cobertura são dispostas em planos verticais, sendo a estabilidade do conjunto de treliças promovida pelos sistemas de contraventamento. A Fig. 2.14 apresenta um sistema estrutural de cobertura com treliças de banzo superior pouco inclinado, em geral adotadas para telhamento metálico em edificações industriais, e seus contraventamentos. Destacam-se o contraventamento no plano do telhamento, formado por uma treliça composta de diagonais neste plano ligadas às terças e banzos superiores de duas tesouras adjacentes, e o contraventamento vertical em X ou em mão-francesa. Em conjunto com as treliças, esses contraventamentos formam um sistema estrutural tridimensional capaz de resistir às ações de vento proveniente de qualquer direção horizontal. Além disso, esses contraventamentos servem para apoiar lateralmente os elementos comprimidos das treliças, reduzindo assim seus comprimentos de flambagem fora dos planos verticais das treliças.

Para cargas de gravidade o banzo superior fica comprimido, e seus pontos de apoio na direção perpendicular ao plano da treliça, para definição de seu comprimento de flambagem, são dados pelo contraventamento no plano do telhado (ver os modos de flambagem do banzo superior fora do plano da treliça na Fig. 2.14*b*). Em coberturas com telhas metálicas, bastante leves, a ação de sucção de vento pode compensar a ação das cargas de gravidade e até mesmo inverter os esforços nos elementos da treliça. Nestes casos, o banzo inferior fica comprimido e seus pontos de apoio lateral são fornecidos pelo contraventamento vertical.

As descrições de sistemas de cobertura aqui apresentadas se restringiram a telhados de duas águas. Descrições mais abrangentes podem ser encontradas na referência (Moliterno, 1980).

2.9.2. VIGAMENTOS PARA PISOS

Os pisos ou soalhos de madeira são constituídos de vigas biapoiadas de seção retangular ou I com espaçamento da ordem de 50 cm e revestidas por tábuas (Fig. 2.15). O dimensionamento das vigas é usualmente feito para ação de uma carga estática uniformemente distribuída. Este critério pode, entretanto, conduzir a uma estrutura caracterizada por vibrações excessivas decorrentes do caminhar de pessoas. A avaliação deste estado limite de utilização é bastante difícil. As normas de projeto brasileira NBR7190 e européia EUROCODE 5 apresentam critérios simplificados para garantir o atendimento a este estado limite.

A inclusão de contraventamentos entre as vigas propicia uma melhor distribuição de carga entre as vigas, reduzindo assim o problema das vibrações.

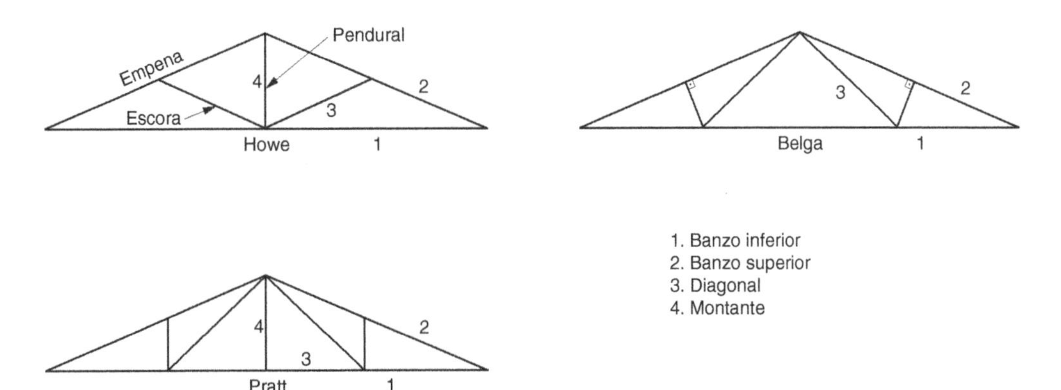

Fig. 2.12 Treliças para cobertura e nomenclatura de seus elementos.

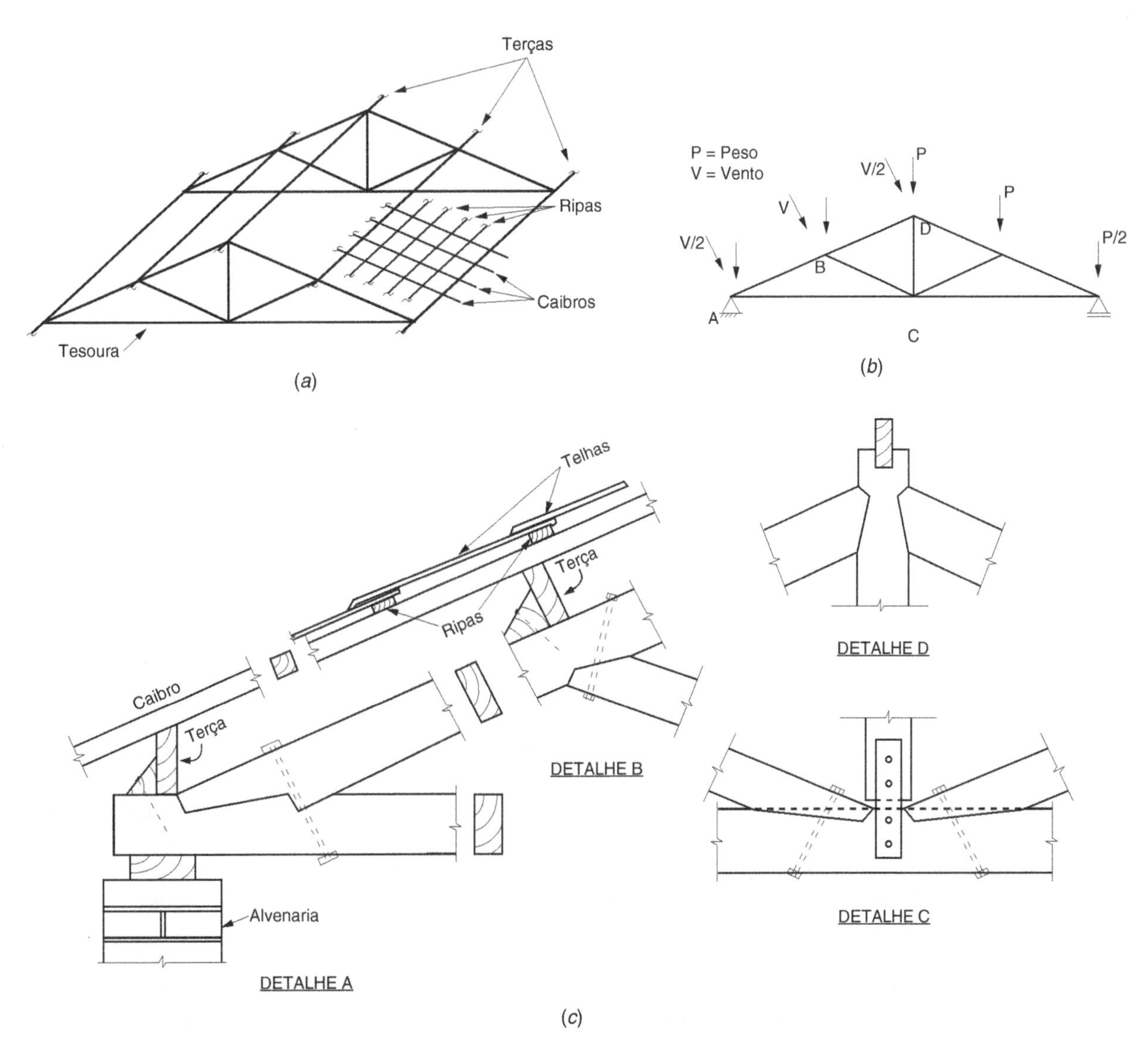

Fig. 2.13 Estrutura para cobertura com telhas cerâmicas: (*a*) vigamento de apoio das telhas; (*b*) treliça de telhado e carregamentos; (*c*) detalhes de ligações.

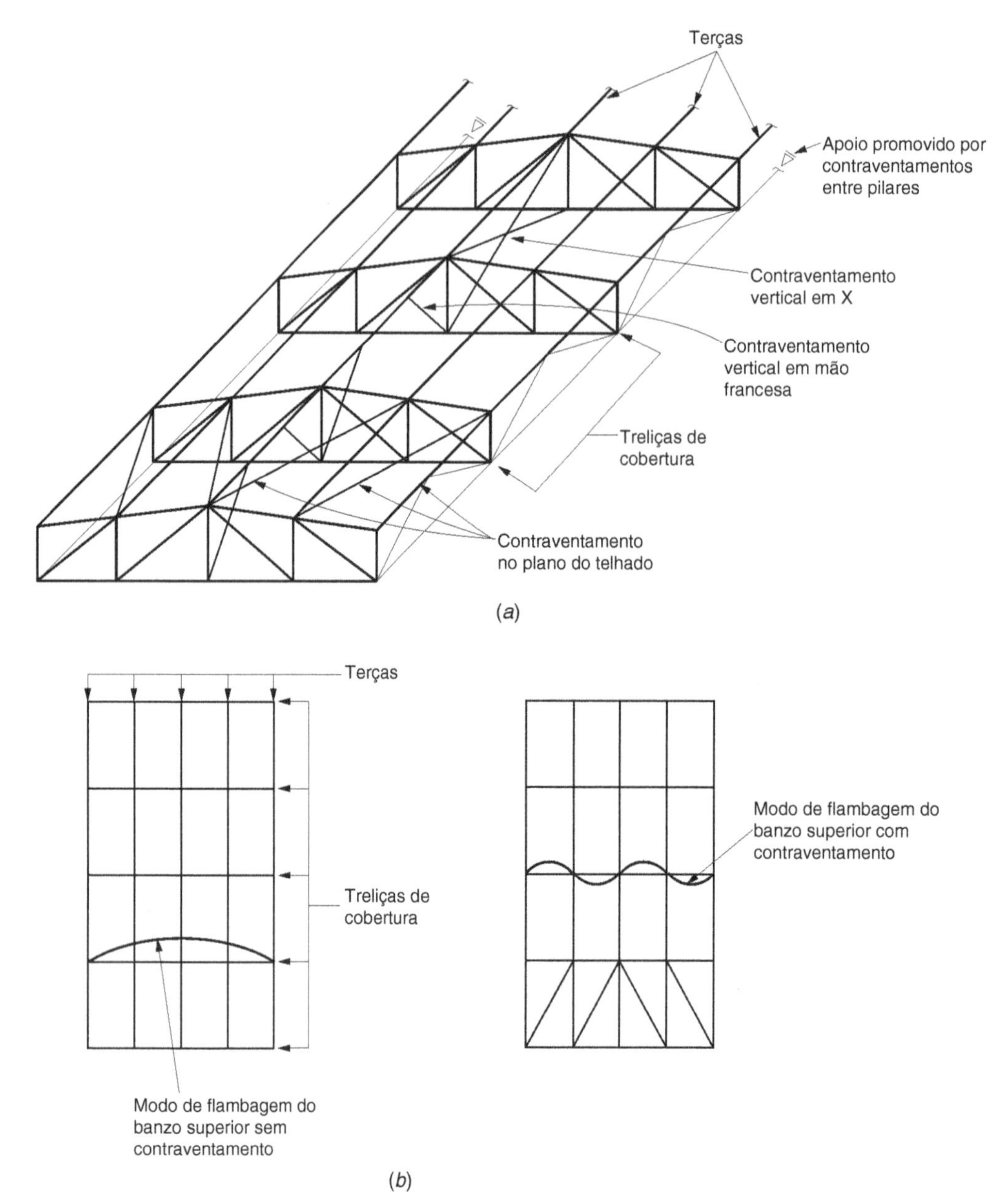

Fig. 2.14 Treliças de cobertura e sistemas de contraventamento: (*a*) sistema estrutural; (*b*) modos de flambagem do banzo superior fora do plano da treliça.

2.9.3. PÓRTICOS

Pórticos são usualmente adotados como sistema portante principal de edificações destinadas a galpões, estádios de esporte, piscinas ou estações rodoviárias com vãos livres variando entre 20 e 100 m.

A Fig. 2.16 apresenta alguns exemplos de pórticos. Em geral são estruturas biarticuladas ou triarticuladas. Os pórticos triarticulados são muitas vezes adotados pela facilidade e rapidez na montagem — cada semipórtico é elevado por uma grua e em seguida fixa-se a articulação central. Além disso, por ser uma estrutura isostática, não sofre esforços por variação de temperatura e umidade.

O pórtico treliçado da Fig. 2.16*a* é executado com peças múltiplas de madeira serrada, enquanto o pórtico da Fig. 2.16*b* tem seção transversal I fabricada com peças de madeira serrada nos flanges e alma descontínua composta de tábuas inclinadas (ver item 6.9).

Os pórticos das Figs. 2.16*c*, *d* são fabricados em madeira laminada colada com seção retangular. No pórtico de hastes retilíneas a ligação entre a viga e o pilar é rígida e executada, por exemplo, com pinos metálicos dispostos em circunferência. O pórtico de hastes curvas aproveita as potencialidades arquitetônicas da madeira laminada colada (ver Figs. 2.17 e 2.18).

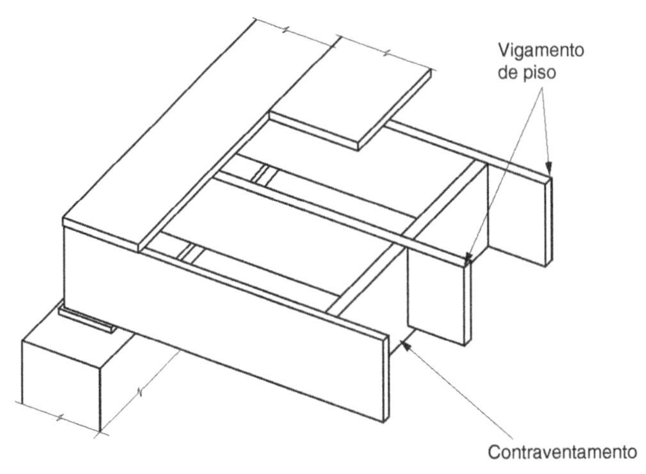

Fig. 2.15 Vigamento para piso de madeira.

Os diversos pórticos paralelos de uma estrutura são ligados pelas terças e pelos contraventamentos, como mostra a Fig. 2.19. O contraventamento no plano do telhado transfere as cargas de vento na direção longitudinal do galpão para os pilares, além de impedir a flambagem lateral dos pórticos. O contraventamento vertical transfere estas cargas para as fundações e dá rigidez ao conjunto na direção longitudinal. A ação das cargas de vento transversais é absorvida pelos pórticos.

2.9.4. PONTES EM MADEIRA

Ao longo dos séculos, diversos sistemas estruturais, como os ilustrados na Fig. 2.20, têm sido adotados por engenheiros e construtores para executar pontes em madeira. Destacam-se os sistemas em viga reta, em treliças de várias geometrias, em arcos e pórticos.

Um importante aspecto do projeto de pontes é a durabilidade. Para manter a madeira sempre seca e, por conseguinte, aumentar a sua durabilidade, os projetos de pontes previam uma cobertura como a da Ponte Vechio em Bassano del Grappa, Itália, ilustrada na Fig. 2.21. Após ter sido destruída por diversas vezes, esta ponte foi reconstruída toda em madeira, conforme o projeto de 1568 do famoso arquiteto italiano Andrea Palladio.

As modernas pontes em madeira geralmente não são construídas com coberturas e, portanto, a proteção da madeira deve ser garantida por tratamentos para preservação, revestimentos impermeáveis do tabuleiro e detalhes construtivos.

A elegante Ponte de Vihantasalmi, na Finlândia, é um exemplo de ponte moderna em madeira (Fig. 2.22). A escolha do material teve como principal motivação o aspecto de integração da obra com a natureza desta região produtora de madeira de reflorestamento (Rantakokko, 2000). O projeto utiliza um sistema treliçado tradicional (ver Fig. 2.20*b*) para vencer vãos de 42 m com peças de madeira laminada colada.

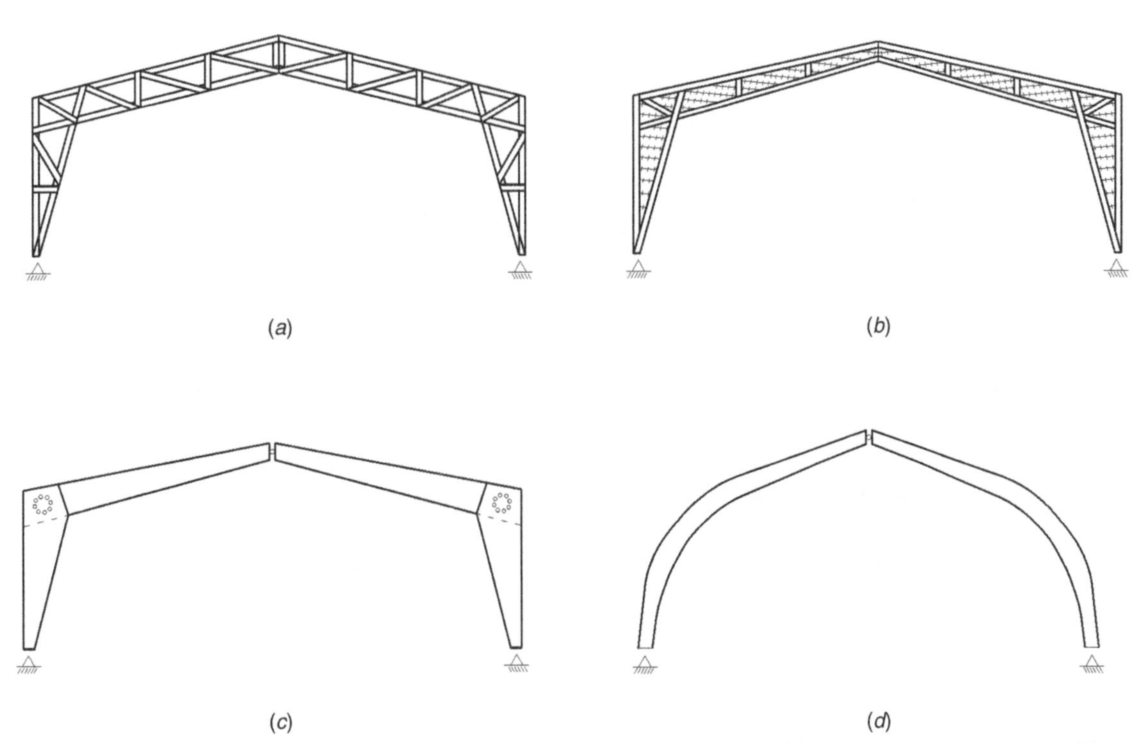

Fig. 2.16 Pórticos em madeira para galpões, estádios de esporte e espaços públicos em geral: (*a*) pórtico biarticulado treliçado; (*b*) pórtico biarticulado de alma cheia de seção I; (*c*) e (*d*) pórticos triarticulados em madeira laminada e colada.

Fig. 2.17 Pórtico de hastes retas em madeira laminada e colada. Em primeiro plano, uma peça a ser montada.

Fig. 2.18 Pórtico triarticulado de hastes curvas em madeira laminada e colada.

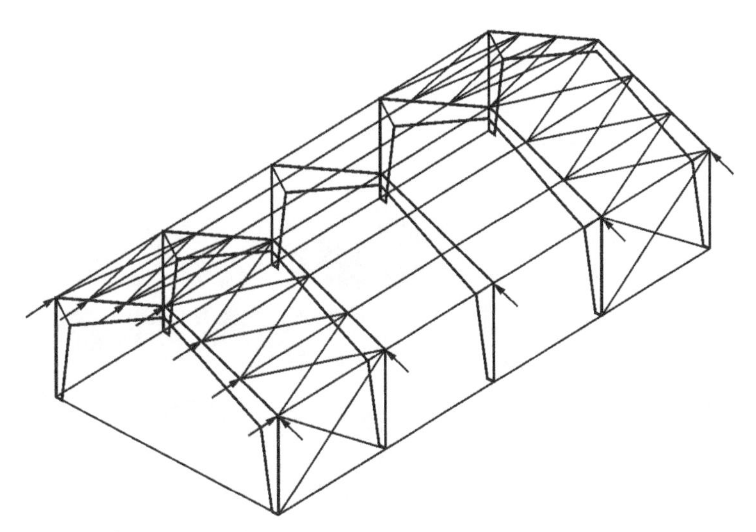

Fig. 2.19 Pórticos associados e sistemas de contraventamento.

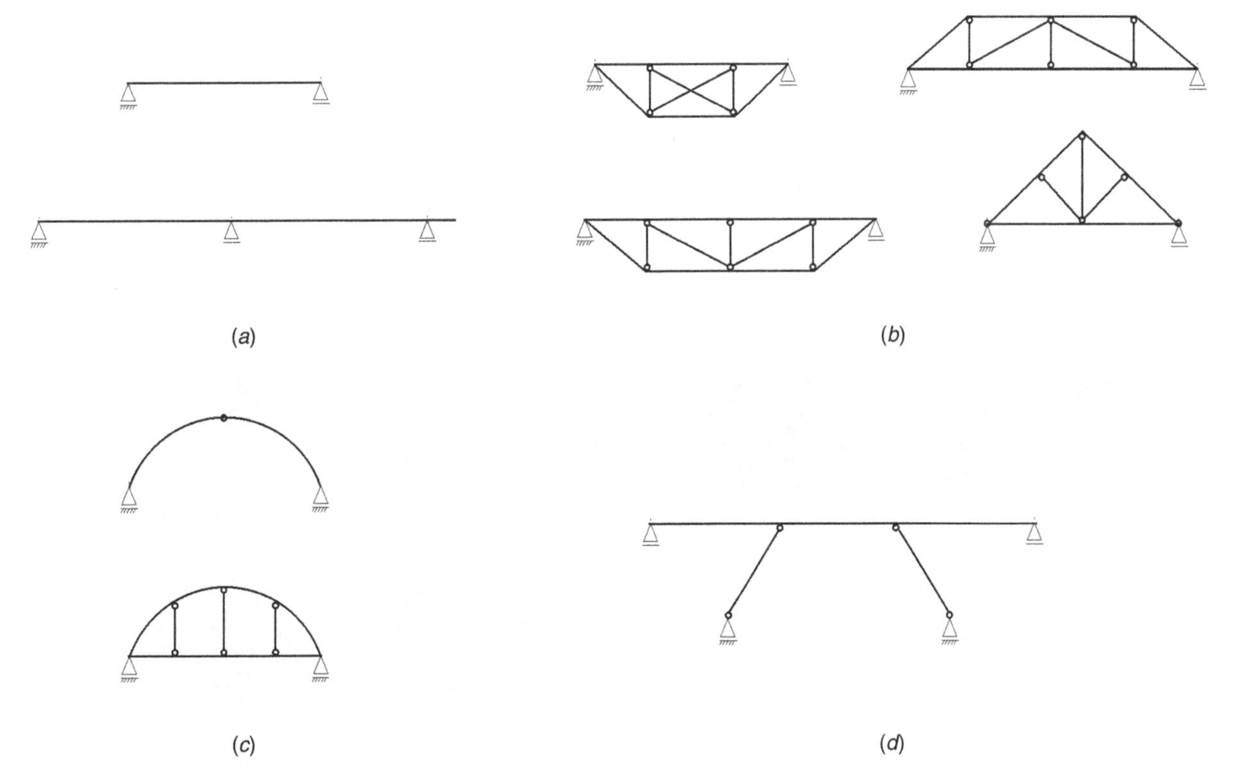

Fig. 2.20 Sistemas estruturais para pontes em madeira.

Fig. 2.21 Ponte Vechio em Bassano del Grappa, Itália, conforme projeto de 1568 do arquiteto italiano Andrea Palladio.

Fig. 2.22 Ponte de Vihantasalmi, na Finlândia.

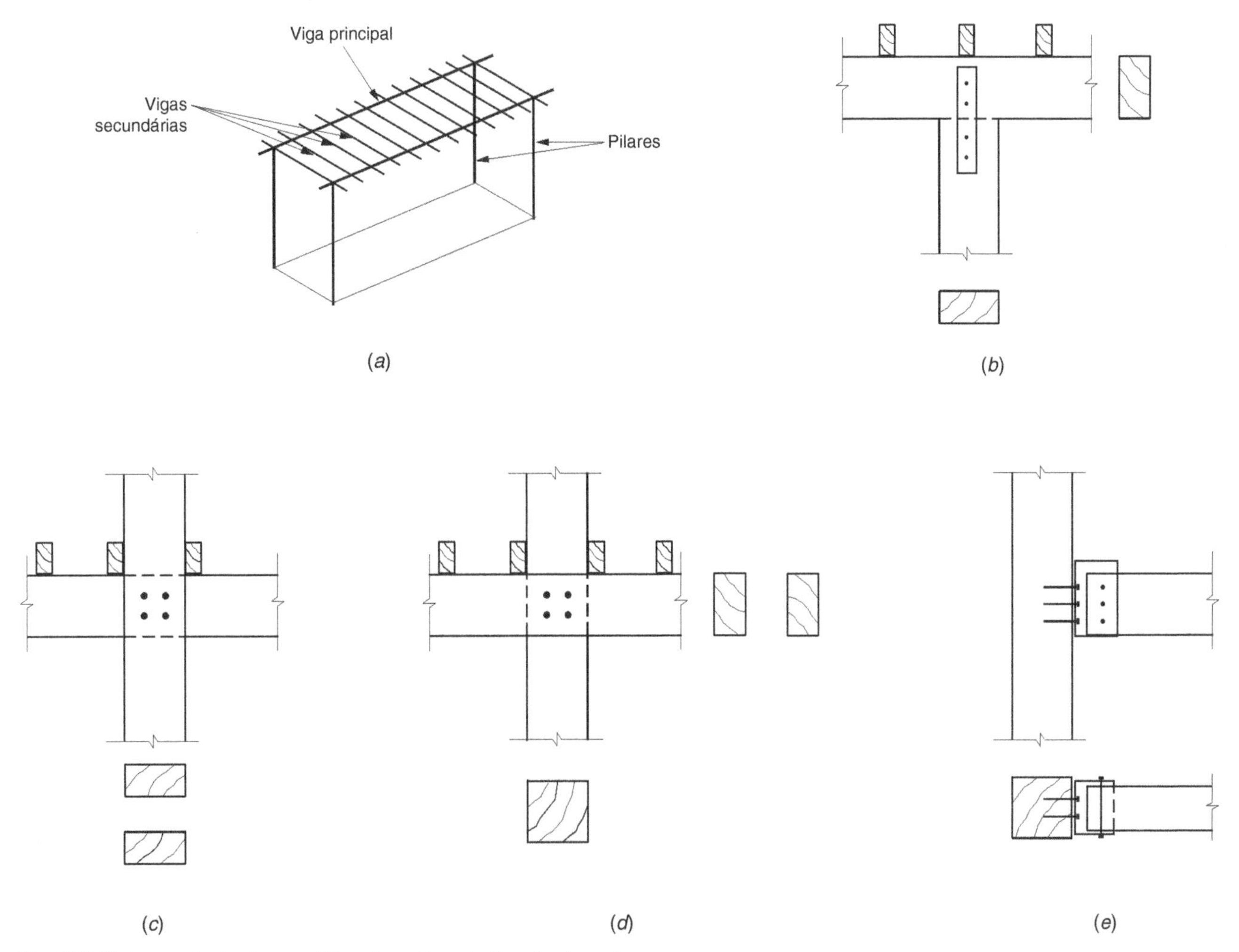

Fig. 2.23 Sistema estrutural para edificações e tipos de ligação viga-pilar.

2.9.5. ESTRUTURAS APORTICADAS PARA EDIFICAÇÕES

Os sistemas estruturais para edificações são, em geral, constituídos de grelhas planas para os pisos, com suas vigas principais apoiadas em pilares e formando com estes um sistema de pórtico espacial. As vigas secundárias do piso transferem as cargas verticais para as vigas principais e estas para os pilares, conforme mostra a Fig. 2.23. Também nesta figura encontram-se exemplificados alguns tipos de ligação viga-pilar, conforme estes elementos sejam de seção simples ou dupla. Na Fig. 2.23*b* ilustra-se uma ligação de apoio vertical da viga por contato no pilar, aplicável a uma edificação de um andar. Os esquemas com seção dupla (Figs. 2.23*c*, *d*) permitem a continuidade da viga e do pilar, e a ligação entre estes elementos pode ser feita por meio de conectores ou pinos metálicos. A Fig. 2.23*e* mostra um exemplo de apoio da viga em um berço metálico pregado no pilar.

A estabilidade da edificação tendo em vista as ações horizontais (por exemplo, vento) e os efeitos de imperfeições como desalinhamento de pilares, depende da rigidez das ligações viga-pilar. Se estas ligações forem rígidas, as cargas horizontais atuam sobre pórticos formados pelas vigas e pilares. Para as ligações viga-pilar flexíveis, aquelas que se aproximam do funcionamento de uma rótula, a estabilidade lateral da edificação depende de sistemas de contraventamento vertical como paredes diafragma ou treliçados em X, conforme ilustrado na Fig. 2.24.

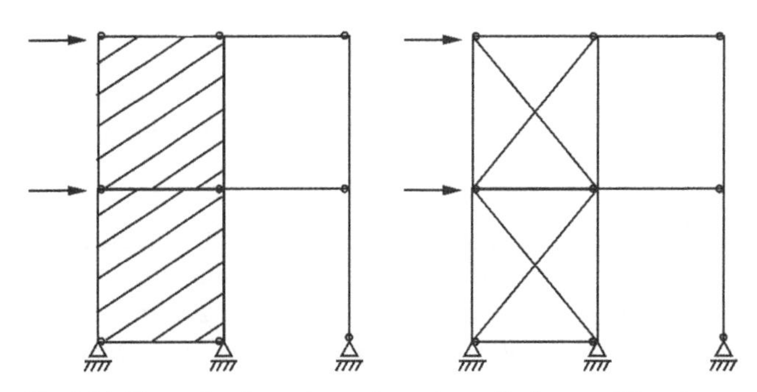

Fig. 2.24 Elementos de contraventamento vertical para edificações.

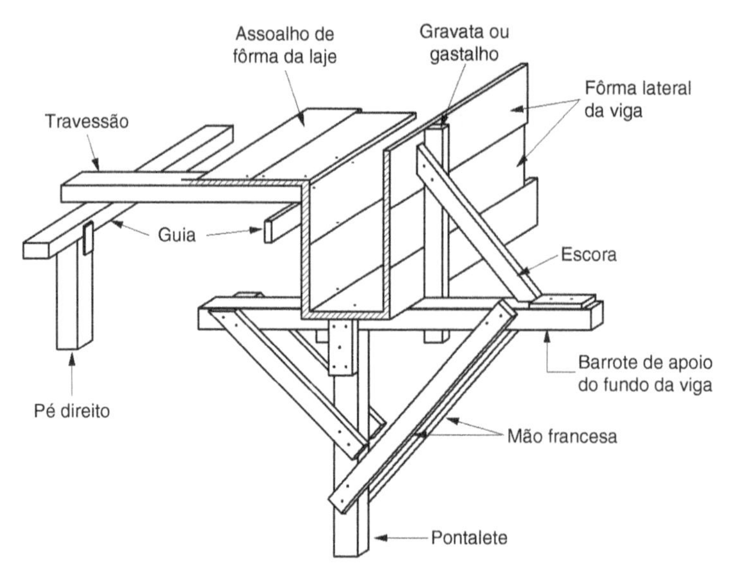

Fig. 2.25 Sistema tradicional de fôrmas de madeira para vigas e lajes em concreto (ABCP, 1944).

2.9.6. Cimbramentos de Madeira

Os cimbramentos são estruturas provisórias destinadas a suportar o peso de uma estrutura em construção até que se torne autoportante. Os cimbramentos são projetados de modo a terem rigidez suficiente para resistir aos esforços solicitantes com deformações moderadas (as deformações do cimbramento dão origem a imperfeições de execução da estrutura em construção).

As características de elevada resistência e reduzido peso específico da madeira, aliadas à facilidade de montagem e desmontagem de peças, tornaram este material vantajoso para uso em estruturas de cimbramentos. Nestas condições, a madeira foi utilizada com exclusividade nos cimbramentos de arcos e abóbadas em alvenaria de pedra desde a época do Império Romano e nas construções em concreto armado da primeira metade do século XX. Nas últimas décadas do século XX foram desenvolvidos e amplamente utilizados sistemas de cimbramento padronizados tanto em estrutura de aço quanto de madeira.

A madeira é muito utilizada atualmente em estruturas auxiliares provisórias, em fôrmas para concreto armado, em vigamento para apoio de fôrmas e em escoramentos.

As fôrmas para concreto armado eram inicialmente confeccionadas com tábuas de madeira serrada, evoluindo mais tarde para o uso de chapas de madeira compensada. Os sistemas tradicionais de fôrmas para painéis de viga e laje e seus escoramentos estão ilustrados na Fig. 2.25. No Brasil, os procedimentos e requisitos para fôrmas de madeira de estruturas de concreto de edifícios foram estabelecidos pela ABCP (Associação Brasileira de Cimento Portland, 1944). Os principais requisitos são a rigidez (para resistir às cargas de peso de concreto sem deformação apreciável) e a estanqueidade (para evitar o vazamento de nata de cimento), além da facilidade de montagem e desmontagem. O peso do concreto nas vigas e lajes é suportado por um sistema de vigas (travessas de apoio e guias) apoiadas nos montantes verticais denominados pontaletes, no caso dos painéis de viga e pés-direitos para os painéis de laje. As fôrmas laterais da viga estão sujeitas à pressão do concreto fresco e se apóiam lateralmente nas peças denominadas gravatas e escoras. A substituição de tábuas de madeira serrada por chapas de madeira compensada para os painéis de laje e de viga tem a vantagem de reduzir o número de juntas, além de permitir maior número de reusos, graças ao seu revestimento com verniz impermeável.

Para o escoramento de obras de pequena altura destaca-se o uso de madeira roliça, em especial no caso de pontes, como ilustra o esquema da Fig. 2.26. O escoramento é formado por montantes contraventados nas duas direções. No topo do escoramento, devido às irregularidades das madeiras roliças, há necessidade de se colocar calços para nivelamento do assoalho de apoio da fôrma.

Em muitos casos utilizam-se peças de madeira roliça apenas para os montantes, completando-se o cimbramento com madeira serrada. Nesta alternativa reduzem-se os problemas de nivelamento e os de ligações entre peças roliças. Na parte superior da Fig. 2.26 observam-se detalhes construtivos das fôrmas da superestrutura da ponte.

A Fig. 2.27 mostra um escoramento de viaduto de concreto executado com torres de madeira de grande altura, a maior com 40 m, e mãos-francesas.

Uma descrição completa de cimbramentos em madeira para estruturas de concreto pode ser encontrada na obra *Cimbramentos* (Pfeil, 1987).

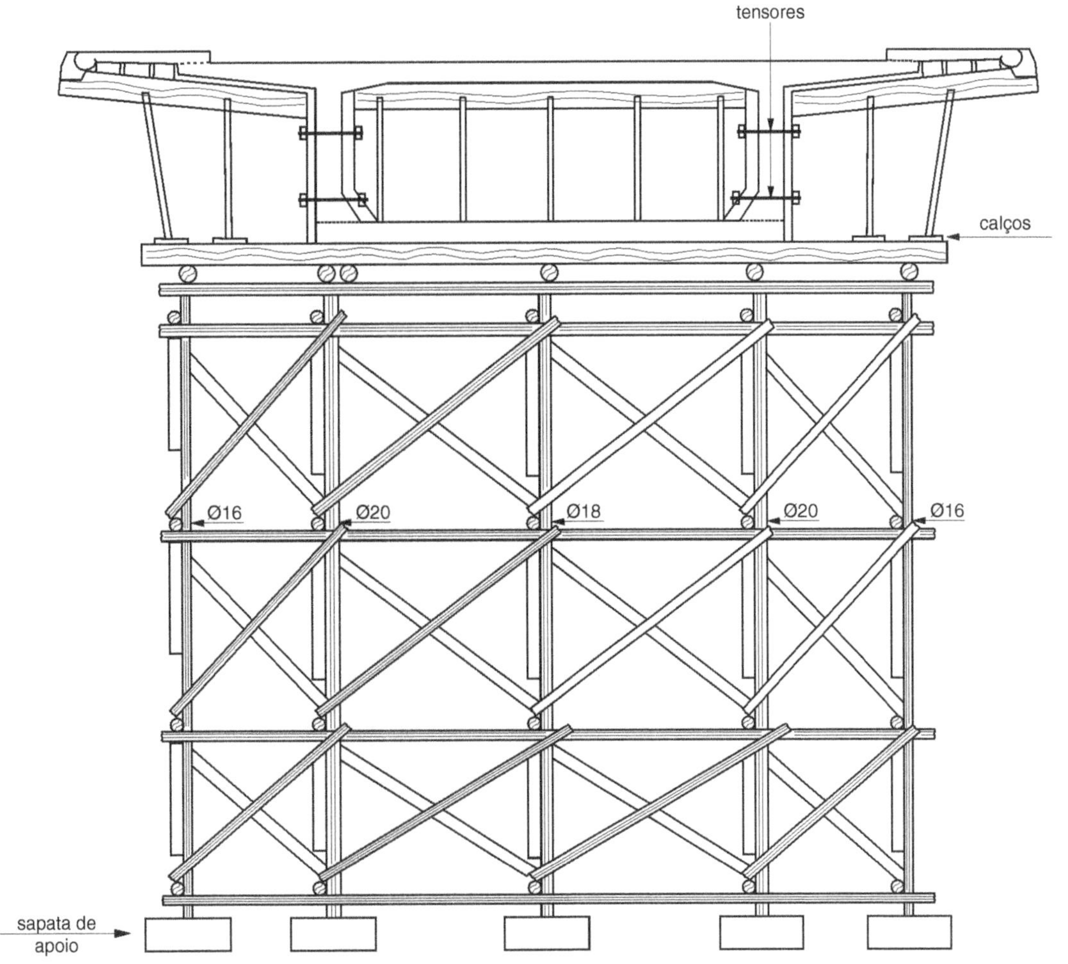

Fig. 2.26 Esquema da seção transversal de um escoramento em montantes verticais de madeira roliça, contraventados nas direções transversal e longitudinal. Na parte superior da figura estão ilustrados detalhes construtivos das fôrmas em madeira serrada.

Fig. 2.27 Escoramento em torres e mãos-francesas de madeira, para viaduto rodoviário em vigas contínuas de 30 m de vão. As torres mais altas do escoramento têm 40 m. As torres foram executadas com madeira roliça e as mãos-francesas com madeira serrada. Viaduto sobre o Vale dos Diabos, BR-158/RS. Projeto estrutural do autor. Projeto do escoramento: eng.° Viktor Boehm. Firma executora: ESBEL. Foto do autor, 1960.

2.10. PROBLEMAS PROPOSTOS

2.10.1.

Por que a madeira serrada deve passar por um período de secagem antes de ser utilizada em construções?

2.10.2.

Aponte as vantagens da madeira laminada colada sobre a madeira serrada em relação aos seguintes aspectos:
— distribuição dos defeitos ao longo das peças
— geometria das peças
— defeitos oriundos de secagem

2.10.3.

As treliças de cobertura da Fig. 2.14 estão dispostas em planos verticais paralelos e ligadas por meio de terças, contraventamentos verticais e de contraventamentos no plano do telhado. Descreva as funções estruturais destes elementos de ligação das treliças.

2.10.4.

A Fig. 2.19 mostra um sistema de pórticos paralelos ligados no plano do telhado pelas terças. Destacam-se na figura os sistemas de contraventamento. Descreva as funções estruturais do contraventamento no plano do telhado para as ações de vento nas direções longitudinal e transversal do galpão.

2.10.5.

Quais são os principais requisitos para o bom desempenho de um sistema de fôrmas ou escoramento de uma estrutura em concreto armado?

Capítulo 3

PROPRIEDADES MECÂNICAS — BASES DE CÁLCULO

3.1. INTRODUÇÃO

As propriedades *físicas* e *mecânicas* das espécies de madeira são determinadas por meio de ensaios padronizados em amostras *sem defeitos* (para se evitar a incerteza dos resultados obtidos com peças com defeitos).

No Brasil estes ensaios estão descritos no Anexo B da Norma Brasileira NBR 7190/1997, Projeto de Estruturas de Madeira. De acordo com a NBR 7190, para a caracterização completa da madeira para uso em estruturas, as seguintes propriedades devem ser determinadas por meio de ensaios:

a) resistências à compressão paralela às fibras f_c, e normal às fibras f_{cn};
b) resistências à tração paralela às fibras f_t, e normal às fibras, f_{tn};
c) resistência ao cisalhamento paralelo às fibras f_v;
d) resistências ao embutimento f_e (pressão de apoio em ligações com conectores) paralelo e normal às fibras;
e) módulo de elasticidade na compressão paralela às fibras, E_c, e módulo de elasticidade na compressão normal às fibras, E_{cn};
f) densidade básica, ρ_{bas}, que é a massa específica definida pela razão entre a massa seca e o volume saturado; e densidade aparente, $\rho_{aparente}$, calculada com a massa do corpo-de-prova a 12% de umidade.

Além dos ensaios para determinação das citadas propriedades mecânicas resistentes e de rigidez, a serem utilizadas no cálculo estrutural, outros ensaios são indicados pela NBR 7190 para caracterização das espécies de madeira:

g) estabilidade dimensional (determinação das deformações específicas de retração e inchamento — ver item 1.4.3);
h) flexão com choque — utiliza-se um pêndulo charpy medindo-se a energia absorvida pela ruptura da madeira para determinar a resistência ao impacto na flexão f_{bw};
i) fendilhamento — utilizam-se corpos-de-prova de forma especial, com tração em um só lado; a tensão de fendilhamento não é usada em cálculos, servindo apenas como parâmetro de qualidade, representativo da resistência da madeira ao fendilhamento por perda de umidade;
j) dureza — é medida pelo esforço necessário para penetração de uma esfera na direção das fibras.

As propriedades mecânicas obtidas com estes ensaios variam com o teor de umidade da amostra. Por isso deve ser determinado o teor de umidade (Eq. (1.1)) do lote de madeira para posterior ajuste dos resultados obtidos nos ensaios à condição padrão de umidade ($U = 12\%$), como descrito no item 3.3.4.

Os resultados de resistência a um certo esforço, por exemplo compressão paralela às fibras, obtidos de ensaio padronizado em vários corpos-de-prova isentos de defeitos e de mesmo teor de umidade apresentam variação estatística com distribuição aproximadamente gaussiana. Por isso os resultados dos ensaios devem ser apresentados na forma de valores característicos, associados à probabilidade de 5% de ocorrência de valores inferiores a esses.

Dos ensaios padronizados obtém-se, então, as resistências características de peças sem defeitos referidas à umidade padrão (12%). Estes valores, entretanto, não representam as propriedades mecânicas da madeira serrada utilizada em estruturas, pois estas variam ainda com diversos fatores como:

- teor de umidade;
- tempo de duração da carga;
- ocorrência de defeitos.

Conhecendo-se a variação das propriedades mecânicas em função destes fatores chega-se então aos valores de esforços resistentes a serem utilizados nos projetos.

3.2. PROPRIEDADES MECÂNICAS OBTIDAS DE ENSAIOS PADRONIZADOS

3.2.1. Ensaios de Madeira

Os ensaios para determinação das propriedades mecânicas resistentes (3.1.a-d) e de rigidez (3.1.e), a serem utilizadas no cálculo estrutural, são realizados em um mínimo de seis corpos-de-prova isentos de defeitos. Estes corpos-de-prova têm, em geral, seção retangular (5,0 × 5,0 cm) e devem ser retira-

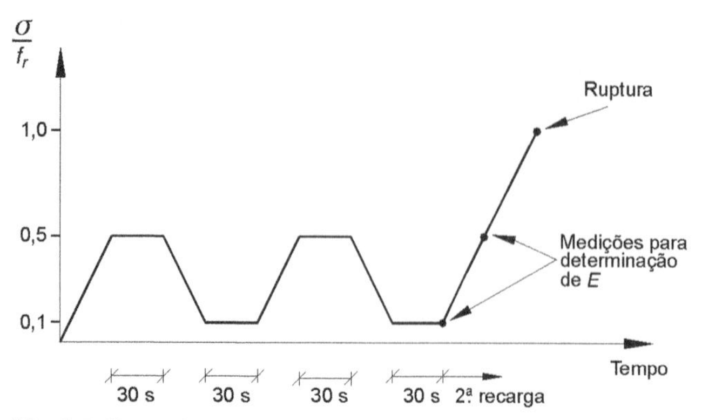

Fig. 3.1 Etapas de carregamento para determinação de tensão resistente (f_r = tensão resistente estimada e σ = tensão atuante) e módulo de elasticidade E.

dos de lotes considerados homogêneos. Inicialmente realiza-se um ensaio destrutivo em uma amostra para a estimativa do valor de resistência f_r. Com este valor os ensaios subseqüentes, de duração entre 3 e 8 minutos, em geral, seguem as etapas de carregamento ilustradas na Fig. 3.1, com dois ciclos de carga e descarga para acomodação do equipamento de ensaio. A segunda recarga segue até a ruptura configurada por colapso ou deformação excessiva.

Nas alíneas seguintes são definidas as propriedades mecânicas obtidas dos principais ensaios de madeira, conforme procedimentos indicados pela NBR 7190.

a) Compressão paralela às fibras. Utilizam-se corpos-de-prova de 5 cm × 5 cm × 15 cm, a serem submetidos às etapas de carregamento indicadas na Fig. 3.1. Com o auxílio de extensômetros mecânicos ou transdutores de deslocamentos, são realizadas medições de encurtamento Δl sobre uma base de medida l_0, conforme mostra a Fig. 3.2*a*, para determinação das deformações específicas associadas aos sucessivos estágios de carregamento. Pode-se então construir o diagrama tensão σ_c (calculada com a área da seção transversal inicial A do corpo-de-prova) × deformação ϵ. O diagrama $\sigma \times \epsilon$, mostrado na Fig. 3.2*c*, corresponde à segunda recarga indicada na Fig. 3.1, a partir de 10% da carga de ruptura estimada. Observa-se a existência de um trecho linear, no qual o comportamento do material é elástico, até a tensão limite de proporcionalidade f_{el}. A partir daí verifica-se um comportamento não-linear, o qual está associado à flambagem das fibras da madeira. Sob compressão axial as células que compõem as fibras atuam como tubos de paredes finas paralelos e colados entre si, conforme representado na Fig. 3.2*b*; o colapso envolve a fratura do material ligante e flambagem das células (Wangaard, 1979). Chamando de N_u a carga de ruptura, calcula-se a tensão de ruptura ou a resistência à compressão simples pela fórmula

$$f_c = \frac{N_u}{A}. \tag{3.1}$$

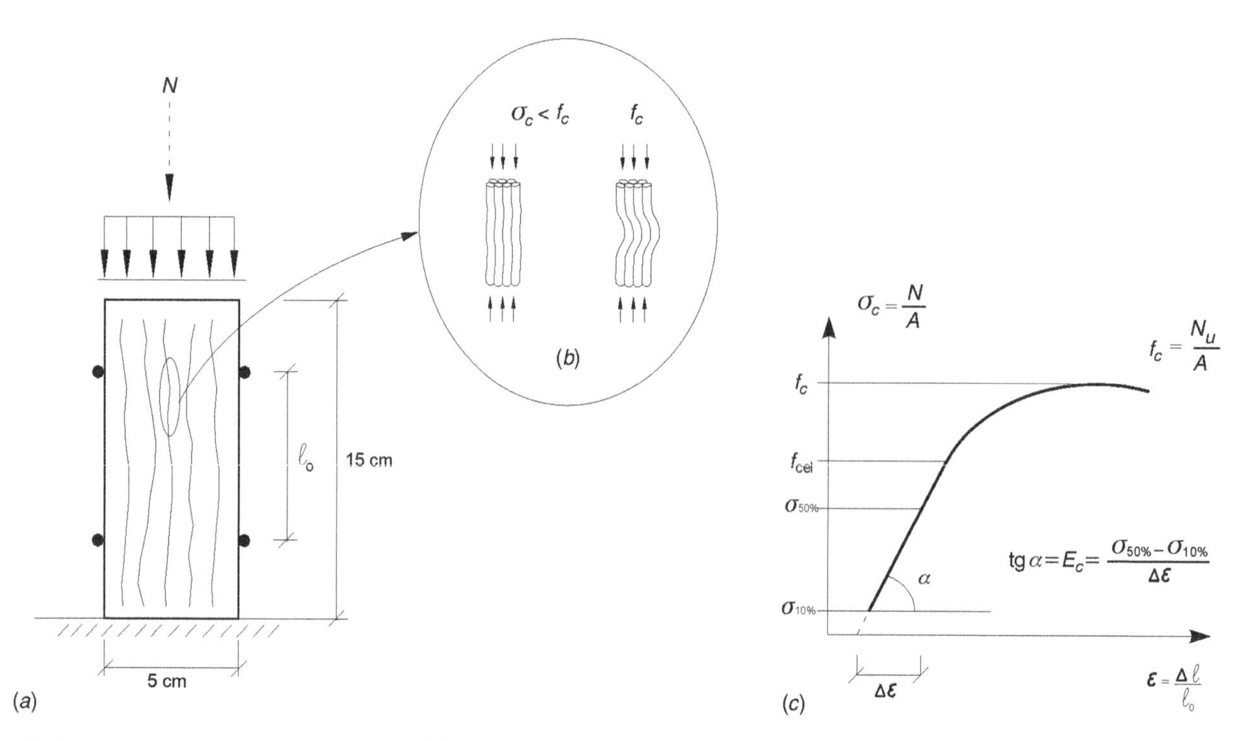

Fig. 3.2 Ensaio de compressão paralela às fibras: (*a*) esquema de ensaio; (*b*) mecanismo de ruptura associado à flambagem das fibras; (*c*) diagrama tensão × deformação.

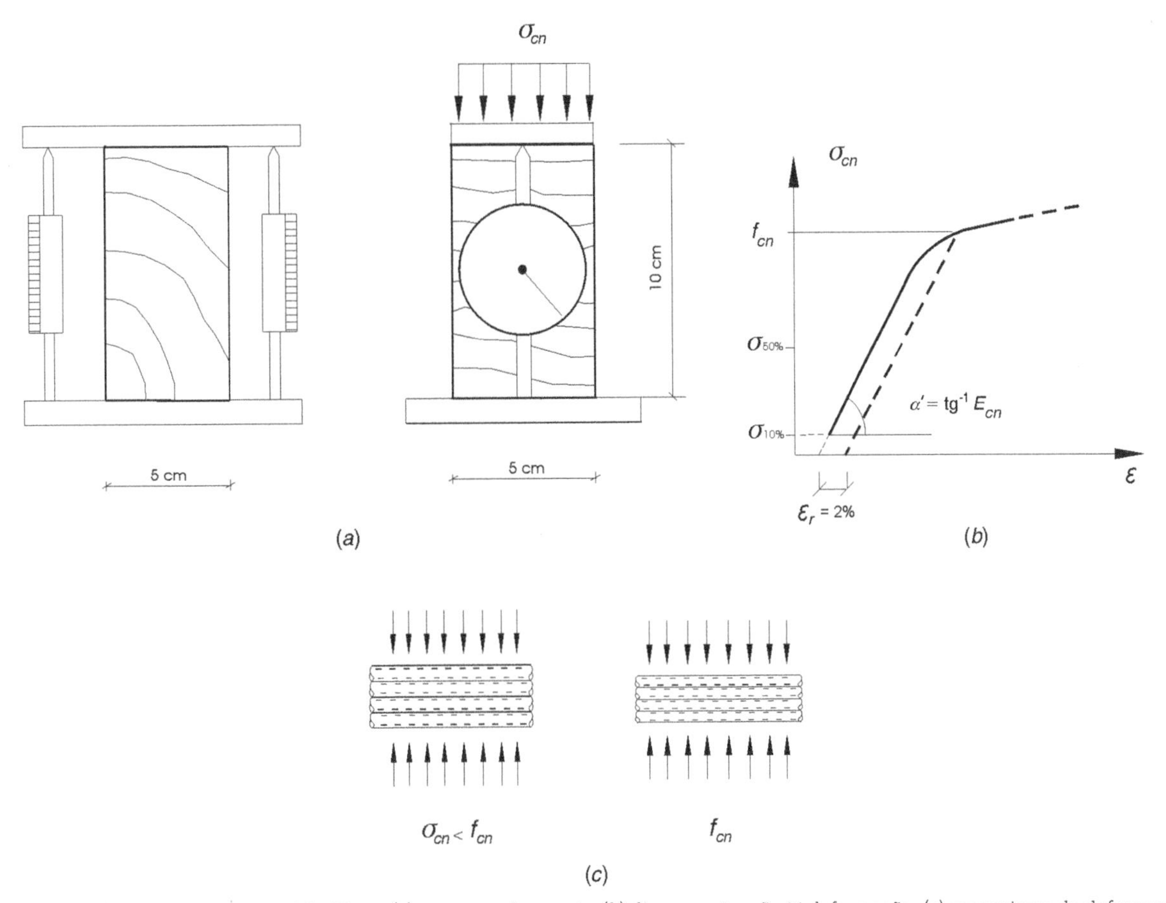

Fig. 3.3 Ensaio de compressão normal às fibras: (*a*) esquema do ensaio; (*b*) diagrama tensão × deformação; (*c*) mecanismo de deformação.

O módulo de deformação longitudinal ou de elasticidade E_c é dado pela inclinação da curva no trecho linear e é calculado com os valores de tensão e deformação correspondentes a 10% e 50% da carga de ruptura estimada para o ensaio (Fig. 3.2*b*).

b) *Compressão normal às fibras*. Utilizam-se corpos-de-prova de 10 cm × 5 cm × 5 cm, comprimindo-se transversalmente as fibras numa área de 5 cm × 5 cm, conforme esquema da Fig. 3.3a. Um ensaio em corpo-de-prova não-padronizado está ilustrado na Fig. 3.4.

As fibras, que são constituídas por células ocas, quando comprimidas transversalmente são achatadas (Fig. 3.3*c*) precocemente, apresentando grandes deformações. Este comportamento está representado no diagrama tensão × deformação (Fig. 3.3*b*) pelo patamar quase horizontal.

A resistência à compressão normal às fibras f_{cn} é definida por um critério de deformação excessiva, sendo igual à tensão correspondente a uma deformação residual ϵ_r igual a 2%. Esta resistência é cerca de 1/4 da resistência à compressão paralela às fibras. O módulo de elasticidade em compressão normal às fibras E_{cn} é determinado com procedimento semelhante ao do ensaio de compressão paralela às fibras.

c) *Tração paralela às fibras*. Os corpos-de-prova para ensaio de tração simples são torneados, com dimensões maiores na região das garras de modo a garantir que a ruptura se dê na região central. O comportamento à tração paralela às fibras é caracterizado pelo regime linear até tensões bem próximas à de ruptura f_t e por pequenas deformações. Na Fig. 3.5*b* está ilustrado, em linha cheia, o diagrama $\sigma \times \epsilon$ para tração e, em linha tracejada, o de compressão paralela às fibras. Observa-se a menor resistência à compressão, acompanhada de maiores deformações do que em tração (ruptura dúctil em compressão e frágil em tração).

d) *Cisalhamento paralelo às fibras*. São utilizados corpos-de-prova com dimensões 5,0 cm × 5,0 cm × 6,4 cm e um recorte de 2,0 cm × 1,4 cm × 5,0 cm, conforme o esquema em vista lateral da Fig. 3.6*a*.

A carga é aplicada de modo a cisalhar uma seção de 5,0 cm × 5,0 cm. Mede-se, no ensaio, a carga de ruptura F_u, donde a resistência ao cisalhamento

$$f_v = \frac{F_u}{A} \tag{3.2}$$

onde A é a área cisalhada (5,0 cm × 5,0 cm).

Fig. 3.4 Ensaio de compressão normal às fibras em corpo-de-prova não-padronizado, seguindo o esquema da Fig. 3.3.

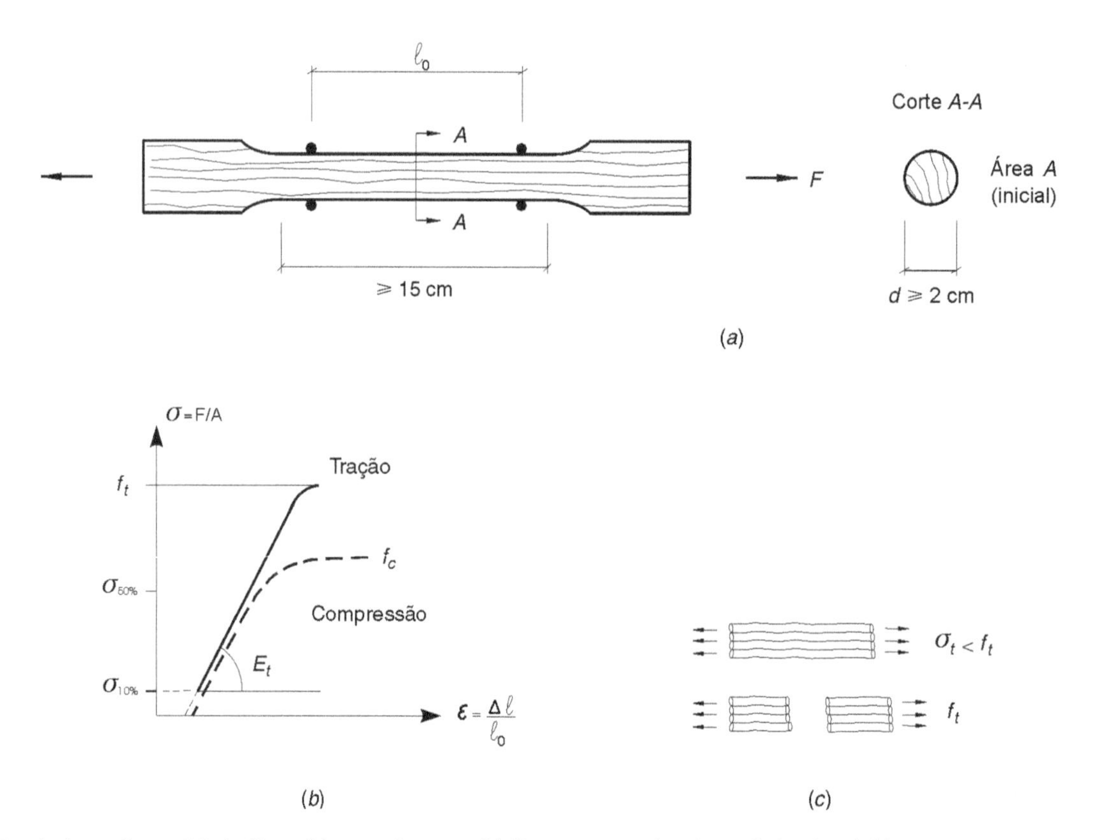

Fig. 3.5 Ensaio de tração paralela às fibras: (*a*) corpo-de-prova; (*b*) diagrama $\sigma \times \epsilon$ (tração em linha cheia); (*c*) mecanismo de ruptura.

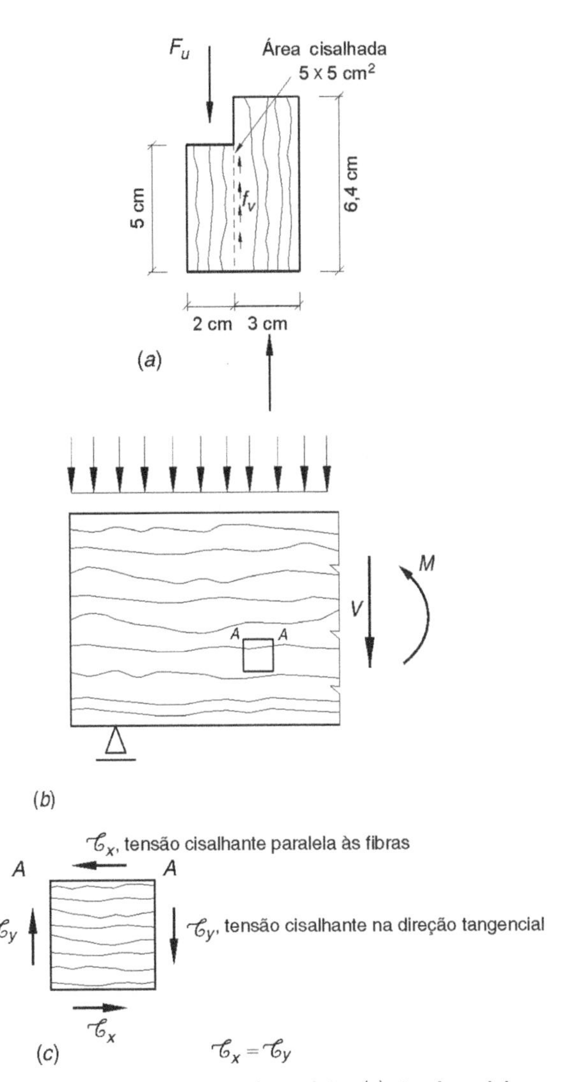

Fig. 3.6 Cisalhamento em vigas de madeira: (*a*) vista lateral do ensaio de ruptura por cisalhamento paralelo às fibras; (*b*) trecho de uma viga com cargas transversais, mostrando as solicitações atuantes numa seção da viga: esforço cortante (V), momento fletor (M); (*c*) tensões cisalhantes atuando num elemento retangular A-A da viga: τ_x = tensão cisalhante paralela às fibras, τ_y = tensão cisalhante normal às fibras.

O mecanismo de ruptura no cisalhamento paralelo às fibras envolve deslizamento entre fibras adjacentes à seção de corte.

Na Fig. 3.6*b*, mostra-se uma viga de madeira com cargas transversais, provocando tensões cisalhantes num elemento *AA*. Sabe-se, pelas condições de equilíbrio do elemento *AA*, que as tensões cisalhantes horizontais e verticais são iguais. No entanto, a resistência ao cisalhamento das madeiras na direção normal às fibras é muito maior que na direção das fibras, de modo que, nos projetos, considera-se apenas esta última.

e) *Flexão.* Utilizam-se corpos-de-prova de 5 cm × 5 cm × 115 cm, com vão de 105 cm e uma carga concentrada no meio do vão (ver Fig. 3.7).

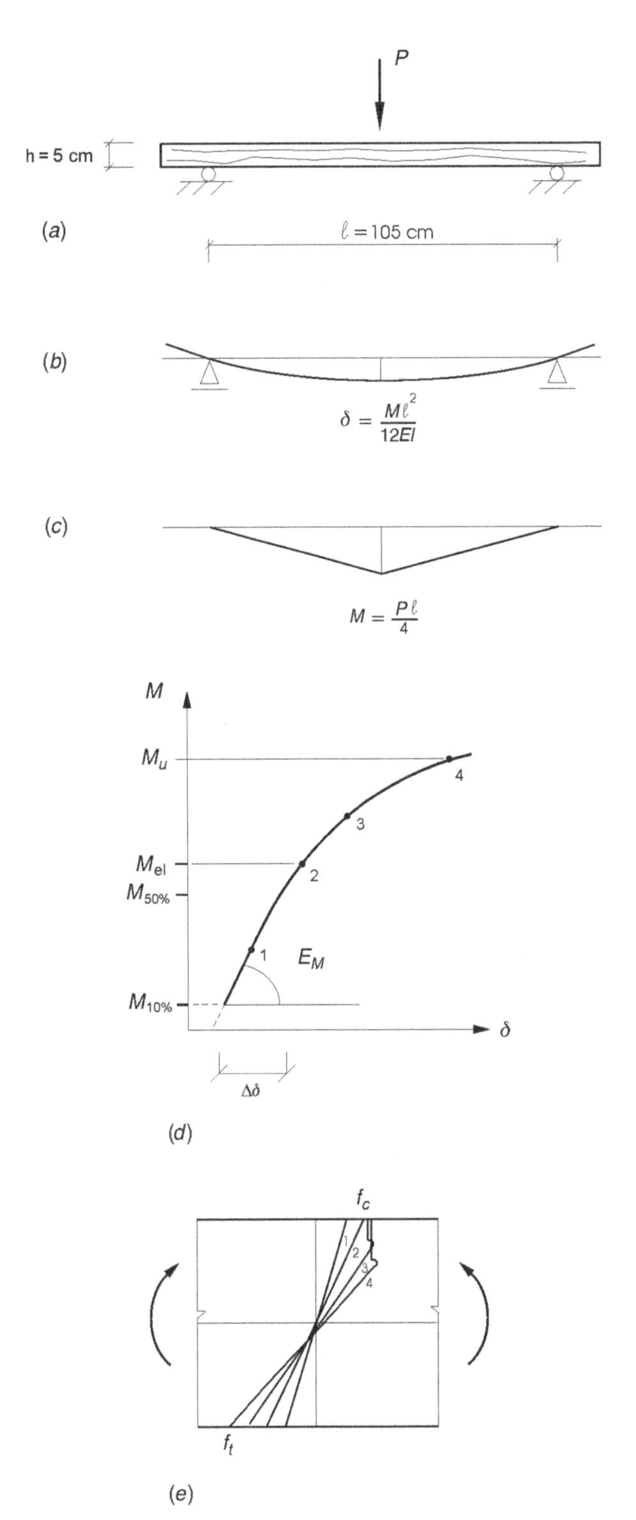

Fig. 3.7 Ensaio de flexão: (*a*) corpo-de-prova e esquema do ensaio, (*b*) configuração deformada, (*c*) diagrama de momento fletor, (*d*) diagrama momento × deslocamento no meio do vão, (*e*) diagrama da evolução das tensões de tração e compressão.

Com transdutores de deslocamentos medem-se as flechas no meio do vão para construir, para cargas crescentes, o diagrama momento × flecha (Fig.3.7*d*).

O diagrama apresenta um trecho inicial linear cuja inclinação fornece o módulo de elasticidade na flexão E_M através da equação

$$E_M = \frac{(M_{50\%} - M_{10\%})}{\Delta\delta} \frac{l^2}{bh^3} \quad (3.3)$$

Na flexão, as fibras são solicitadas à tração ou compressão axial e ainda a cisalhamento (Fig. 3.6). Sendo a madeira um material não-homogêneo, este módulo de elasticidade E_M, chamado aparente, é um pouco menor do que aquele obtido com o ensaio de compressão paralela às fibras E_c. Na impossibilidade de realizar este ensaio de compressão, pode-se obter E_c a partir de E_M por meio de relações conhecidas (ver item 3.2.2).

Com o valor do momento de ruptura M_u, calcula-se a resistência à flexão f_M, tensão nominal dada pela fórmula clássica de resistência dos materiais:

$$f_M = \frac{M_u}{W} = \frac{6M_u}{bh^2} \quad (3.4)$$

A tensão resistente f_M é chamada nominal, pois é obtida com uma equação válida em regime elástico aplicada ao valor M_u de ruptura do momento fletor, para o qual as tensões de tração e compressão encontram-se em regime inelástico. A Fig. 3.7*e* ilustra a evolução das tensões de tração e compressão na seção, com base nos diagramas $\sigma \times \varepsilon$ obtidos dos ensaios a tração e compressão simples (Figs. 3.2 e 3.5). Para tensões menores que os valores de tensão limite de proporcionalidade f_{el}, o diagrama de tensões na seção é linear. Após σ_c atingir a tensão $f_{c\,el}$ ocorre a plastificação da região comprimida. A ruptura se inicia por flambagem local das fibras mais comprimidas, o que provoca rebaixamento da linha neutra, aumentando as tensões nas fibras tracionadas; a peça rompe-se afinal por tração na fibra inferior.

O processo de flambagem progressiva das fibras depende da altura da região comprimida, de forma que ensaios com vigas de menor altura produzem maiores valores de f_M para uma mesma espécie de madeira. Por isso, o uso em projeto de estruturas dos valores de f_M obtidos nestes ensaios de pequenas peças sem defeito requer a correção por um fator de escala, como de fato recomendam as normas européia e norte-americana.

Na Fig. 3.8*b* são apresentados os resultados numéricos do ensaio de flexão ilustrado na Fig. 3.8*a*, efetuado com corpo-de-prova em pinho-do-paraná sem defeitos com dimensões padronizadas por norma americana (ASTM).

Observam-se, na Fig. 3.8*b*, os cálculos para determinação de valores de E_M e f_M correspondentes a este ensaio. Nota-se ainda que o momento M_{el}, correspondente ao limite do regime linear de tensões, é igual a 50% do momento último M_u. A tensão limite de proporcionalidade f_{el} é obtida com a Eq. 3.4, substituindo-se M_u por M_{el}.

(*a*)

Fig. 3.8 Ensaio de flexão estática em peça de pinho-do-paraná sem defeito, com dimensões padronizadas ASTM (realizado pelo Autor): (*a*) montagem; (*b*) resultados do ensaio.

f) *Tração perpendicular às fibras*. A madeira raramente é solicitada à tração perpendicular às fibras. A solicitação aparece, entretanto, em algumas ligações e em vigas curvas de madeira laminada colada. O ensaio é feito em corpos-de-prova do tipo indicado na Fig. B.16 da NBR 7190.

A resistência à tração perpendicular às fibras (f_{tn}) é pequena, dependendo da resistência da lignina como material ligante. Por isso devem ser evitadas situações que envolvam esta solicitação.

3.2.2. Variação estatística das propriedades mecânicas de peças sem defeito

Sendo a madeira um material natural, sujeito à influência de diversos fatores ambientais, é natural que as suas propriedades mecânicas apresentem variações. Os resultados experimentais de n amostras distribuem-se aproximadamente segundo uma curva de Gauss, podendo ser definidos os seguintes valores:

resistência média: $$f_m = \frac{\Sigma f_i}{n}, \quad i = 1, n \quad (3.5)$$

desvio-padrão: $$\sigma = \sqrt{\frac{\Sigma (f_m - f_i)^2}{n}}, \quad i = 1, n \quad (3.6)$$

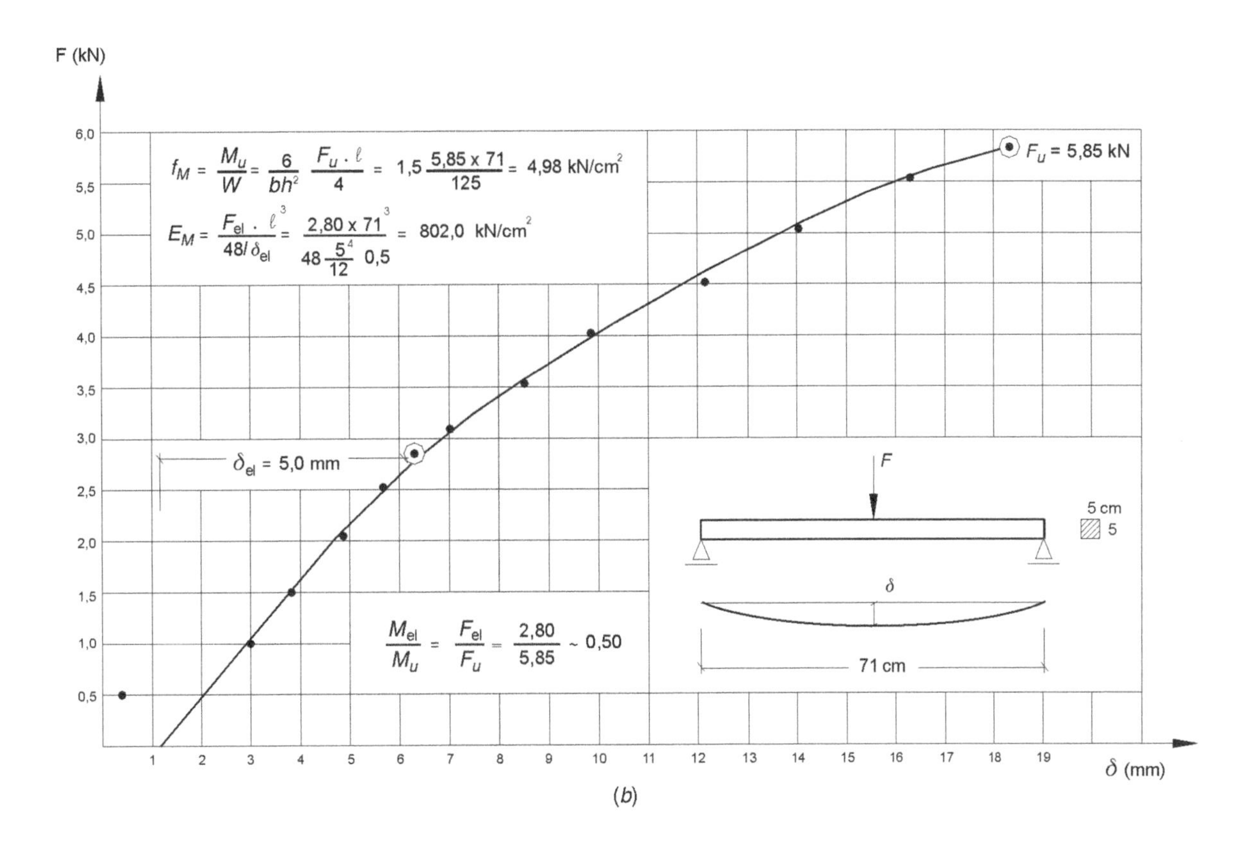

(b)

coeficiente de variação: $$\delta = \frac{\sigma}{f_m} \quad (3.7)$$

A resistência mínima é fixada estatisticamente, admitindo-se que uma certa porcentagem dos resultados possa ficar abaixo do mínimo. Em geral, adota-se um valor de 5% para essa porcentagem, definindo-se, então, a resistência mínima, denominada *resistência característica*, pela expressão:

$$f_k = f_m - 1{,}645\sigma = f_m(1 - 1{,}645\delta) \quad (3.8)$$

A análise estatística dos resultados de ensaios de peças isentas de defeitos revelou os coeficientes de variação (δ) da Tabela 3.1, com os quais é possível calcular a relação f_k/f_m, segundo a Eq. 3.8.

Para as resistências a solicitações normais paralelas às fibras, pode adotar-se a relação

$$f_k/f_m = 0{,}70 \quad (3.9)$$

3.2.3. Correlação entre as Propriedades Mecânicas

O *módulo de elasticidade* E_c, na direção das fibras, é medido no ensaio de compressão (item 3.2.1*a*). O módulo E_c pode também ser avaliado através das seguintes expressões que o relacionam com o módulo aparente E_M medido no ensaio de flexão (item 3.2.1*e*) (NBR 7190, 1996):

coníferas $$E_M = 0{,}85E_c \quad (3.10a)$$

Tabela 3.1 Variação estatística dos resultados de ensaios de peças isentas de defeitos. Relação entre resistência característica e resistência média (ASTM D2555, 1992)

Propriedade medida em ensaios	Coeficiente de variação (δ)	f_k/f_m
Resistência à flexão (f_M)	16%	0,74
Módulo de elasticidade (E)	22%	0,64
Resistência à compressão paralela às fibras (f_c)	18%	0,70
Resistência à compressão perpendicular às fibras (f_{cn})	28%	0,54
Resistência ao cisalhamento (f_v)	14%	0,77
Peso específico (γ)	10%	0,84

dicotiledôneas $$E_M = 0{,}90E_c \quad (3.10b)$$

Os módulos de elasticidade, nas *direções radial* (E_r) e *tangencial* (E_t), em geral, não têm importância nas estruturas de madeira, sendo porém utilizados para calcular as propriedades elásticas de madeiras compensadas. Podem ser adotadas as seguintes relações aproximadas:

$$E_t \simeq 5\%E_c \qquad E_r \simeq 10\%E_c \quad (3.11)$$

Pode-se adotar um módulo E_n, em qualquer direção perpendicular às fibras, dado pela fórmula aproximada:

$$E_n \simeq 5\%E_c \quad (3.12)$$

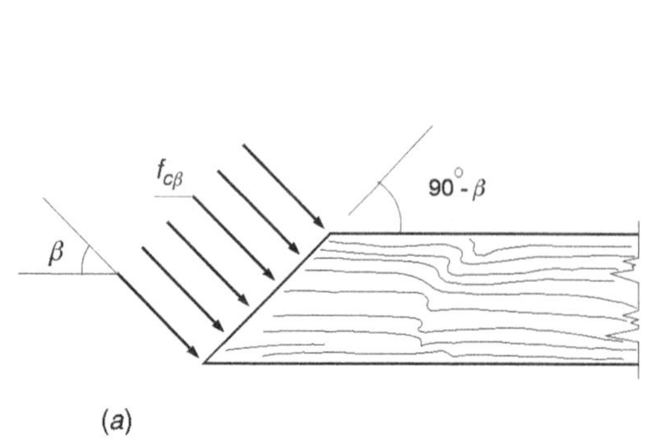

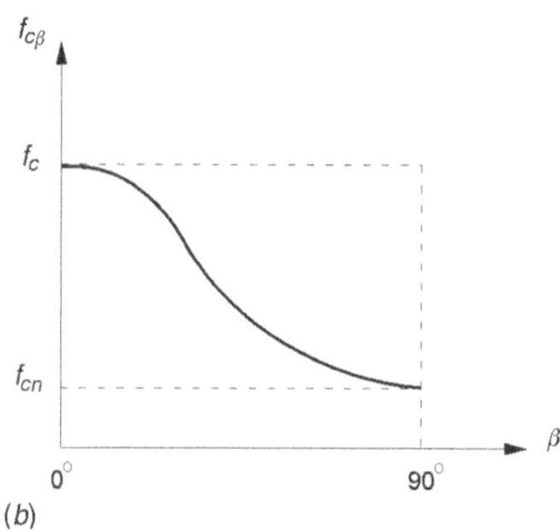

Fig. 3.9 Resistência à compressão (ou tração) inclinada às fibras: (a) tensão inclinada de β em relação às fibras; (b) gráfico da equação de Hankinson (Eq. 3.14).

TABELA 3.2 Relações entre valores característicos de tensões resistentes

$f_{c,k}/f_{t,k}$	=	0,77
$f_{M,k}/f_{t,k}$	=	1,0
$f_{cn,k}/f_{c,k}$	=	0,25
$f_{v,k}/f_{c,k}$ (coníferas)	=	0,15
$f_{v,k}/f_{c,k}$ (dicotiledôneas)	=	0,12

O *módulo de cisalhamento G* entre a direção longitudinal das fibras e uma direção normal — tangencial ou radial — vale aproximadamente

$$G_{lt} \simeq G_{lr} \cong 7\%E \tag{3.13}$$

A *resistência à ruptura por tração* paralela às fibras (f_t) é aproximadamente igual à tensão resistente à flexão (f_M), dada pela Eq. 3.4. Os valores tabelados de resistência à ruptura por tração são geralmente obtidos nos ensaios de flexão, em virtude da dificuldade em se preparar corpos-de-prova de tração simples.

O *limite de proporcionalidade* (f_{el}) obtido nos ensaios de flexão coincide aproximadamente com a resistência à ruptura dada pelo ensaio de compressão axial de peças curtas. Explica-se esta coincidência pelo fato de que as fibras externas no bordo comprimido atingem seu limite de resistência quando $M = M_{el}$, transferindo cargas para as fibras mais profundas quando o momento aumenta. O diagrama M, δ (Fig. 3.7) torna-se inelástico para $M > M_{el}$, como pode ser observado na curva experimental da Fig. 3.8*b*.

A Tabela 3.2 apresenta relações entre valores característicos de tensões resistentes (NBR 7190).

A resistência a tensões de *compressão* (ou tração) *inclinadas* em relação às fibras ($f_{c\beta}$ ou $f_{t\beta}$) pode ser relacionada empiricamente às resistências à compressão (ou tração) paralela (f_c) e normal (f_{cn}) às fibras, pela fórmula de Hankinson (ver Fig. 3.9):

$$f_{c\beta} = \frac{f_c \times f_{cn}}{f_c \operatorname{sen}^2 \beta + f_{cn} \cos^2 \beta} \tag{3.14}$$

Verifica-se no gráfico da Eq. 3.14 ilustrado na Fig. 3.9 que pequenos acréscimos de inclinação promovem substancial redução de resistência paralela às fibras.

Por outro lado, para inclinações próximas a 90° há pouca variação de resistência.

3.3. VARIAÇÃO DAS PROPRIEDADES MECÂNICAS DE MADEIRAS DE CADA ESPÉCIE

3.3.1. FATORES DE MAIOR INFLUÊNCIA

As propriedades mecânicas da madeira de cada espécie são influenciadas por diversos fatores, dentre os quais os mais importantes são:

- posição na árvore, defeitos na textura da madeira, decomposição;
- umidade;
- tempo de duração da carga.

3.3.2. POSIÇÃO DA PEÇA NA ÁRVORE

A posição da peça na árvore influi na resistência. A resistência (e também a densidade) da madeira é maior na base da árvore e nas camadas interiores do tronco, entre a medula e o anel anual médio. Em geral, as peças de maior resistência correspondem a uma rapidez média de crescimento (cerca de 10 anéis anuais por centímetro de raio), com maior percentagem de madeira escura (madeira de verão) nos anéis.

3.3.3. INFLUÊNCIA DE DEFEITOS SOBRE A RESISTÊNCIA

Os defeitos de textura têm enorme influência na resistência das peças estruturais, em geral reduzindo-a em relação aos corpos-de-prova isentos de defeitos. Os nós têm efeito predominante na redução de resistência à tração, reduzindo também em menor escala as resistências à compressão e ao cisalhamento. Defeitos decorrentes de secagem e decomposição também reduzem a resistência.

A presença de *fibras reversas* reduz a resistência de uma peça estrutural, sobretudo nas partes tracionadas. As tensões de tração, quando atuam em fibras reversas, produzem um componente de tração transversal às fibras, o que tende a separá-las, provocando uma fenda. Na Tabela 3.3, verifica-se o efeito das fibras reversas sobre a resistência da madeira (ver também a Fig. 3.9).

A presença de *nós* produz concentração de tensões e reduz a resistência da madeira sobretudo pelos desvios locais de direção das fibras. A redução de resistência é maior na tração do que na compressão. A influência dos nós na resistência depende da porcentagem de uma seção ocupada pelos nós e da posição relativa dos mesmos. No caso de flexão, os nós situados na região do eixo neutro têm pequena influência, enquanto os situados próximo ao bordo tracionado reduzem sensivelmente a resistência.

A presença de *nós* e fibras reversas reduz substancialmente a resistência à tração paralela às fibras. Por isso, em peças de madeira serrada de dimensões estruturais, a tensão resistente à tração paralela às fibras pode ser menor do que a de compressão, muito embora os resultados de ensaios em peças sem defeitos indiquem o contrário (ver a Fig. 3.5).

As *fendas* e *ventas* têm influência pronunciada na resistência da madeira ao cisalhamento paralelo às fibras. No caso de colunas, sujeitas a cargas de compressão axial ou de pequena excentricidade, a influência das fendas e ventas é secundária.

TABELA 3.3 Resistência de fibras reversas, em porcentagem da resistência de fibras paralelas (Bodig, Jayne, 1982)

Inclinação das fibras reversas	Porcentagem de resistência — Flexão ou tração paralela às fibras	Porcentagem de resistência — Compressão paralela às fibras
1:6	40	56
1:8	53	66
1:10	61	74
1:12	69	82
1:14	74	87
1:15	76	100
1:16	80	
1:18	85	
1:20	100	

Para fixação de *tensões resistentes de projeto*, as peças estruturais são classificadas em *categorias*, conforme a incidência de defeitos. O assunto será tratado no item 3.5.

3.3.4. INFLUÊNCIA DA UMIDADE SOBRE A RESISTÊNCIA

A umidade tem grande efeito sobre as propriedades das madeiras. Com o aumento da umidade, a resistência diminui até ser atingido o ponto de saturação das fibras; acima desse ponto, a resistência mantém-se constante. Na Fig. 3.10, vê-se um diagrama de variação da resistência à compressão com a umidade.

Acima do ponto de saturação das fibras (30% de umidade), volume e o peso específico da madeira não são influenciados pelo grau de umidade, resultando numa resistência praticamente constante. Com a secagem da peça abaixo do ponto de saturação das fibras, observa-se redução de volume e aumento do peso específico e da resistência.

As propriedades começam a aumentar quando a umidade fica abaixo de um grau entre 22% e 28%, podendo considerar-se um valor médio de 25%. A variação abaixo de 25% de umidade pode ser representada por uma lei logarítmica ou, aproximadamente, por uma lei linear.

Pode considerar-se aproximadamente linear a variação das propriedades da madeira com a umidade entre 2% e 25%. Na Tabela 3.4 indica-se a porcentagem de mudança de diversos parâmetros de resistência por 1% de variação da umidade.

Conhecendo-se a lei de variação das propriedades da madeira com o grau de umidade, podem-se fazer as determinações experimentais em peças de madeira seca ao ar, corrigindo-se os valores para a umidade na condição padrão, $U = 12\%$.

De acordo com a Norma Brasileira NBR 7190, os valores de resistência f_U obtidos de ensaios em corpos-de-prova com teores de umidade U entre 10% e 20% podem ser corrigidos para o teor de umidade padrão de 12%, f_{12}, admitin-

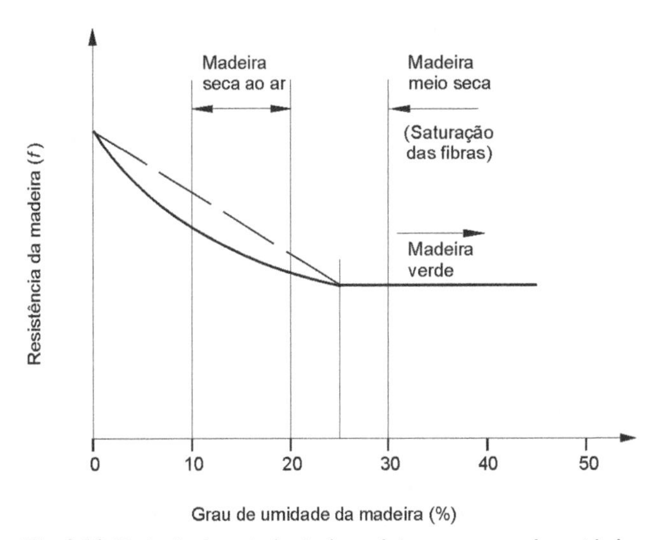

Fig. 3.10 Variação da resistência da madeira com o grau de umidade.

TABELA 3.4 Variação de resistência da madeira para cada 1% de redução da umidade* abaixo do ponto de saturação das fibras (Bodig, Jayne, 1982)

Resistência	% de mudança para 1% de variação da umidade
Compressão paralela à fibra	
limite de proporcionalidade (f_{el})	5
resistência (f_c)	6
Compressão perpendicular à fibra, limite de proporcionalidade	5,5
Cisalhamento	
resistência (f_v)	3
Flexão estática	
limite de proporcionalidade	5
resistência à flexão (f_M)	4
módulo de elasticidade (E_M)	2

*A variação pode ser considerada linear entre 2% e 25% de umidade.

do-se 3% de variação na resistência para 1% de variação da umidade:

$$f_{12} = f_U\left[1 + \frac{3}{100}(U - 12)\right] \quad (3.15a)$$

onde U é expresso em percentual. Para o módulo de elasticidade a correção é feita admitindo-se 2% de variação:

$$E_{12} = E_U\left[1 + \frac{2}{100}(U - 12)\right] \quad (3.15b)$$

3.3.5. INFLUÊNCIA DO TEMPO DE DURAÇÃO DE CARGA SOBRE A RESISTÊNCIA. RUPTURA RETARDADA

A resistência das madeiras (f) é determinada em ensaios, nos quais o carregamento atua durante cerca de cinco minutos. Aplicando-se uma carga inferior a esta resistência durante um período longo, observa-se que a madeira pode romper, após alguns dias ou meses (*ruptura retardada*). Por outro lado, se uma peça é rompida sob impacto, sua tensão resistente será maior do que a obtida no ensaio de curta duração (5 min).

O trabalho clássico sobre o assunto foi realizado na década de 1940 no Forest Products Laboratory, em Madison, Estados Unidos, e publicado em 1951. A partir de corpos-de-prova sem defeitos submetidos à flexão estabeleceu-se a relação entre o tempo de duração da carga e a resistência, como ilustra a Fig. 3.11, em que o tempo está expresso em escala logarítmica. Designando-se $f_{5\min}$ a tensão resistente obtida em ensaios de curta duração, quando se aplica uma tensão 0,62 $f_{5\min}$, a peça se rompe com 10 anos de atuação da carga.

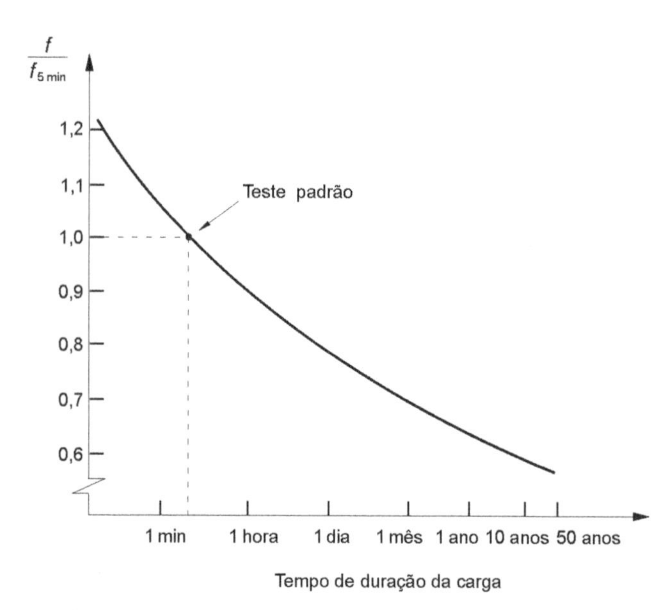

Fig. 3.11 Variação da resistência, referida à resistência obtida de ensaios rápidos, com o tempo de duração da carga.

A perda de resistência com o tempo de duração da carga pode ser encarada como um fenômeno de acumulação de danos, tal como na fadiga dos materiais sob cargas cíclicas, só que para ação de cargas permanentes (Foschi, 2000).

É notável a influência da umidade da madeira neste fenômeno: para uma mesma deformação, uma peça com maior grau de umidade terá sua vida útil reduzida em relação à outra peça de menor grau de umidade.

3.3.6. FLUÊNCIA DA MADEIRA

A madeira é um material viscoelástico, ou seja, sua deformação sob esforços depende do histórico do carregamento, como ilustrado na Fig. 3.12. Para uma carga constante, aplicada em um intervalo de tempo Δt, uma peça de material elástico apresenta deformação constante, retornando à sua configuração original ao término do carregamento. Já a peça de material viscoelástico apresenta, além da deformação elástica, um acréscimo de deformação com o tempo, mesmo com a carga sendo mantida constante. Ao ser retirada a carga, somente uma parte da deformação é recuperada, mantendo-se um resíduo de deformação variável com o tempo.

A madeira sofre, portanto, deformação lenta (fluência), sob a ação de cargas de atuação demorada.

Considerando-se a ação de um carregamento crescente e mantido constante após um certo intervalo de tempo em uma peça de madeira, ilustra-se, na Fig. 3.13, a variação de uma deformação com o tempo. Para valores de carga que produzem altas tensões (curva 1), a deformação cresce uniformemente até a proximidade da ruptura, quando se verifica acentuado incremento da deformação. Para cargas usuais da prática de projeto (curva 2), além da deformação elástica δ_{el} ob-

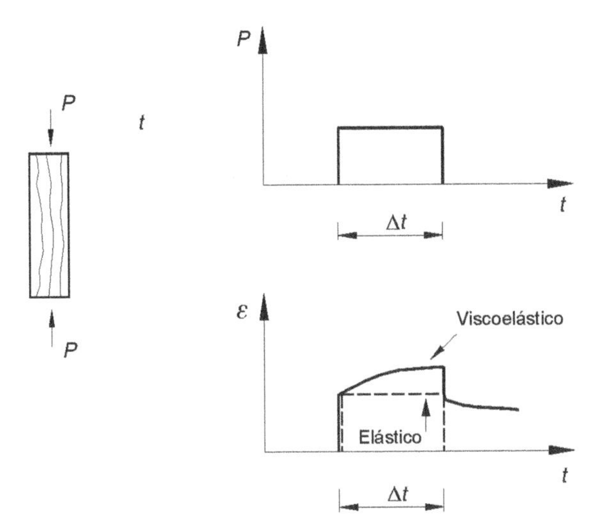

Fig. 3.12 Comportamento de material viscoelástico sob carga constante.

serva-se a deformação de fluência δ_c que cresce assintoticamente, estabilizando-se a deformação total δ_{tot} num valor:

$$\delta_{tot} = \delta_{el} + \delta_c \cong \delta_{el}(1 + \varphi) \qquad (3.16)$$

onde φ é o coeficiente de fluência.

As deflexões das peças de madeira, a longo prazo, podem ser estimadas com um módulo de elasticidade efetivo ($E_{c\,ef}$) reduzido em relação ao valor médio E medido em ensaios rápidos:

$$E_{c\,ef} \simeq \frac{1}{(1+\varphi)} E \qquad (3.17)$$

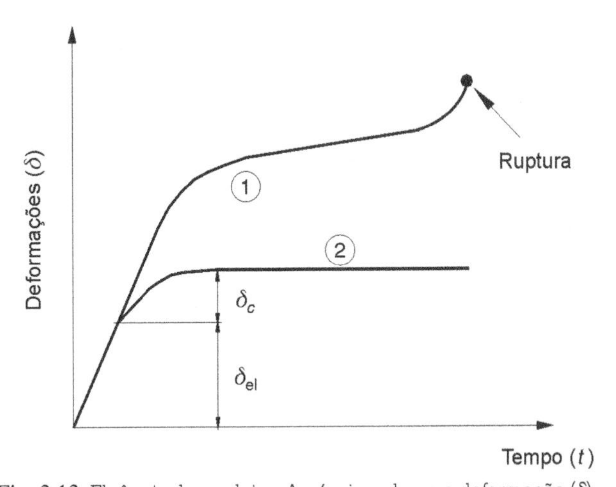

Fig. 3.13 Fluência da madeira. Acréscimo de uma deformação (δ) com o tempo (t) de atuação da carga: (1) curva correspondente a uma carga que produz ruptura retardada; a deformação cresce uniformemente, apresentando acentuado incremento próximo à ruptura; (2) curva correspondente a uma carga inferior à da curva 1; a deformação elástica imediata (δ_{el}) é acrescida de uma deformação de fluência (δ_c), que se estabiliza.

O comportamento reológico da madeira é bastante complexo pois depende dos seguintes fatores:

- características físicas da madeira (densidade, retração);
- nível de tensão;
- histórico do carregamento;
- tempo;
- grau de umidade;
- variação do grau de umidade;
- temperatura.

A caracterização da influência destes fatores sobre a deformação da madeira é, atualmente, objeto de intensas pesquisas científicas (Moslier, 1994), com a finalidade de propor modelos confiáveis para o cálculo do coeficiente de fluência φ a serem adotados pelas normas de projeto. De acordo com a NBR 7190, o coeficiente de fluência para madeira serrada, compensada ou laminada colada referido a 10 anos pode variar entre 0,5 e 2,0, dependendo da carga e das condições ambientais (ver a Tabela 3.17).

3.3.7. Relaxação da Madeira

Impondo-se à madeira uma deformação, mantida constante, a tensão elástica inicial sofre relaxação, sendo reduzida em relação ao valor inicial. O fenômeno de relaxação é governado pelas mesmas características reológicas do material que governam a fluência.

3.3.8. Influência da Temperatura sobre a Resistência

A resistência das madeiras é afetada pela temperatura, observando-se uma redução de resistência com elevação de temperatura e vice-versa. Considerando-se uma peça de madeira com umidade normal (15%) a 20°C, observa-se um aumento, ou redução, na resistência, da ordem de 0,5% e 1% por decréscimo ou acréscimo de um grau centígrado de temperatura, em um intervalo de −15°C a +70°C. Para exposições temporárias às variações de temperatura, nesse intervalo, as flutuações de resistência são também temporárias.

Nas condições normais de obras de madeira, as flutuações de temperatura são transitórias, não havendo necessidade de se considerar, nos projetos, o efeito temperatura sobre a resistência.

3.3.9. Resistência à Fadiga da Madeira (Ação de Cargas Cíclicas)

A resistência à fadiga de materiais fibrosos, como a madeira, é em geral superior à dos materiais cristalinos, como os metais.

Ensaios de fadiga, à tração simples, realizados em madeiras duras e macias, revelaram que, para ciclos de carregamento com $\sigma_{mín} = 10\%\ \sigma_{máx}$, a tensão $\sigma_{máx}$ da ruptura, após 30 milhões de ciclos, é da ordem de 50% de resistência medida em ensaios estáticos.

Os ensaios de flexão com tensões repetidas ($\sigma_{mín} = 10\%\ \sigma_{máx}$) revelam que, se a tensão máxima aplicada for inferior ao limite de proporcionalidade (item 3.2.1.e), a repetição de cargas não reduz a resistência da madeira.

Para ensaios de flexão com carga reversível ($\sigma_{\text{mín}} = -\sigma_{\text{máx}}$), a resistência à ruptura após 10^7 ciclos é da ordem de 25% da resistência determinada em ensaio estático (f_M).

Como as tensões resistentes adotadas nos projetos são inferiores aos limites mencionados, o efeito de fadiga não precisa, em geral, ser considerado nos cálculos de dimensionamento.

3.3.10. Resistência da Madeira a Efeitos de Curta Duração

A resistência da madeira sob ação de cargas de duração muito curta é maior do que a obtida em ensaios rápidos (5 min), conforme ilustrado na Fig. 3.11.

Sob ação de cargas de impacto, a madeira apresenta também um módulo de elasticidade mais elevado, cerca de 10% superior ao valor calculado em ensaio estático.

3.4. VARIAÇÃO DE PROPRIEDADES MECÂNICAS DE MADEIRAS DE ESPÉCIES DIFERENTES

As madeiras de maior peso específico apresentam maior resistência, o que se explica pela existência de maior quantidade de madeira por unidade de volume. Na Fig. 3.14, apresenta-se um gráfico da variação de resistência à compressão (f_c) e módulo de elasticidade (E), com o peso específico para madeiras nacionais, a 15% de umidade. As relações podem ser expressas em fórmulas empíricas, como, por exemplo, as indicadas na referida figura.

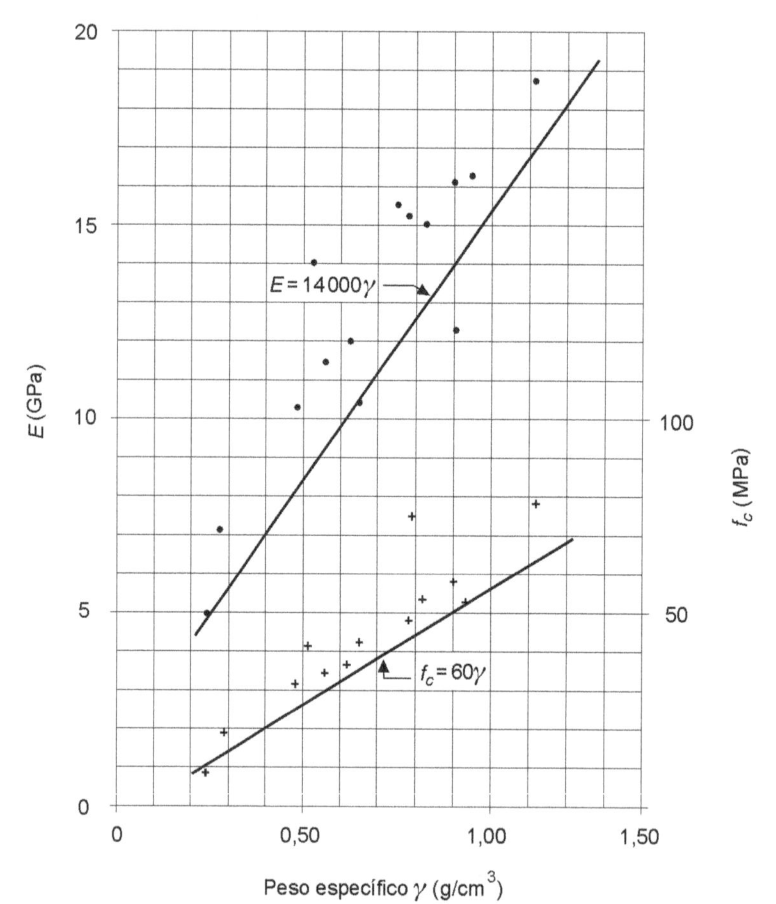

Fig. 3.14 Variação da resistência média à compressão f_c e do módulo de elasticidade E, em função do peso específico γ (propriedades a 15% de umidade) para diversas madeiras nacionais (dados publicados pelo IPT).

3.5. CLASSIFICAÇÃO DE PEÇAS ESTRUTURAIS DE MADEIRA EM CATEGORIAS

A resistência das peças de madeira varia com as espécies vegetais e, dentro da mesma espécie, varia de uma árvore para outra ou, ainda, conforme a posição da amostra no tronco. Além de tais variações, é muito grande a influência dos defeitos descritos no item 1.5 sobre a resistência da madeira (item 3.3.3). Estas diferenças acarretam grande variabilidade na resistência de peças estruturais. Portanto, para viabilizar a utilização da madeira em sistemas estruturais é necessário classificar as peças em categorias de acordo com a incidência de defeitos. Através de ensaios, estabeleceu-se uma correlação entre a incidência de defeitos e a redução de resistência em relação a amostras sem defeitos. A metodologia de classificação das peças de madeira varia de país para país, sendo o processo tradicional de inspeção visual o mais utilizado. Um outro sistema é o de classificação mecânica.

A classificação por inspeção visual é feita por técnicos habilitados que detectam visualmente a incidência de defeitos nas quatro faces de cada peça. Os aspectos mais importantes a serem observados são:

- presença de nós (tamanho, número e localização em relação às bordas);
- presença de fibras reversas;
- presença de fendas;
- presença de manchas;
- abaulamento e arqueadura;
- porcentagem de madeira de verão na seção transversal (característica relacionada ao peso específico).

O número de categorias e suas limitações para cada característica observada são fornecidos pelas normas nacionais. Para cada categoria é indicado um fator de redução da resistência referida a peças sem defeitos a ser aplicado no projeto. Este fator redutor está associado a um conjunto de limitações de incidência de defeitos. Alguns critérios de classificação são bastante pormenorizados, como o da norma americana ASTM D245-92, de acordo com o qual as peças são classificadas inicialmente em função de seu uso previsto, e dentre cada classe de utilização definem-se as categorias de resistência. A Tabela 3.5 mostra o percentual de redução de resistência em vigas de madeira serrada, segundo a norma ASTM D245, em função da dimensão dos nós para dois valores de largura e altura: 7″ e 10″. As dimensões dos nós devem ser medidas nas faces da peça como mostra a Fig. 3.15. Apesar da precisão e do rigor de alguns critérios de classificação visual, a maioria destes tende, por motivos econômicos, a ser mais simplificada, tornando-se assim mais subjetiva.

A classificação por inspeção visual tem a vantagem de ser um sistema econômico, que não depende de equipamentos. Por outro lado, pode ser subjetivo e ineficaz (por não acessar a estrutura interna da madeira, por exemplo, nós internos).

O processo de classificação mecânica é baseado em relações empíricas entre o módulo de elasticidade e a resistência à flexão. Cada peça é fletida em torno do seu eixo de menor inércia para determinação do valor médio do módulo de elasticidade, a partir do qual se infere a resistência à flexão. Este valor permite a classificação da peça em uma categoria de resistência. A confiabilidade deste processo depende do aprimoramento dos equipamentos de ensaio e sua regulagem (STEP, 1996).

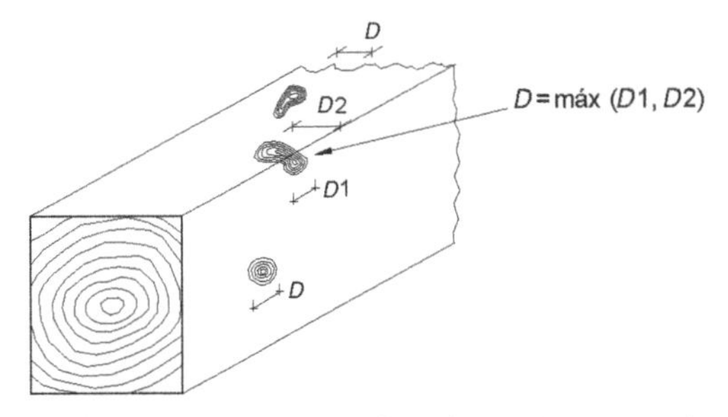

Fig. 3.15 Medição das dimensões dos nós em vigas segundo a norma ASTM D245.

TABELA 3.5 Percentual de redução de resistência em vigas de madeira serrada segundo a ASTM D245, em função da dimensão dos nós para dois valores de altura e largura da peça

Dimensão da peça (mm)	Dimensão do nó (mm) 25	51	76	102	121
178 – face estreita	86	71	56	–	–
178 – face larga	87	74	61	47	33
254 – face estreita	88	75	63	50	–
254 – face larga	91	81	81	62	55

3.6. MÉTODOS DE CÁLCULO

3.6.1. PROJETO ESTRUTURAL E NORMAS

Os objetivos de um projeto estrutural são:

- Garantia de segurança estrutural evitando-se o colapso da estrutura.
- Garantia de bom desempenho da estrutura evitando-se, por exemplo, a ocorrência de grandes deslocamentos, vibrações, danos localizados à estrutura e seus acessórios.

As etapas de um projeto estrutural podem ser reunidas em três fases:

a) anteprojeto ou projeto básico, quando são definidos o sistema estrutural, os materiais a serem utilizados e o sistema construtivo;
b) dimensionamento ou cálculo estrutural, fase na qual são definidas as dimensões dos elementos da estrutura e suas ligações de maneira a garantir a segurança e o bom desempenho da estrutura;
c) detalhamento, quando são elaborados os desenhos executivos da estrutura contendo as especificações de todos os seus componentes.

Nas fases de dimensionamento e detalhamento, utiliza-se, além dos conhecimentos de análise estrutural e resistência dos materiais, grande número de regras e recomendações referentes a:

- critérios de garantia de segurança;
- padrões de testes para caracterização dos materiais e limites dos valores de características mecânicas;
- definição de níveis de carga que representem a situação mais desfavorável;
- limites de tolerâncias para imperfeições na execução;
- regras construtivas etc.

Os conjuntos de regras e especificações, para cada tipo de estrutura, são reunidos em documentos oficiais, denominados *normas*, que estabelecem bases comuns, utilizadas por todos os engenheiros na elaboração dos projetos.

Historicamente, as normas para o projeto de estruturas de madeira utilizavam, para garantia de segurança, critérios baseados no Método das Tensões Admissíveis, passando gradativamente a adotar critérios baseados no Método dos Estados Limites. No Brasil este avanço se deu com a publicação da NBR 7190/96 que substitui a NBR 7190/82. A nova norma foi calibrada de maneira que conduza, de início, aos mesmos resultados que a versão anterior. Nos Estados Unidos, a norma NDS — National Design Specification, publicada pela AF&PA (American Forest and Paper Association) em 1997 e baseada no método das tensões admissíveis, é a mais utilizada nos meios profissionais. Entretanto existe uma outra norma publicada pela AF&PA que adota o Método dos Estados Limites.

A norma européia EUROCODE 5 (1996) utiliza o Método dos Estados Limites.

3.6.2. Método das Tensões Admissíveis

O dimensionamento utilizando tensões admissíveis se originou do desenvolvimento da Resistência dos Materiais em regime elástico. Neste método, o dimensionamento é considerado satisfatório quando a máxima tensão solicitante $\sigma_{\text{máx}}$ em cada seção é inferior a uma tensão resistente característica f_{rk} reduzida por um coeficiente de segurança γ.

$$\sigma_{\text{máx}} < \overline{\sigma} = \frac{f_{rk}}{\gamma} \tag{3.18}$$

onde $\overline{\sigma}$ = tensão admissível.

Os esforços solicitantes (momento fletor, esforço normal etc.), a partir dos quais se calcula a tensão $\sigma_{\text{máx}}$, são obtidos através da análise em regime elástico da estrutura para cargas em serviço.

O coeficiente de segurança traduz o reconhecimento de que existem diversas fontes de incerteza na equação de conformidade (Eq. 3.18), por exemplo, incertezas quanto ao carregamento especificado, às características mecânicas dos materiais (o valor de f_{rk} da madeira utilizada pode ser menor do que o valor especificado), às imperfeições na execução e ao modelo de cálculo de esforços devidos às ações.

Além das verificações de resistência são também necessárias verificações quanto à possibilidade de excessivas deformações sob cargas em serviço.

O método das Tensões Admissíveis possui entre outras a seguinte importante limitação: utiliza-se de um único coeficiente de segurança para expressar todas as incertezas independentemente de sua origem. Por exemplo, em geral a incerteza quanto a um valor especificado de carga de peso próprio é menor do que a incerteza associada a uma carga proveniente do uso da estrutura. Isto não é levado em conta no Método das Tensões Admissíveis.

Esta limitação fica superada com a adoção do assim chamado Método dos Estados Limites, no qual fatores são aplicados de forma diferenciada às cargas e às resistências.

3.6.3. Método dos Estados Limites

Um estado limite ocorre sempre que a estrutura deixa de satisfazer um de seus objetivos (ver item 3.6.1). Eles podem ser divididos em:

- estados limites últimos;
- estados limites de utilização.

Os estados limites últimos estão associados à ocorrência de ações excessivas e conseqüente colapso da estrutura devido, por exemplo, a:

- perda de equilíbrio como corpo rígido;
- ruptura de uma ligação ou seção;
- instabilidade em regime elástico ou não.

Os estados limites de utilização (associados a cargas em serviço) incluem:

- deformações excessivas e o conseqüente dano a acessórios da estrutura como alvenarias e esquadrias;
- vibrações excessivas e conseqüente mau funcionamento de equipamentos e desconforto dos usuários.

Estado limite último. A garantia de segurança no método dos estados limites é traduzida pela equação de conformidade, para cada seção da estrutura:

$$S_d = S(\Sigma \gamma_{f_i} F_i) < R_d = \phi R_u \tag{3.19}$$

onde a solicitação de projeto S_d (o índice *d* provém da palavra inglesa *design*) é menor que a resistência de projeto R_d. A solicitação de projeto (ou solicitação de cálculo) é obtida a partir de uma combinação de cargas F_i, cada uma majorada pelo coeficiente γ_{fi}, enquanto a resistência última R_u é minorada pelo coeficiente ϕ para compor a resistência de projeto. Os coeficientes γ_{fi}, de majoração das cargas (ou ações) e ϕ, de redução da resistência interna, refletem as variabilidades dos valores característicos dos diversos carregamentos e das características mecânicas do material, agora tomados como variáveis aleatórias em um método semiprobabilístico de garantia da segurança expressa pela Eq. (3.19). Trata-se de um método que considera as incertezas de forma mais racional do que o método das tensões admissíveis.

O método dos estados limites é conhecido na literatura americana pela sigla LRFD (*Load and Resistance Factor Design*) que significa projeto com fatores aplicados às cargas e às resistências.

Ações. As ações — cargas e deformações impostas a uma estrutura — são classificadas de acordo com a taxa de variação de seus valores ao longo do tempo de vida da construção em *permanentes* (pequena variação) e *variáveis* (grande variação) e em *excepcionais*, no caso de terem duração extremamente curta além de baixa probabilidade de ocorrência.

Cargas decorrentes do uso de uma estrutura (veículos em uma ponte por exemplo) e cargas devidas ao vento são exemplos de ações variáveis. O impacto de veículo pesado em um pilar de viaduto e um terremoto são exemplos de ações excepcionais.

As cargas a serem utilizadas no cálculo das estruturas podem ser obtidas por dois processos:

a) Critério estatístico, adotando-se valores característicos F_k, isto é, valores de cargas que correspondem a uma certa probabilidade de serem excedidos no decorrer da vida útil da estrutura.
b) Critério determinístico, ou fixação arbitrária dos valores de cálculo. Em geral, escolhem-se valores cujas solicitações representam uma envoltória das solicitações produzidas pelas cargas atuantes.

Em face das dificuldades em se aplicar um tratamento estatístico para as cargas, as normas, em geral, fixam arbitrariamente os valores a adotar no projeto das estruturas.

Na medida em que os conhecimentos probabilísticos da incidência das cargas forem se aprimorando, a tendência será adotar o critério estatístico para as mesmas.

As normas brasileiras que se ocupam das cargas sobre as estruturas são:

NBR 6120 – Cargas para o cálculo de estruturas de edificações
NBR 6123 – Forças devidas ao vento em edificações
NBR 7189 – Cargas móveis para projeto estrutural de obras ferroviárias
NBR 7188 – Cargas móveis em pontes rodoviárias e passarelas de pedestres.

Cálculo das solicitações atuantes. Os esforços solicitantes (esforços normais, momentos fletores etc.) oriundos de ações estáticas ou quase-estáticas e que atuam nas diversas seções de uma estrutura podem ser calculados por dois processos:

a) Análise estática linear, na qual se admite a presença de pequenas deformações e deslocamentos e o comportamento linear elástico do material (lei de Hooke). As equações de equilíbrio são formuladas para a configuração indeformada da estrutura.
b) Análise estática não-linear, na qual o equilíbrio é considerado nas configurações deformadas da estrutura. A não-linearidade geométrica é aquela causada por grandes deslocamentos, e a não-linearidade física ocorre quando o material se caracteriza por um diagrama tensão × deformação não-linear.

O cálculo das solicitações pela análise não-linear apresenta melhor coerência com o dimensionamento das seções no estado limite último. Na prática profissional, entretanto, o cálculo elástico linear dos esforços solicitantes é o mais utilizado, tendo em vista sua maior simplicidade.

Combinação de ações. A Norma Brasileira NBR 8681 da ABNT — Ações e Segurança nas Estruturas fixa os critérios de segurança, no contexto do método dos estados limites, a serem adotados nos projetos de estruturas constituídas de quaisquer dos materiais usuais na construção civil.

As solicitações combinadas de projeto (S_d) podem ser representadas pela expressão:

$$S_d = \gamma_{f3} S(\Sigma \gamma_{f1} \cdot \gamma_{f2} \cdot F_{ik}) \qquad (3.20a)$$

onde os coeficientes γ_{f1}, γ_{f2}, γ_{f3} têm os seguintes significados:

γ_{f1} = coeficiente ligado à dispersão das ações; transforma os valores característicos das ações (F_k) em valores característicos principais, correspondentes à probabilidade de 5% de ultrapassagem; γ_{f1} tem um valor de ordem de 1,15 para cargas permanentes e 1,30 para cargas variáveis.

γ_{f2} = coeficiente de combinação de ações; considera a baixa probabilidade de atuação simultânea de duas ações variáveis de diferentes naturezas com seus valores característicos.

γ_{f3} = coeficiente relacionado com tolerância de execução, aproximações de projeto, diferenças entre esquemas de cálculo e o sistema real etc.; γ_{f3} tem um valor numérico da ordem de 1,15.

A expressão (3.20*a*) pode ser simplificada, fazendo $\gamma_{f1} \times \gamma_{f3} = \gamma_f$ e afetando cada solicitação de um fator de combinação (ψ_0), equivalente ao coeficiente γ_{f2}. Obtém-se então para combinações normais e aquelas referentes a situações provisórias de construção:

$$S_d = S(\Sigma \gamma_{f_i}(\psi_{0i} F_{ik})) = S(\Sigma \gamma_g G + \gamma_{q1} Q_1 + \Sigma \gamma_{qi} \psi_{0i} Q_i) \quad (3.20b)$$

G = carga permanente

Q_1 = ação variável principal para a combinação estudada

Q_i = ação variável usada em combinação com a ação principal

γ_g = coeficiente de majoração da carga permanente

γ_q = coeficiente de majoração da carga variável

ψ_0 = fator de combinação de ações no estado limite de projeto.

Em cada combinação de ações (Eqs. 3.20*b*) admite-se uma ação variável Q_1 como sendo dominante e atuando com seu valor característico em algum instante da vida útil da estrutura. As outras ações variáveis Q_i, que podem ocorrer simultaneamente a Q_1, são consideradas com valores inferiores a seus correspondentes valores característicos através da multiplicação pelo fator ψ_0.

As ações excepcionais (E), tais como explosões, choques de veículos, efeitos sísmicos etc., são combinadas com outras ações de acordo com a equação:

$$S_d = S(\Sigma \gamma_g G + E + \Sigma[\gamma_q \psi_0 Q]) \quad (3.20c)$$

Esforços resistentes. Denominam-se esforços resistentes, em uma dada seção de estrutura, as resultantes das tensões internas no estado limite último, na seção considerada.

A resistência da peça ao colapso denomina-se *resistência última* (R_u), sendo dada por valores característicos, isto é, valores mínimos estatísticos definidos por uma probabilidade prefixada (em geral 5%) de um valor experimental ficar abaixo do valor adotado no projeto.

A *resistência de cálculo* ou *de projeto* (R_d) é calculada a partir da resistência última dividida por um coeficiente γ_m. O coeficiente γ_m reflete o fato de que a resistência da peça pode ser inferior ao valor adotado em análise. Os valores numéricos de γ_m dependem do tipo de solicitação considerada.

Nos projetos, em geral, usa-se, em vez da resistência última R_u, a *resistência nominal característica* (R_{nk}) baseada nos parâmetros de resistência *especificados* para os materiais. O membro direito da Ineq. 3.19 transforma-se então em

$$R_d = k_{\text{mod}} \frac{R_{nk}}{\gamma_m} \quad (3.21a)$$

onde k_{mod} é um coeficiente que considera a influência de diversos fatores, tais como o tempo de duração da carga, na resistência de uma peça estrutural.

Estado limite de utilização. No dimensionamento nos estados limites é necessário verificar o comportamento da estrutura sob ação das cargas em serviço, o que se faz com os estados limites de utilização, que correspondem à capacidade da estrutura de desempenhar satisfatoriamente as funções a que se destina.

Deseja-se evitar, por exemplo, a sensação de insegurança dos usuários de uma obra na presença de deslocamentos ou vibrações excessivas; ou ainda prejuízos a componentes não-estruturais, como alvenarias e esquadrias.

Em um estado limite de utilização, as cargas são combinadas na forma da Eq. (3.20*b*), sem entretanto majorar seus valores ($\gamma_f = 1{,}0$).

3.7. BASES DE CÁLCULO SEGUNDO A NBR 7190

3.7.1. ESTADO LIMITE ÚLTIMO

Combinação de Ações

As Eqs. (3.20*b*) e (3.20*c*) apresentam as expressões para cálculo de solicitações combinadas no estado limite último em situações normais e transitórias e em caso de ação excepcional, respectivamente. As mesmas expressões em termos de combinações de ações são indicadas pela NBR 7190 para:

- *combinações normais* (referentes a ações decorrentes do uso previsto da estrutura) e
- *combinações de construção* ou *especiais* referentes a ações de construção ou ações especiais (decorrentes de uso não previsto da estrutura), respectivamente:

$$F_d = \Sigma \gamma_{gi} G_i + \gamma_{q1} Q_1 + \Sigma \gamma_{qj} \psi_{0j} Q_j \quad (3.20d)$$

e para

- *combinações excepcionais* (ação excepcional E — ver item 3.6.3)

$$F_d = \Sigma \gamma_{gi} G_i + E + \Sigma \gamma_{qj} \psi_{0j} Q_j \quad (3.20e)$$

Os valores numéricos dos coeficientes γ_f encontram-se na Tabela 3.6 e os dos coeficientes ψ_0 na Tabela 3.7.

No caso de combinações de construção especiais e excepcionais em que a ação Q_1 de base da combinação tiver tempo de atuação muito pequeno, o coeficiente ψ_0 pode ser tomado igual ao coeficiente ψ_2 da Tabela 3.7.

As combinações normais são consideradas pela NBR 7190 como carregamentos de longa duração, e a ação combinada deve ser comparada à resistência de projeto associada a uma carga de longa duração (ver item 3.3.5). Dessa forma, para levar em conta a maior resistência da madeira a ações de curta duração, (vento em edificações ou forças de frenagem e aceleração em pontes), nas combinações normais em que estas ações variáveis forem consideradas principais (Q_1 — ação de base da combinação), os seus valores serão reduzidos, multiplicando-os por 0,75.

Exemplo 3.1 Uma treliça de cobertura em madeira está sujeita aos seguintes carregamentos verticais distribuídos por

TABELA 3.6 Coeficientes de majoração γ_f das ações no estado limite de projeto

	Ações permanentes			Ações variáveis	
	Cargas permanentes				
	Grande variabilidade	Pequena variabilidade (*)	Recalques diferenciais	Ações variáveis em geral, incluídas as cargas acidentais móveis	Variação de temperatura ambiental
Combinação	γ_g	γ_g	γ_ϵ	γ_q	γ_q
Normal	1,4 (0,9)	1,3 (1,0)	1,2 (0)	1,4	1,2
Especial ou de construção	1,3 (0,9)	1,2 (1,0)	1,2 (0)	1,2	1,0
Excepcional	1,2 (0,9)	1,1 (1,0)	0 (0)	1,0	0

Os valores entre parênteses correspondem a ações permanentes favoráveis à segurança.
(*) Peso próprio de elementos de madeira classificada estruturalmente, cujo peso específico tenha coeficiente de variação não superior a 10%.

TABELA 3.7 Fatores de combinação ψ_0 e de utilização ψ_1 (freqüente) e ψ_2 (quase-permanente)

	Descrição das ações	ψ_0	ψ_1	ψ_2
Ações ambientais em estruturas correntes	– variações uniformes de temperatura em relação à média anual local	0,6	0,5	0,3
	– pressão dinâmica do vento	0,5	0,2	0
Cargas acidentais em edifícios	– locais onde não há predominância de pesos de equipamentos fixos, nem de elevadas concentrações de pessoas	0,4	0,3	0,2
	– locais onde há predominância de pesos de equipamentos fixos ou de elevadas concentrações de pessoas	0,7	0,6	0,4
	– bibliotecas, arquivos, oficinas e garagens	0,8	0,7	0,6
Cargas móveis e seus efeitos dinâmicos	– pontes de pedestres	0,4	0,3	0,2*
	– pontes rodoviárias	0,6	0,4	0,2*
	– pontes ferroviárias (ferrovias não-especializadas)	0,8	0,6	0,4*

*Admite-se $\psi_2 = 0$ quando a ação variável de base da combinação for um sismo.

unidade de comprimento (valor positivo indica carga no sentido da carga gravitacional).

peso próprio + peso cobertura	$G = 0{,}8$ kN/m
carga acidental	$Q = 1{,}5$ kN/m
vento V_1 (sobrepressão)	$V_1 = 1{,}3$ kN/m
vento V_2 (sucção)	$V_2 = -1{,}8$ kN/m

Calcular as ações combinadas para o projeto no estado limite último de acordo com a NBR 7190.

Solução

Como atuam três ações variáveis (Q, V_1 e V_2), sendo duas mutuamente excludentes e de sinais contrários (V_1 e V_2), serão três as combinações normais de ações:

C1: $1{,}4\,G + 1{,}4\,Q + 1{,}4\,\psi_0\,V_1 = 1{,}4 \times 0{,}8 + 1{,}4 \times 1{,}5 + 1{,}4 \times 0{,}5 \times 1{,}3 = 4{,}1$ kN/m

C2: $1{,}4\,G + 0{,}75 \times 1{,}4\,V_1 + 1{,}4\,\psi_0 Q = 1{,}4 \times 0{,}8 + 0{,}75 \times 1{,}4 \times 1{,}3 + 1{,}4 \times 0{,}4 \times 1{,}5 = 3{,}3$ kN/m

C3: $0{,}9\,G - 0{,}75 \times 1{,}4 \times V_2 = 0{,}9 \times 0{,}8 - 0{,}75 \times 1{,}4 \times 1{,}8 = -1{,}2$ kN/m

No caso da combinação C3, com o vento de sucção como a ação variável principal (base da combinação), as cargas de peso são reduzidas, já que têm efeito favorável à ação variável.

Os elementos de madeira componentes da treliça deverão ser dimensionados para os esforços decorrentes das combinações C1 e C3 de ações.

Para o projeto das peças metálicas, geralmente componentes de ligações, as combinações C2 e C3 devem ser recalculadas omitindo o fator 0,75 multiplicador da ação do vento.

Resistência de Projeto R_d

A tensão resistente de projeto f_d de uma peça de madeira é calculada pela Eq. (3.21*a*) escrita em termos de tensão:

$$f_d = k_{mod} \frac{f_k}{\gamma_w} \tag{3.21b}$$

A resistência característica f_k é obtida por meio de ensaios padronizados de curta duração (entre 3 e 8 min) em corpos-de-prova isentos de defeitos, com grau de umidade padrão igual a 12% (ver itens 3.1 e 3.2).

Para as espécies já investigadas por laboratórios idôneos, para as quais estão disponíveis valores médios de tensões resistentes correspondentes a teores de umidade U menores que 20%, os valores das resistências características associadas ao grau de umidade padrão podem ser obtidos com as Eqs. (3.15*a*) (ajuste do grau de umidade) e (3.8) (cálculo da resistência característica). Aplicando a Eq. (3.8) com coeficientes de variação iguais a 18% e 28%, respectivamente, às tensões resistentes normais e cisalhantes resultam as relações mostradas na Tabela 3.8.

Para o coeficiente de minoração da resistência para madeira, γ_w, adotam-se os valores da Tabela 3.8. O coeficiente γ_w leva em conta a variabilidade da resistência do material de um mesmo lote, suas diferenças em relação ao material de confecção das amostras de ensaios e também reduções de resistência decorrentes de modelos de cálculo para esforços resistentes.

Em geral estes modelos de cálculo de tensões ou esforços solicitantes consideram o material linear, isotrópico, sem defeitos. Conforme exposto no item 3.3.3, a presença de defeitos origina concentrações de tensões reduzindo a resistência, particularmente à tração e ao cisalhamento paralelo às fibras. Este fato está considerado no coeficiente γ_w da Tabela 3.8 para estes esforços, maior do que para compressão paralela às fibras.

O coeficiente k_{mod} da Eq. (3.21*a, b*), que ajusta os valores da resistência característica em função da influência de diversos fatores na resistência da madeira, é obtido pelo produto

$$k_{mod} = k_{mod_1} \times k_{mod_2} \times k_{mod_3} \tag{3.22}$$

onde

k_{mod_1} leva em conta o tipo de produto de madeira empregado e o tempo de duração da carga

k_{mod_2} considera o efeito da umidade

k_{mod_3} leva em conta a classificação estrutural da madeira.

Para considerar o efeito do tempo de duração da carga sobre a resistência (ver item 3.3.5) são definidas **classes de carregamento**. Uma certa combinação de ações é, então, classificada em função da duração acumulada prevista para a ação variável tomada como principal da combinação (ação Q_1 na Eq. (3.20*d*)). As classes de carregamento estão indicadas na Tabela 3.9.

Exceção é feita às combinações normais de ações, as quais são classificadas como de longa duração, mesmo se a ação principal for uma ação de curta duração como o vento, por exemplo. Nestes casos, a maior resistência da madeira à ação de curta duração é considerada através da redução do seu valor por um fator multiplicador igual a 0,75.

O fator k_{mod_1} é definido de acordo com a classe de carregamento da combinação de ações para a qual se está dimensionando a estrutura e conforme o tipo de produto de madeira utilizado (ver Cap. 2), de acordo com a Tabela 3.10.

Para considerar o efeito do grau de umidade nas propriedades de resistência da madeira (ver item 3.3.4), são definidas **classes de umidade**, conforme a Tabela 3.11.

Os valores atribuídos pela NBR 7190 ao coeficiente k_{mod_2}, em função do tipo de produto de madeira utilizado e da classe de umidade, estão indicados na Tabela 3.12.

Como os valores de resistência característica são obtidos de ensaios em corpos-de-prova sem defeitos é preciso ajustá-los através do coeficiente k_{mod_3} em função de **categoria estrutural da madeira** utilizada (ver item 3.5). A norma NBR 7190 define duas categorias.

TABELA 3.8 Relação f_k/f_m entre as resistências característica e média e o valor do coeficiente γ_w

Esforço	f_k/f_m	γ_w
Compressão paralela às fibras	0,70	1,4
Tração paralela às fibras	0,70	1,8
Cisalhamento paralelo às fibras	0,54	1,8

TABELA 3.9 Classes de carregamento

Classe	Período acumulado de tempo de atuação da carga variável principal de uma combinação de ações
Permanente	Vida útil da construção
Longa duração	Mais de 6 meses
Média duração	1 semana a 6 meses
Curta duração	Menos de 1 semana
Duração instantânea	Muito curta

TABELA 3.10 Valores do coeficiente k_{mod_1}

Classe de carregamento da combinação de ações	Tipo de produto de madeira: Madeira serrada, Madeira laminada colada, Madeira compensada	Madeira recomposta
Permanente	0,60	0,30
Longa duração	0,70	0,45
Média duração	0,80	0,65
Curta duração	0,90	0,90
Instantânea	1,10	1,10

TABELA 3.11 Classes de umidade

Classe de umidade	Umidade relativa do ambiente U_{amb}	Grau de umidade da madeira (equilíbrio com o ambiente)
1 (padrão)	$\leq 65\%$	12%
2	$65\% < U_{amb} \leq 75\%$	15%
3	$75\% < U_{amb} \leq 85\%$	18%
4	$85\% < U_{amb}$, durante longos períodos	$\geq 25\%$

Para a classificação das peças de um lote de madeira como de 1.ª categoria são exigidas as seguintes condições:

- classificação de todas as peças como isentas de defeitos através de inspeção visual normalizada;
- classificação mecânica de modo a garantir a homogeneidade da rigidez das peças componentes do lote.

As peças serão classificadas como de 2.ª categoria quando não forem aplicados ambos os métodos de classificação: a inspeção visual e a classificação mecânica.

A Tabela 3.13 fornece os valores do coeficiente k_{mod_3}. No caso de peças serradas de coníferas, o risco da presença de nós não detectáveis pela inspeção visual induziu à adoção do valor de k_{mod_3} igual a 0,8, independente da categoria estrutural da madeira.

Da mesma forma que a norma européia EUROCODE 5, a norma brasileira NBR 7190 introduziu o sistema de **Classes de Resistência** para simplificar a especificação do material na fase de projeto. Com um sistema de Classes de Resistência o projetista não precisa estar a par da diversidade de espécies de madeira e suas resistências características de cada região do país: ele simplesmente adota uma dentre um número limitado de Classes de Resistência, adequada ao seu projeto. Por outro lado, o fornecedor de madeira deve enquadrar seu produto em uma dessas classes, de acordo com as exigências especificadas no item 9.1.6 da NBR 7190. Estas exigências incluem a caracterização da madeira através da realização de alguns dos ensaios descritos no item 3.2.

TABELA 3.12 Valores do coeficiente k_{mod_2}

Classe de umidade	Tipo de produto de madeira: Madeira serrada, Madeira laminada e colada, Madeira compensada	Madeira recomposta
1 e 2	1,0	1,0
3 e 4	0,8	0,9

As características das Classes de Resistência adotadas pela NBR 7190 estão indicadas nas Tabelas 3.14 e 3.15, respectivamente, para o caso de madeiras duras (dicotiledôneas) e madeiras macias (coníferas).

Se a indicação da madeira a ser usada no projeto é feita com base na espécie (e não pelo sistema de Classes de Resistência), utilizam-se os valores médios das propriedades mecânicas obtidos de ensaios realizados por laboratórios idôneos.

As Tabelas A 1.1 e A. 1.2 apresentam as características mecânicas de uma extensa lista de espécies de madeira nacionais (NBR 7190, 1997).

Para o **caso usual de madeira serrada de 2.ª categoria** utilizada em peças sujeitas a combinações de ações de longa duração, o coeficiente k_{mod} é calculado a seguir:

- classes de umidade 1 e 2: $k_{mod} = 0{,}7 \times 1{,}0 \times 0{,}8 = 0{,}56$ (3.22*b*)
- classes de umidade 3 e 4: $k_{mod} = 0{,}7 \times 0{,}8 \times 0{,}8 = 0{,}45$ (3.22*c*)

Exemplo 3.2 Uma treliça de madeira está sujeita a combinações normais de ações, como as do Exemplo 3.1. Após a determinação dos esforços solicitantes para estas combinações de ações, verifica-se se os elementos da treliça atendem aos

TABELA 3.13 Valores do coeficiente k_{mod_3}

Produto de madeira	Tipo de madeira	Categoria	k_{mod_3}
Serrada	Dicotiledôneas	1.ª Categoria	1,0
		2.ª Categoria	0,8
	Coníferas	1.ª ou 2.ª	0,8
Laminada e colada*	Qualquer	1.ª ou 2.ª – peça curva	$1{,}0 - 2000\left(\frac{r}{t}\right)^2$
		peça reta	1,0

*Laminada com espessura t e colada com raio de curvatura r (mínimo).

TABELA 3.14 Classes de resistência das madeiras duras (dicotiledôneas). Valores das propriedades referidas à condição padrão de umidade ($U = 12\%$)

Classes	f_{ck} (MPa)	f_{vk} (MPa)	$E_{c,m}$ (MPa)	$\rho_{bas,m}$ (kg/m³)	$\rho_{aparente}$ (kg/m³)
C20	20	4	9.500	500	650
C30	30	5	14.500	650	800
C40	40	6	19.500	750	950
C60	60	8	24.500	800	1000

TABELA 3.15 Classes de resistência das madeiras macias (coníferas). Valores das propriedades referidas à condição padrão de umidade ($U = 12\%$)

Classes	f_{ck} (MPa)	f_{vk} (MPa)	$E_{c,m}$ (MPa)	$\rho_{bas,m}$ (kg/m³)	$\rho_{aparente}$ (kg/m³)
C20	20	4	3.500	400	500
C25	25	5	8.500	450	550
C30	30	6	14.500	500	600

critérios de segurança no estado limite último. Determinar a tensão resistente de projeto à tração paralela às fibras f_{td}, sabendo-se que será utilizada madeira serrada de pinho-do-paraná e o local da construção tem umidade relativa do ar média igual a 80%.

Solução

Na Tabela A 1.2 (Anexo A) obtém-se o valor médio da resistência à tração paralela às fibras referida à condição padrão de umidade.

$$f_{tm} = 93{,}1 \text{ MPa}$$

O cálculo da resistência característica é feito com a Eq. 3.8 com um coeficiente de variação $\delta = 18\%$, resultando em

$$f_{tk} = 0{,}70 f_{tm} = 65{,}2 \text{ MPa}$$

A tensão resistente f_{td} de projeto é obtida com a Eq. 3.21*b*, sendo γ_w igual a 1,8 e o coeficiente k_{mod} dado pela Eq. 3.22.

Se a combinação de ações é normal, então a treliça estará sujeita a um carregamento de longa duração e sendo a madeira serrada, tem-se, a partir da Tabela 3.10,

$$k_{\text{mod}_1} = 0{,}70$$

Em termos de umidade, a condição de serviço da estrutura se enquadra na Classe 3 e portanto o coeficiente k_{mod_2} vale (ver Tabela 3.12)

$$k_{\text{mod}_2} = 0{,}80$$

Sendo o pinho-do-paraná do grupo das coníferas, tem-se (ver Tabela 3.13)

$$k_{\text{mod}_3} = 0{,}80$$

Finalmente, obtém-se a tensão resistente de projeto

$$f_{td} = k_{\text{mod}} \frac{f_{tk}}{\gamma_w} = 0{,}70 \times 0{,}80 \times 0{,}80 \times \frac{65{,}2}{1{,}8} =$$

$$= 16{,}2 \text{ MPa}$$

Módulo de Elasticidade

Nas verificações de segurança (Estados Limites Últimos) em que os esforços solicitantes dependam da rigidez da madeira, adota-se valor efetivo do módulo de elasticidade na direção das fibras $E_{c,\text{ef}}$ calculado como

$$E_{c,\text{ef}} = k_{\text{mod}_1} \times k_{\text{mod}_2} \times k_{\text{mod}_3} \times E_c \qquad (3.23)$$

onde E_c é o valor médio do módulo de elasticidade obtido de ensaios de compressão paralela às fibras. O valor de E_c pode também ser avaliado com as Eqs. (3.10).

3.7.2. ESTADO LIMITE DE UTILIZAÇÃO

Em um projeto de estrutura de madeira devem ser considerados usualmente os seguintes estados limites de utilização:

- estado limite de deformação excessiva, caracterizado por deslocamentos e rotações que prejudiquem o uso da estrutura, por exemplo impedindo o funcionamento de equipamentos, causando danos a elementos acessórios não-estruturais ou produzindo efeitos estéticos indesejáveis;
- estado limite de vibração excessiva, caracterizado por produzir danos à construção ou desconforto aos seus usuários. As prescrições da NBR 7190 para este estado limite encontram-se no seu item 8.3.

Combinação de Ações

Nos estados limites de utilização, as ações são combinadas sem majoração ($\gamma_f = 1$). Os valores característicos das ações variáveis Q_j são multiplicados por fatores ψ_k ($k = 1$ ou 2) para se obter

- valores freqüentes, ou de média duração = $\psi_1 Q_j$, e
- valores quase-permanentes, ou de longa duração = $\psi_2 Q_j$,

com os valores dos fatores ψ_1 e ψ_2 fornecidos na Tabela 3.7.

A NBR 7190 define quatro tipos de combinação para os estados limites de utilização a serem adotados em função do rigor com que se pretende limitar as deformações.

As **combinações de longa duração**, adotadas no controle usual das estruturas, são expressas por

$$F = \Sigma\, G_i + \Sigma\, \psi_{2j}\, Q_j \qquad (3.24a)$$

onde as ações variáveis Q_j são combinadas com seus valores quase-permanentes.

As **combinações de média duração** (freqüente), **curta duração** (rara) e de **duração instantânea** são adotadas em ordem crescente de rigor no controle de deslocamentos. Nestes casos, uma ação variável de base Q_1, com seu valor correspondente ao tipo de combinação, é combinada às ações permanentes e às outras ações variáveis Q_j de acordo com

$$F = \Sigma\, G_i + \psi_n\, Q_1 + \Sigma \psi_k\, Q_j \qquad (3.24b)$$

onde os fatores ψ_n e ψ_k estão identificados na Tabela 3.16 para cada tipo de combinação. Na combinação de duração instantânea, a ação Q_1 corresponde a uma ação variável especial.

TABELA 3.16 Identificação dos fatores ψ_n e ψ_k na Eq. 3.24*b*

Tipo de combinação	ψ_n	ψ_k
Média duração	ψ_1*	ψ_2*
Curta duração	1	ψ_1*
Instantânea (ação especial)	1	ψ_2*

*Dados na Tabela 3.7.

Estado Limite de Deformação Excessiva

O cálculo dos deslocamentos, devidos a uma certa combinação de ações, para a verificação do estado limite de deformação excessiva, inclui a determinação dos deslocamentos elásticos (instantâneos) e dos deslocamentos devidos à deformação lenta da madeira (fluência — ver item 3.6.3), conforme a Eq. 3.16. Os valores indicados pela NBR 7190 e pelo EUROCODE 5 para o coeficiente de fluência φ em função das condições de umidade e do tempo de duração da carga encontram-se na Tabela 3.17. Observa-se que os valores da norma brasileira são conservadores em relação aos da norma européia. Alternativamente à Eq. 3.16, os deslocamentos podem ser estimados com as equações da teoria elástica utilizando-se o módulo de elasticidade efetivo dado pela Eq. 3.17. De acordo com a NBR 7190, o módulo efetivo $E_{c,ef}$ deve ser estimado com a Eq. 3.23.

Os valores de deslocamentos verticais limites prescritos pela NBR 7190 estão indicados na Tabela 3.18. Para estruturas correntes deseja-se garantir as condições de utilização normal da construção e seu aspecto estético. Para isto, admite-se uma combinação de ações de longa duração (Eq. 3.24*a*). Os limites para deslocamentos verticais prescritos pela NBR 7190 levam em conta ainda a existência de materiais frágeis ligados à estrutura, tais como forros, pisos e divisórias, aos quais se pretende evitar danos através do controle de deslocamentos da estrutura. Nos casos em que a fissuração destes materiais frágeis não puder ser evitada por meio de disposições construtivas, adotam-se os valores de deslocamentos limites correspondentes ao título "construções com materiais frágeis não-estruturais" na Tabela 3.18. Nestes casos, os deslocamentos são calculados com combinações de média ou curta duração (Eq. 3.24*b*), conforme o rigor desejado no controle destes deslocamentos.

Quando for dada uma contraflecha u_0 para compensação da flecha devida à carga permanente u_G, o saldo de deslocamento vertical permanente ($u_G - u_0$), limitado ao mínimo de $u_G/3$, pode ser utilizado nas verificações adicionando-o à flecha devida às cargas variáveis.

TABELA 3.17 Coeficiente de fluência φ. Valores segundo a norma NBR 7190; entre parênteses valores dados pela norma européia EUROCODE 5

	Classes de umidade			
Classe de carregamento	1	2	3	4
Permanente	0,8 (0,6)	0,8	2,0 (0,8)	2,0 (2,0)
Longa duração	0,8 (0,5)	0,8	2,0 (0,5)	2,0 (1,5)
Média duração	0,3 (0,2)	0,3	1,0 (0,25)	1,0 (0,75)
Curta duração	0,1 (0,0)	0,1	0,5 (0,0)	0,5 (0,3)

3.8. CRITÉRIOS DE DIMENSIONAMENTO PARA SOLICITAÇÕES SIMPLES SEGUNDO A NBR 7190/96

3.8.1. COMPRESSÃO PARALELA ÀS FIBRAS

Em peças curtas submetidas à compressão axial o critério de segurança é dado por

$$\sigma_{cd} \leq f_{cd} \tag{3.25}$$

onde σ_{cd} é a tensão solicitante de projeto, e f_{cd} é a tensão resistente de projeto à compressão paralela às fibras, que pode ser usada para peças com fibras inclinadas até 6° em relação ao eixo longitudinal da peça.

3.8.2. COMPRESSÃO NORMAL ÀS FIBRAS

Nas peças submetidas à compressão normal às fibras, conforme ilustrado na Fig. 3.16, a segurança é garantida com a expressão

$$\sigma_{cnd} < f_{cnd} \tag{3.26}$$

A tensão resistente à compressão normal às fibras f_{cnd} é tomada igual a $0{,}25 f_{cd}$ (ver Tabela 3.2) quando a extensão da carga medida na direção das fibras (b na Fig. 3.16) é igual ou superior a 15 cm. Para $b < 15$ cm a tensão f_{cnd} é dada pela expressão a seguir, quando a distância a ao extremo da peça for maior que 7,5 cm:

$$f_{cnd} = 0{,}25 f_{cd}\, \alpha_n \tag{3.27}$$

Lembrando que a resistência f_{cn} é definida por um critério de deformação excessiva (Fig. 3.3b), o coeficiente α_n leva em conta a maior rigidez da madeira para esforços aplicados em pequena área. Esse acréscimo de rigidez é devido à deformação local, que solicita as fibras à tração. A Tabela 3.19 fornece os valores de α_n em função da largura b.

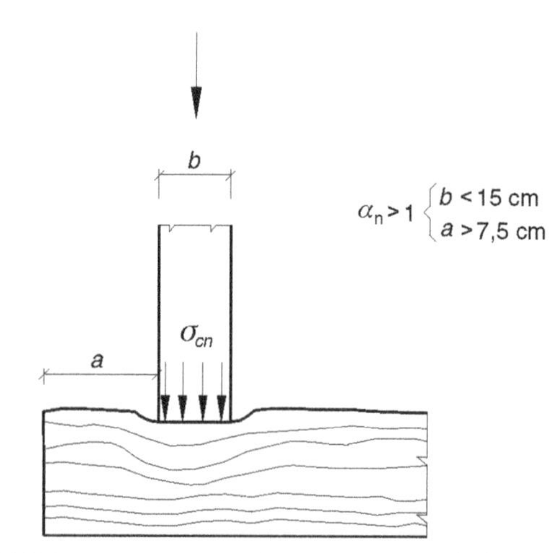

Fig. 3.16 Tensão de compressão normal às fibras (σ_{cn}) em peças estruturais de madeira.

3.8.3. COMPRESSÃO INCLINADA EM RELAÇÃO ÀS FIBRAS

A tensão resistente à compressão $f_{c\beta d}$ numa face cuja normal está inclinada do ângulo β em relação à direção das fibras, conforme ilustrado na Fig. 3.9, é dada pela fórmula empírica de Hankinson (Eq. (3.14)):

$$f_{c\beta d} = \frac{f_{cd}\, f_{cnd}}{f_{cd}\,\text{sen}^2\,\beta + f_{cnd}\cos^2\beta} \tag{3.14a}$$

TABELA 3.18 Valores limites de deslocamentos verticais segundo a norma NBR 7190

	Ações a considerar	Deslocamentos calculados	Deslocamentos limites
Construções correntes	Permanentes + variáveis em combinação de longa duração	Em um vão ℓ entre apoios	$\frac{1}{200}\ell$
		Em balanço de vão ℓ_b	$\frac{1}{100}\ell_b$
Construções com materiais frágeis não-estruturais	Permanentes + variáveis em combinações de média ou curta duração	Em um vão ℓ entre apoios	$\frac{1}{350}\ell$
		Em balanço de vão ℓ_b	$\frac{1}{175}\ell_b$
	Variáveis em combinações de média ou curta duração	Em um vão ℓ entre apoios	$\frac{1}{300}\ell \leq 15$ mm
		Em balanço de vão ℓ_b	$\frac{1}{150}\ell_b \leq 15$ mm

TABELA 3.19 Coeficiente α_n de acréscimo da tensão resistente de compressão normal às fibras segundo a NBR 7190

Extensão da carga na direção das fibras (cm)	1	2	3	4	5	7,5	10	15
Coeficiente α_n	2,00	1,70	1,55	1,40	1,30	1,15	1,10	1,00

3.8.4. TRAÇÃO

Em peças tracionadas com esforço paralelo às fibras ou com inclinação de até 6° em relação às fibras, a condição de segurança é dada por

$$\sigma_{td} \leqslant f_{td} \quad (3.28)$$

De acordo com a NBR 7190, quando não for possível a realização do ensaio de tração uniforme, a resistência à tração paralela às fibras pode ser igualada à resistência à tração na flexão (Eq. (3.4)), conforme indicado na Tabela 3.2.

Para peças com fibras com inclinação $\beta > 6°$ utiliza-se a fórmula de Hankinson (Eq. (3.14)).

A resistência da madeira à tração normal às fibras é considerada nula para fins de projeto estrutural.

3.8.5. FLEXÃO SIMPLES RETA

Para uma viga sujeita à flexão em torno de um eixo principal de inércia, as tensões normais de bordo devem atender às seguintes condições

$$\sigma_{cd} \leqslant f_{cd} \quad (3.29a)$$

$$\sigma_{td} \leqslant f_{td} \quad (3.29b)$$

Nas Eqs. (3.29) as tensões solicitantes de projeto nos bordos comprimido (σ_{cd}) e tracionado (σ_{td}) são calculadas pela conhecida expressão da Resistência dos Materiais:

$$\sigma_d = \frac{M_d}{W}$$

onde W é o módulo de resistência à flexão do bordo considerado

M_d é o momento fletor de projeto.

3.8.6. CISALHAMENTO LONGITUDINAL EM VIGAS

Em vigas submetidas à flexão com esforço cortante, o critério de segurança referente às tensões cisalhantes τ é dado por

$$\tau_d \leqslant f_{vd} \quad (3.30)$$

onde f_{vd} é a tensão resistente de projeto a cisalhamento paralelo às fibras.

Na ausência de dados experimentais referentes a f_v podem ser utilizadas as seguintes relações para tensões resistentes:

coníferas $\quad f_{vd} = 0{,}12 f_{cd} \quad$ (3.31a)

dicotiledôneas $\quad f_{vd} = 0{,}10 f_{cd} \quad$ (3.31b)

3.9. PROBLEMAS RESOLVIDOS

3.9.1.

Uma estrutura será construída com madeira da espécie Louro Pardo, cujas propriedades mecânicas médias referidas ao grau de umidade de 15% são:

$$f_c = 61{,}0 \text{ MPa}$$

$$f_M = 123 \text{ MPa}$$

$$f_v = 11{,}4 \text{ MPa.}$$

Será utilizada madeira serrada de 2.ª categoria e o local da construção tem umidade relativa do ar média igual a 70%. Determinar as tensões resistentes à tração e à compressão paralelas às fibras, à compressão normal às fibras e a cisalhamento paralelo às fibras em vigas, para uma combinação normal de ações.

Solução

A resistência à compressão normal às fibras f_{cn} pode ser tomada como $0{,}25 f_c$. A resistência à tração paralela às fibras f_t pode ser estimada igual a f_M. Com a Eq. (3.15a) estes valores podem ser corrigidos para a condição padrão de umidade (U = 12%). Em seguida os valores característicos são obtidos com as relações da Tabela 3.8.

TABELA PROBL. 3.9.1

Esforço	f (U = 15%) (MPa)	f (U = 12%) (MPa)	f_k (MPa)	f_d (MPa)
Compressão paralela às fibras f_c	61,0	66,5	46,5	18,6
Compressão normal às fibras f_{cn}	15,3	16,7	11,7	4,68
Tração paralela às fibras f_t (= f_M)	123	134	93,8	29,2
Cisalhamento paralelo às fibras f_v	11,4	12,4	6,71	2,09

O coeficiente k_{mod} é obtido considerando-se carregamento de longa duração (k_{mod_1} = 0,70), classe de umidade 2 (k_{mod_2} = 1,0) e madeira serrada de 2.ª categoria (k_{mod_3} = 0,80), resultando em

$$k_{mod} = 0{,}70 \times 1{,}0 \times 0{,}80 = 0{,}56$$

Finalmente, as resistências de projeto são calculadas de acordo com a Eq. (3.21*a*). Os resultados encontram-se na Tabela Probl. 3.9.1.

3.9.2.

Uma viga biapoiada de madeira laminada colada em ambiente de Classe 3 de umidade está sujeita às seguintes cargas uniformemente distribuídas:

permanente	$G = 2{,}0$ kN/m
acidental (longa duração)	$Q = 1{,}5$ kN/m

O deslocamento vertical máximo elástico (calculado com E_c médio) devido a uma carga uniforme unitária é de 3 mm. Sendo o vão igual a 10 m, verificar o estado limite de deformação excessiva.

Solução

a) Valor limite do deslocamento vertical

Na Tabela 3.18, para construções correntes sujeitas a cargas permanentes e variáveis em combinações de longa duração, tem-se

$$\delta_{lim} = \frac{\ell}{200} = 50 \text{ mm}$$

b) Combinação de ações no estado limite de utilização

Na combinação de longa duração (Eq. 3.24*a*), a carga permanente entra com seu valor característico e a carga acidental com seu valor quase-permanente igual a $\psi_2\, Q$, onde ψ_2 é dado na Tabela 3.7:

$$G = 2{,}0 \text{ kN/m}$$
$$\psi_2\, Q = 0{,}2 \times 1{,}5 = 0{,}3 \text{ kN/m}$$

c) Deslocamento final devido às cargas permanentes mais acidental

O cálculo é feito considerando-se deformações instantâneas e as diferidas no tempo (devidas à fluência) de acordo com a Eq. 3.16 e a Tabela 3.17, utilizando-se o coeficiente de fluência φ dado pela NBR 7190.

$$\delta_{G+Q} = [2{,}0\,(1 + 2{,}0) + 0{,}3\,(1 + 2{,}0)] \times 3 = 20{,}7 \text{ mm} < \delta_{lim}$$

Com o coeficiente φ dado pelo EUROCODE 5 tem-se:

$$\delta_{G+Q} = [2{,}0\,(1 + 0{,}8) + 0{,}3\,(1 + 0{,}5)] \times 3 = 12{,}1 \text{ mm} < \delta_{lim}$$

De acordo com a NBR 7190, o deslocamento δ_{G+Q} pode ser avaliado corrigindo-se o valor instantâneo, calculado com E_c, pela razão $E_c/E_{c,ef}$, conforme a Eq. 3.23:

$$k_{mod} = 0{,}70 \times 0{,}80 \times 1{,}0 = 0{,}56$$
$$\delta_{G+Q} = (2 + 0{,}3)\,\frac{1}{0{,}56} \times 3 = 12{,}3 \text{ mm} < \delta_{lim}$$

Este valor se aproxima do calculado com a Eq. 3.16 e com os coeficientes de fluência dados pelo EUROCODE 5.

A viga atende com folga ao critério de verificação de deformação excessiva.

3.9.3.

Para a viga do Problema Resolvido 3.9.2 verificar o estado limite de deformação excessiva em uma situação rara na qual a carga Q atua com seu valor característico (combinação de curta duração) e para a qual se deseja evitar danos a componentes não-estruturais de material frágil.

Solução

a) Valor limite do deslocamento vertical (Tabela 3.18)

Para cargas G + Q $\quad \delta_{lim} = \dfrac{\ell}{350} = 28{,}6 \text{ mm}$

Para carga Q $\quad \delta_{lim} = \dfrac{\ell}{300} = 33{,}3 \text{ mm}; \ \delta_{lim} = 15 \text{ mm}$

b) Combinação de ações

Na combinação de curta duração (Eq. 3.24*b*) as cargas G e Q entram com seus valores característicos: $G = 2{,}0$ kN/m e $Q = 1{,}5$ kN/m.

c) Deslocamento final devido às cargas permanentes mais acidental (coeficientes φ dados pela NBR 7190).

Admite-se que a instalação dos componentes não-estruturais tenha ocorrido após a instalação de toda a carga permanente; dessa forma somente os deslocamentos δ_G diferidos no tempo e δ_Q total causariam danos aos citados componentes.

$$\delta_{G+Q} = [2{,}0\,(0 + 2{,}0) + 1{,}5\,(1 + 0{,}5)] \times 3 = 18{,}8 \text{ mm} < \delta_{lim}$$
$$\delta_Q = 1{,}5\,(1 + 0{,}5) \times 3 = 6{,}7 \text{ mm} < 15 \text{ mm} < \delta_{lim}$$

A viga atende aos critérios de verificação para estado limite de utilização.

3.10. PROBLEMAS PROPOSTOS

3.10.1.

Por que os resultados de resistência obtidos dos ensaios padronizados de amostras de madeira não podem ser diretamente utilizados como tensões resistentes no projeto de peças estruturais?

3.10.2.

O que é valor característico de resistência?

3.10.3.

Caracterizar os diagramas tensão × deformação da madeira em tração e compressão paralelos às fibras obtidos de amostras sem defeitos relacionando-os à microestrutura da madeira.

3.10.4.

Como os defeitos afetam a resistência de peças estruturais de madeira?

3.10.5.

Como variam as propriedades de resistência da madeira em função do seu grau de umidade?

3.10.6.

Explique o fenômeno de fluência de um material e comente suas conseqüências em um projeto de viga sob ação de carga permanente.

3.10.7.

Quais os métodos existentes para classificação estrutural de peças de madeira?

3.10.8.

Por que o método das tensões admissíveis foi abandonado em favor do método dos estados limites?

3.10.9.

Para uma obra em estrutura de madeira será utilizada uma espécie da qual não se conhecem as propriedades mecânicas. Para isto foram realizados ensaios de amostras sem defeitos de um lote de madeira cujo grau de umidade médio é igual a 18%. Foram realizados seis ensaios de flexão e determinados os valores abaixo relacionados para a tensão resistente f_M. Determinar os valores característicos das tensões resistentes f_{ck} e f_{tk} referidos à condição padrão de umidade.

amostra	1	2	3	4	5	6
f_{Mi} (MPa)	50	66	49	59	55	62

3.10.10.

Para uma edificação residencial de dois andares foi adotado como sistema estrutural um conjunto de pórticos paralelos com ligações rígidas entre vigas e pilares. Na seção mais solicitada do pórtico os momentos solicitantes são os seguintes:

$M_g = 2$ kNm devido ao peso da estrutura, dos revestimentos e acessórios permanentes
$M_q = 3{,}5$ kNm devido à carga de utilização da edificação
$M_r = +1{,}2$ kNm ou $-1{,}2$ kNm devido a recalque diferencial

Para a seção considerada, calcule o momento fletor solicitante de projeto de acordo com a NBR 7190.

3.10.11.

A segurança no estado limite último de uma viga de madeira serrada de 2.ª categoria de maçaranduba será verificada de acordo com a norma NBR 7190 para uma combinação normal de ações. Calcular as tensões resistentes de projeto de compressão paralela às fibras e cisalhamento paralelo às fibras. O local de construção tem umidade relativa do ar média igual a 70%.

Capítulo 4

LIGAÇÕES DE PEÇAS ESTRUTURAIS

4.1. TIPOS DE LIGAÇÕES

As peças de madeira bruta têm o comprimento limitado pelo tamanho das árvores, meios de transporte etc. As peças de madeira serrada são fabricadas em comprimentos ainda mais limitados, geralmente de 4 a 5 m.

Para confeccionar as estruturas, as peças são ligadas entre si, utilizando-se diversos dispositivos, conforme ilustrado nas Figs. 4.1 e 4.2. Os principais tipos de ligação empregados são: colagem, pregos, grampos, braçadeiras, pinos, parafusos, conectores metálicos, tarugos e entalhes.

Os grampos e as braçadeiras são utilizados apenas como elementos auxiliares de montagem, não sendo considerados elementos de ligação estrutural.

A colagem é utilizada, em larga escala, nas fábricas de peças de madeira laminada e madeira compensada. Nas peças laminadas de grande comprimento, as lâminas individuais são emendadas com cola, empregando-se uma seção denteada ou plana enviesada. As emendas de campo, isto é, as emendas realizadas na obra, não são, em geral, coladas, pois a colagem deve ser feita sob controle rigoroso da cola, da umidade da madeira, da pressão e da temperatura.

Os pregos são peças metálicas, cravadas na madeira com impacto. Eles são utilizados em ligações de montagem e ligações definitivas.

Os pinos são eixos cilíndricos, de aço ou de madeira dura. São colocados em furos feitos à máquina, com diâmetro ligeiramente inferior ao deles. Os pinos são, assim, instalados sem folga, de modo a entrarem em carga sem haver deformação relativa das peças ligadas.

Os parafusos são de dois tipos:

a) parafusos rosqueados auto-atarraxantes;
b) parafusos com porcas e arruelas.

Os parafusos auto-atarraxantes são muito utilizados em marcenaria, ou para prender acessórios metálicos em postes, dormentes etc.; em geral não se empregam como elementos de ligação de peças estruturais de madeira.

Os parafusos utilizados nas ligações estruturais são cilíndricos e lisos, tendo numa extremidade uma cabeça e na outra uma rosca e porca. Eles são instalados em furos com folga máxima de 1 a 2 milímetros e depois apertados com a porca. Para reduzir a pressão de apoio na superfície da madeira, utilizam-se arruelas metálicas.

Os conectores de anel são peças metálicas especiais, encaixadas em ranhuras, na superfície da madeira e apresentando grande eficiência na transmissão de esforços. No local de cada conector, coloca-se um parafuso para impedir a separação das peças ligadas. Os conectores usuais são em forma de anel.

Os entalhes e encaixes são ligações em que a madeira trabalha à compressão associada a corte. Nessas ligações, a madeira realiza em geral o principal trabalho de transmissão dos esforços, utilizando-se grampos ou parafusos para impedir a separação das peças.

Os tarugos ou chavetas são peças de madeira dura ou metálicas, colocadas no interior de entalhes, com a finalidade de transmitir esforços. Os tarugos são mantidos na posição por meio de parafusos auxiliares.

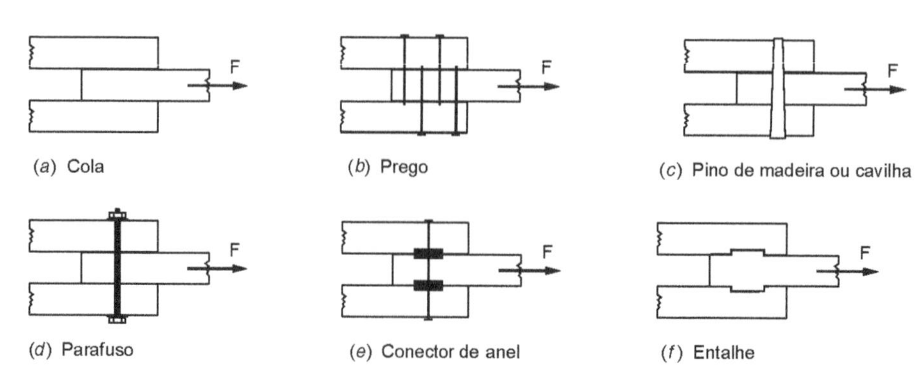

Fig. 4.1 Tipos de ligações estruturais de peças de madeira.

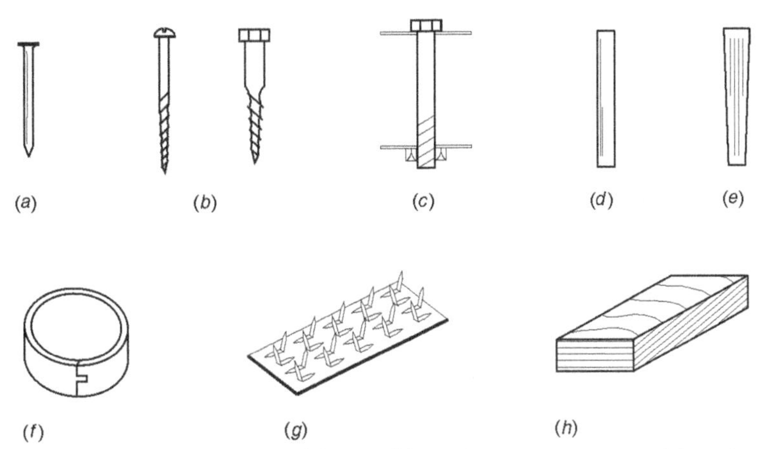

Fig. 4.2 Conectores para ligações em estruturas de madeira: (*a*) prego; (*b*) parafuso auto-atarraxante; (*c*) parafuso com porca e arruela; (*d*) pino metálico; (*e*) pino de madeira; (*f*) conector de anel metálico; (*g*) chapa com dentes estampados; (*h*) tarugo de madeira.

As ligações por corte são aquelas em que a força a ser transmitida de uma peça à outra é perpendicular ao eixo do elemento de ligação (prego, parafuso etc.), como mostra a Fig. 4.3. Os pinos, pregos ou parafusos em ligações por corte podem estar sujeitos a uma ou duas seções de corte (Fig. 4.3*a*), ou ainda a múltiplas seções de corte. Nas ligações axiais as peças de madeira estão solicitadas a esforços normais, enquanto nas ligações transversais a madeira fica solicitada localmente à tração normal às fibras (Fig. 4.3*b*). Para evitar a ocorrência e a propagação de fissuras deve-se verificar a resistência local à tração normal às fibras (ver item 4.12). Fissuras por tração perpendicular às fibras podem também ocorrer em ligações axiais, nas quais as deformações transversais às fibras originadas por variações de umidade estão bloqueadas. A emenda de peça de madeira com talas de aço e parafusos, ilustrada na Fig. 4.3*c*, é um exemplo deste fenômeno. A utilização de chapas separadas para cada linha de parafusos permite as deformações transversais e evita o fendilhamento. De acordo com a norma americana NDS, o detalhe da Fig. 4.3*d* deve ser adotado quando a distância entre linhas extremas de parafusos for maior que 12,5 cm (5″).

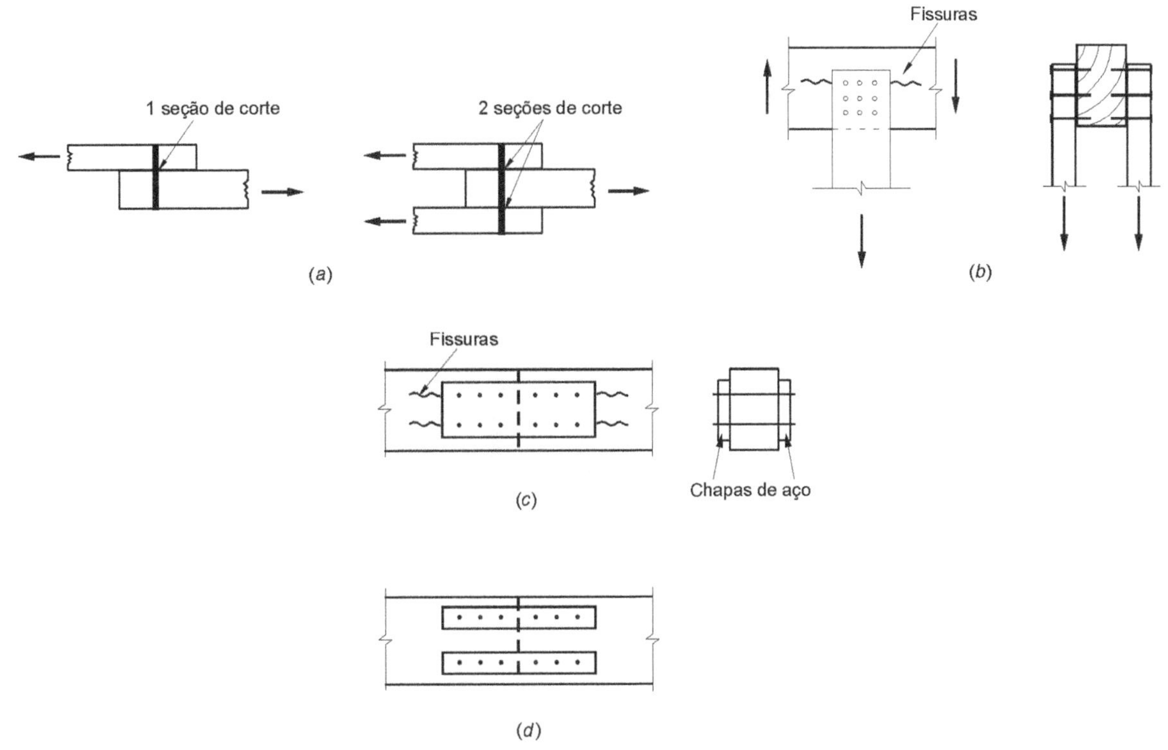

Fig. 4.3 Ligações por corte: (*a*) ligações axiais por corte; (*b*) ligação transversal por corte; (*c*) fendilhamento por bloqueio das deformações transversais às fibras devidas a variações de umidade; (*d*) emenda com chapas separadas para cada linha de parafusos.

O principal requisito dos elementos de ligação é a resistência, ou seja, as ligações devem ser capazes de transmitir forças de uma peça de madeira a outra. Outro importante requisito é a rigidez: o deslizamento entre as peças ligadas deve ser restringido de modo a não prejudicar o funcionamento da estrutura. Este aspecto torna-se ainda mais relevante devido à fluência da madeira. Além disso, a rigidez do detalhe de ligação adotado em um projeto deve ser compatível com a rigidez da ligação no modelo estrutural utilizado para cálculo das solicitações. O projeto das ligações deve ainda obedecer a prescrições construtivas indicadas pelas normas de forma a garantir o seu bom desempenho.

Neste capítulo são apresentados, para cada um dos tipos mais usuais de ligação, os critérios de dimensionamento em termos de resistência e disposições construtivas. No item 4.13 os diversos tipos de ligação são abordados em termos de deformabilidade.

4.2. Ligações axiais por corte com pinos metálicos

As ligações do tipo das ilustradas na Fig. 4.3*a* executadas com pregos, parafusos ou pinos metálicos comportam-se de maneira semelhante e por isso estão englobadas na categoria de ligações com pinos metálicos.

4.2.1. Funcionamento da ligação

A Fig. 4.4 mostra uma ligação em corte duplo típica. A transmissão da força F se dá por apoio do pino nas peças de madeira. O pino fica sujeito a uma carga distribuída transversal ao seu eixo e, portanto, à flexão simples. As peças de madeira ficam submetidas à compressão localizada e paralela às fibras. Com a notação da Fig. 4.4 pode-se escrever a tensão nominal de compressão localizada da peça central

$$\sigma_2 = \frac{F}{dt_2} \tag{4.1}$$

onde d é o diâmetro do pino;
t_2 é a espessura da peça central.

4.2.2. Resistência da madeira à compressão localizada (embutimento)

A resistência da madeira à compressão localizada em ligações com pinos é denominada resistência ao embutimento e deve ser determinada, segundo a NBR 7190 (Anexo B), através de ensaio padronizado, cujo esquema é mostrado na Fig. 4.5 para o caso de compressão paralela às fibras.

A resistência ao embutimento, seja paralelo às fibras (f_e) seja normal às fibras (f_{en}), é definida como a tensão de compressão localizada referida à força que causa deformação residual igual a 0,2%. Trata-se, portanto, de uma condição de deformabilidade.

De acordo com a NBR 7190, na ausência de determinação experimental específica permite-se avaliar a resistência ao embutimento com as seguintes expressões:

paralela às fibras $$f_{ed} = f_{cd} \tag{4.2a}$$

normal às fibras $$f_{end} = 0{,}25 f_{ed}\,\alpha_e \tag{4.2b}$$

onde o coeficiente α_e é dado na Tabela 4.1.

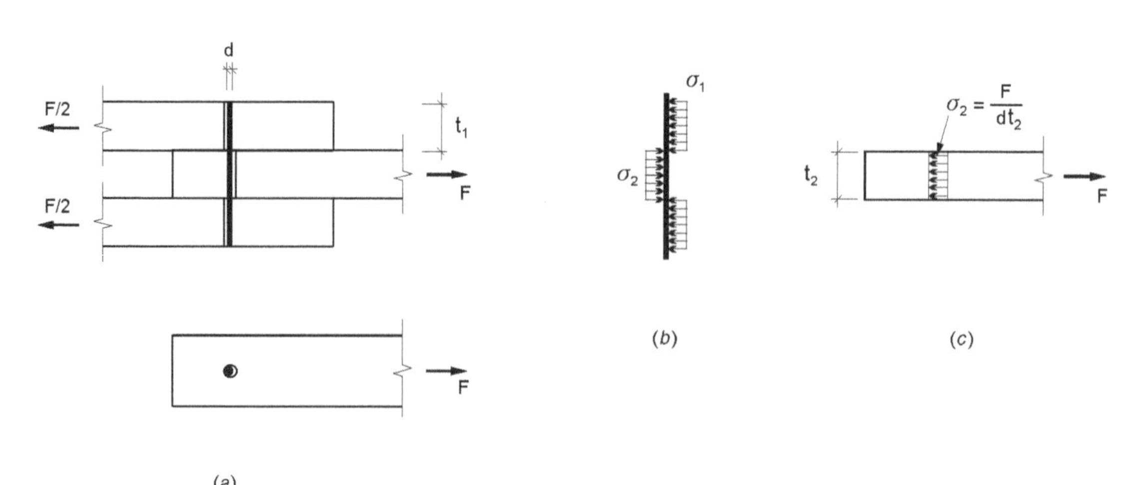

Fig. 4.4 Ligação por apoio da madeira em pino: (*a*) geometria de ligação com duas seções de corte; (*b*) pino sujeito à flexão devida às forças de contato com as peças de madeira; (*c*) peça central de madeira sujeita à tensão de compressão localizada σ_2 devida ao contato com o pino (tensão de embutimento).

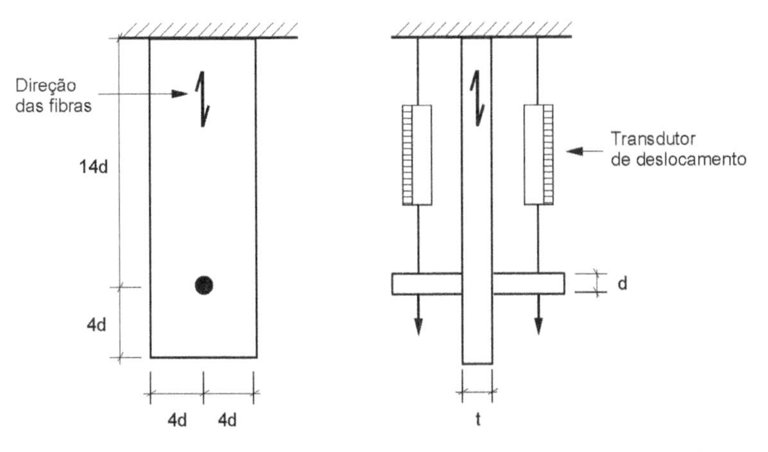

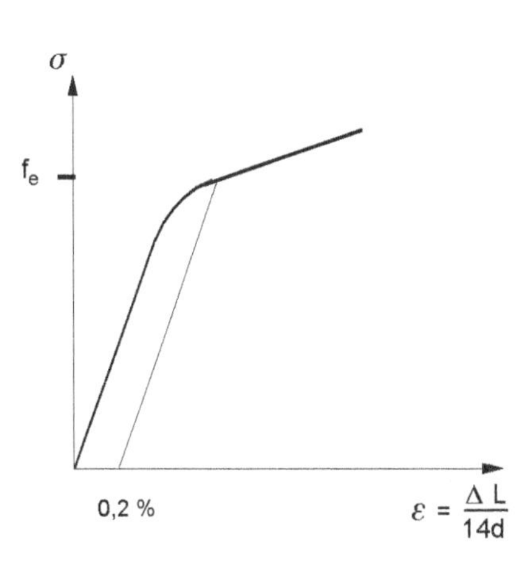

Fig. 4.5 Ensaio para determinação da resistência ao embutimento paralelo às fibras.

TABELA 4.1 Coeficiente α_e para cálculo da resistência ao embutimento normal às fibras (Eq. (4.2*b*)), sendo *d* o diâmetro do pino

d(cm)	≤ 0,62	0,95	1,25	1,6	1,9	2,2	2,5	3,1	3,8	4,4	5,0	≥ 7,5
α_e	2,5	1,95	1,68	1,52	1,41	1,33	1,27	1,19	1,14	1,10	1,07	1,00

No caso de compressão localizada inclinada em relação às fibras utiliza-se a fórmula de Hankinson (Eq. (3.14)).

4.2.3. RESISTÊNCIA À FLEXÃO DO PINO

O pino metálico da ligação ilustrada na Fig. 4.4 é uma peça de seção circular (diâmetro *d*) sujeita a tensões normais de flexão. A evolução da distribuição destas tensões na seção de maior momento fletor com o acréscimo do carregamento está mostrada na Fig. 4.6. Em regime elástico, a distribuição de tensões é linear e a tensão máxima é calculada com a clássica fórmula da Resistência dos Materiais

$$\sigma = \frac{M}{W}$$

onde *W* é o módulo elástico de resistência à flexão.

O início da plastificação da seção de momento máximo ocorre quando a tensão máxima atinge a tensão f_y de escoamento do aço. A partir daí, com o acréscimo do carregamento, ocorre a plastificação progressiva da seção, com as "fibras" mais internas atingindo também a tensão f_y.

O maior momento que a seção pode suportar (M_p) corresponde ao escoamento de toda a seção:

$$M_p = Zf_y \qquad (4.3)$$

onde *Z* é o módulo plástico da seção, sendo $Z = d^3/6$ para uma seção circular de diâmetro *d*.

Com a plastificação total a seção transforma-se em uma rótula plástica, isto é, passa a desenvolver grandes rotações sem acréscimo de momento resistente.

O momento resistente de projeto do pino metálico é calculado com o fator de redução de resistência γ_s igual a 1,1:

$$M_{pd} = Zf_{yd} = \frac{Zf_y}{1{,}1} \qquad (4.4)$$

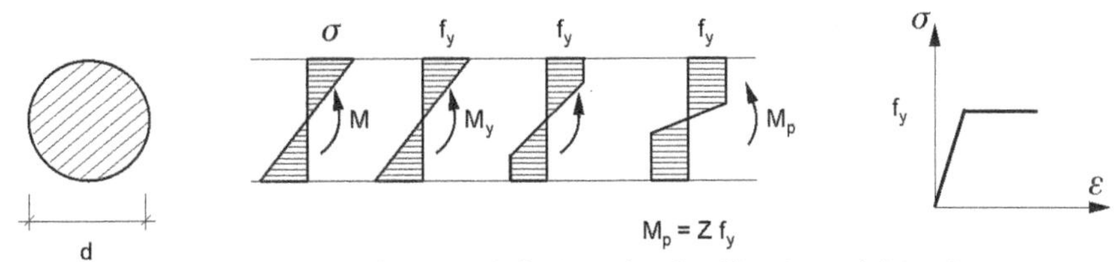

Fig. 4.6 Evolução das tensões normais em uma seção do pino sob flexão, até a plastificação total da seção.

4.2.4. MECANISMOS DE PLASTIFICAÇÃO EM LIGAÇÕES COM PINOS EM CORTES SIMPLES E DUPLO

Os modos de ruptura de ligações com pinos envolvem o esmagamento das peças de madeira em compressão localizada (quando atingem a resistência ao embutimento) e a plastificação de uma ou mais seções do pino em flexão.

Admitindo o caso de ligações de peças de diferentes espessuras, em corte simples ou duplo, a Fig. 4.7 apresenta os possíveis mecanismos de plastificação em ligações com pinos (Johansen, 1949). A ocorrência de um ou outro modo dependerá da geometria da ligação e das tensões resistentes da madeira e do aço do pino.

Os mecanismos I e II envolvem apenas esmagamento das peças de madeira (ilustrado pelo pontilhado na Fig. 4.7) com

Mecanismo	Descrição	Ilustração	
		Corte simples	Corte duplo
I - 2	Esmagamento local da peça 2	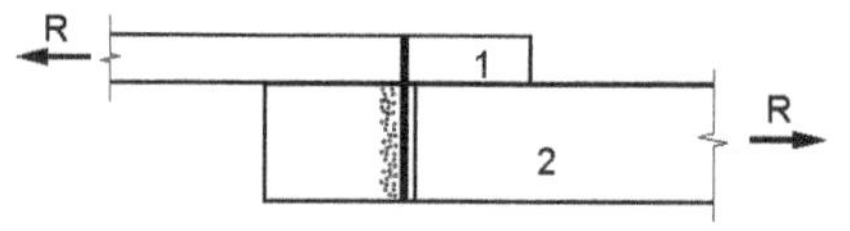	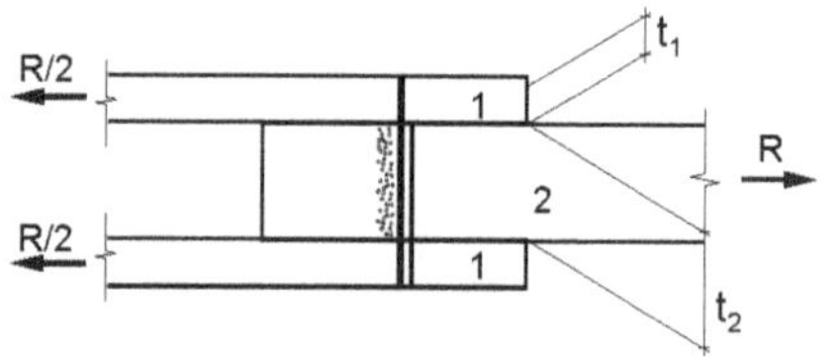
I - 1	Esmagamento local das peças 1	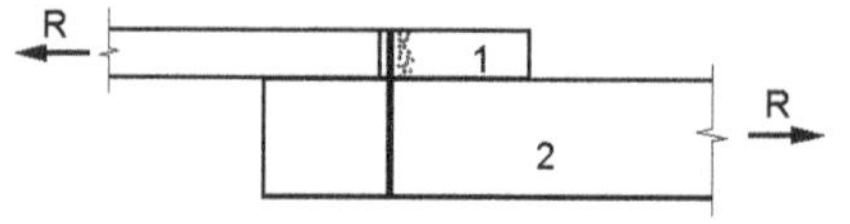	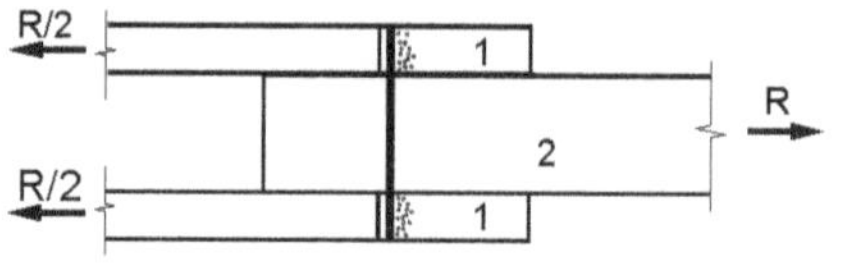
II	Esmagamento local das peças com rotação do pino	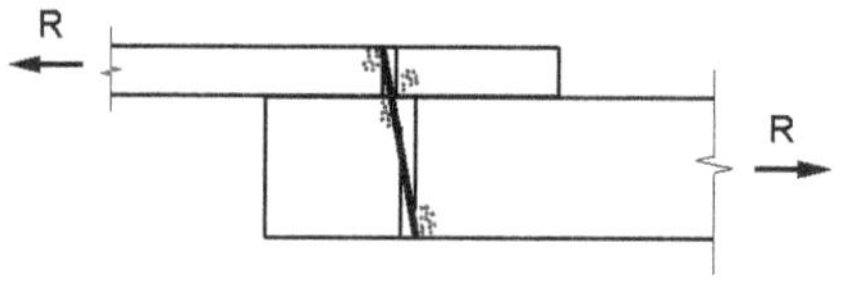	
III - 2	Esmagamento da peça 2 e formação de rótula plástica no pino	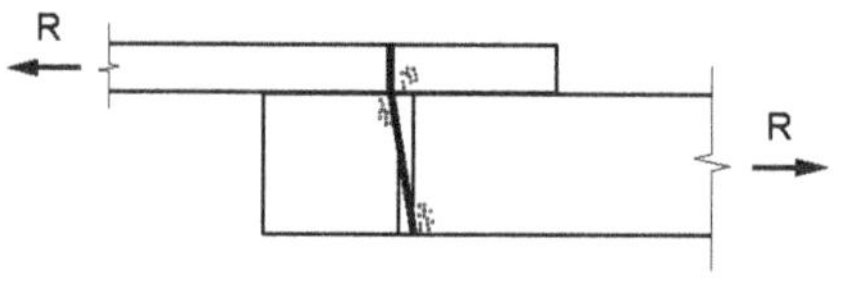	
III - 1	Esmagamento da peça 1 e formação de 1 rótula plástica no pino por plano de corte	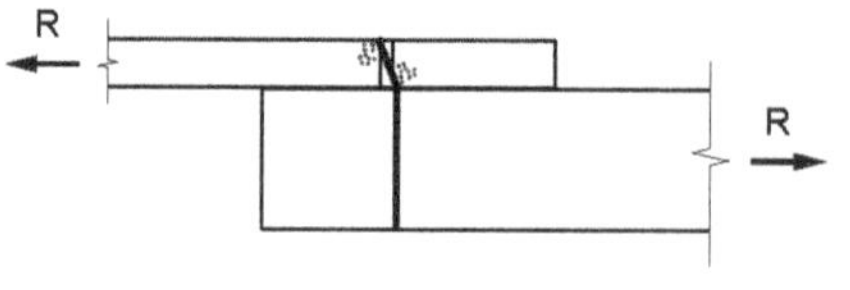	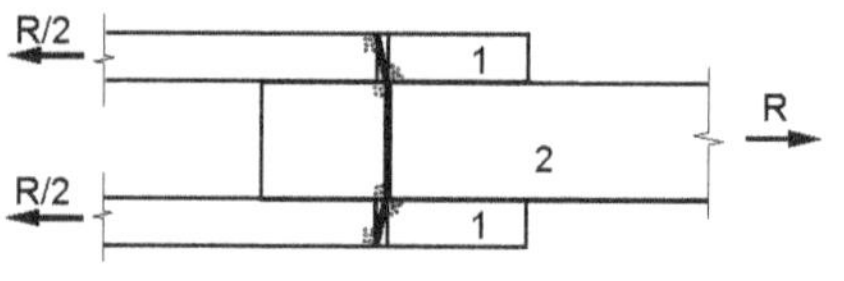
IV	Formação de 2 rótulas plásticas por plano de corte com esmagamento das peças	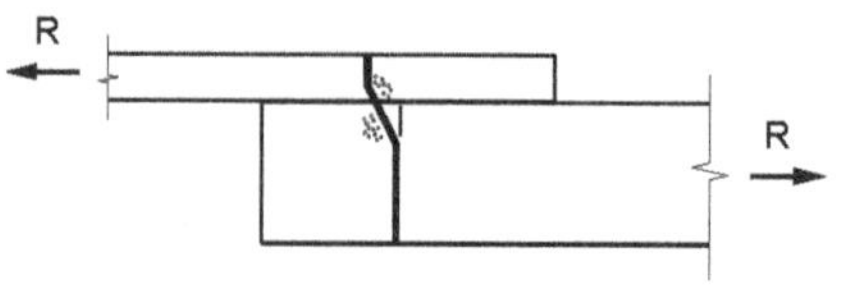	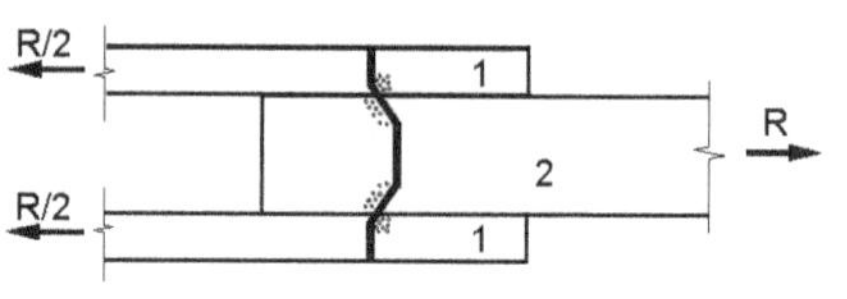

Fig. 4.7 Mecanismos de plastificação em ligações com pinos.

ou sem rotação do conector. Já nos mecanismos III e IV são também formadas rótulas plásticas no pino. O mecanismo II é caracterizado pela rotação como corpo rígido do conector e não se aplica à ligação em corte duplo pela sua simetria.

Em corte simples, o mecanismo I-2 só poderia ocorrer em ligações com peças de diferentes espécies de madeira.

4.2.5. RESISTÊNCIA A CORTE DE LIGAÇÕES COM PINOS

No passado, o dimensionamento das ligações com pinos se baseava em fórmulas empíricas para a resistência, reproduzindo cargas de ruptura obtidas em ensaios de laboratório para um conector em determinadas configurações de ligação. Entretanto, diante da variedade de configurações possíveis na prática (diferentes relações entre espessuras das peças e diâmetro do pino), estas fórmulas empíricas não são mais consideradas confiáveis, pelas normas de projeto, para o dimensionamento de ligações com pinos.

Atualmente, utiliza-se uma abordagem baseada na teoria de análise limite desenvolvida por Johansen na década de 40 (Johansen, 1949) e posteriormente confirmada por ensaios experimentais (Step, 1996). Utilizando a teoria de análise limite, os vários mecanismos de plastificação (Fig. 4.7) foram analisados admitindo comportamento rígido-plástico dos materiais (madeira e aço do pino), resultando em expressões de carga última da ligação.

Para o caso do mecanismo II, por exemplo, em uma ligação com peças de madeira de mesma espécie e mesma espessura, após um movimento suficientemente grande da ligação, resultam a distribuição de forças por unidade de comprimento do pino e os diagramas de esforço cortante e momento fletor ilustrados na Fig. 4.8.

Na interface entre as peças de madeira tem-se

$$R = f_e\, d\, b$$

$$M = f_e\, d\,(-a^2 + b^2/2) = 0$$

Sendo $2a + b = t$, chega-se à resistência da ligação (força transmitida entre as peças):

$$R = 0{,}414 f_e\, d\, t \tag{4.5}$$

Ligações entre peças de madeira

As normas americana NDS e européia EUROCODE 5 adotam expressões para resistência desenvolvidas a partir do trabalho de Johansen para ligações entre peças de madeira com diferentes tensões resistentes ao embutimento. As equações seguintes se referem à resistência de ligações com 1 pino em cortes simples e duplo de peças de madeira da mesma espécie (mesma tensão resistente ao embutimento):

Corte Simples

Mecanismo I

$$R_d = f_{ed}\, t_1\, d \tag{4.6a}$$

Mecanismo II

$$R_d = \frac{f_{ed}\, d\, t_1}{2}\left[\sqrt{1 + 2\,(1 + \zeta + \zeta^2) + \zeta^2} - (1 + \zeta)\right] \tag{4.7}$$

onde $\zeta = \dfrac{t_2}{t_1}$, sendo t_1 e t_2 as espessuras das peças ou o comprimento de penetração do pino.

Mecanismo III

$$R_d = \frac{f_{ed}\, d\, t_i}{3}\left[\sqrt{4 + \frac{12\, M_{pd}}{f_{ed}\, d\, t_i^2}} - 1\right] \tag{4.8}$$

onde $t_i = t_1$ ou t_2

M_{pd} = momento de plastificação total do pino (Eq. (4.4))

Mecanismo IV

$$R_d = \sqrt{2\, M_{pd}\, f_{ed}\, d} \tag{4.9}$$

Corte Duplo — Resistência por plano de corte

Mecanismo I

$$R_d = f_{ed}\, t_1 d \tag{4.6a}$$

$$R_d = 0{,}5 f_{ed}\, t_2\, d \tag{4.6b}$$

Mecanismo III — Eq. (4.8) com $t_i = t_1$

Mecanismo IV — Eq. (4.9)

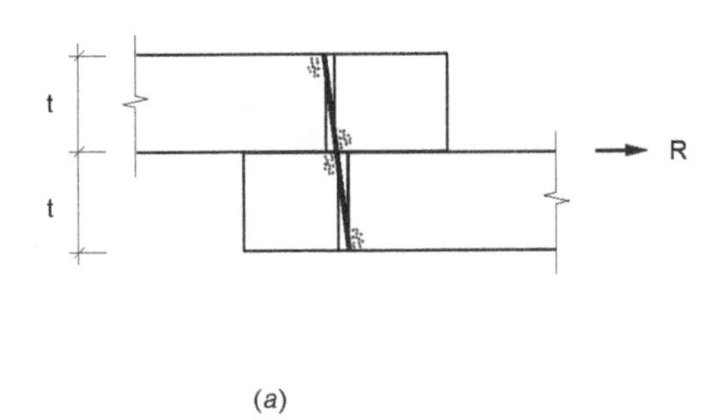

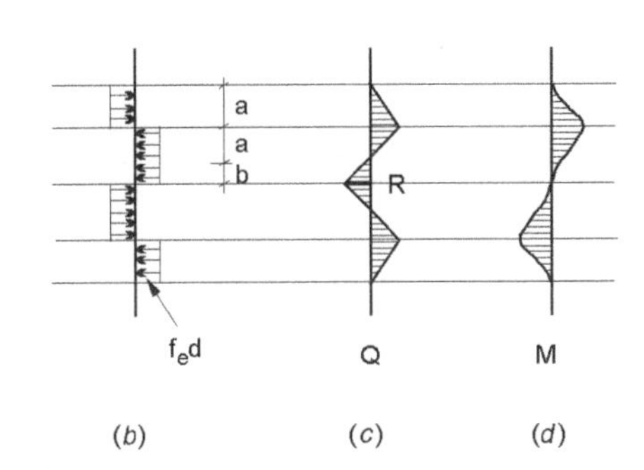

Fig. 4.8 Esforços no pino no mecanismo de plastificação II: (*a*) ligação em corte simples; (*b*) forças por unidade de comprimento; (*c*) diagrama de esforço cortante; (*d*) diagrama de momento fletor no pino.

A resistência de uma determinada ligação é o menor valor obtido para R_d entre os diferentes mecanismos. Para saber qual mecanismo será determinante em uma ligação podem-se utilizar os ábacos de Möller modificados (Step, 1996), ilustrados na Fig. 4.9. Nestes ábacos, a resistência dos mecanismos III e IV está majorada em 10% para considerar a contribuição do esforço axial no pino. Os parâmetros adimensionais que definem o comportamento das ligações no estado limite último são

$$\frac{t_2}{t_1} \text{ e } \frac{t_1}{\sqrt{\dfrac{M_{pd}}{f_{ed}\, d}}}$$

onde $t_2 > t_1$.

Ligações entre peças de madeira e chapas de aço

Nas ligações com pino entre peça de madeira e chapa de aço, como ilustrado na Fig. 4.10, a plastificação do pino nos mecanismos III ou IV depende da relação t_a/d, entre a espessura da chapa e o diâmetro do pino.

As resistências da ligação por plano de corte de 1 pino para cada mecanismo são dadas pelas equações seguintes (Step, 1996), nas quais t é a espessura da peça de madeira.

Corte Simples

- Para chapas finas ($t_a \leqslant 0{,}5\, d$)
  Mecanismo II

$$R_d = 0{,}4 f_{ed}\, dt \tag{4.10}$$

Mecanismo III

$$R_d = \sqrt{2\, M_{pd}\, f_{ed}\, d} \tag{4.11}$$

- Para chapas grossas ($t_a \geqslant d$)
  Mecanismo III

$$R_d = f_{ed}\, td\left[\sqrt{2 + \frac{4\, M_{pd}}{f_{ed}\, dt^2}} - 1\right] \tag{4.12}$$

Mecanismo IV

$$R_d = 1{,}4\sqrt{2\, M_{pd}\, f_{ed}\, d} \tag{4.13}$$

Para chapas intermediárias ($0{,}5d < t_a < d$) faz-se uma interpolação entre os valores de R_d obtidos com as Eqs. (4.11) e (4.13).

Corte Duplo (por plano de corte)

- Em ligação com chapas de aço laterais (Fig. 4.10)
  Mecanismo I

$$R_d = 0{,}5 f_{ed}\, td \tag{4.6b}$$

Mecanismos III ou IV — Eqs. (4.11) ou (4.13)

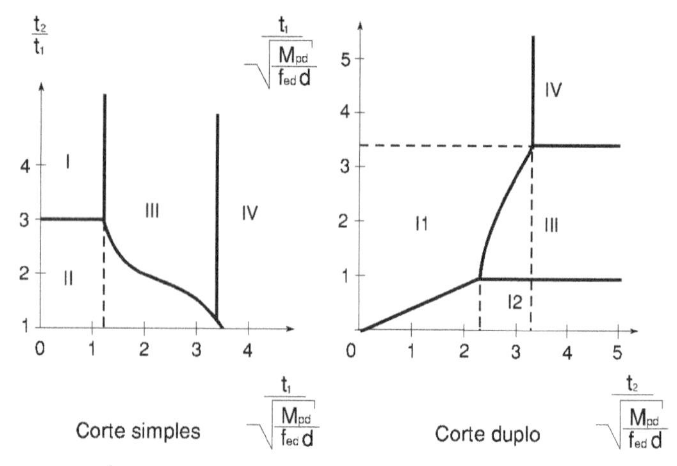

Fig. 4.9 Ábacos modificados de Möller (*a*) corte simples (*b*) corte duplo (Step, 1996).

4.2.6. RESISTÊNCIA DE ACORDO COM A NBR 7190

Observa-se na Fig. 4.9 que, em ligações de peças de madeira com espessuras aproximadamente iguais ($t_1 \sim t_2$) com pino em corte simples, somente os modos II e IV podem ser determinantes. Aplicando a relação $t_1 = t_2 = t$ à Eq. (4.7) e substituindo a expressão para M_{pd} (Eq. (4.4)) na Eq. (4.9) chega-se às expressões aproximadas, indicadas pela NBR 7190 para a resistência da ligação referente a uma seção de corte (Figs. 4.3 e 4.7):

Mecanismo II — esmagamento local da madeira

para $\dfrac{t}{d} \leq 1{,}25\sqrt{\dfrac{f_{yd}}{f_{ed}}}$

$$R_d = 0{,}4 f_{ed}\, dt \tag{4.15}$$

Mecanismo IV — flexão do pino

para $\dfrac{t}{d} > 1{,}25\sqrt{\dfrac{f_{yd}}{f_{ed}}}$

$$R_d = 0{,}5\, d^2\sqrt{f_{ed}\, f_{yd}} \tag{4.16}$$

Nas expressões (4.15) e (4.16) t é a espessura da peça mais delgada ou comprimento de penetração do pino, o que for menor (ver a Fig. 4.16).

De acordo com a NBR 7190, no caso de pinos em corte duplo somam-se as resistências referentes a cada uma das se-

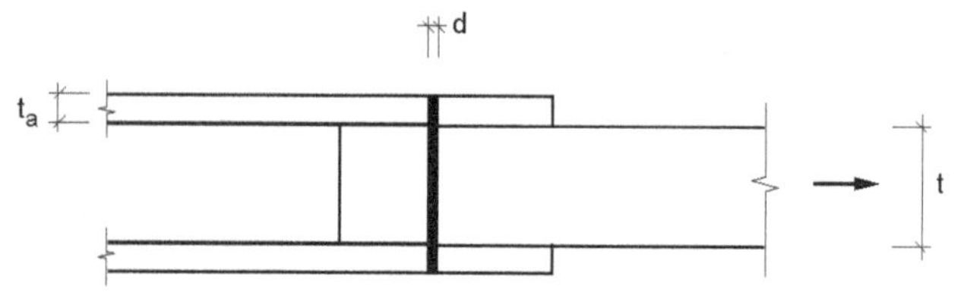

Fig. 4.10 Ligação com pino entre peça de madeira e chapa de aço.

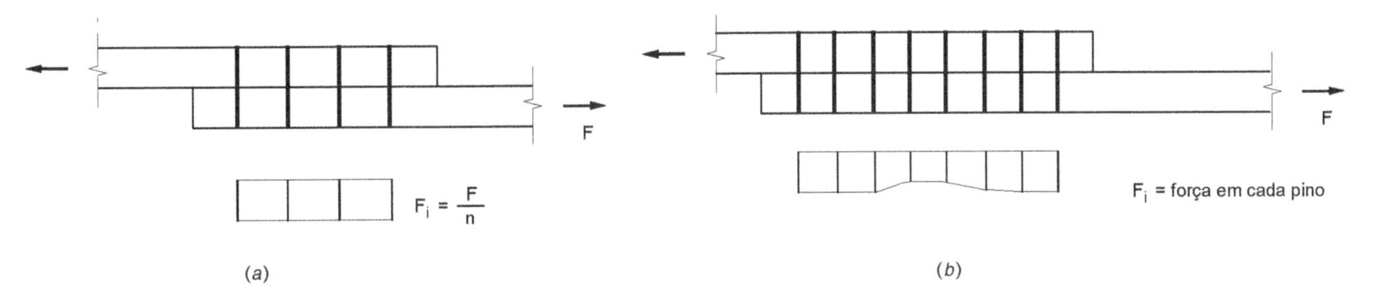

Fig. 4.11 Distribuição de força F a ser transmitida pela ligação entre os pinos: (*a*) distribuição uniforme, para poucos pinos; (*b*) distribuição não-uniforme, para muitos pinos na direção da força.

ções de corte, considerando t como o menor valor entre a espessura t_1 da peça lateral e a metade da espessura da peça central ($t_2/2$ na Fig. 4.7).

A aplicação destas expressões em ligações pregadas e parafusadas é discutida nos itens 4.3.3 e 4.5.3, respectivamente.

No caso de *ligações com pinos entre peça de madeira e chapa de aço*, em corte simples ou duplo, a resistência da ligação é o menor valor calculado entre as resistências referentes às ligações do pino com a madeira e do pino com a chapa de aço. A resistência do pino com a peça de aço é calculada de acordo com a NBR 8800 — Projeto e execução de estruturas de aço de edifícios.

Para uma ligação com até 8 pinos na direção da força, a resistência da ligação é a soma das resistências de cada pino.

Como ilustrado na Fig. 4.11*b* em uma *ligação com muitos pinos* na direção da força, a força F a ser transmitida pela ligação não se distribui uniformemente entre os pinos. Para levar este fato em consideração, reduz-se a resistência dos pinos suplementares em ligações com mais de 8 pinos. A redução de resistência é tomada igual a 1/3 da resistência do pino, de forma que a resistência da ligação com n pinos, sendo $n > 8$, é calculada com base no número efetivo de pinos n_0:

$$n_0 = 8 + \frac{2}{3}(n - 8) \tag{4.17}$$

4.3. PREGOS

4.3.1. TIPOS E BITOLAS DE PREGOS

Os pregos são fabricados com arame de aço-doce, em grande variedade de tamanhos. As bitolas comerciais antigas, ainda utilizadas no Brasil, descrevem os pregos por dois números: o primeiro representa o diâmetro em fieira (diâmetro do arame que originou o prego) francesa; o segundo mede o comprimento em linhas portuguesas.

Na Fig. 4.12*a* apresenta-se uma tabela de pregos em tamanho natural com a nomenclatura comercial e as dimensões (diâmetro, comprimento) em milímetros. Na Fig. 4.12*b* aparecem os pregos com bitolas métricas, segundo padronização da ABNT.

A Tabela A.3.1 apresenta uma relação mais completa, que inclui os pregos mais pesados.

Fabricam-se também pregos com arames de aço duro, com superfície helicoidal, para maior resistência ao arrancamento.

4.3.2. DISPOSIÇÕES CONSTRUTIVAS

Com a penetração do prego na madeira as fibras se afastam, podendo ocorrer o fendilhamento da madeira. Para evitar o fendilhamento, as normas de projeto prescrevem regras construtivas envolvendo dimensões e espaçamentos entre pregos.

A *pré-furação da madeira* é um recurso para evitar o fendilhamento da mesma. A NBR 7190 obriga, para estruturas definitivas, a execução da pré-furação em ligações pregadas, com diâmetro d_0, sendo d_0 menor que o diâmetro d_{ef} efetivamente medido dos pregos a serem usados. Os valores recomendados para o diâmetro d_0 da pré-furação são:

$d_0 = 0{,}85 d_{ef}$ em madeiras macias (coníferas)
$d_0 = 0{,}98 d_{ef}$ em madeiras duras (dicotiledôneas)

Em estruturas provisórias, a NBR 7190 permite o uso de ligações pregadas sem pré-furação com as seguintes condições: uso de madeira leve ($\rho < 600$ kg/m^3); diâmetro do prego d não maior que 1/6 da espessura da peça mais fina de madeira e pregos espaçados de $10d$. A norma européia EUROCODE 5 não obriga a pré-furação de ligações pregadas, mas recomenda este procedimento em caso de madeiras com massa específica $\rho \geq 500$ kg/m^3. Além disso, indica a espessura mínima de peça de madeira para ligação sem pré-furação, em função do diâmetro do prego e da densidade da madeira.

O diâmetro do prego é, em geral, tomado 1/8 a 1/10 da menor espessura de madeira atravessada. De acordo com a NBR 7190, o diâmetro do prego não deve exceder 1/5 da menor espessura atravessada.

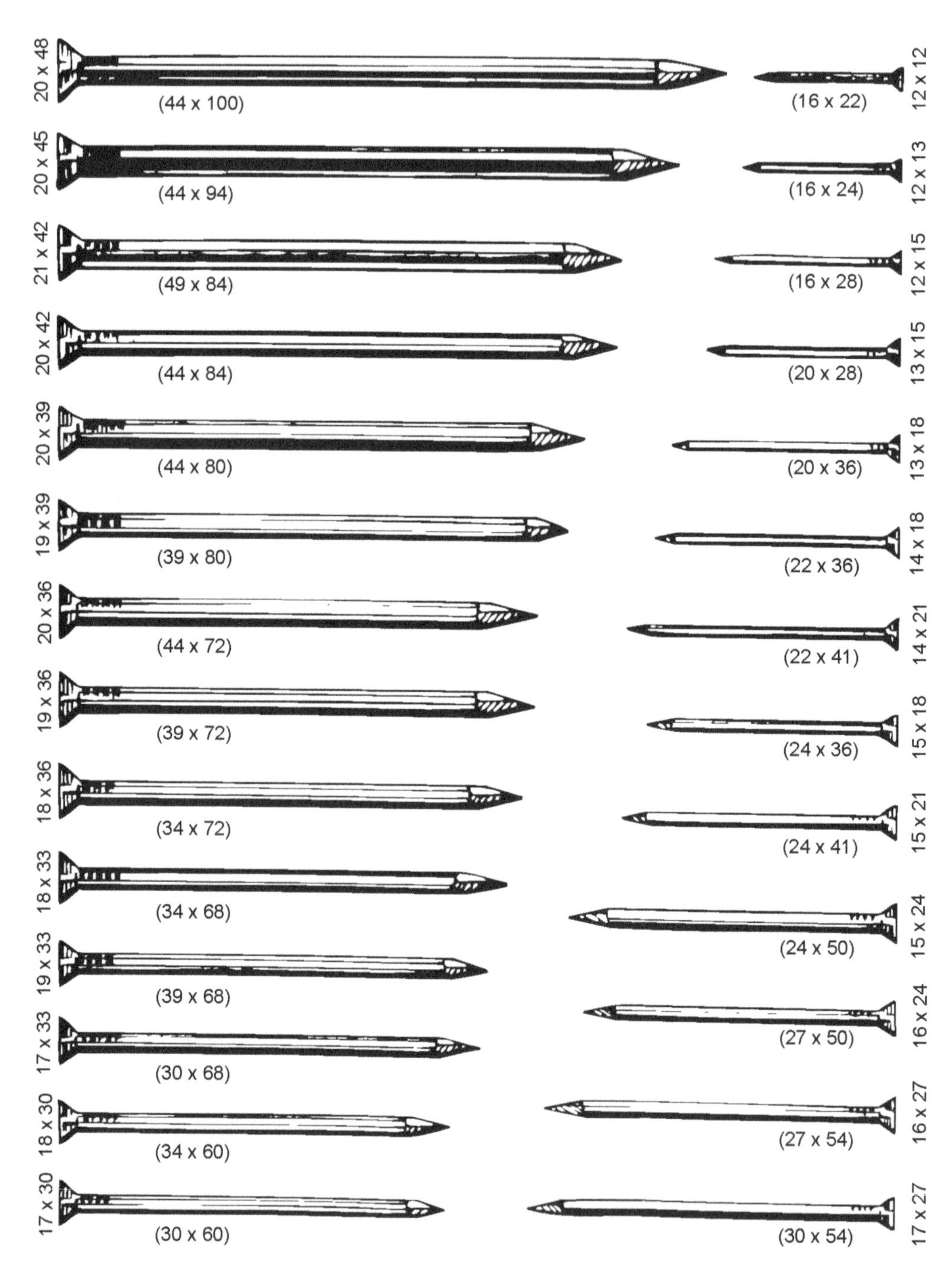

Fig. 4.12 (*a*) Tabela de pregos em tamanho natural, bitolas comerciais. Os números ao lado das figuras representam diâmetro (fieira francesa) × comprimento de corte do arame (linhas portuguesas). Os números entre parênteses representam diâmetro (em décimos de milímetros) × comprimento total nominal do prego (milímetros). *Obs.*: A relação entre o comprimento de corte do arame em linhas portuguesas e o comprimento total nominal do prego em milímetros varia de acordo com o fabricante.

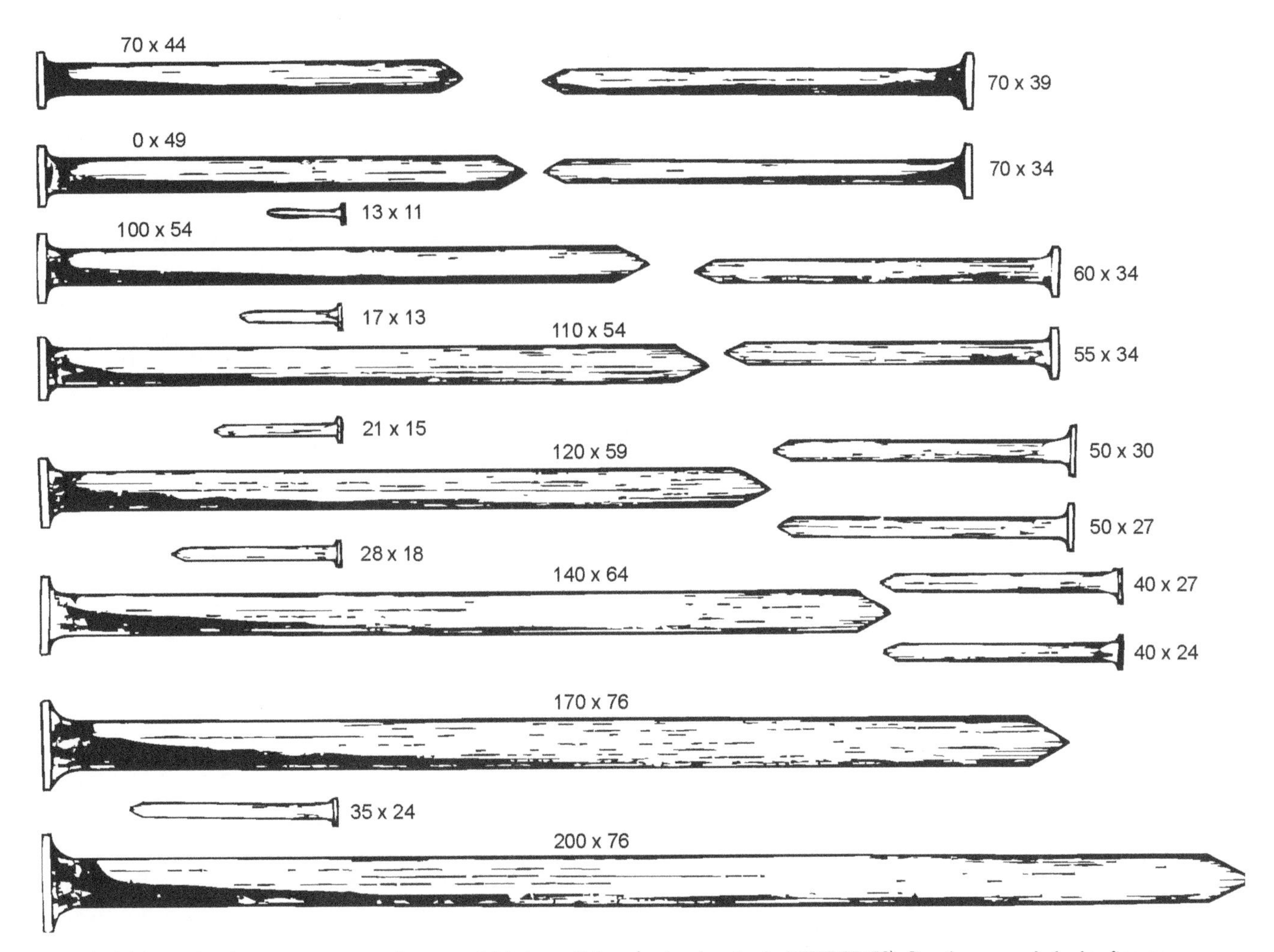

Fig. 4.12 (*b*) Tabelas de pregos em tamanho natural, bitolas métricas (padronização da ABNT PB-58). Os números ao lado das figuras representam comprimento total do prego (milímetros) × diâmetro (em décimos de milímetros). Os comprimentos totais dos pregos apresentam algumas variações, dependendo do fabricante.

Os espaçamentos e as distâncias mínimas para pregos, segundo a NBR 7190, estão representados na Fig. 4.13.

Essas distâncias mínimas são especificadas para reduzir o fendilhamento da madeira.

Os espaçamentos mínimos recomendados pelo EUROCODE 5 para as situações da Fig. 4.14 acham-se representados na Tabela 4.2. Os espaçamentos mínimos entre pregos no caso de pré-furação não devem ser diretamente comparados com os valores especificados pela NBR 7190, pois estão associados a diferentes definições da resistência à compressão localizada fornecidas pelas duas normas (ver item 4.3.3).

De acordo com o EUROCODE 5, no caso de pregos cravados (sem pré-furação) a partir de faces opostas de uma peça intermediária, pode haver trespasse de pregos, dependendo da distância a entre a ponta do prego e a face oposta à de cravação, a saber (Fig. 4.15):

$a \geqslant 4d$ permitido o trespasse;

$a < 4d$ espaçamento entre pregos na direção da força $= a_1$.

Para que o prego seja efetivo numa seção, é necessária uma penetração mínima da ponta na madeira adjacente.

A norma NBR 7190 estipula uma penetração p mínima de ponta igual a $12d$ para ligações pregadas em cortes simples e duplo, ou igual à espessura da peça mais delgada (ver Fig. 4.16, onde $t_1 < t_2$). Exceção é feita ao caso de ligações corridas como, por exemplo, no caso de vigas compostas de peças serradas pregadas (Fig. 6.2*f*, *g*), nas quais a penetração pode ser limitada à espessura da peça mais delgada.

4.3.3. RESISTÊNCIA A CORTE DE PREGOS

De acordo com a NBR 7190, a resistência de um prego correspondente a uma seção de corte é dada pelas Eqs. (4.15) e

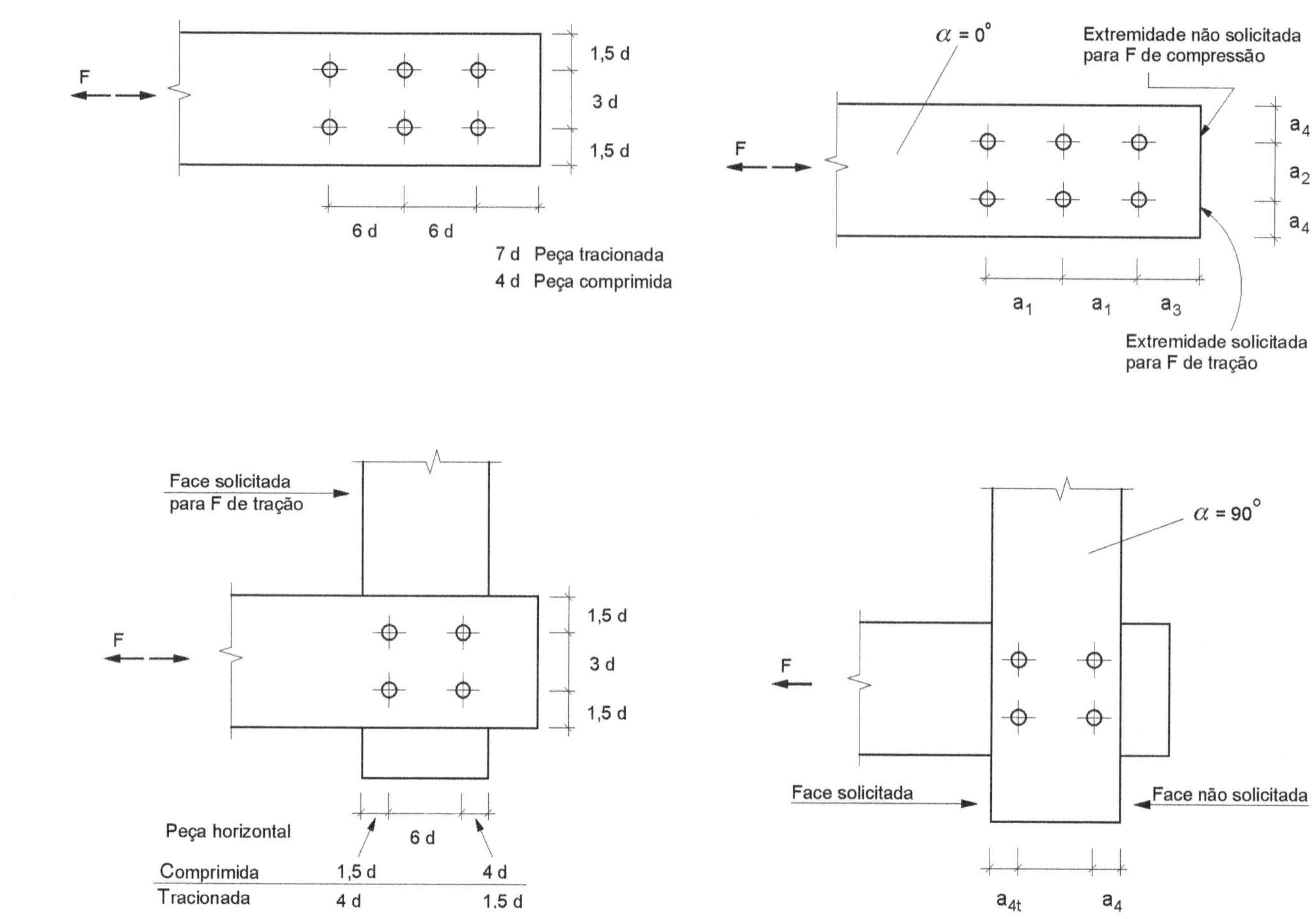

Fig. 4.13 Distâncias mínimas em ligações pregadas com pré-furação, segundo a NBR 7190, expressas em função do diâmetro *d* do prego.

Fig. 4.14 Notação para espaçamentos e distâncias mínimas para pregos segundo o EUROCODE 5 (ver Tabela 4.2).

TABELA 4.2 Espaçamentos e distâncias mínimas para pregos, segundo o EUROCODE 5; notação na Fig. 4.14

Espaçamentos e distâncias	Sem pré-furação $\rho_k < 420$ kg/m³	Sem pré-furação $420 < \rho_k < 500$ kg/m³	Com pré-furação
Espaçamento paralelo às fibras a_1 (com $\alpha = 0°$)	$d < 5$ mm: $10d$ $d \geqslant 5$ mm: $12d$	$15d$	$7d$*
Espaçamento perpendicular às fibras a_2	$5d$	$7d$	$3d$
Distância a_3 (extrem. não-solicitada)	$10d$	$15d$	$7d$
Distância a_3 (extrem. solicitada)	$15d$	$20d$	$12d$
a_{4t} ($\alpha = 90°$) (face solicitada)	$10d$	$12d$	$7d$
a_4 (face não-solicitada)	$5d$	$7d$	$3d$

*Pode ser reduzida a um mínimo de $4d$ se a resistência à compressão localizada (embutimento) for reduzida na razão $\sqrt{a_1/7d}$.

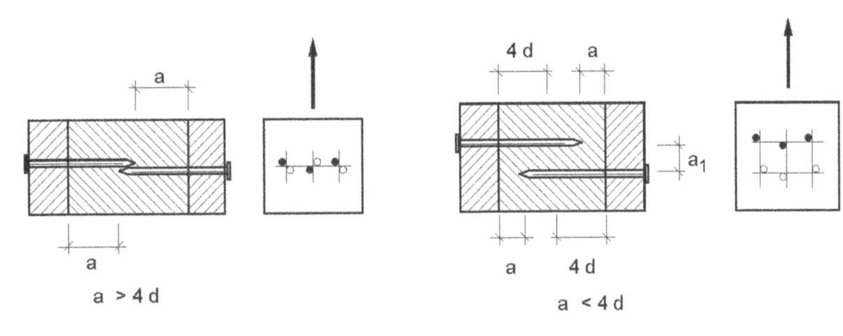

Fig. 4.15 Espaçamento de pregos com transpasse (EUROCODE 5) em seções múltiplas com pregação a partir das duas faces: a = distância entre a ponta do prego e a face oposta à cravação; a_1 = espaçamento na direção da força transmitida; d = diâmetro do prego.

(4.16). Com as imposições de penetração mínima (Fig. 4.16), a espessura t nestas equações refere-se à espessura da peça mais fina. As Tabelas A.3.2 a A.3.6 apresentam a resistência a corte simples de pregos com diâmetro variando entre 3 e 7,6 mm em madeiras com resistência ao embutimento f_{ed} variando entre 5,0 e 25,0 MPa.

De acordo com o EUROCODE 5, para peças de madeira de mesma espécie, a resistência de uma seção de corte é dada pelas Eqs. (4.6) a (4.9) com acréscimo de 10% naquelas referentes aos mecanismos III e IV. Nestas equações, aplicadas a ligações pregadas, as espessuras t_1 e t_2 são tomadas, respectivamente, iguais aos comprimentos de penetração do prego em cada peça. A resistência à compressão localizada em ligações pregadas é dada, segundo o EUROCODE 5, por expressões que independem da direção do esforço em relação às fibras:

sem pré-furação $\quad f_{ek} = 0{,}082\ \rho_k\ d^{-0{,}3} \qquad (4.18a)$

com pré-furação $\quad f_{ek} = 0{,}082\ (1 - 0{,}01d)\rho_k \qquad (4.18b)$

onde ρ_k é a massa específica característica a 12% de umidade em kg/m^3 (igual a 0,84 vezes o valor médio de ρ) e d é o diâmetro do prego em mm.

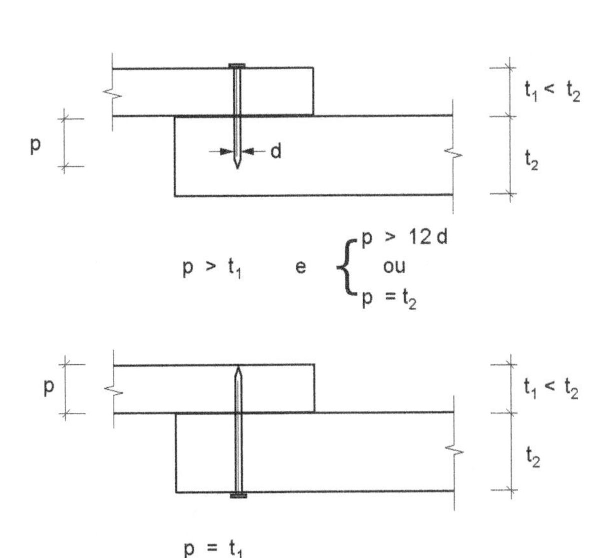

Fig. 4.16 Penetração de ponta p mínima em ligações pregadas segundo a NBR 7190.

Exemplo 4.1 Calcular a resistência R_d ao corte do prego 20 × 48 na ligação ilustrada de duas peças tracionadas de pinho-do-paraná, de acordo com a NBR 7190, para as seguintes condições: carga de média duração e Classe 2 de umidade.

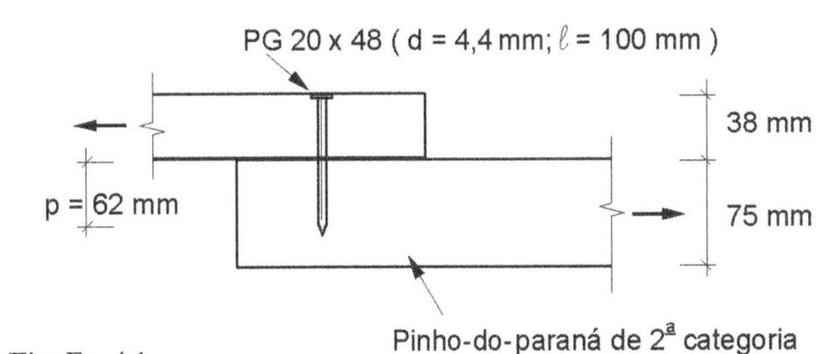

Fig. Ex. 4.1

Solução

a) Resistência da madeira ao embutimento paralelo às fibras

$$f_{ed} = f_{cd} = k_{\text{mod}} \frac{f_c}{\gamma_w}$$

Com $k_{\text{mod}} = 0{,}80 \times 1{,}0 \times 0{,}8 = 0{,}64$

$$f_c = 0{,}70 \times 40{,}9 = 28{,}6 \text{ MPa}$$

Tem-se $f_{ed} = 0{,}64 \times \dfrac{28{,}6}{1{,}4} = 13{,}1$ MPa

b) Requisito de penetração do prego

$$p = 62 \text{ mm} \quad > 12d = 12 \times 4{,}4 = 52{,}8 \text{ mm}$$
$$> t_1 = 38 \text{ mm}$$

c) Resistência de uma seção de corte do prego ($f_{yk} = 600$ MPa)

$$\frac{t}{d} = \frac{38}{4{,}4} > 1{,}25\sqrt{\frac{f_{yd}}{f_{ed}}} = 1{,}25\sqrt{\frac{600/1{,}1}{13{,}1}} =$$
$$= 8{,}0 \text{ (mecanismo IV)}$$

$$R_d = 0{,}5d^2\sqrt{f_{ed}\ f_{yd}} = 0{,}5 \times 4{,}4^2\sqrt{13{,}1 \times 600/1{,}1} =$$
$$= 818 \text{ N}$$

Exemplo 4.2 Calcular a resistência ao corte do prego do Exemplo 4.1 com as Eqs. (4.6) a (4.9) referentes aos mecanismos de plastificação e utilizando o ábaco da Fig. 4.9*a*.

Solução

Com o ábaco da Fig. 4.9*a* determina-se o mecanismo de plastificação determinante.

Parâmetros do ábaco

$$\frac{t_2}{t_1} = \frac{62}{38} = 1{,}63$$

$$\frac{t_1}{\sqrt{\dfrac{M_{pd}}{f_{ed}\ d}}} = \frac{38}{\sqrt{\dfrac{7744}{13{,}1 \times 4{,}4}}} = 3{,}3$$

sendo $M_{pd} = Z f_{yd} = \dfrac{4{,}4^3}{6} \times \dfrac{600}{1{,}1} = 7744$ Nmm

Com estes valores verifica-se que o mecanismo III é determinante:

$$R_d = \frac{f_{ed}\ d\ t_i}{3}\left[\sqrt{4 + \frac{12\ M_{pd}}{f_{ed}\ d\ t_i^2}} - 1\right]$$

$t_i = 38$ mm $\qquad R_d = 921$ N

$t_i = 62$ mm $\qquad R_d = 1313$ N

A resistência ao corte do prego é igual a 921 N.

A resistência obtida pela NBR 7190 (Eq. 4.16) é inferior a esta devido a uma aproximação da Eq. (4.9), correspondente ao mecanismo IV, a qual forneceria o valor igual a 944 N para a resistência.

4.3.4. RESISTÊNCIA AO ARRANCAMENTO DE PREGOS

Os pregos lisos apresentam baixa resistência quando solicitados axialmente (ver Fig. 4.17), de forma que a norma EUROCODE 5 recomenda que não sejam assim utilizados para cargas de longa duração.

O detalhe da Fig. 4.17*b*, com prego cravado na direção das fibras, tem resistência desprezível ao arrancamento e não é permitido em ligações estruturais. Os pregos cravados pelas faces laterais (Fig. 4.17*c*) apresentam a melhor resistência neste tipo de ligação.

As normas americana NDS e EUROCODE 5 apresentam critérios para determinação da resistência ao arrancamento de pregos solicitados axialmente.

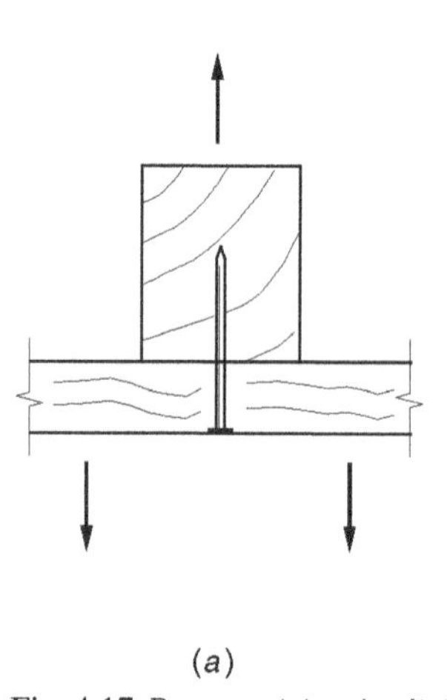

(*a*)

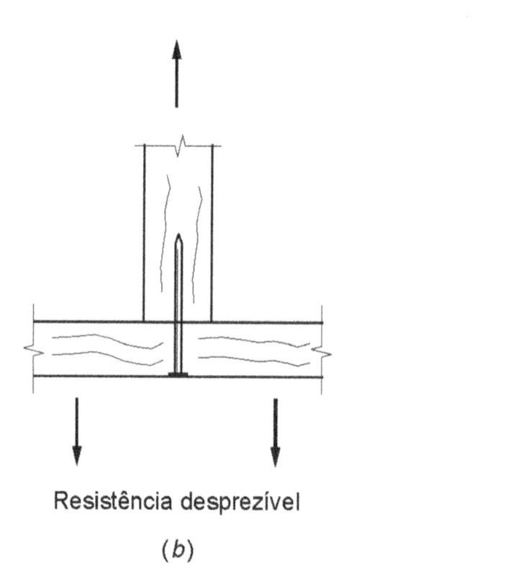

(*b*)

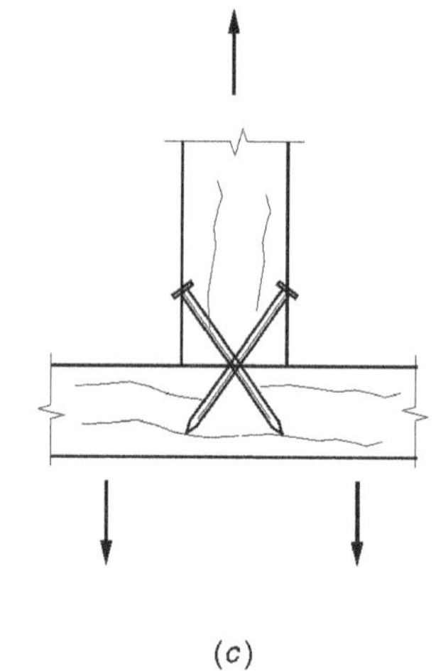

(*c*)

Fig. 4.17 Pregos sujeitos à solicitação axial.

4.4. PARAFUSOS AUTO-ATARRAXANTES (EUROCODE 5)

Os parafusos auto-atarraxantes não são considerados pela Norma Brasileira NBR 7190 como conectores de peças estruturais de madeira. Por sua vez as normas européia, EUROCODE 5, e americana, NDS, apresentam critérios para dimensionamento de ligações com parafusos auto-atarraxantes.

Os parafusos auto-atarraxantes, em geral, trabalham a corte simples, como se vê na Fig. 4.18. Eles são instalados com furação prévia, e de acordo com o EUROCODE 5 a ponta deve penetrar 4*d* para desenvolver a resistência ao corte.

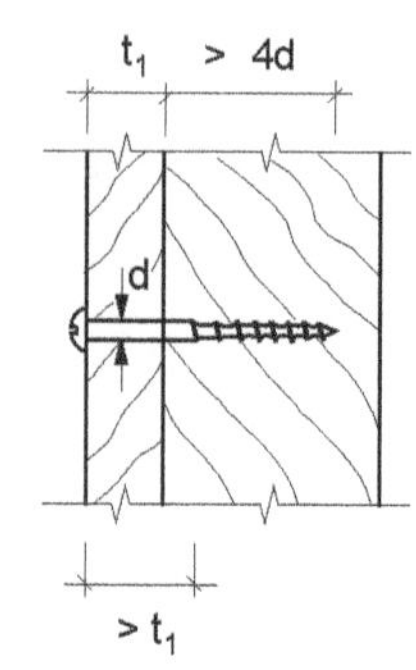

Fig. 4.18 Parafuso auto-atarraxante.

Esta capacidade resistente a corte é calculada com as expressões gerais para pinos metálicos (item 4.2.5), sendo as espessuras t_1 e t_2 tomadas como os comprimentos de penetração dos parafusos nas peças de madeira, descontando-se 1,5*d* referente à ponta do parafuso. O momento plástico M_{pd} deve ser calculado com o diâmetro efetivo igual a 0,9*d*. O comprimento da parte lisa deve ser maior ou igual à espessura da peça sob a cabeça do parafuso.

Os parafusos aplicados na direção das fibras podem ser considerados na transmissão de esforços.

As ligações com parafusos auto-atarraxantes são muito sensíveis aos efeitos da umidade sobre a madeira. Elas são empregadas em obras secundárias ou provisórias (escoramentos).

4.5. PARAFUSOS DE PORCA E ARRUELA

4.5.1. INTRODUÇÃO

Os parafusos são instalados em furos ajustados, de modo a não ultrapassar uma pequena folga (da ordem de 1 mm).

Após a colocação dos parafusos, as porcas são apertadas, comprimindo fortemente a madeira na direção transversal, sendo o esforço transferido à madeira com auxílio de arruelas. O esforço transversal favorece a ligação, pois desenvolve atrito nas interfaces. Entretanto, devido à retração e à deformação lenta da madeira, o esforço transversal permanente é aleatório, o que obriga a dimensionar a ligação sem considerá-lo, isto é, admitindo que o parafuso trabalhe apenas como um pino (Fig. 4.4).

A tensão característica de escoamento do aço, f_{yk}, deve ser no mínimo igual a 240 MPa. Parafusos de aço A307 (utilizados em estruturas de aço) podem ser usados em estruturas de madeira. Entretanto, a especificação ASTM A307 não indica tensão de escoamento para este aço, necessária ao cálculo de sua resistência em ligações de peças de madeira através das expressões oriundas de análise limite. O valor nominal de f_{yk} deste aço tomado igual a 310 MPa (45 ksi) é geralmente considerado conservador (Breyer, 1999).

4.5.2. DISPOSIÇÕES CONSTRUTIVAS

Os parafusos são colocados em furos feitos com trado manual ou broca mecânica. O diâmetro do furo deve ser ajustado para o parafuso, de modo que a folga seja a menor possível. A norma EUROCODE 5 recomenda folga máxima de 1 mm. O diâmetro da pré-furação determina a rigidez de ligação (ver item 4.12). De acordo com a NBR 7190, se o diâmetro da pré-furação for menor ou igual ao diâmetro do parafuso mais 0,5 mm, a ligação pode ser considerada rígida (desde que tenha quatro parafusos no mínimo). Para folgas maiores, 1,0 ou 1,5 mm por exemplo, a ligação é considerada flexível.

Arruelas são colocadas entre as peças de madeira e a cabeça e a porca do parafuso para distribuir a força de aperto do parafuso ou o esforço de tração solicitante (em ligações como a da Fig. 4.19*c*), os quais produzem compressão normal às fibras na madeira.

A área da arruela pode ser determinada de forma a transferir à madeira uma força escolhida arbitrariamente, de modo a não exceder a resistência à compressão normal às fibras. Supondo madeira com tensão admissível à compressão normal às fibras igual a 3 MPa ($f_{cnd} \approx 4{,}2$ MPa), as especificações americanas adotam dois tipos de arruelas:

a) arruelas leves, circulares, estampadas, calculadas para transferir à madeira uma força de 10 a 20% da carga de tração admissível do parafuso;

b) arruelas pesadas, de chapas quadradas, calculadas para transferir à madeira uma força igual à carga de tração admissível do parafuso.

A carga de tração admissível no parafuso, referida anteriormente, é igual à área do núcleo da rosca A_n multiplicada pela tensão admissível do aço do parafuso.

A Norma Brasileira NBR 7190 especifica as arruelas pesadas, conforme a alínea (*b*), isto é, a área das arruelas deve permitir a transferência do esforço admissível de tração do parafuso sem exceder a resistência à compressão normal às fibras da madeira.

Na Tabela A.4.1 apresentam-se dados referentes a parafusos utilizados no Brasil. As dimensões de arruelas são as do tipo pesado das especificações americanas.

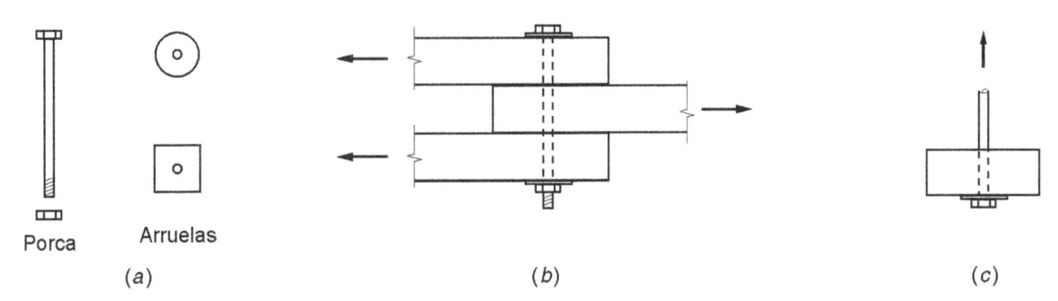

Fig. 4.19 (*a*) Parafuso de porca e arruela; (*b*) parafuso sujeito a corte; (*c*) parafuso sujeito à tração.

Segundo a NBR 7190, as arruelas devem ter espessura mínima de 9 mm (3/8″) no caso de pontes, e 6 mm (1/4″) em outras obras. Comercialmente utilizam-se arruelas quadradas ou circulares; a espessura não deve ser inferior a 1/8 do lado ou diâmetro da arruela, para que a mesma tenha rigidez suficiente. Além disso, devem ser usadas arruelas com diâmetro ou comprimento do lado não menores que $3d$, sendo d o diâmetro do parafuso. As arruelas devem estar em contato total com as peças.

A NBR 7190 especifica ainda diâmetro construtivo dos parafusos:

- diâmetro mínimo = 10 mm
- diâmetro máximo = $t_1/2$, onde t_1 é a menor espessura da peça mais delgada.

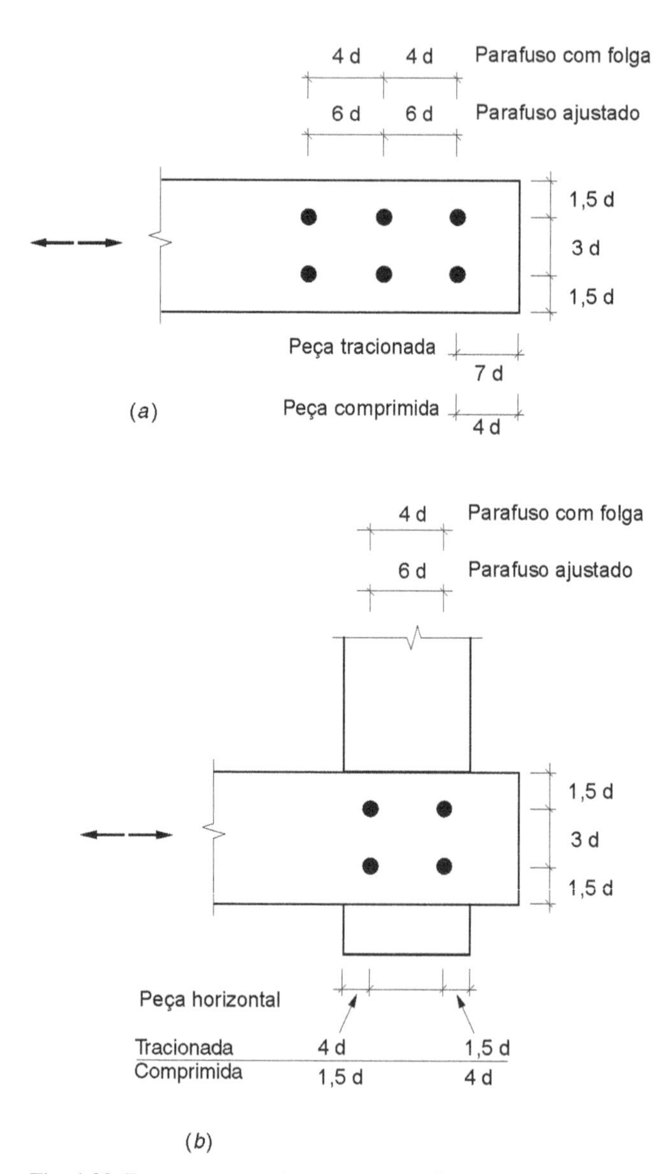

Fig. 4.20 Espaçamentos mínimos entre parafusos segundo a NBR 7190. (*a*) Esforço paralelo às fibras; (*b*) esforço normal às fibras.

Espaçamento mínimo entre parafusos

Os espaçamentos mínimos recomendados pela NBR 7190 encontram-se na Fig. 4.20.

4.5.3. RESISTÊNCIA DE LIGAÇÕES COM PARAFUSO SUJEITO A CORTE

De acordo com a NBR 7190, a resistência de um parafuso em corte simples em ligação entre duas peças de madeira é dada pelas Eqs. (4.15) e (4.16), nas quais t é a espessura da peça mais delgada. As Tabelas A.4.2 a A.4.6 fornecem o valor da resistência em corte simples de parafusos em madeiras com f_{ed} variando entre 5 MPa e 25 MPa.

Para ligações entre peça de madeira e chapa de aço (Fig. 4.10) a resistência é o menor valor entre as resistências calculadas para o parafuso em contato com a madeira e com a chapa de aço.

Para parafusos em corte duplo somam-se as resistências referentes a cada seção de corte; neste caso, t nas Eqs. (4.15) e (4.16) é o menor valor entre a espessura da peça lateral e a metade da espessura da peça central.

Exemplo 4.3 Calcular a resistência ao corte do parafuso ϕ 12,5 mm (1/2″) em aço A307 na ligação ilustrada na figura, de acordo com a NBR 7190 para as seguintes condições: carga de longa duração e classe 2 de umidade.

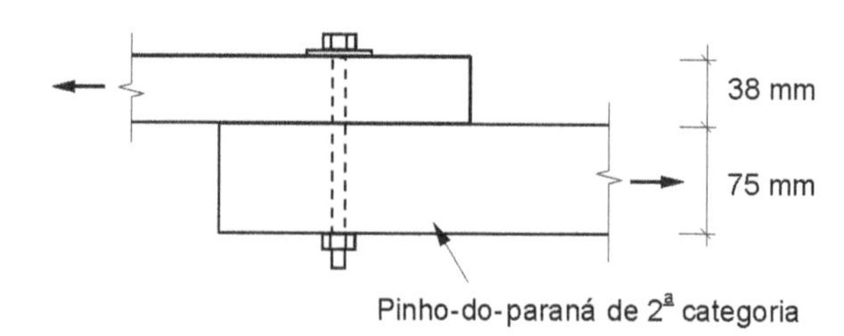

Fig. Ex. 4.3

Solução

a) Resistência da madeira ao embutimento paralelo às fibras

$$f_{ed} = k_{mod}\frac{f_c}{\gamma_w} = (0{,}70 \times 1{,}0 \times 0{,}80) \times \frac{(0{,}70 \times 40{,}9)}{1{,}4} =$$

$$= 11{,}4 \text{ MPa}$$

b) Resistência de uma seção de corte do parafuso (f_{yk} = 310 MPa)

$$\frac{t}{d} = \frac{38}{12{,}5} = 3{,}0 < 1{,}25\sqrt{\frac{f_{yd}}{f_{ed}}} = 1{,}25\sqrt{\frac{310/1{,}10}{11{,}4}} = 6{,}21$$

(mecanismo II)

$$R_d = 0{,}4 f_{ed}\, td = 0{,}4 \times 11{,}4 \times 38 \times 12{,}5 = 2166 \text{ N} =$$
$$= 2{,}17 \text{ kN}$$

Exemplo 4.4 Determinar a resistência do parafuso ϕ 12,5 mm (1/2″) em aço A307 em corte duplo na ligação ilustrada na figura, de acordo com a NBR 7190 para as condições seguintes: carga de longa duração e classe 2 de umidade.

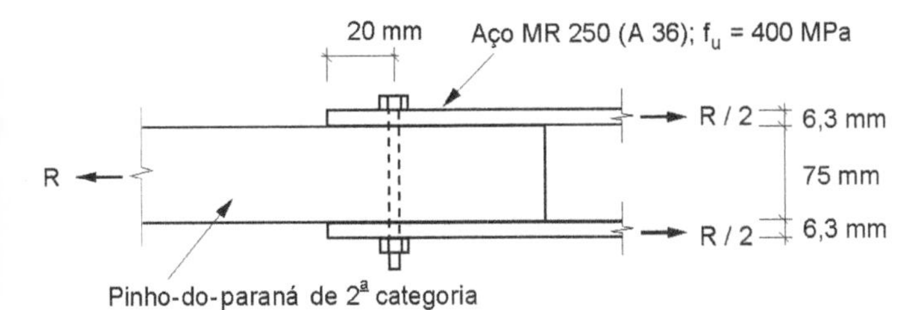

Fig. Ex. 4.4

Solução

a) Tensão resistente ao embutimento paralelo às fibras

$$f_{ed} = 11{,}4 \text{ MPa (ver Exemplo 4.3)}$$

b) Resistência do parafuso em apoio na madeira

$$\frac{t}{d} = \frac{75}{2 \times 12{,}5} = 3{,}0 < 1{,}25\sqrt{\frac{f_{yd}}{f_{ed}}} = 1{,}25\sqrt{\frac{310/1{,}1}{11{,}4}} =$$
$$= 6{,}21 \text{ (mecanismo II em corte simples)}$$

$$R_d = 2 \times 0{,}4 f_{ed}\, td = 0{,}8 \times 11{,}4 \times \frac{75}{2} \times 12{,}5 =$$
$$= 4275 \text{ N} = 4{,}27 \text{ kN}$$

c) Resistência do parafuso em apoio na chapa de aço
De acordo com a NBR 8800 — Projeto e execução de estruturas de aço de edifícios tem-se (Pfeil e Pfeil, 2000):

$R_d = \phi\, 3\, dt f_u$ para um plano de corte

onde $\phi = 0{,}75$

f_u = resistência à ruptura por tração do aço da chapa

com os dados do exemplo chega-se a

$$R_d = 0{,}75 \times 3 \times 1{,}25 \times 0{,}63 \times 40 \times 2 = 142 \text{ kN}$$

d) Resistência ao rasgamento da chapa entre o furo e a borda (NBR 8800)

$$R_d = 0{,}75\, a\, t f_u$$

onde a = distância entre o centro do furo e a borda

No caso do exemplo:

$$R_d = 0{,}75 \times 2{,}0 \times 0{,}63 \times 40 \times 2 = 76 \text{ kN}$$

e) Resistência a corte do parafuso (NBR 8800)

$$R_d = \phi\, (0{,}70\, A_g)(0{,}6 f_u) \text{ por plano de corte}$$

onde $\phi = 0{,}60$

A_g = área bruta do parafuso

f_u = resistência à tração do aço do parafuso

Para o parafuso ϕ 12,5 mm tem-se:

$$R_d = 0{,}60 \times 0{,}70 \times 1{,}27 \times 0{,}6 \times 41{,}5 \times 2 = 26{,}5 \text{ kN}$$

f) Conclusão
A resistência é determinada pela resistência ao embutimento da madeira (R_d = 4,27 kN), muito inferior aos valores de resistência referentes à ligação parafuso–chapa de aço.

Exemplo 4.5 Para o parafuso do Exemplo 4.4 calcular a resistência da ligação (dois planos de corte) com as Eqs. (4.6*b*), (4.11) ou (4.13), referentes aos mecanismos de plastificação I, III ou IV, os quais podem ocorrer em ligações com pinos em corte duplo (Fig. 4.7).

Solução

a) Mecanismo I

$$R_d = 0{,}5 f_{ed}\, td = 0{,}5 \times 11{,}4 \times 75 \times 12{,}5 = 5344 \text{ N} =$$
$$= 5{,}34 \text{ kN}$$

b) Mecanismo com flexão do parafuso (mecanismo III ou IV)

$$M_{pd} = \frac{12{,}5^3}{6} \times \frac{310}{1{,}1} = 91\,738 \text{ Nmm}$$

$0{,}5d = 6{,}25$ mm $< t_a = 8$ mm $< d = 12{,}5$ mm — chapa intermediária

$$\text{(Eq. 4.11) } R_d = \sqrt{2\, M_{pd}\, f_{ed}\, d} =$$
$$= \sqrt{2 \times 91\,738 \times 11{,}4 \times 12{,}5} =$$
$$= 5113 \text{ N}$$

$$\text{(Eq. 4.13) } R_d = 1{,}4\sqrt{2\, M_{pd}\, f_{ed}\, d} = 7158 \text{ N}$$

$$R_d = 5113 + (7158 - 5113) \times \frac{(12{,}5 - 8)}{(12{,}5 - 6{,}25)} =$$
$$= 6{,}58 \text{ kN}$$

c) Conclusão
O mecanismo I (esmagamento local da madeira) determina a resistência (R_d = 5,34 kN). A NBR 7190 adota, de forma conservadora, para ligações em corte duplo o dobro da resistência em corte simples referente ao mecanismo II, o qual não ocorre em ligações em corte duplo (Fig. 4.7). A resistência calculada conforme a NBR 7190 no Exemplo 4.4 resultou igual a 4,27 kN.

4.6. PINOS METÁLICOS

Os pinos metálicos são barras cilíndricas de superfície lisa instaladas entre peças de madeira. O diâmetro do furo deve ser menor ou igual ao diâmetro do pino. Os parafusos ajustados correspondem a pinos metálicos instalados com aperto entre as peças de modo a mantê-las na posição. Em comparação com os parafusos instalados com folga, os pinos (e os parafusos ajustados) constituem meios de ligação mais rígidos. Em termos de capacidade resistente, parafusos e pinos de mesmo diâmetro apresentam a mesma resistência.

4.7. CAVILHAS

Cavilhas são pinos circulares confeccionados em madeira dura introduzidos por cravação em furos sem folga nas peças de madeira. De acordo com a NBR 7190 as cavilhas podem ser feitas com madeiras duras da classe C60 ou com madeiras moles ($\rho_{ap} < 600$ kg/m^3) impregnadas por resina para aumento de capacidade resistente. Para fins estruturais são consideradas apenas cavilhas torneadas nos diâmetros 16 mm, 18 mm e 20 mm, instaladas em furos de mesmo diâmetro da cavilha.

Os espaçamentos mínimos entre cavilhas são iguais aos de parafusos ajustados, ilustrados na Fig. 4.20.

As cavilhas em corte simples podem ser utilizadas apenas em ligações secundárias.

4.7.1. RESISTÊNCIA DE LIGAÇÕES COM CAVILHAS

Os mecanismos de plastificação de uma ligação com cavilhas envolvem o esmagamento local da cavilha sob compressão normal às fibras e a flexão da cavilha (Fig. 4.21).

A NBR 7190 apresenta expressões para o cálculo da resistência de ligações com cavilhas, análogas às de ligações com parafusos e pregos (Eqs. (4.15) e (4.16)). Na Eq. (4.15), referente à resistência ao esmagamento local da madeira em ligação a corte simples (mecanismo II), substitui-se a resistência ao embutimento paralelo às fibras da madeira pela resistência à compressão normal às fibras da madeira da cavilha, $f_{cnd,\text{cav}}$, resultando em

$$R_d = 0{,}4 f_{cnd,\text{cav}}\, dt \tag{4.19}$$

para $\dfrac{t}{d} \le \sqrt{\dfrac{f_{cd,\text{cav}}}{f_{cnd,\text{cav}}}}$

A expressão para determinação de resistência referente ao mecanismo IV (Fig. 4.7) em corte simples é obtida substituindo-se, na Eq. (4.9), o momento M_{pd} pelo momento resistente da cavilha de diâmetro d, igual a $Wf_{cd,\text{cav}}$, onde W é o módulo elástico de resistência à flexão da cavilha. Chega-se então à expressão aproximada

$$R_d = 0{,}4d^2 \sqrt{f_{cd,\text{cav}}\, f_{cnd,\text{cav}}} \tag{4.20}$$

para $\dfrac{t}{d} > \sqrt{\dfrac{f_{cd,\text{cav}}}{f_{cnd,\text{cav}}}}$

A resistência da ligação com cavilha em corte duplo é a soma das resistências correspondentes a cada seção de corte.

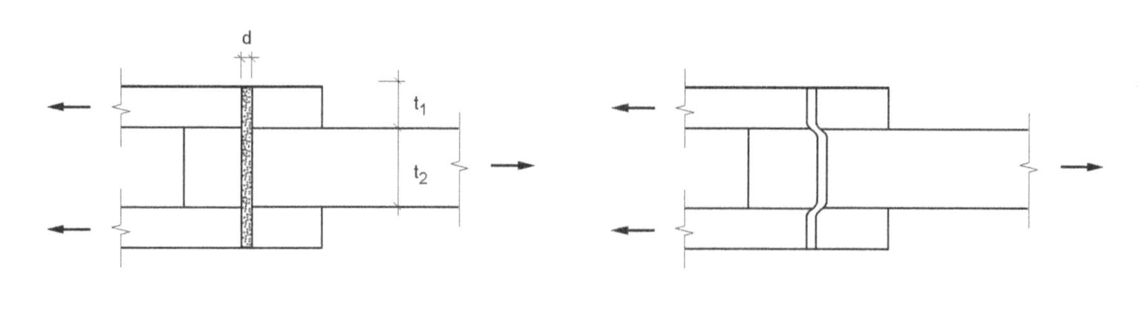

Fig. 4.21 Mecanismos de plastificação em ligações com cavilhas: (*a*) esmagamento por compressão normal às fibras da madeira da cavilha; (*b*) flexão da cavilha (mecanismo IV da Fig. 4.7).

4.8. CONECTORES DE ANEL METÁLICOS

4.8.1. TIPOS DE CONECTORES

A resistência de ligações com pinos metálicos é limitada pela tensão de apoio do pino na madeira e pela sua flexão. Para evitar essas limitações, foram projetadas peças rígidas denominadas conectores de anel que oferecem uma grande área de apoio da madeira.

Os conectores de anel são peças metálicas, colocadas em entalhes nas interfaces das madeiras e mantidas na posição por meio de parafusos. A Fig. 4.22 mostra alguns tipos utilizados na indústria. Na parte (*a*) da figura, vê-se um conector de anel inteiriço, e na (*b*), de anel partido. Os anéis metálicos são colocados em entalhes no formato do anel, previamente cortados na madeira, com auxílio de ferramentas especiais. O anel partido facilita a colocação dentro do entalhe, permitindo compensar a retração ou o inchamento da madeira.

Na parte (*c*) da figura, vê-se um conector de anel denteado, que penetra na madeira por aperto, dispensando o corte prévio do entalhe. Trata-se de um conector de duas peças metálicas encaixadas, do tipo macho-e-fêmea. Na parte (*d*) da figura, mostra-se um conector formado por uma chapa estampada, que penetra na madeira por aperto. A parte (*e*) apresenta uma seção de uma peça com o conector aplicado.

Os conectores de anel partido são os mais utilizados na prática. A parede do anel recebe os esforços da madeira por apoio desta na superfície do entalhe. O anel trabalha, portanto, como um tarugo de forma especial.

Na Fig. 4.23 são mostradas ligações formadas com conectores de anel partido.

O corte do anel é feito para facilitar sua colocação no entalhe da madeira. Deve-se colocar o anel de modo que o apoio de madeira se dê fora do corte do anel.

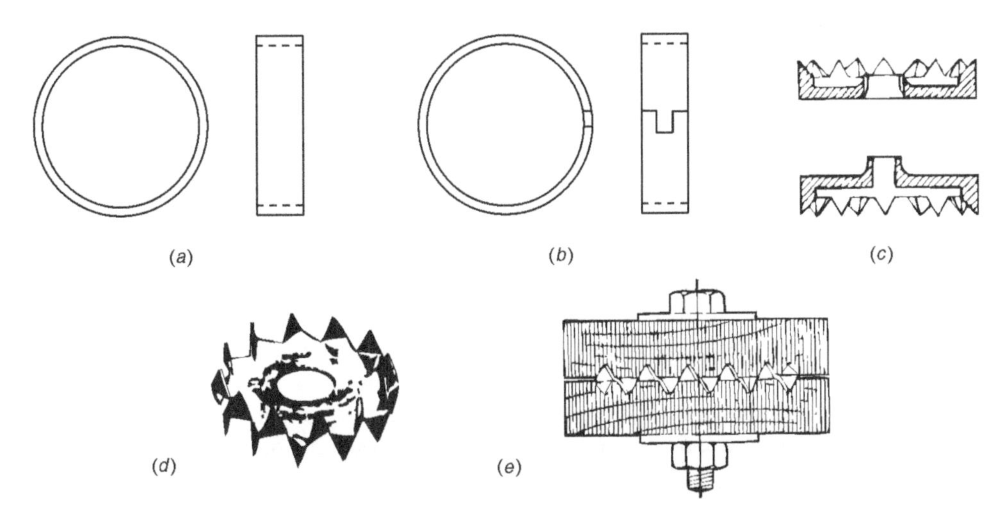

Fig. 4.22 Alguns tipos de conectores metálicos: (*a*) conector de anel inteiro; (*b*) conector de anel partido; (*c*) conector de anel de macho-e-fêmea, com pega denteada; (*d*) conector de chapa estampada; (e) seção de uma peça com conector estampado da figura (*d*).

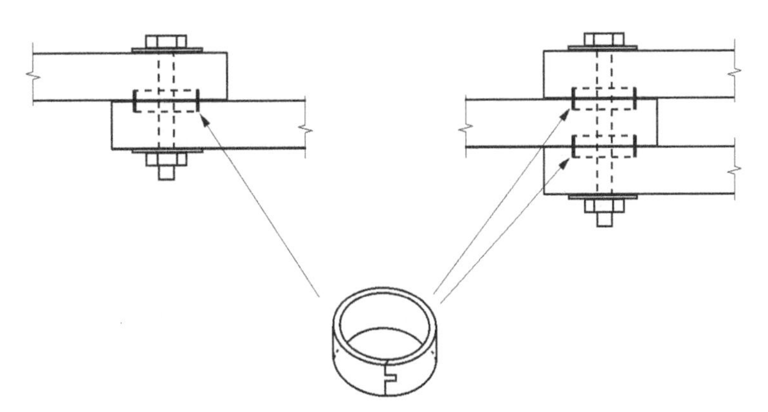

Fig. 4.23 Ligações com conector de anel partido.

4.8.2. DISPOSIÇÕES CONSTRUTIVAS SEGUNDO A NBR 7190

Os anéis devem ser de aço galvanizado. A Tabela 4.3 resume as dimensões padronizadas pela NBR 7190 e a Fig. 4.24 indica os espaçamentos mínimos entre conectores permitidos pela norma.

4.8.3. RESISTÊNCIA DE LIGAÇÕES COM CONECTOR DE ANEL

A Fig. 4.25*a* apresenta os diagramas de corpo livre das peças de madeira e do conector de anel em uma ligação a corte simples. Para a transferência do esforço axial o conector se apóia na madeira entalhada. A madeira no interior do anel fica sujeita às tensões de compressão σ_c e de cisalhamento τ.

A resistência do conector pode então ser determinada pelas resistências $f_{c\alpha d}$, à compressão, ou f_{vd}, ao cisalhamento da madeira, o que leva, respectivamente, às expressões

$$R_d = t\, D\, f_{c\alpha d} \qquad (4.21)$$

$$R_d = \frac{\pi\ D^2}{4} f_{vd} \qquad (4.22)$$

onde D = diâmetro interno do conector;
t = profundidade de penetração do anel na madeira.

As Eqs. (4.21) e (4.22) são as indicadas pela NBR 7190 para a determinação de resistência de uma ligação com conector de anel.

De acordo com ensaios experimentais (Step, 1996), a ruptura das ligações de peças comprimidas ocorre em geral em um modo combinado de esmagamento (por compressão localizada) e de fendilhamento. Já para peças tracionadas a ruptura por esmagamento é, em geral, determinante na resistência da ligação. Nas ligações de peças tracionadas em que a resistência à compressão localizada é suficientemente grande o colapso se dá no modo de cisalhamento de bloco (Fig. 4.25 *b*). Neste modo a resistência é maior do que aquela dada pela Eq. 4.22 pois a área cisalhada entre o anel e a borda da peça é mobilizada após ter sido atingida a resistência ao cisalhamento da área cisalhada no interior do anel.

De acordo com a prática norte-americana, a resistência dos conectores de anel é obtida com base em resultados experimentais. As madeiras mais utilizadas são classificadas em quatro grupos (A, B, C e D) com faixas de valores de peso específico γ e da resistência à compressão (em termos de tensão admissível). A norma NDS, utilizando o método das tensões admissíveis, fornece os esforços admissíveis de um conector instalado em madeira seca e sujeito a cargas de longa duração. As Tabelas A.6.1 e A.6.2 apresentam estes valores enquanto os Ábacos B.2 e B.3 indicam os espaçamentos mínimos entre conectores para que seja atingido o esforço admissível. O espaçamento mínimo permissível (quarto de círculo nos ábacos) corresponde a 75% da carga admissível para qualquer ângulo β. Entre 75% e 100% da carga admissível pode-se interpolar linearmente. Num grupo de conectores, quando um deles tem a carga admissível reduzida por causa de espaçamentos ou distância de bordo ou extremidade, a menor carga admissível é válida para o grupo de conectores.

TABELA 4.3 Dimensões dos conectores de anel segundo a NBR 7190

Diâmetro D interno do conector (mm)	Espessura da parede (mm)	Altura do anel (mm)	Diâmetro mínimo do parafuso de montagem (mm)
64 (2 1/2″)	> 4	19	12
102 (4″)	> 5	25	19

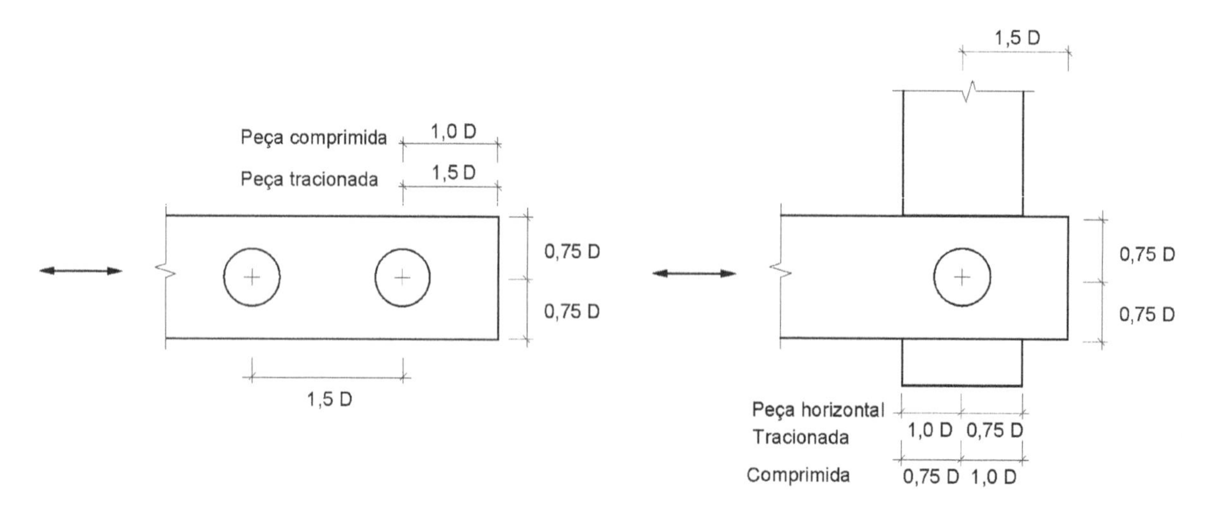

Fig. 4.24 Espaçamentos mínimos em ligações com conectores metálicos de anel de diâmetro D.

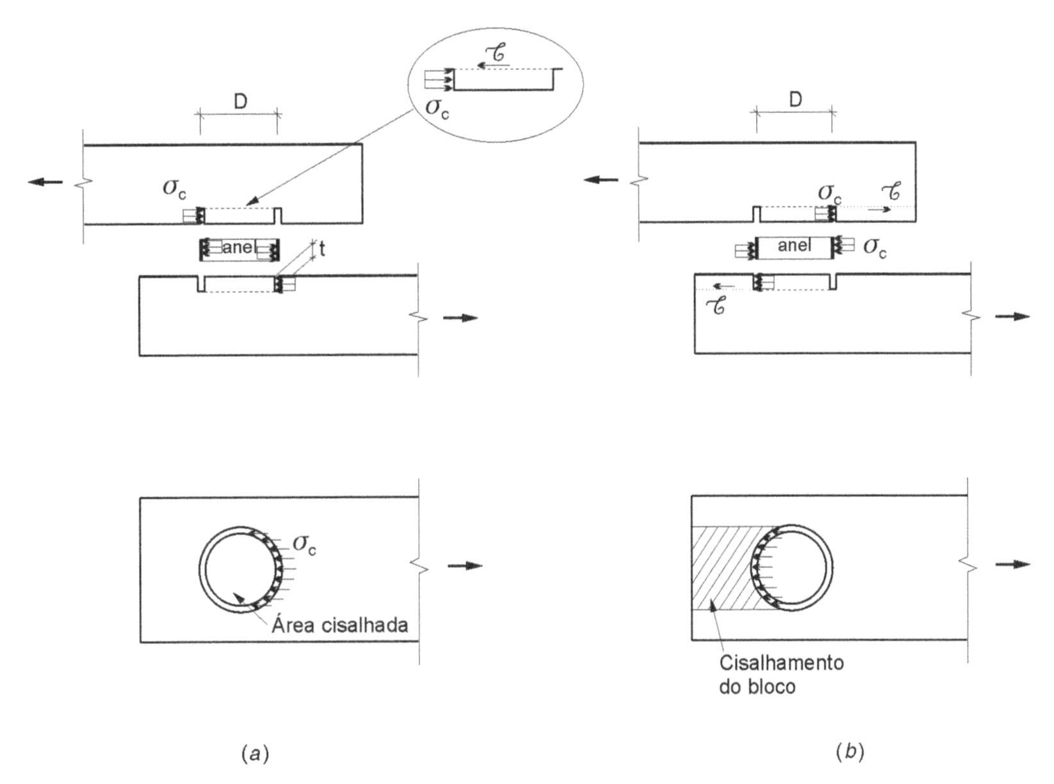

Fig. 4.25 Funcionamento da ligação com conector de anel: (*a*) madeira no interior do anel sujeita às tensões de compressão localizada e cisalhamento; (*b*) ruptura por cisalhamento de bloco em ligações por tração.

4.9. LIGAÇÕES POR ENTALHES

4.9.1. TIPOS DE LIGAÇÕES POR ENTALHE

Os entalhes são ligações em que a transmissão do esforço é feita por apoio nas interfaces. Na Fig. 4.26*a* vê-se uma ligação entre duas peças de uma treliça de cobertura, na qual o esforço inclinado de compressão se transmite em duas faces do entalhe. A escora inclinada da Fig. 4.26*b* apresenta o mesmo tipo de ligação. Na Fig. 4.26*c* vê-se uma ligação de peça tracionada, na qual o esforço se transmite na face vertical esquerda do entalhe. Os entalhes devem ser executados com grande precisão, a fim de que as faces transmissoras de esforços fiquem em contato antes do carregamento. Havendo folgas, a ligação se deformará até que as faces se apóiem efetivamente. Para permitir uma boa execução deve-se adotar profundidade mínima do entalhe igual a 20 mm.

As peças ligadas por entalhe são mantidas na posição por meio de parafusos ou por talas laterais pregadas. Esses parafusos (ou talas) não são levados em consideração no cálculo da capacidade de carga da ligação.

4.9.2. CÁLCULO DAS LIGAÇÕES POR ENTALHE

Na Fig. 4.27 vê-se uma ligação por dente simples, na qual a face frontal de apoio é cortada em esquadro com o eixo da diagonal. Nessa ligação, verifica-se a tensão normal de compressão na face frontal nn' e a tensão de cisalhamento na face horizontal de comprimento a e largura b.

– Área da face nn' $\qquad bt/\cos\beta$.
– Tensão na face nn' $\qquad \sigma_{c\beta} = N\cos\beta/bt$.

A tensão resistente $f_{c\beta d}$, na face nn' da peça horizontal (a face é inclinada de β em relação à direção da fibra), é dada pela Eq. (3.14), item 3.8.3.

A profundidade necessária do dente é

$$t \geq \frac{N_d \cos\beta}{b\ f_{c\beta d}} \tag{4.23}$$

O comprimento a necessário para transmitir a componente horizontal do esforço N à peça inferior é dada por

$$a > \frac{N_d \cos\beta}{b\ f_{vd}} \tag{4.24}$$

onde f_{vd} é a tensão resistente de projeto a cisalhamento.

No caso da Fig. 4.27, a tensão de apoio na face nn' é determinada pela tensão resistente $f_{c\beta d}$ da peça horizontal, inferior à tensão f_{cd} da peça inclinada. Se a direção nn' for tomada na bissetriz do ângulo 180° — β, a tensão resistente $f_{c\alpha d}$ será a mesma para a peça horizontal e a inclinada (Fig. 4.28). Neste caso tem-se a ligação otimizada já que o ângulo entre o esforço e a direção das fibras é minimizado. As expressões de cálculo encontram-se na Fig. 4.28. A Tabela A.5 apresen-

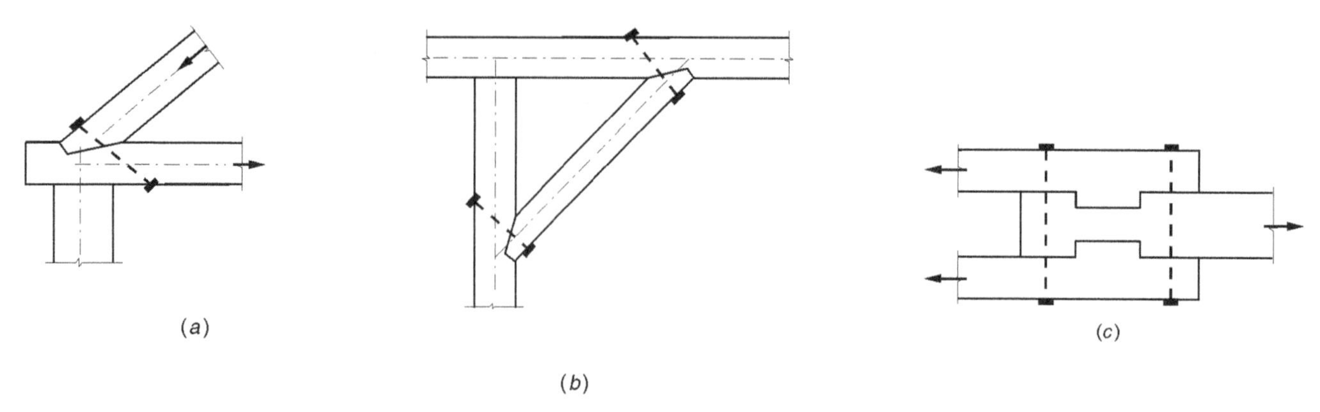

Fig. 4.26 Ligações por entalhes: (a) empena de treliça de cobertura, entalhe de um dente; (b) escora inclinada, entalhe de um dente; (c) ligação de peça tracionada.

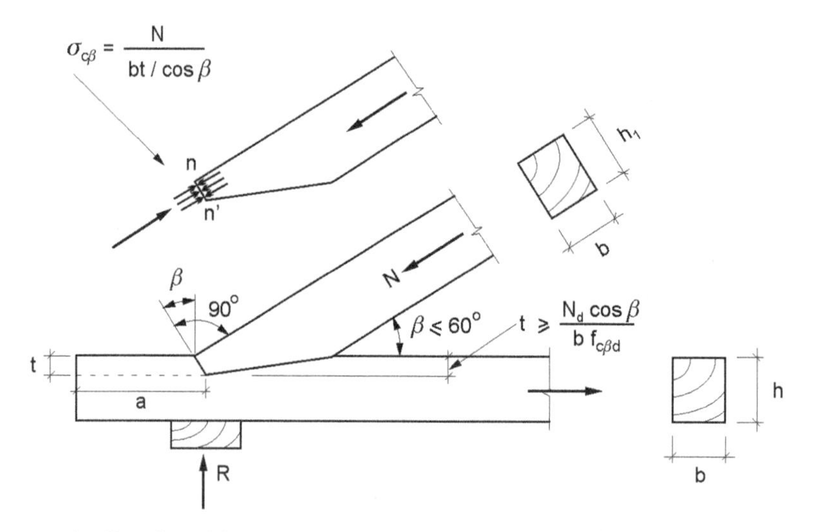

Fig. 4.27 Ligação por dente simples. Face frontal da escora em esquadro. A tensão de apoio ($\sigma_{c\beta}$) é limitada pela tensão resistente da peça horizontal.

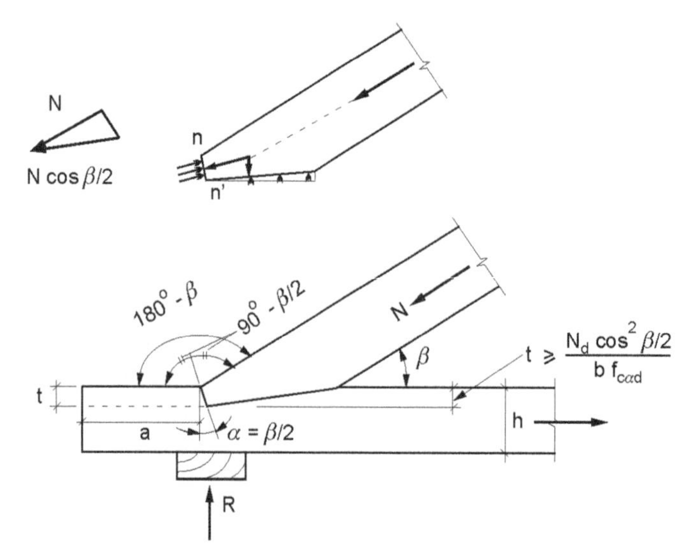

Fig. 4.28 Ligação por dente simples. Face frontal nn' na direção bissetriz do ângulo (180° − β). A tensão resistente $f_{c\alpha d}$ é a mesma para as peças horizontal e inclinada.

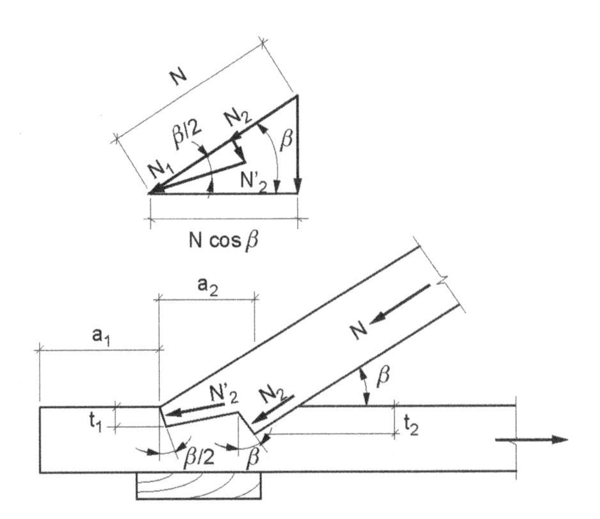

Fig. 4.29 Ligação de entalhe com dente duplo. Neste exemplo, o dente dianteiro é cortado segundo a bissetriz (Fig. 4.28), enquanto o dente traseiro é cortado em esquadro (Fig. 4.27). As profundidades dos dentes podem ser iguais ou diferentes.

ta valores de N_d/bt e a/t para entalhes com corte em esquadro e em bissetriz, para as madeiras pinho-do-paraná e ipê.

Os apoios com dente duplo (Fig. 4.29) produzem maiores áreas resistentes, porém são de execução ainda mais difícil que os apoios de dentes simples.

Os dentes podem ser cortados no esquadro ou segundo a bissetriz, podendo, ainda, apresentar profundidades iguais ou diferentes.

Na Fig. 4.30 vê-se uma ligação por dente simples, com auxílio de uma peça auxiliar de madeira dura, que apresenta a vantagem de dar maior facilidade à execução. O comprimento a da peça auxiliar é determinado pela tensão de cisalhamento no plano horizontal, havendo conveniência em usar madeira dura para reduzir o comprimento a. A peça auxiliar pode também ser metálica.

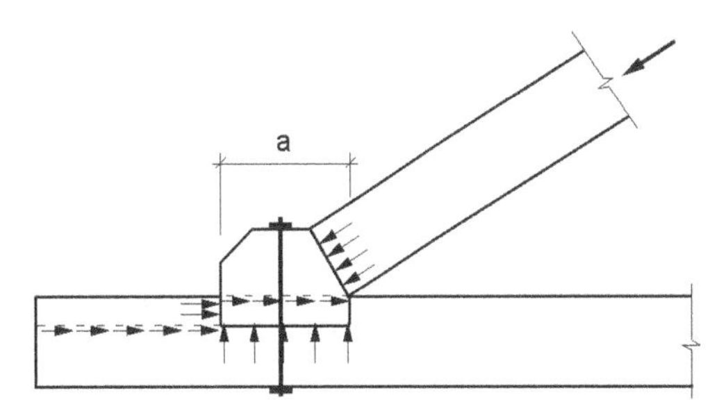

Fig. 4.30 Ligação por entalhe com peça auxiliar de madeira dura. Essa ligação é de execução mais simples, uma vez que os cortes das peças são feitos em esquadro.

Exemplo 4.6 Dimensionar uma emenda por dente simples, como é indicado na Fig. 4.27, sendo:

$N_d = 12{,}0$ kN $\quad b = 7{,}5$ cm $\quad h = 22{,}5$ cm $\quad \beta = 30°$

$f_{cd} = 5{,}0$ MPa $\quad f_{cnd} = 1{,}47$ MPa $\quad f_{vd} = 0{,}93$ MPa

Solução

A tensão resistente $f_{c\beta d}$ para uma face inclinada de 30° pode ser calculada pela Eq. (3.14a):

$$f_{c\beta d} = \frac{5{,}0 \times 1{,}47}{5{,}0 \text{ sen}^2 30° + 1{,}47 \cos^2 30°} = 3{,}12 \text{ MPa}.$$

A tensão $f_{c\beta d}$ aplica-se à peça horizontal, na qual a face de apoio é inclinada de β. Utilizando as Eqs. (4.23) e (4.24), obtêm-se:

$$t \geq \frac{12\ 000 \cos 30°}{75 \times 3{,}12} = 44 \text{ mm} < h/4.$$

$$a \geq \frac{12\ 000 \cos 30°}{75 \times 0{,}93} = 149 \text{ mm} \simeq 15 \text{ cm}.$$

4.10. LIGAÇÕES POR TARUGOS

Os tarugos são peças de madeira dura ou metálicas, colocadas dentro de entalhes, com a finalidade de transmitir esforços.

O tarugo recebe o esforço por compressão na meia face vertical, transmitindo-o por corte para a meia face da outra extremidade. Chamando-se F_{1d} ao esforço de projeto transmitido por um tarugo, pode-se escrever, com as notações da Fig. 4.31:

tensão de apoio:

$$\sigma_{cd} = \frac{F_{1d}}{tb} \tag{4.25}$$

onde $\sigma_{cd} \leqslant f_{cd}$ da madeira mais fraca;

tensão de cisalhamento no tarugo:

$$\tau_{1d} = \frac{F_{1d}}{ba_1} \tag{4.26}$$

onde $\tau_{1d} \leqslant f_{vd}$ da madeira do tarugo;

tensão de cisalhamento nas peças ligadas:

$$\tau_d = \frac{F_{1d}}{ba} \tag{4.27}$$

onde $\tau_d \leqslant f_{vd}$ da madeira das peças ligadas.

O equilíbrio do tarugo é feito com tensões verticais de apoio, cujas resultantes são absorvidas pelos parafusos construtivos.

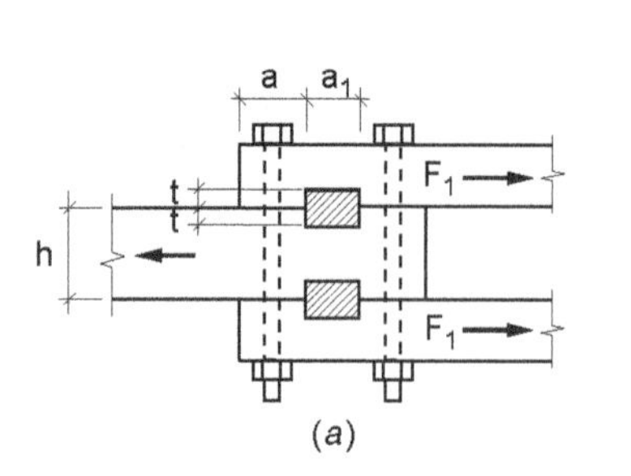

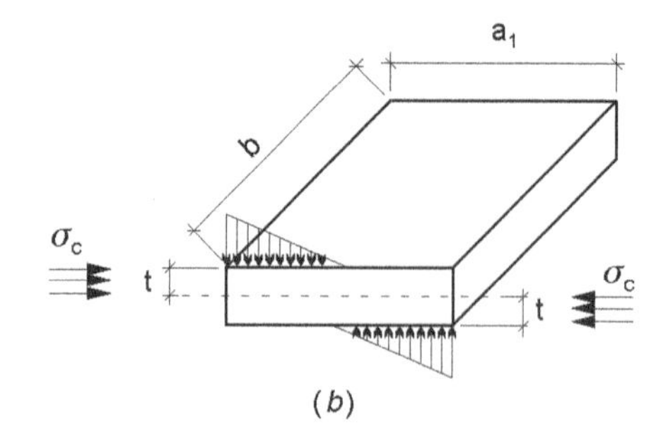

Fig. 4.31 Ligação por meio de tarugo. Em geral adota-se a relação $t \leq h/4$: (*a*) corte longitudinal; (*b*) pormenor do tarugo.

4.11. LIGAÇÕES COM CHAPAS PRENSADAS

Em estruturas de treliças pré-fabricadas, são freqüentemente utilizadas chapas com dentes estampados ou providas de pregos. Essas chapas são prensadas contra as peças de madeira, resultando uma ligação equivalente a talas de chapa metálica com múltiplos pregos.

Os valores de resistência de cálculo atribuídos às chapas com dentes estampados devem ser garantidos pelo fabricante.

A NBR 7190 apresenta em seu anexo C.7 os procedimentos de ensaio para determinação de resistência das ligações com chapas com dentes estampados. Além disso define a resistência como o valor da carga aplicada correspondente ao escoamento da chapa, ou qualquer fenômeno associado à ruptura da madeira desde que não ultrapasse o valor da carga correspondente a uma deformação específica residual igual a 0,2% na ligação.

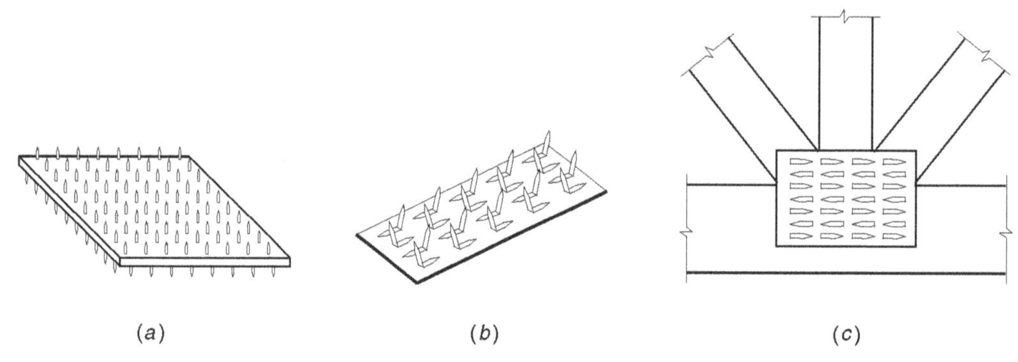

Fig. 4.32 Elementos para ligações com chapas prensadas: (*a*) chapa com pregos, para utilização entre duas peças de madeira; (*b*) chapa estampada, para utilização como tala lateral; (*c*) ligação com chapa com dentes estampados.

4.12. TRAÇÃO PERPENDICULAR ÀS FIBRAS EM LIGAÇÕES

Em ligações com pinos, com a configuração ilustrada na Fig. 4.3*b*, deve-se evitar a ocorrência de ruptura por tração normal às fibras verificando-se a seguinte condição, com a notação da Fig. 4.33:

$$V_d \leq 2 f_{vd} b_e t/3 \tag{4.28}$$

sendo b_e a distância do eixo do pino mais afastado à borda do lado da solicitação, com $b_e \geq h/2$.

V_d é o valor de cálculo do esforço cortante introduzido pelos pinos ($= F_d$ sen α).

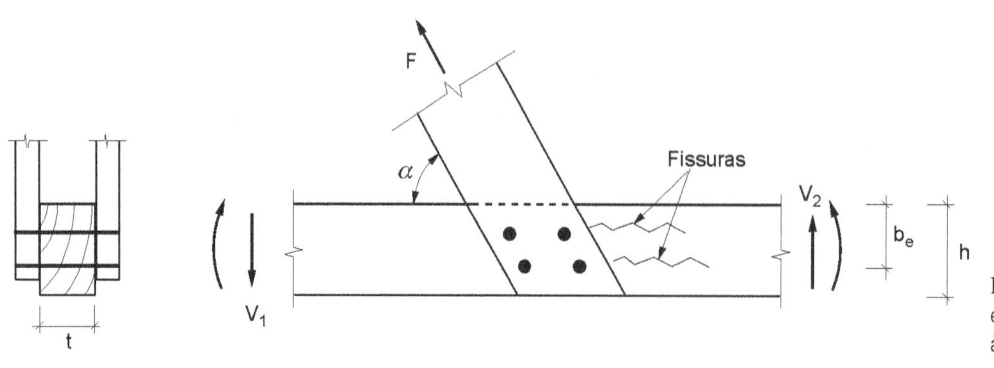

Fig. 4.33 Verificação para evitar ruptura por tração normal às fibras (Eq. (4.28)).

4.13. DEFORMABILIDADE DAS LIGAÇÕES E ASSOCIAÇÃO DE CONECTORES

A Fig. 4.34 ilustra o aspecto das curvas carga × deslizamento de ligações por corte axial com mesma resistência R e vários meios de ligação. Observam-se os diferentes comportamentos em termos de rigidez.

Ao contrário da ligação colada, que é muito rígida e frágil, as ligações com conectores metálicos (de anel, pinos) apresentam comportamento elastoplástico com diferentes coeficientes de rigidez inicial k. Dentre os conectores metálicos, o conector de anel apresenta maior rigidez. A ligação com o parafuso apresenta um deslizamento inicial em função da folga no furo, resultando em uma ligação bem mais deformável que as outras.

A definição do sistema estrutural é o primeiro passo para a análise de uma estrutura, e a caracterização das ligações adotadas no projeto quanto à sua deformabilidade é essencial para esta definição. De acordo com a NBR 7190 as ligações com conectores metálicos podem ser consideradas rígidas nos seguintes casos:

- ligação com conector de anel;
- ligação pregada ou com cavilhas: mais de quatro pregos ou cavilhas desde que respeitados os diâmetros de pré-furação;
- ligações com mais de quatro parafusos desde que o diâmetro da pré-furação seja menor ou igual ao diâmetro do parafuso acrescido de 0,5 mm.

A NBR 7190 não exige a verificação de deslocamentos em ligações (estado limite de utilização) como o fazem algumas normas, por exemplo o EUROCODE 5. Na verdade, a NBR 7190 limita implicitamente os deslocamentos nas ligações com pinos metálicos em geral, definindo como resistência a carga associada a uma deformação residual igual a 0,2% na madeira sob compressão localizada (ver item 4.2.2).

Um trabalho conjunto de diferentes conectores só deve ser considerado quando suas flexibilidades forem da mesma ordem de grandeza (ver Fig. 4.34). As ligações coladas (muito rígidas) e as ligações aparafusadas (muito flexíveis) não podem ser associadas, no mesmo ponto, a outros tipos. As ligações por entalhe e as com conectores metálicos de anel podem ser reforçadas por meio de talas laterais pregadas. Neste caso a distribuição das cargas entre os dois tipos de conectores é feita de acordo com os coeficientes de rigidez de cada um no estado limite último (EUROCODE 5).

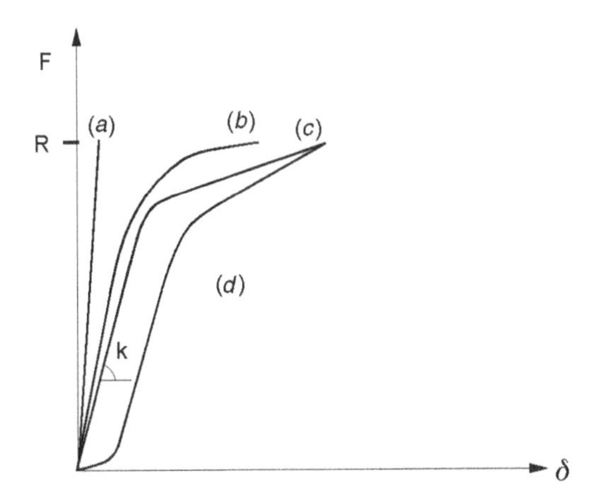

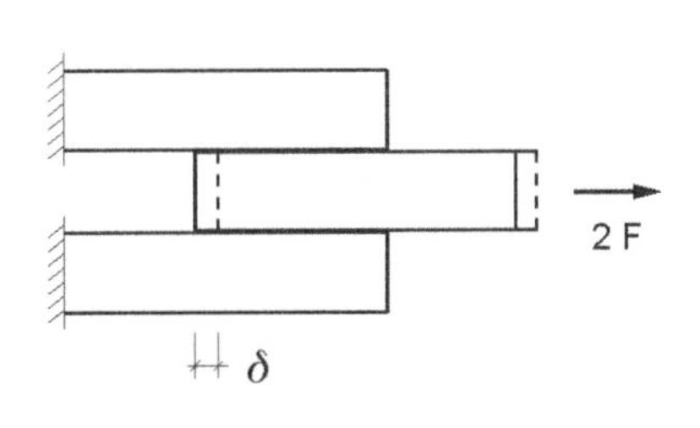

Fig. 4.34 Aspecto do comportamento carga × deslizamento de ligação por corte axial para diferentes meios de ligação: (*a*) ligação colada; (*b*) conector de anel; (*c*) pregos ou pino metálico sem folga; (*d*) parafuso (instalado com folga).

4.14. PROBLEMAS RESOLVIDOS

4.14.1.

Dimensionar a emenda pregada de peças tracionadas da madeira louro-preto de 2.ª categoria utilizadas em uma estrutura sujeita a uma combinação de cargas de longa duração em classe de umidade 2. O esforço de tração de projeto é igual a 5000 N.

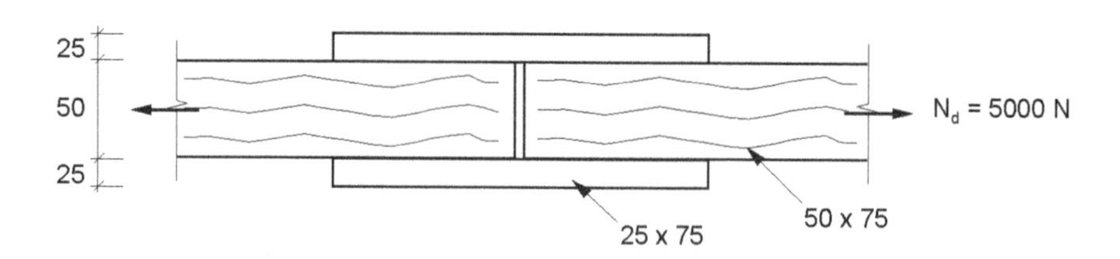

Fig. Probl. 4.14.1(*a*)

Solução

a) Seleção dos pregos

Sendo a estrutura definitiva, os pregos devem ser cravados com pré-furação, de acordo com a NBR 7190. Para evitar o transpasse de pregos (no caso de cravação pelas duas peças laterais) na peça central, adotam-se pregos 20 × 48 (ver Fig. 4.13*a*) com $d = 4{,}4$ mm e $l = 100$ mm (ou 110 mm), de forma a penetrarem em toda a espessura das três peças.

O diâmetro do prego atende ao requisito $d \leq t/4 = 25/4 = 6{,}2$ mm.

b) Resistência à compressão localizada (embutimento) da madeira

Da Tabela A.1.1 obtém-se a resistência média f_c para $U = 12\%$ e calcula-se a resistência característica

$$f_{ck} = 0{,}70 \times 56{,}5 = 39{,}5 \text{ MPa}$$

Com os dados referentes ao tempo de duração da carga, classe de umidade e categoria da madeira, determina-se o coeficiente k_{mod} para então calcular a tensão resistente ao embutimento paralelo às fibras:

$$f_{ed} = f_{cd} = 0{,}70 \times 1{,}0 \times 0{,}8 \times \frac{39{,}5}{1{,}4} = 15{,}8 \text{ MPa}$$

c) Resistência de 1 prego em corte duplo segundo a NBR 7190

$$\frac{t}{d} = \frac{25}{4{,}4} = 5{,}7 < 1{,}25\sqrt{\frac{f_{yd}}{f_{ed}}} = 1{,}25\sqrt{\frac{600/1{,}1}{15{,}8}} = 7{,}3$$

$$R_d = 2 \times 0{,}4 f_{ed}\, d\, t = 2 \times 0{,}4 \times 15{,}8 \times 4{,}4 \times 25 = 1390 \text{ N}$$

d) Número de pregos necessários

$$n = \frac{5000}{1390} = 3{,}6; \text{ adotados 4 pregos}$$

e) Disposição dos pregos, obedecendo às distâncias mínimas da Fig. 4.14.

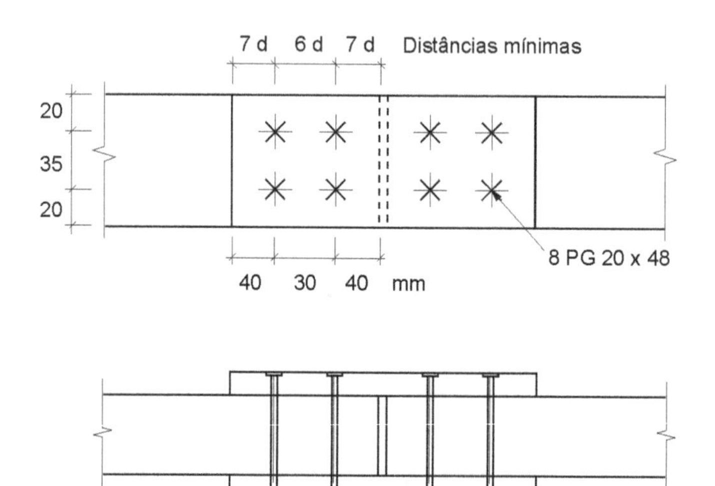

Fig. Probl. 4.14.1(*b*)

4.14.2.

O pórtico ilustrado na figura está sujeito a carregamento permanente G e de vento V de tal maneira que os esforços axiais nas duas peças inclinadas (mão-francesa) são: $N_G = 6{,}0$ kN e $N_V = -9{,}0$ kN (tração).

Dimensionar a ligação pregada, segundo a NBR 7190, para o esforço axial de projeto (e desprezando o momento na ligação) com os seguintes dados: madeira maçaranduba de 2.ª categoria, carga de longa duração, classe de umidade 2.

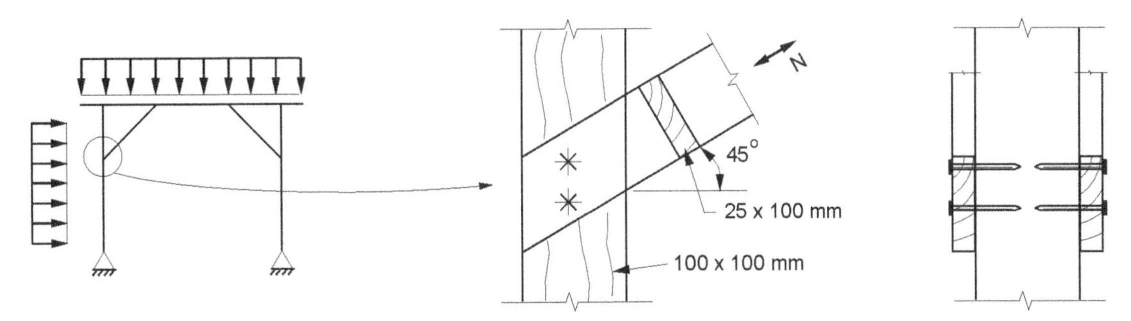

Fig. Probl. 4.14.2(*a*)

a) Solicitação de cálculo
Combinação normal de ações

$$N_d = 0{,}9G + 1{,}4 \times 0{,}75V = $$
$$= 0{,}9 \times 6{,}0 - 1{,}4 \times 0{,}75 \times 9{,}0 = -4{,}05 \text{ kN}$$

$$N_d = 1{,}4G = 8{,}4 \text{ kN}$$

b) Seleção do prego para atendimento aos requisitos de penetração

Com prego 20 × 33 (d = 4,4 mm; l = 76 mm) tem-se penetração igual a

$$76 - 25 = 51 \text{ mm} \quad \simeq 12d = 53 \text{ mm}$$
$$> t_1 = 25 \text{ mm}$$

c) Resistência da madeira ao embutimento inclinado às fibras

O esforço axial na peça inclinada, transmitido pelos pregos à coluna do pórtico, produz compressão localizada (embutimento) inclinada às fibras na peça vertical. A resistência ao embutimento inclinado às fibras é calculada de acordo com o exposto no item 4.2.2.

Da Tabela A.1.1 obtém-se a resistência média f_c para $U =$ 12%

$$f_c = 82{,}9 \text{ MPa}$$

Tensão resistente de projeto à compressão localizada paralela às fibras

$$f_{ed} = 0{,}7 \times 1{,}0 \times 0{,}8 \times 0{,}7 \times \frac{82{,}9}{1{,}4} = 23{,}2 \text{ MPa}$$

Tensão resistente de projeto ao embutimento normal às fibras — Eq. 4.2*b* e Tabela 4.1

$$f_{end} = 0{,}25 \times f_{ed}\, \alpha_e = 0{,}25 \times 23{,}2 \times 2{,}5 = 14{,}5 \text{ MPa}$$

Tensão resistente de projeto ao embutimento inclinado às fibras (Fórmula de Hankinson — Eq. (3.14)

$$f_{c\beta d} = \frac{23{,}2 \times 14{,}5}{23{,}2 \times 0{,}707^2 + 14{,}5 \times 0{,}707^2} = 17{,}8 \text{ MPa}$$

d) Resistência do prego em corte simples

As Eqs. 4.15 e 4.16 para cálculo da resistência de ligação com um pino em corte simples referem-se a peças de madeira com mesma tensão resistente ao embutimento. No presente exemplo, a resistência da ligação será calculada conservadoramente adotando a tensão $f_{c\beta d}$.

$$\frac{t}{d} = \frac{25}{4{,}4} = 5{,}7 < 1{,}25\sqrt{\frac{600/1{,}1}{17{,}8}} = 6{,}9$$

$$R_d = 0{,}4 \times 17{,}8 \times 4{,}4 \times 25 = 783 \text{ N}$$

Este valor pode também ser obtido das Tabelas A.3.4 e A.3.5, fazendo-se a média dos valores referentes a f_{ed} igual a 15 MPa e 20 MPa para t = 25 mm e d = 4,4 mm.

Distâncias mínimas

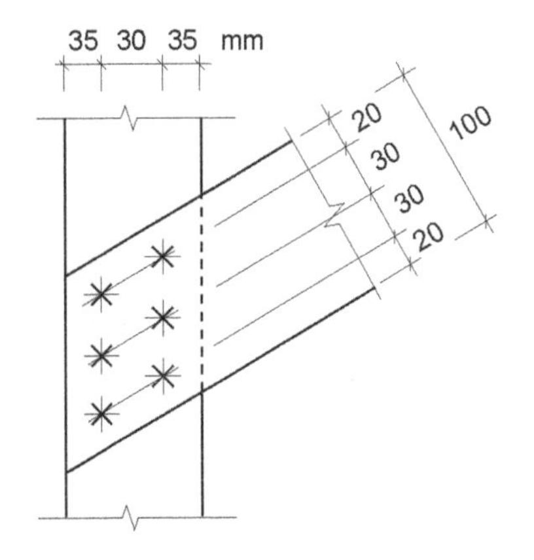

Fig. Probl. 4.14.2(*b*)

e) Número de pregos

$$n = \frac{8400}{783} = 10{,}7 \text{ adotados 12 pregos, 6 em cada peça lateral}$$

f) Disposição dos pregos

g) Ruptura por tração normal às fibras na ligação

Para evitar a ocorrência de ruptura por tração normal às fibras, como ilustrado nas Figs. 4.3 e 4.33, verifica-se a condição da Eq. (4.28). Para a madeira maçaranduba e os dados deste problema, tem-se

$$f_{vd} = 0{,}7 \times 1{,}0 \times 0{,}8 \times 0{,}54 \times \frac{14{,}9}{1{,}8} = 2{,}5 \text{ MPa}$$

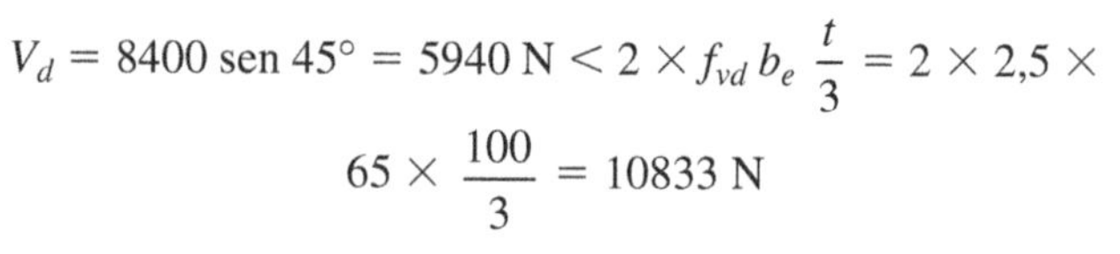

$$V_d = 8400 \text{ sen } 45° = 5940 \text{ N} < 2 \times f_{vd}\, b_e\, \frac{t}{3} = 2 \times 2{,}5 \times 65 \times \frac{100}{3} = 10833 \text{ N}$$

sendo $b_e = 65 > 0{,}5h = 50$ mm

A condição (4.28) foi verificada.

4.14.3.

Dimensionar a emenda das peças de maçaranduba de 2.ª categoria sujeitas ao esforço de tração de projeto $N_d = 40$ kN, com chapas em aço A36 e parafusos A307 ϕ9,5 mm. Condições de projeto: carga de longa duração e classe 2 de umidade.

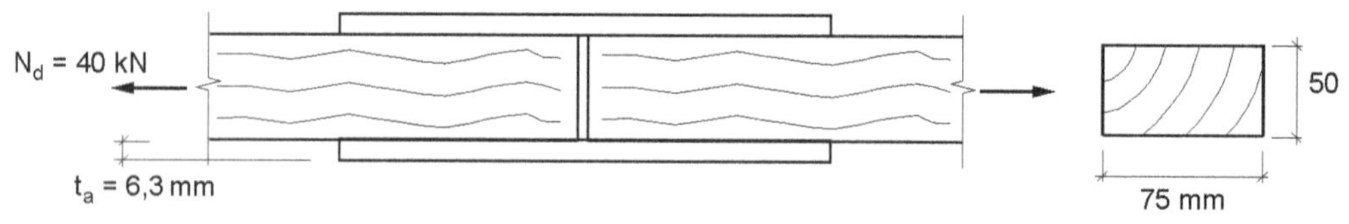

Fig. Probl. 4.14.3(*a*)

Solução

a) Tensão resistente ao embutimento paralelo às fibras

$$f_{ed} = k_{\text{mod}} \frac{f_c}{\gamma_w} = (0{,}7 \times 1{,}0 \times 0{,}8) \times \frac{(0{,}7 \times 82{,}9)}{1{,}4} = 23{,}2 \text{ MPa}$$

b) Resistência de um parafuso em corte duplo em apoio na madeira (NBR 7190)

$$\frac{t}{d} = \frac{50}{2 \times 9{,}5} = 2{,}6 < 1{,}25\sqrt{\frac{f_{yd}}{f_{ed}}} = 1{,}25\sqrt{\frac{310/1{,}1}{23{,}2}} = 4{,}3$$

$$R_d = 2 \times 0{,}4 f_{ed}\, td = 2 \times 0{,}4 \times 23{,}2 \times \frac{50}{2} \times 9{,}5 = 4408 \text{ N}$$

c) Resistência de um parafuso em apoio nas chapas de aço (NBR 8800) — ver Exemplo 4.4

Pressão de apoio

$$R_d = 0{,}75 \times 3d\, t f_u \times 2 = 0{,}75 \times 3 \times 0{,}95 \times 0{,}63 \times 40 \times 2 = 108 \text{ kN}$$

d) Resistência ao corte de um parafuso ϕ9,5 mm (corte duplo)

$$R_d = 0{,}60\,(0{,}70\,A_g)(0{,}6 f_u) \times 2 = 0{,}6 \times 0{,}7 \times 0{,}71 \times 0{,}6 \times 41{,}5 \times 2 = 14{,}8 \text{ kN}$$

e) Número de parafusos necessários

$$\frac{40}{4{,}41} = 9{,}1 \quad \text{Adotados 10 parafusos } \phi 9{,}5 \text{ mm.}$$

f) Disposição dos parafusos para instalação com folga de 1 mm (ver Fig. 4.20) nas faces com 75 mm de largura

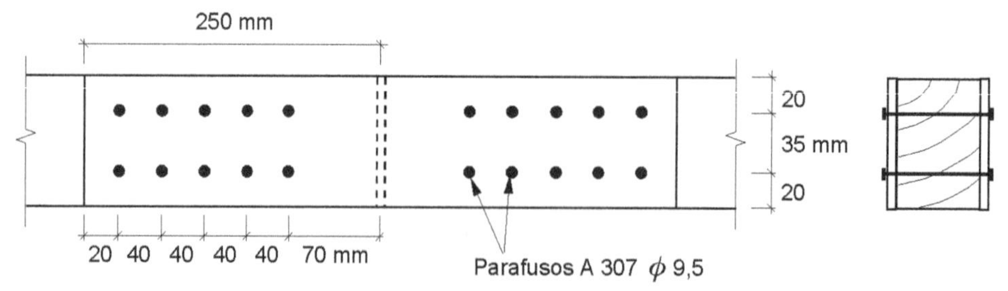

Fig. Probl. 4.14.3(*b*)

g) Alternativa de disposição dos parafusos (com folga de 1 mm) nas faces com 50 mm de largura

$$\frac{t}{d} = \frac{75}{2 \times 9,5} = 3,95 < 4,3$$

$$R_d = 2 \times 0,4 \times 23,2 \times \frac{75}{2} \times 9,5 = 6612 \text{ N}$$

$$\frac{40}{6,61} = 6,05 \text{ adotados 7 parafusos } \phi \text{ 9,5 mm}$$

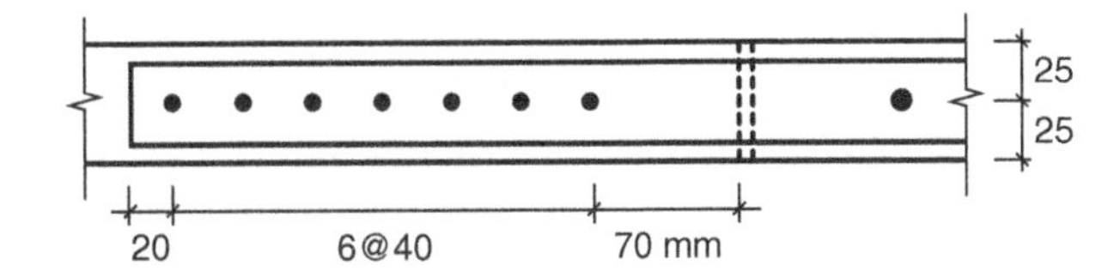

Fig. Probl. 4.14.3(*c*)

4.14.4.

A treliça de cobertura da figura está sujeita às ações de pesos próprio e da cobertura (G) e de vento (V), de forma tal que os esforços axiais F na diagonal 1 são: $F_G = 6$ kN e $F_V = 8$ kN. Dimensionar a ligação da diagonal 1 com o banzo superior com parafusos de diâmetro 12 mm e aço com $f_{yk} = 240$ MPa, e de acordo com a NBR 7190.

Dados do projeto:

— madeira dura (dicotiledônea) de Classe C60 (Tabela 3.14)
— combinação normal de ações (longa duração)
— classe 3 de umidade

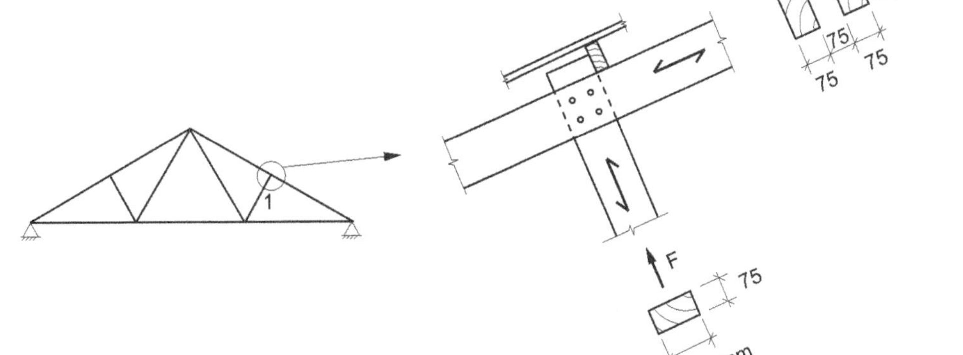

Fig. Probl. 4.14.4(*a*)

Solução

a) Esforço normal de projeto na diagonal

$$F_d = 1,4 \times 6,0 + 1,4 \times 0,75 \times 8,0 = 16,8 \text{ kN}$$

b) Tensão resistente ao embutimento paralelo às fibras na diagonal

$$f_{ed} = k_{\text{mod}} \times \frac{60}{1,4} = (0,7 \times 0,8 \times 0,8) \times \frac{60}{1,4} =$$

$$= 19,2 \text{ MPa}$$

c) Tensão resistente ao embutimento normal às fibras na peça dupla

$$f_{end} = 0,25 f_{ed}\, \alpha_e = 0,25 \times 19,2 \times 1,68 = 8,06 \text{ MPa}$$

d) Resistência de um parafuso em corte duplo

$$\frac{t}{d} = \frac{75/2}{12} = 3,125 < 1,25\sqrt{\frac{240/1,1}{8,06}} = 6,50$$

$$R_d = 2 \times 0,4 f_{end}\, d\, t = 2 \times 0,4 \times 8,06 \times 12 \times 75/2 =$$

$$= 2902 \text{ N}$$

A Eq. (4.15), utilizada para determinar a resistência de um parafuso, refere-se a peças de madeira com mesma tensão resistente ao embutimento. Neste caso em que as peças possuem diferentes tensões resistentes, o cálculo é feito de forma conservadora com a tensão f_{end} na peça dupla.

e) Número de parafusos

$$\frac{16,8}{2,9} = 5,8 \quad \text{Adotados 6 parafusos.}$$

f) Disposição dos parafusos

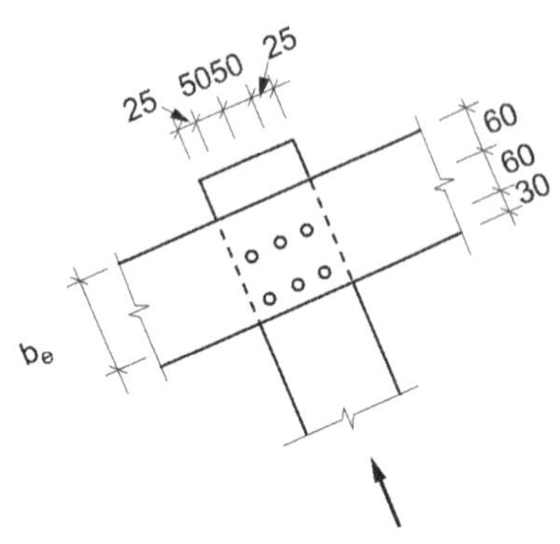

Fig. Probl. 4.14.4(b)

g) Verificação de tração perpendicular às fibras
Tensão resistente ao cisalhamento

$$f_{vd} = (0,7 \times 0,8 \times 0,8) \times \frac{8}{1,8} = 2,0 \text{ MPa}$$

Eq. (4.28)

$$V_d = 16,8 \text{ kN} < \frac{2}{3} \times 2,0 \times 120 \times 150 \times 10^{-3} = 24,0 \text{ kN}$$

4.14.5.

Dimensionar a emenda por dente simples ilustrada na Fig. 4.28 (face frontal entalhada na direção da bissetriz do ângulo (180° − β)) com os seguintes dados:

N_d = 12,0 kN b = 7,5 cm h = 22,5 cm

β = 30°

f_{cd} = 11,4 MPa f_{cnd} = 2,85 MPa f_{vd} = 1,5 MPa

Solução

A tensão resistente $f_{c\alpha d}$ (α = 15°) aplica-se à peça horizontal e à peça inclinada, uma vez que ambas têm a face de apoio inclinada de α em relação à normal à direção das fibras. Aplicando-se a Eq. (3.14), obtém-se:

$$f_{c\alpha d} = \frac{11,4 \times 2,85}{11,4 \text{ sen}^2 15° + 2,85 \cos^2 15°} = 9,49 \text{ MPa}$$

Para a profundidade do dente t, obtém-se:

$$t \geq \frac{12\,000 \cos^2 15°}{75 \times 9,49} = 15,7 \text{ mm} \simeq 1,6 \text{ cm.}$$

A distância a da base do corte até a extremidade da peça é obtida com a Eq. (4.24).

Este problema também pode ser resolvido com o auxílio da Tabela A.5. No caso de dente simples, com a face cortada segundo a bissetriz, entrando-se com β = 30°, e madeira pinho-do-paraná obtém-se:

$$t \geqslant 12000/(10,2 \times 75) = 15,7 \text{ mm}$$

$$a \geqslant 5,9t = 9,4 \text{ cm}$$

4.14.6.

Refazer o Probl. 4.14.5, admitindo dente duplo, conforme a Fig. 4.29, para uma força N_d = 30,0 kN.

Solução

O esforço é transmitido para a peça inferior por dois dentes, sendo o dianteiro cortado segundo a bissetriz do ângulo 180° — β (Fig. 4.28) e o traseiro cortado em esquadro com a peça inclinada. As tensões resistentes de compressão inclinada às fibras valem:

1.º dente: $f_{c\alpha d}$ = 9,49 MPa
2.º dente: $f_{c\beta d}$ = 6,5 MPa

a) *Dois dentes com a mesma profundidade.* O esforço de projeto transmitido pelos dois dentes vale:

$$N_{d\,\text{res}} = \frac{bt\, f_{c\beta d}}{\cos\beta} + \frac{bt\, f_{c\alpha d}}{\cos^2 \beta/2} = bt\left(\frac{f_{c\beta d}}{\cos\beta} + \frac{f_{c\alpha d}}{\cos^2 \beta/2}\right)$$

$$\frac{N_{d\,\text{res}}}{bt} = \frac{6,51}{\cos 30°} + \frac{9,49}{\cos^2 15°} = 7,52 + 10,2 = 17,7 \text{ MPa}$$

A profundidade necessária (t) vale:

$$t = \frac{N_d}{b \times 17,7} = \frac{30\,000}{75 \times 17,7} = 22,6 \text{ mm}$$

O comprimento $a_1 + a_2$ (Fig. 4.29) é dado pela Eq. (4.24).

$$a_1 + a_2 \geq \frac{N_d \cos\beta}{b\, f_{vd}} = \frac{30\,000 \times \cos 30°}{75 \times 1,5} = 231 \text{ mm}$$

A face frontal transmite 10,2/17,7 = 57% do esforço. O comprimento a_1 deve ser tomado igual a 57% de ($a_1 + a_2$).

O problema também pode ser resolvido com o auxílio da Tabela A.5. Entrando-se com β = 30°, para pinho brasileiro, obtém-se:

$$t = \frac{N_d}{(10,2 + 7,5)b} = \frac{30\,000}{17,7 \times 75} = 22,6 \text{ mm} \simeq 2,3 \text{ cm}$$

$$a_1 = 5,9t = 5,9 \times 2,3 = 13,6 \text{ cm}$$

$$a_2 = 4,3t = 4,3 \times 2,3 = 9,9 \text{ cm}$$

b) *Dois dentes com profundidades diferentes.* Pode-se admitir o dente traseiro com maior profundidade que o dianteiro, de modo que cada um deles absorva a metade do esforço N_d.

Dente dianteiro:

$$t_1 = \frac{N_d \cos^2 \alpha}{bf_{c\alpha d}} = \frac{15\,000 \times \cos^2 15°}{75 \times 9,49} = 19,7 \text{ mm} \simeq$$
$$\simeq 2,0 \text{ cm}$$

$$a_1 = \frac{15\,000 \times \cos 30°}{75 \times 1,5} = 115 \text{ mm}$$

Dente traseiro:

$$t_2 = \frac{15\,000 \cos 30°}{75 \times 6,51} = 26,6 \text{ mm} \simeq 2,7 \text{ cm}$$

$$a_2 = 115 \text{ mm}$$

4.14.7.

Calcular o esforço de tração resistente da ligação com quatro conectores de anel ilustrada na figura. As peças são de madeira pinho-do-paraná. Classe de umidade 2 e carga de longa duração.

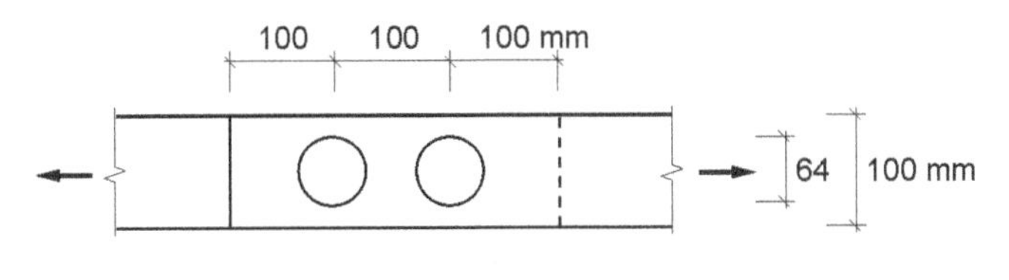

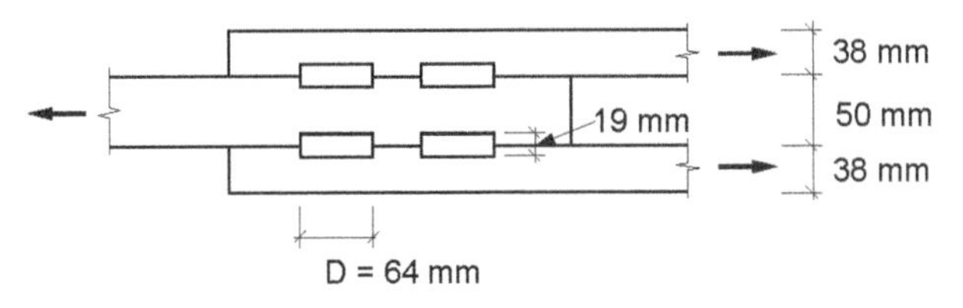

Fig. Probl. 4.14.7

Solução

a) Tensões resistentes (madeira de 2.ª categoria, classe 2 de umidade, carga de longa duração)

$f_{cd} = 0,7 \times 1,0 \times 0,8 \times 0,7 \times 40,9/1,4 = 11,4$ MPa

$f_{vd} = 0,7 \times 1,0 \times 0,8 \times 0,54 \times 8,8/1,8 = 1,5$ MPa

b) Resistência de projeto de um conector segundo a NBR 7190

(Eq. 4.21) $R_d = \frac{19}{2} \times 64 \times 11,4 = 6931$ N

(Eq. 4.22) $R_d = \frac{\pi \times 64^2}{4} \times 1,5 = 4825$ N

Resistência de ligação

$R_d = 4 \times 4,82 = 19,3$ kN

c) Esforço admissível segundo a norma americana NDS

A madeira pinho-do-paraná ($\rho_{12} = 580$ kg/m^3) pode ser enquadrada na classe C. Na Tabela A.6.1 obtém-se a carga admissível referente à madeira seca ($U < 19\%$) e carga de longa duração:

1 conector $\bar{R} = 10,4$ kN
4 conectores $\bar{R} = 41,6$ kN

Os espaçamentos indicados nos Ábacos B.2 e B.3 devem ser obedecidos para que a resistência dada por $\bar{R}$ seja atingida. O espaçamento a entre conectores para 100% da carga neste caso deve ser igual a 17 cm e a distância do bordo deve ser igual a 14 cm.

Adotando o espaçamento entre conectores igual a $1,5\,D \cong$ 100 mm (valor mínimo indicado pela NBR 7190), a carga admissível deve ser reduzida resultando em (ver Ábaco B.2):

$$\bar{R}_{\text{red}} = 10,4 - 10,4\,(1 - 0,75)\,\frac{17 - 10}{17 - 8,8} = 8,18 \text{ kN}$$

d) Comparação entre os valores obtidos nos itens (b) e (c)

Para comparar a resistência R_d (método dos estados limites) dada pela NBR 7190 ao esforço admissível $\bar{R}_{\text{red}}$ fornecido pela norma americana admite-se que a solicitação seja majorada pelo coeficiente $\gamma_f = 1,4$. Multiplicando $\bar{R}$ por 1,4 tem-se o esforço resistente equivalente ao método dos estados limites:

$$\text{NDS } R_d = 8,18 \times 1,4 = 11,4 \text{ kN} > 4,82 \text{ kN}$$

Verifica-se que a resistência de um conector, segundo a NBR 7190, é bastante conservadora se comparada com a resistência dada pela norma americana.

4.15. PROBLEMAS PROPOSTOS

4.15.1. Projetar uma emenda com talas de madeira e pregos para as peças de angelim-pedra (2.ª categoria) ilustradas na figura. As peças estão sujeitas ao esforço de tração igual a 70 kN oriundo de carga variável em ambiente com umidade relativa do ar média igual a 70%.

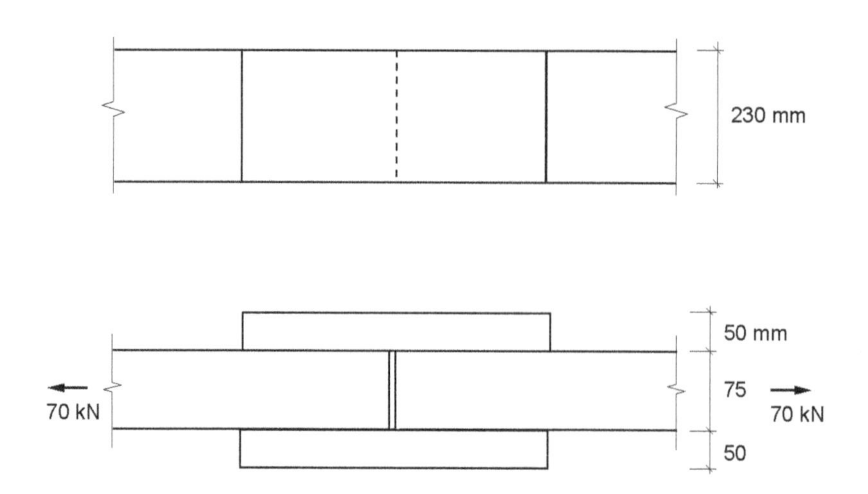

Fig. Probl. 4.15.1

4.15.2. Projetar o apoio de uma escora sobre uma viga utilizando talas metálicas e parafusos conforme ilustra a figura. A madeira é ipê de 2.ª categoria com grau de umidade compatível com classe 2. O esforço N_d decorre de uma combinação normal de ações.

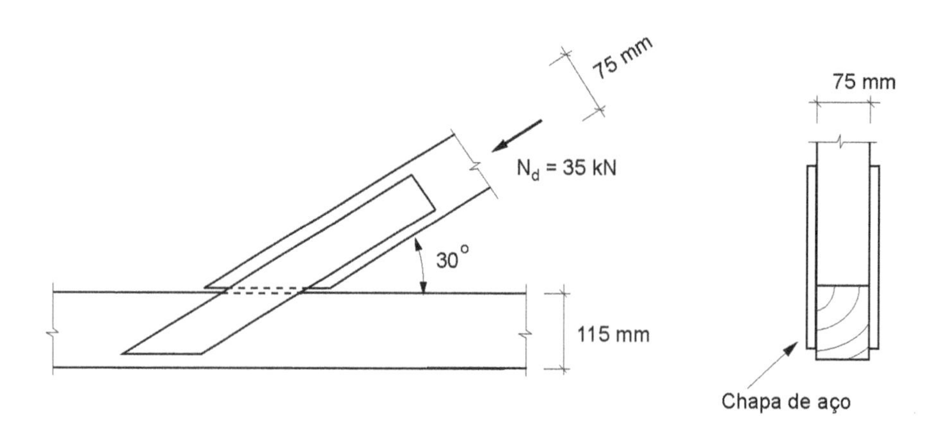

Fig. Probl. 4.15.2

4.15.3. Projetar a ligação das peças de maçaranduba (2.ª categoria, classe 2 de umidade) para os esforços solicitantes oriundos de carga permanente G e de vento V mostrados na figura. Utilizar parafusos (aço com f_{yk} = 240 MPa).

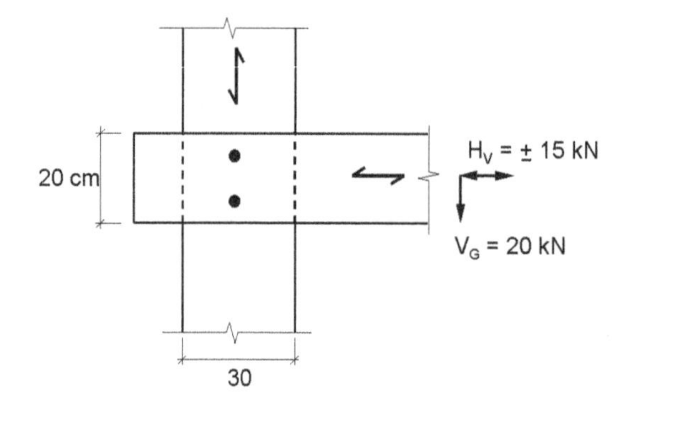

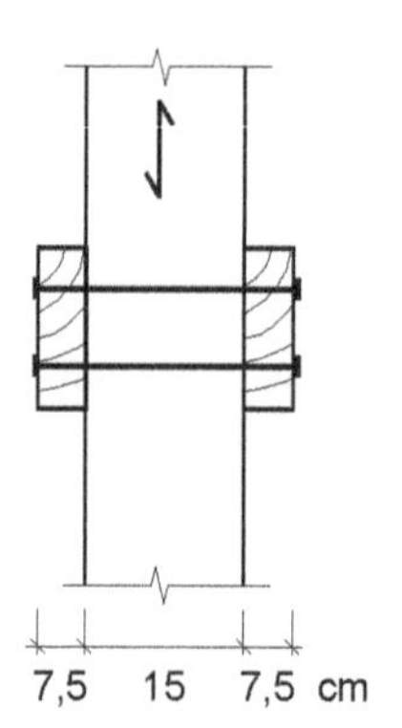

Fig. Probl. 4.15.3

4.15.4. Dimensionar a ligação por entalhe do nó extremo de uma treliça de madeira jatobá (2.ª categoria, classe 3 de umidade) conforme ilustra a figura. Os esforços indicados na figura decorrem de uma combinação normal de ações.

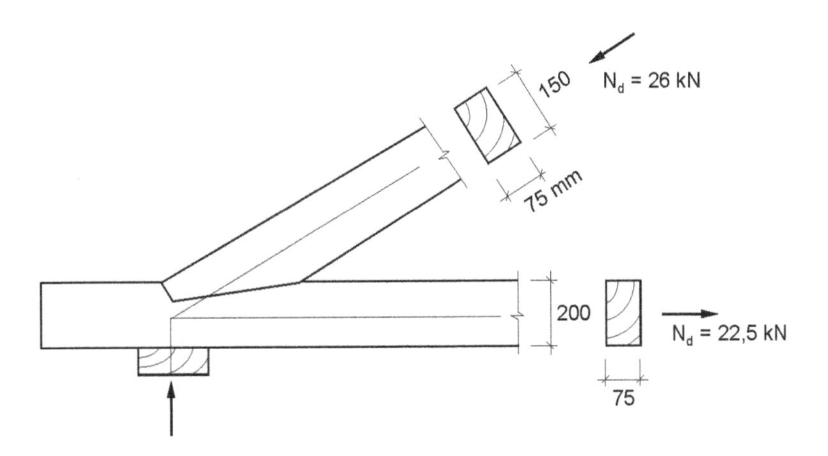

Fig. Probl. 4.15.4

Capítulo 5

PEÇAS TRACIONADAS — EMENDAS

5.1. INTRODUÇÃO

Denominam-se peças tracionadas as peças sujeitas à solicitação de tração axial.

Diversos sistemas estruturais em madeira apresentam peças tracionadas, conforme ilustrado na Fig. 5.1:

— tirantes ou pendurais;
— contraventamento de pórticos;
— hastes de treliças.

Estes sistemas são largamente empregados em estruturas de madeira para coberturas, edificações, pontes e galpões, conforme exposto no item 2.9.

A tração excêntrica das peças de madeira (Fig. 5.2) pode ocorrer devido a ligações excêntricas nas extremidades, indentação da peça ou por ação de cargas transversais que produzem momentos fletores. Este capítulo dedica-se ao estudo de peças com tração centrada (Fig. 5.2*a*). As peças com tração excêntrica são abordadas no item 6.5.6.

A madeira tem boa resistência à tração na direção das fibras, podendo ser eficientemente utilizada como peça sujeita à tração axial. O ponto crítico para o dimensionamento fica nas emendas ou ligações de extremidade das peças. O esforço resistente de tração é igual à área líquida multiplicada pela tensão resistente à tração.

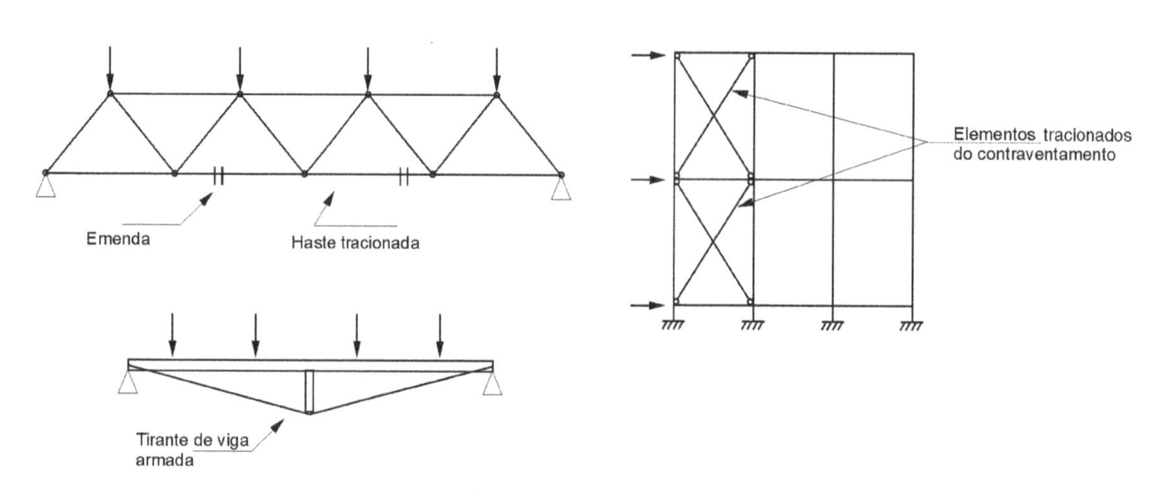

Fig. 5.1 Peças tracionadas componentes de sistemas estruturais.

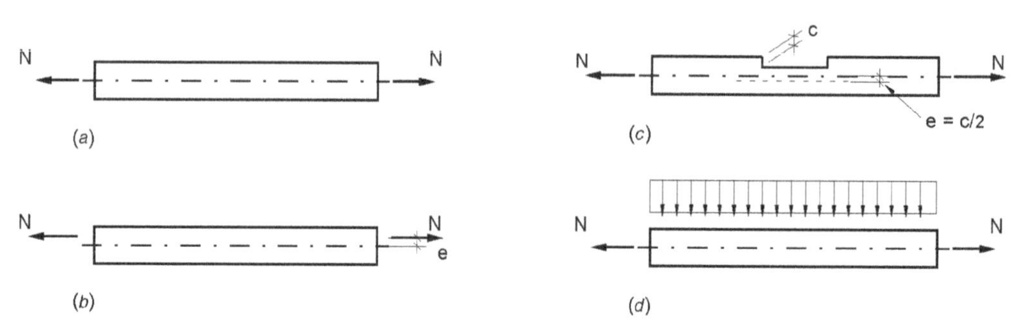

Fig. 5.2 Exemplos de peças de madeira sujeitas à tração: (*a*) tração axial (centrada); (*b*) tração excêntrica provocada por excentricidade nas ligações extremas da peça; (*c*) tração excêntrica provocada por indentação da peça; (*d*) flexotração provocada por carga transversal.

5.2. DETALHES DE EMENDAS

As emendas de peças tracionadas em geral localizam-se entre pontos de ligação com outros elementos, como mostrado na Fig. 5.1 para o caso de treliças. Os principais dispositivos utilizados para emendar peças tracionadas encontram-se na Fig. 5.3.

Na Fig. 5.3*a*, vê-se uma emenda de duas peças com talas laterais de madeira, sendo os esforços transmitidos por efeito de pino (apoio das madeiras na superfície do fuste, transmissão do esforço por corte). Podem ser utilizados pregos, pinos (metálicos ou de madeira), parafusos ou conectores metálicos. Os pregos produzem uma ligação com boa rigidez, porém o dimensionamento conduz a talas muito longas. Os parafusos e os pinos produzem ligações deformáveis. Os conectores metálicos constituem meios de ligação mais eficientes, conduzindo a ligações compactas e bastante rígidas.

No caso de pregos, parafusos e pinos, existe tendência ao fendilhamento da madeira, paralelamente às fibras. Particularmente perigosas são as rachas nas peças intermediárias, não inspecionáveis visualmente. Para reduzir o risco, as normas recomendam espaçamentos mínimos entre os furos (ver itens 4.3.2 e 4.5.2).

Na Fig. 5.3*b*, vê-se a ligação com talas metálicas, podendo ser utilizada com pregos ou parafusos. A execução é entretanto difícil, porque a furação da madeira se faz com menos precisão que a da chapa metálica. Em geral, pelo menos uma chapa metálica é furada depois da madeira, para se obter concordância dos furos.

Nas Figs. 5.3*c* e *d*, vêem-se ligações em que os esforços são transferidos às talas por meio de pinos ou tarugos de aço ou de madeira dura, servindo os parafusos apenas para impedir a separação entre as talas e a peça central. Na Fig. 5.3*c*, as talas são posicionadas e apertadas com os parafusos, fazendo-se então os furos nos quais os tarugos cilíndricos são cravados. Na Fig. 5.3*d*, tarugos em forma de paralelepípedos, as talas e a peça central são cortadas previamente, nas medidas dos tarugos; o trabalho deve ser feito com grande precisão, para evitar folgas e se conseguir funcionamento simultâneo de dois ou mais tarugos. Na Fig. 5.3*e*, a transmissão do esforço se faz através de entalhes nas madeiras, sendo necessários parafusos para manter as peças no lugar. O trabalho deve ser feito com grande precisão, tal como no caso anterior.

As emendas com tarugos e entalhes não são apropriadas para madeiras verdes ou parcialmente secas. Com as retrações provocadas pela secagem posterior das madeiras, não é possível garantir o trabalho simultâneo das várias faces de transmissão de esforço.

A Fig. 5.3*f* representa uma emenda com tarugos formados por perfis metálicos, sendo as talas substituídas por tirantes metálicos com rosca. Esse tipo apresenta maior segurança que os anteriores, uma vez que a peça central pode ser inspecionada visualmente, e os tirantes podem ser reapertados, compensando deformações da madeira.

Peças tracionadas de seção múltipla são utilizadas nas treliças de grandes vãos. As emendas de peças de seção múltipla podem ser efetuadas com os mesmos dispositivos das Figs. 5.3*a-f*. Na Fig. 5.3*g* ilustra-se uma emenda com conectores de anel metálicos e parafusos de montagem. Uma emenda de banzo inferior de treliça formada por três peças (Hool, Kinne, 1942) é mostrada na Fig. 5.3*h*. As peças são emendadas uma de cada vez, em seções diferentes. Observa-se, além disso, que as peças são entarugadas, com o que se obtém maior rigidez do tirante.

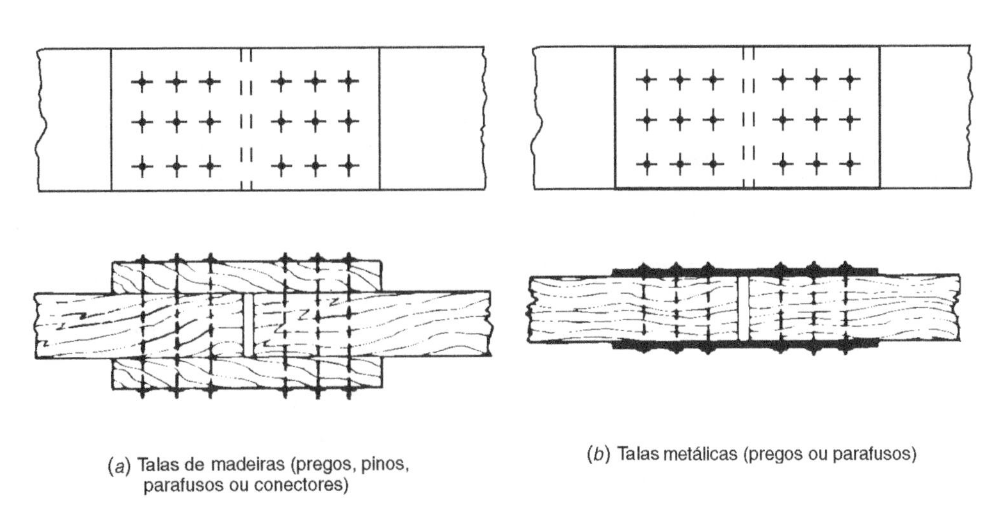

(*a*) Talas de madeiras (pregos, pinos, parafusos ou conectores)

(*b*) Talas metálicas (pregos ou parafusos)

Fig. 5.3 Dispositivos de emenda de peças tracionadas.

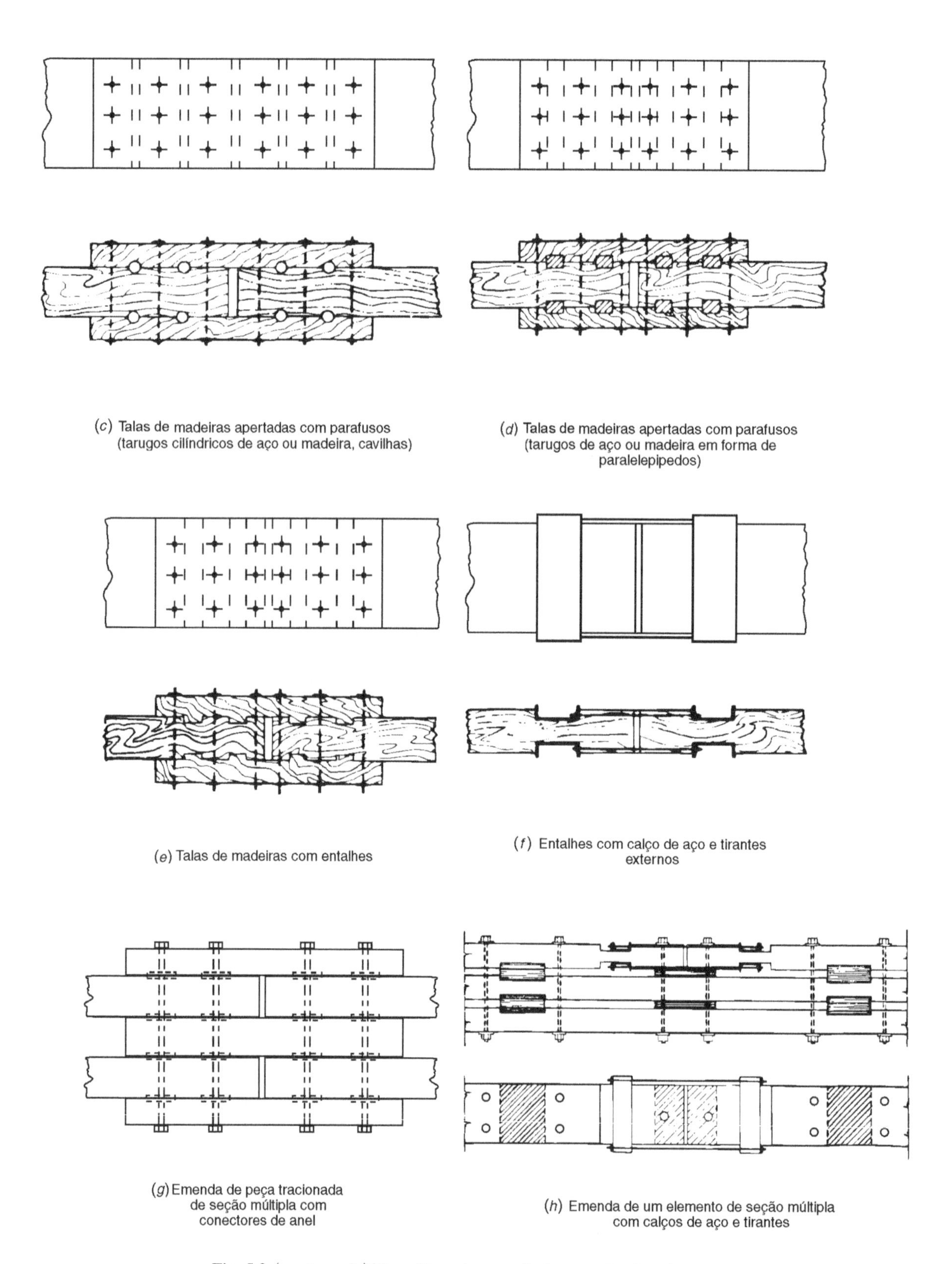

(*c*) Talas de madeiras apertadas com parafusos (tarugos cilíndricos de aço ou madeira, cavilhas)

(*d*) Talas de madeiras apertadas com parafusos (tarugos de aço ou madeira em forma de paralelepípedos)

(*e*) Talas de madeiras com entalhes

(*f*) Entalhes com calço de aço e tirantes externos

(*g*) Emenda de peça tracionada de seção múltipla com conectores de anel

(*h*) Emenda de um elemento de seção múltipla com calços de aço e tirantes

Fig. 5.3 (*continuação*) Dispositivos de emenda de peças tracionadas.

5.3. CRITÉRIO DE CÁLCULO

5.3.1. CONDIÇÃO DE SEGURANÇA

As peças solicitadas à tração simples são dimensionadas com a seção líquida de área A_n, de forma que a tensão solicitante de projeto σ_d seja menor que a tensão resistente à tração paralela às fibras f_{td}.

$$\sigma_d = \frac{N_d}{A_n} \leq f_{td} \quad (5.1)$$

A tensão resistente de projeto f_{td} é obtida a partir da resistência obtida de ensaios padronizados em corpos-de-prova isentos de defeitos, conforme exposto no Cap. 3.

Além da condição (5.1) verifica-se a esbeltez da peça que, segundo a NBR 7190, deve ser menor que 170.

5.3.2. ÁREA LÍQUIDA NAS SEÇÕES DE LIGAÇÃO

A área líquida A_n é obtida deduzindo-se da área bruta A_g da seção transversal as áreas projetadas dos furos ou entalhes executados na madeira para instalação dos elementos de ligação.

A área projetada de cada elemento de ligação é considerada como se segue (ver Fig. 5.4):

a) ligação com prego — a área a ser subtraída é igual ao diâmetro do prego vezes a largura da peça. De acordo com o EUROCODE 5, no caso de pregos com diâmetro inferior a 6 mm instalados sem pré-furação não há redução da área bruta;

b) ligação com parafuso — a área a ser descontada é igual ao diâmetro do furo *d'* vezes a largura *b* da peça, conforme ilustrado na Fig. 5.4;

c) ligação com conector de anel — a área a ser descontada da seção é a área projetada do entalhe na madeira para instalação do anel mais a parcela não-sobreposta da área projetada do furo para o parafuso.

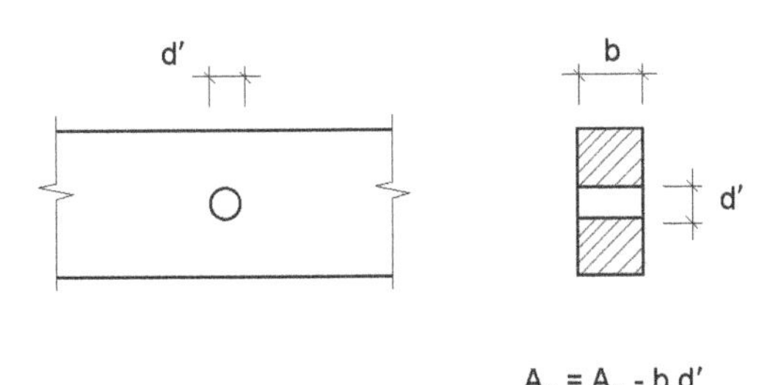

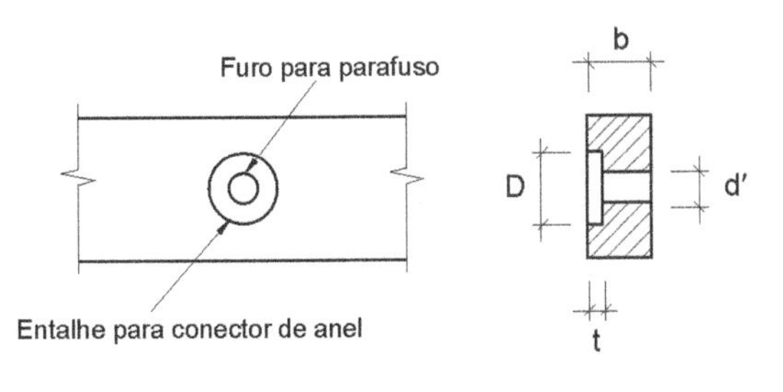

Fig. 5.4 Área líquida (A_n) de peças tracionadas com parafusos e conectores de anel.

Os furos obedecem, em geral, a uma distribuição geométrica bem definida. No caso de furos para parafusos alinhados na direção da carga (Fig. 5.5*a*), a seção útil é obtida na seção normal *BB*; chamando-se *d'* o diâmetro do furo e *b* a largura da peça de madeira, a área líquida será:

$$A_n = A_g - 2bd'$$

Em alguns tipos de ligação, como no caso da peça inclinada ilustrada na Fig. 5.5*c*, é conveniente dispor os furos de forma não-alinhada com a direção das fibras da peça tracionada. Nestes casos, de acordo com a norma americana NDS, o número de furos para parafusos a serem descontados depende do espaçamento *s* (Fig. 5.5*b*). Todos os furos localizados em seções com distância medida na direção das fibras menor do que $4d$ ($s < 4d$) devem ser considerados como se estivessem na mesma seção, sendo portanto deduzidos da área bruta para o cálculo da área líquida A_n (White, Salmon, 1987). A norma européia EUROCODE 5 recomenda considerar como pertencendo a uma mesma seção os furos localizados a uma distância menor que a metade da distância mínima medida na direção paralela às fibras. No caso de parafuso em peça solicitada à tração paralela às fibras, este espaçamento é igual a $7d$ (Fig. 4.14*a*), o que resulta em critério ($s < 3{,}5d$) semelhante ao da norma americana NDS.

De acordo com a NBR 7190 os furos em peças tracionadas podem ser desprezados desde que não ultrapassem 10% da área da seção bruta.

5.3.3. PEÇAS TRACIONADAS, COM INDENTAÇÃO

Nas peças tracionadas com indentação, a área líquida é obtida deduzindo-se a área correspondente à profundidade cortada. No caso de indentação apenas de um lado, a peça fica submetida localmente à tração excêntrica, como indicado na Fig. 5.2*c*, e a verificação de tensões no local da indentação é feita com os critérios do item 6.5.6.

Numa peça de madeira com indentações intermediárias e ligações com conectores nas extremidades (Fig. 5.6), a distância *a*, do final da indentação ao início da furação dos conectores, deve ser suficiente para redistribuir as tensões de tração na largura total da peça, de modo a se poder contar com a largura total na região dos conectores. A condição para isto é:

$$a \geq c\,\frac{f_{td}}{f_{vd}}$$

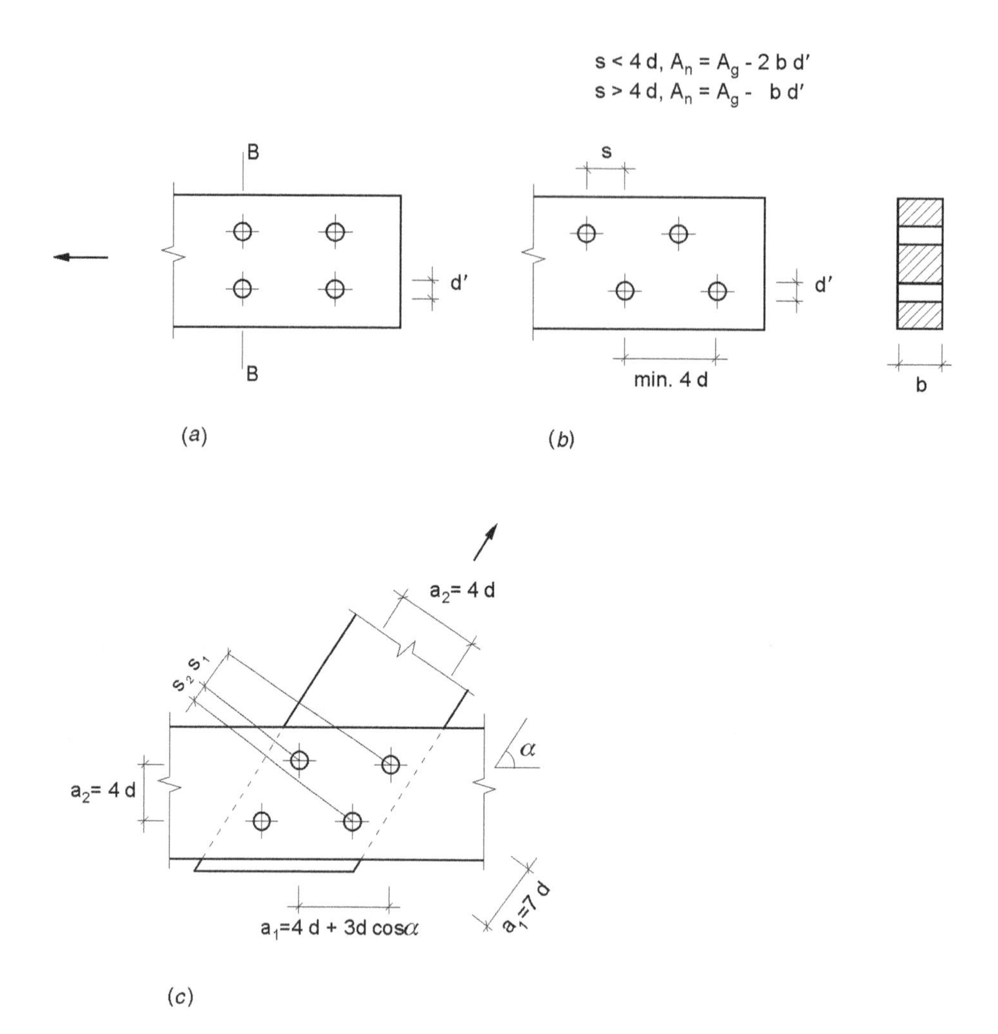

Fig. 5.5 Furos para parafusos alinhados e não-alinhados com a direção da carga: (*a*) furos alinhados; (*b*) critério da norma americana para cálculo de área líquida em caso de furos não-alinhados; (*c*) espaçamentos mínimos recomendados pela norma européia EUROCODE 5.

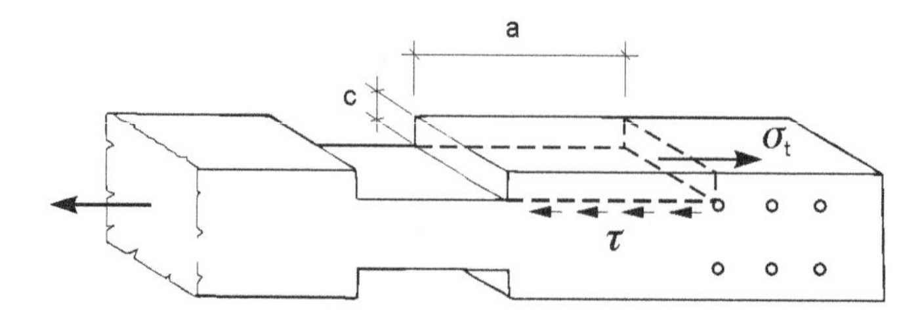

Fig. 5.6 Peça de madeira com indentações intermediárias e ligações com pinos nas extremidades.

5.4. PROBLEMAS RESOLVIDOS

5.4.1.

Um pendural de pinho brasileiro de segunda categoria usado em ambiente de classe 3 de umidade, está ligado por parafusos $\phi 25$ mm a duas talas laterais metálicas.

O pendural está sujeito aos seguintes esforços de tração, oriundos de ações de construção (cargas de média duração):

N_g (carga de gravidade) = 15 kN
N_q (carga variável) = 10 kN

Verificar a segurança do pendural em tração paralela às fibras.

Solução

a) Esforço solicitante de projeto

Utilizam-se os coeficientes de majoração das cargas referentes à combinação de construção (ver Tabela 3.6):

$$N_d = 1{,}3 \times 15 + 1{,}2 \times 10 = 31{,}5 \text{ kN}$$

b) Tensão resistente à tração (Eq. (3.21*a*)) nas condições:

— carga de média duração;
— classe 3 de umidade;
— madeira de 2.ª categoria.

$$f_{td} = (0{,}80 \times 0{,}8 \times 0{,}8) \times \frac{0{,}70 \times 93{,}1}{1{,}8} = 18{,}5 \text{ MPa}$$

c) Esforço resistente de projeto da peça tracionada (Eq. (5.1))
Área líquida

$$A_n = 3{,}8(20 - 2 \times 2{,}7) = 55{,}5 \text{ cm}^2$$

$$N_{d\,\text{res}} = A_n f_{td} = 55{,}5 \times 1{,}85 = 102{,}7 \text{ kN} > N_d$$

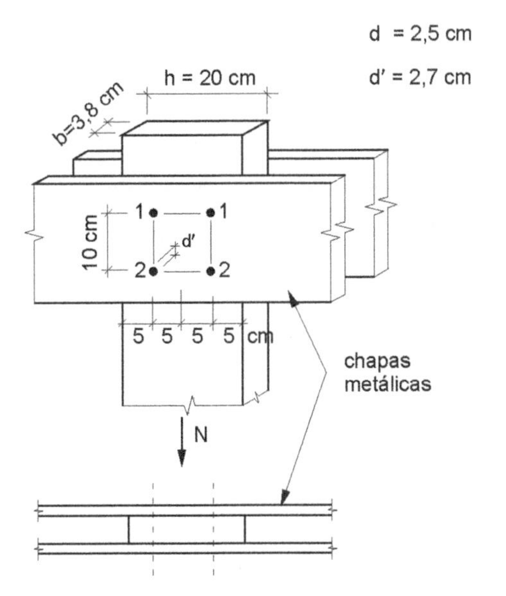

Fig. Probl. 5.4.1 Dimensionamento de um pendural de madeira com quatro parafusos $\phi 25$ mm.

d) Conclusão

Em termos de resistência à tração, o pendural atende com folga ao critério de segurança. Resta ainda verificar a resistência da ligação.

5.4.2.

Uma peça, de dimensões nominais 7,5 cm × 11,5 cm, de Louro Preto está sujeita a um esforço solicitante de projeto de tração de 55 kN. Dimensionar a emenda, utilizando talas laterais de madeira e diversos dispositivos de transmissão de esforços. Comparar, em cada caso, a relação entre a área líquida e a área bruta de peça. Admite-se ação de carga de longa duração e classe 3 de umidade.

Solução

a) *Talas de madeira com parafusos.* Parte-se do esquema da Fig. Probl. 5.4.2*a*, com parafusos 19 mm de aço com f_{yk} = 240 MPa, dimensionando o número de parafusos necessários. Para a tala adota-se uma espessura maior que a metade da peça emendada. Seja b_1 = 5 cm.

Tensão resistente ao embutimento paralelo às fibras

$$f_{ed} = f_{cd} = k_{\text{mod}} \times \frac{f_{ck}}{1{,}4} = (0{,}7 \times 0{,}8 \times 0{,}8)0{,}7 \times \frac{56{,}5}{1{,}4} = $$
$$= 12{,}6 \text{ MPa}$$

Resistência de um parafuso em corte duplo (item 4.5)

$$\frac{t}{d} = \frac{75/2}{19} = 2{,}0 < 1{,}25\sqrt{\frac{240/1{,}1}{12{,}6}} = 5{,}2$$

$$R_d = 2 \times 0{,}4 f_{ed}\, td = 2 \times 0{,}4 \times 12{,}6 \times \frac{75}{2} \times 19 =$$
$$= 7182 \text{ N} = 7{,}18 \text{ kN}$$

São necessários oito parafusos de 19 mm. Eles podem ser dispostos em uma ou duas fileiras, conduzindo às dimensões indicadas nas Figs. Probl. 5.4.2*b* e *c*.

As áreas líquidas da peça central são calculadas deduzindo-se os diâmetros dos furos em cada seção:

1 fileira $\quad A_n = 7{,}5(11{,}5 - 2) = 71{,}25 \text{ cm}^2$
2 fileiras $\quad A_n = 7{,}5(11{,}5 - 4) = 56{,}25 \text{ cm}^2$

b) *Talas de madeira com pregos.* Adotam-se pregos 120 × 59 da padronização da ABNT PB-58 (d = 0,59 cm, l = 12,0 cm).

A cravação dos pregos deve ser precedida de furação, em diâmetro menor que o fuste dos pregos. O prego adotado atende aos requisitos de penetração da NBR 7190:

$$p = 120 - 50 = 70 \text{ mm} \simeq 12d = 71 \text{ mm}$$
$$p > t_1 = 50 \text{ mm}$$

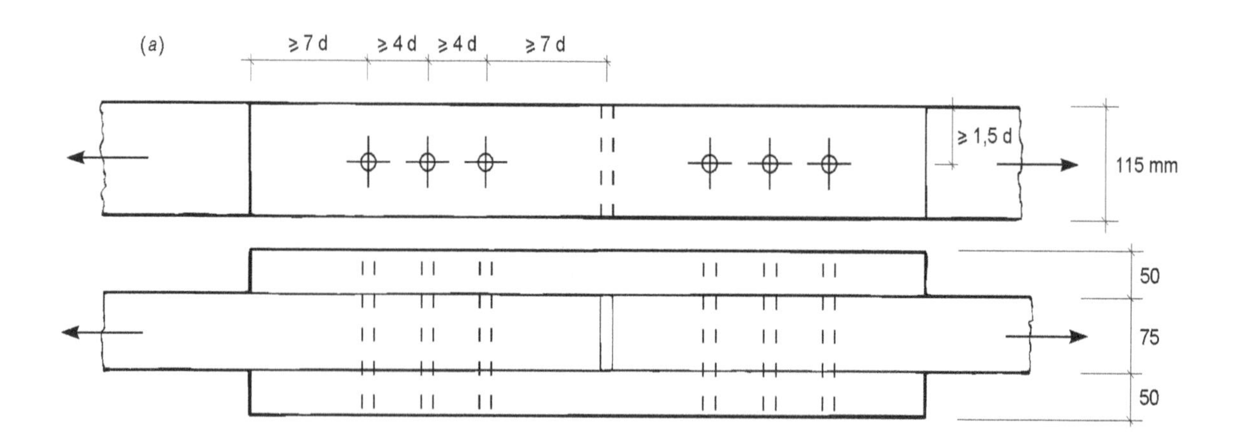

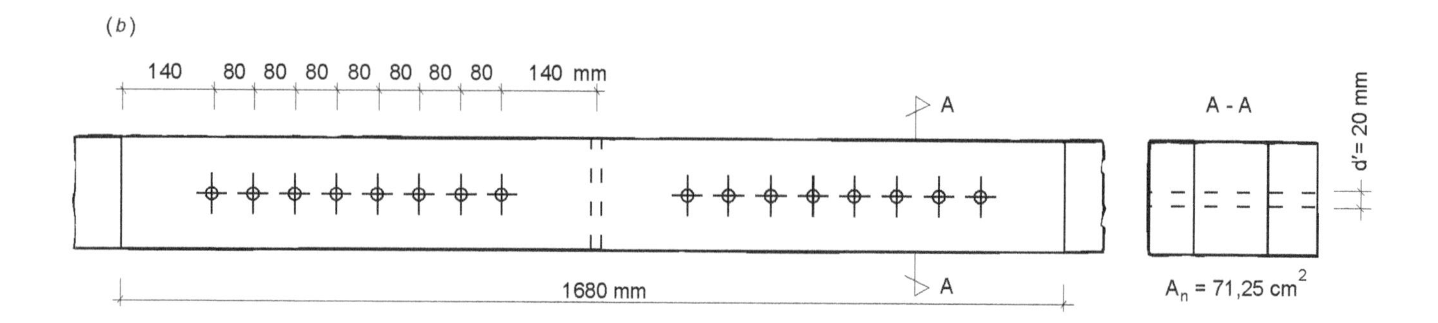

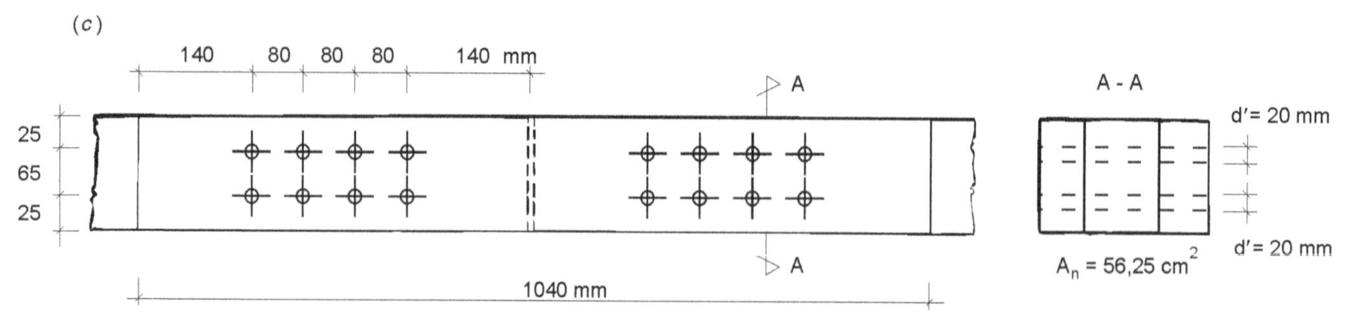

Fig. Probl. 5.4.2 Exemplo de emenda em peça tracionada: (*a*) esquema de emenda com talas laterais de madeira e parafusos; (*b*) emenda com oito parafusos 19 mm em uma fileira; (*c*) emenda com oito parafusos 19 mm em duas fileiras.

Resistência de um prego em corte simples (item 4.3)

$$\frac{t}{d} = \frac{50}{5,9} = 8,5 > 1,25\sqrt{\frac{600/1,1}{12,6}} = 8,2$$

$$R_d = 0,5 \times 5,9^2\sqrt{12,6 \times 600/1,1} = 1443 \text{ N}$$

Número de pregos necessários em cada face da emenda:

$$\frac{55\,000}{2 \times 1443} = 19,1 \text{ pregos}$$

Os pregos podem ser dispostos em quatro fileiras de cinco, totalizando 20 pregos, conforme ilustra a Fig. Probl. 5.4.2*d*. Neste caso não há efeito de grupo.

A área líquida da peça central é calculada, deduzindo-se quatro diâmetros de prego da altura:

$$A_n = 7,5(11,5 - 4 \times 0,59) = 68,55 \text{ cm}^2$$

O espaçamento entre os pregos deve obedecer às prescrições da NBR 7190 (ver Fig. 4.13):

— espaçamento horizontal: intermediário $6d = 6 \times 5,9 = 35,4$ mm (adotado 35 mm)
da extremidade $7d = 7 \times 5,9 = 41,3$ mm (adotado 45 mm)

— espaçamento vertical: $3d = 3 \times 5,9 = 17,7$ mm (adotado 25 mm)

c) *Talas de madeira com conectores de anel* (Fig. Probl. 5.4.2*e*). A espessura da peça central igual a 75 mm é adequada para receber entalhes de dois anéis de 19 mm de altura, um em cada face. De modo a satisfazer o espaçamento mínimo entre o conector e as bordas da peça (ver Fig. 4.24) calculam-se as larguras mínimas de madeira para emprego de conectores de anel:

— anel 64 mm: 96 mm
— anel 102 mm: 153 mm

Vê-se que essa peça não tem largura suficiente para o anel de 102 mm. Usa-se anel de 64 mm, com parafuso $d = 12$ mm, diâmetro do furo $d' = 13$ mm.

Tensão resistente à compressão paralela às fibras

$$f_{cd} = 12,6 \text{ MPa}$$

Tensão resistente a cisalhamento paralelo às fibras

$$f_{vd} = (0,7 \times 0,8 \times 0,8)\,\frac{0,54 \times 9,0}{1,8} = 1,21 \text{ MPa}$$

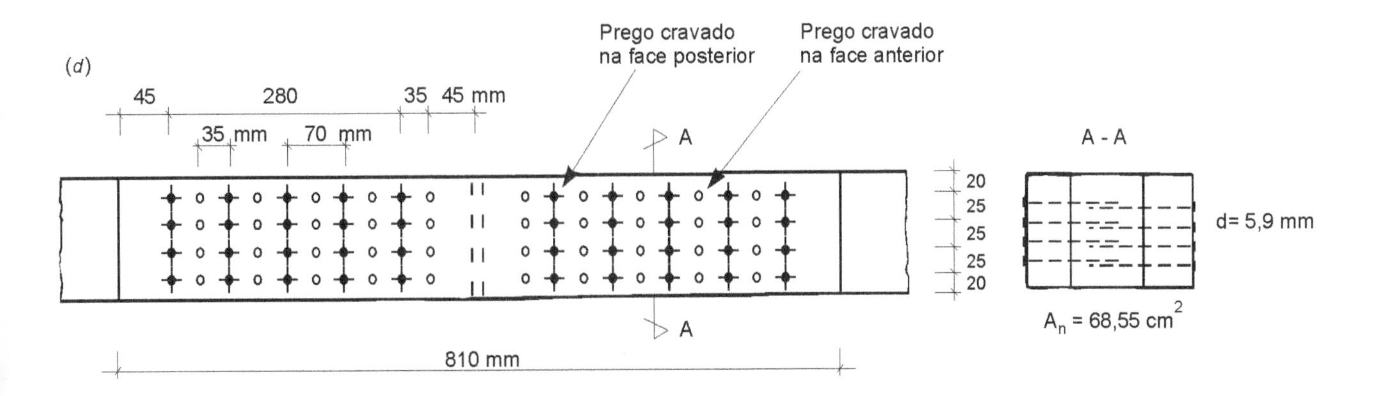

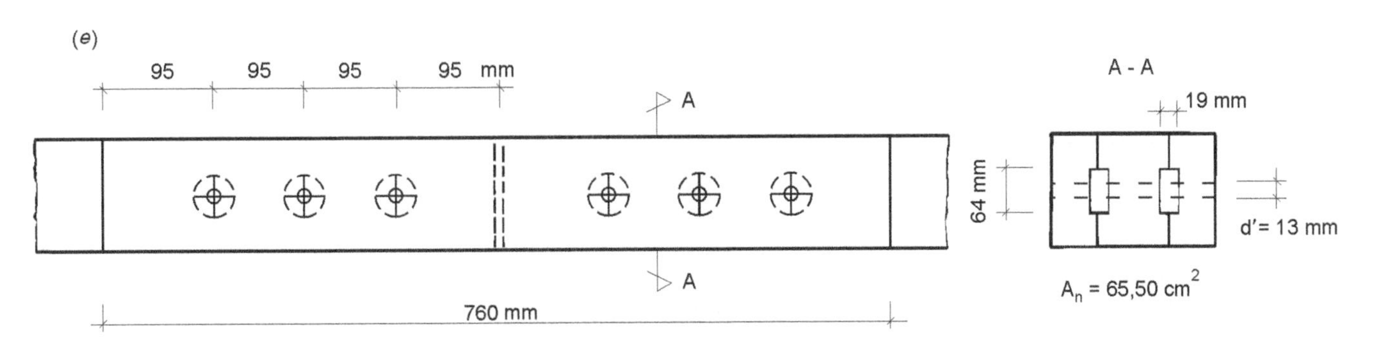

Fig. Probl. 5.4.2 (*continuação*) (*d*) emenda com talas laterais de madeira e pregos. Os pregos cravados de faces opostas acham-se traspassados. O espaçamento mínimo na direção das fibras é de 6*d* (Fig. 4.13); espaçamento adotado 35 mm; (*e*) emenda com conector de anel partido 64 mm.

Resistência de um conector de anel de acordo com a NBR 7190 (Eqs. (4.21) e (4.22)):

$$R_d = t\,D\,f_{cd} = 9{,}5 \times 64 \times 12{,}6 = 7660\ \text{N} = 7{,}66\ \text{kN}$$

$$R_d = \frac{\pi D^2}{4} f_{vd} = \pi \times \frac{64^2}{4} \times 1{,}21 = 3893\ \text{N} = 3{,}89\ \text{kN}$$

Conforme já mencionado no item 4.8, a resistência calculada, igual a 3,89 kN, é muito conservadora. O cálculo do número de conectores necessários feito de acordo com a norma norte-americana (NDS) conduz a três conectores por face da peça central.

A área líquida da peça central é obtida, deduzindo-se da área bruta as projeções dos anéis e mais o furo do parafuso não incluído nessas projeções (Fig. Probl. 5.4.2*e*):

$$A_n = 7{,}5 \times 11{,}5 - 2 \times 0{,}95 \times (6{,}4 + 0{,}5) - - (7{,}5 - 1{,}9) \times 1{,}3 = 65{,}5\ \text{cm}^2$$

d) *Talas laterais de madeira com tarugos de madeira* (*Fig. Probl. 5.4.2f*). Admite-se em cada face da peça, dois tarugos, em forma de paralelepípedos, com 11,5 cm de altura, para determinar a penetração t necessária para transmitir o esforço, por compressão na face do contato:

$$N_{d\,\text{sol}} = 55\ \text{kN} < 4 \times 11{,}5 \times t \times f_{cd} = 58{,}0\ t$$
$$\therefore t > 0{,}95\ \text{cm} \simeq 1{,}0\ \text{cm}$$

A dimensão do tarugo na direção longitudinal é determinada pela tensão resistente de cisalhamento do tarugo, na direção das fibras. Adota-se para o tarugo madeira Guarucaia de 1.ª categoria, com tensão resistente de cisalhamento,

$$f_{vd} = (0{,}7 \times 0{,}8 \times 1{,}0)0{,}54 \times \frac{15{,}5}{1{,}8} = 2{,}60\ \text{MPa}$$

O comprimento necessário do tarugo será

$$0{,}95 \times \frac{12{,}6}{2{,}60} = 4{,}60 \simeq 5{,}0\ \text{cm}$$

O espaçamento livre entre os tarugos é definido pela tensão resistente de cisalhamento da peça. O valor mínimo é dado por

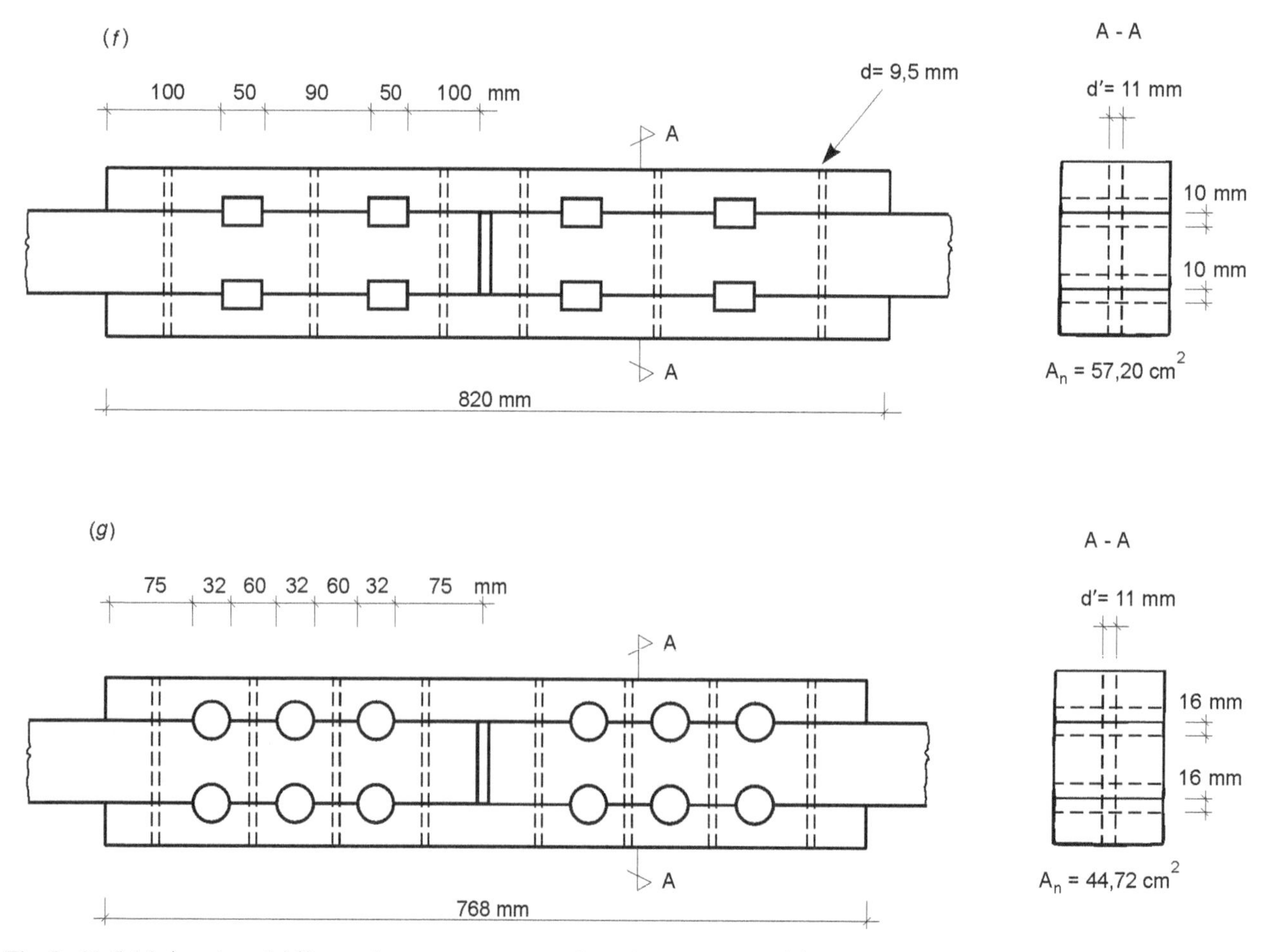

Fig. Probl. 5.4.2 (*continuação*) (*f*) emenda com tarugos retangulares de madeira dura; (*g*) emenda com tarugos cilíndricos de madeira dura.

$$4{,}60 \times \frac{2{,}60}{1{,}21} = 9{,}88 \text{ cm (adotado 10 cm)}$$

A seção líquida da peça é calculada, deduzindo os entalhes para os tarugos e, ainda, a favor de segurança, o furo do parafuso de fixação:

$$A_n = (7{,}5 - 2{,}0)(11{,}5 - 1{,}1) = 57{,}20 \text{ cm}^2$$

No caso de tarugos cilíndricos (cavilhas) de Guarucaia, querendo-se fixar o mesmo número de tarugos da alínea anterior, chega-se a um diâmetro de 6 cm, necessário à tensão de cisalhamento no plano diametral do tarugo. Esse diâmetro reduziria a área líquida a cerca de 20% da área bruta, sendo mais adequado adotar-se um número maior de tarugos menores. Adotando-se três tarugos em cada face, cada tarugo transmitirá 1/6 da carga total, por corte no plano diametral. O diâmetro será então (Fig. Probl. 5.4.2*g*):

$$d = \frac{55}{6 \times 11{,}5 \times 0{,}26} \simeq 3{,}2 \text{ cm}$$

As distâncias entre os tarugos e as distâncias das extremidades podem ser reduzidas a 2/3 dos valores da Fig. Probl. 5.4.2*f*.

A seção líquida da peça é calculada de modo análogo à alínea anterior:

$$A_n = (7{,}5 - 3{,}2)(11{,}5 - 1{,}1) = 44{,}72 \text{ cm}^2$$

e) *Análise da seção líquida da peça.* A área bruta da peça vale:

$$A = 7{,}5 \times 11{,}5 = 86{,}25 \text{ cm}^2$$

As áreas líquidas, correspondentes aos descontos provocados pelos diferentes tipos de ligação, já foram calculadas e acham-se resumidas a seguir.

Tipo de ligação	A_n (cm^2)	$\frac{A_n}{A}$
Tarugo cilíndrico	44,72	0,52
Tarugo retangular	57,20	0,66
Parafuso 19 mm 2 fileiras	56,25	0,65
Prego	68,55	0,79
Conector de anel 64 mm	65,50	0,76
Parafuso 19 mm 1 fileira	71,25	0,83

A área líquida necessária é obtida com a Eq. (5.1): Tensão resistente de projeto à tração paralela às fibras

$$f_{td} = k_{mod} \frac{f_{tk}}{1{,}8} = 0{,}45 \times \frac{0{,}70 \times 111{,}9}{1{,}8} = 19{,}5 \text{ MPa}$$

Área líquida necessária:

$$A_{n\,nec} = 55/1{,}95 = 28{,}20 \text{ cm}^2$$

Verifica-se que em todos os casos de ligação a peça tracionada atende aos requisitos de segurança.

f) *Análise da seção líquida das talas.* A área líquida necessária de cada tala lateral vale:

$$A_{n\,nec} = \frac{55}{2 \times 1{,}95} = 14{,}10 \text{ cm}^2$$

As talas laterais têm altura igual a 5 cm, maior que a metade da altura da peça central. No caso dos tarugos e conector de anel, a área projetada destes elementos é a metade da área descontada da peça central. Para quaisquer dos elementos de ligação usados, a área líquida da peça lateral será maior que a metade da área líquida da peça central, e portanto não será determinante no dimensionamento.

CAPÍTULO 6

VIGAS

6.1. CONCEITOS GERAIS

As vigas estão sujeitas a tensões normais σ de tração e compressão longitudinais e portanto na direção paralela às fibras; nas regiões de aplicação de carga, como por exemplo nos apoios, estão submetidas a tensões σ_{cn} de compressão normal às fibras. Além disso atuam tensões cisalhantes na direção normal às fibras (tensões verticais na seção) e na direção paralela às fibras (tensões horizontais), conforme ilustrado na Fig. 6.1*a*.

As vigas altas e esbeltas podem sofrer *flambagem lateral*, um tipo de instabilidade na qual a viga perde o equilíbrio no plano principal de flexão (em geral vertical) e passa a apresentar deslocamentos laterais e rotação de torção (Fig. 6.1*b*). A ocorrência deste fenômeno reduz a capacidade resistente à flexão. A flambagem lateral pode ser evitada provendo-se à viga pontos intermediários de contenção lateral.

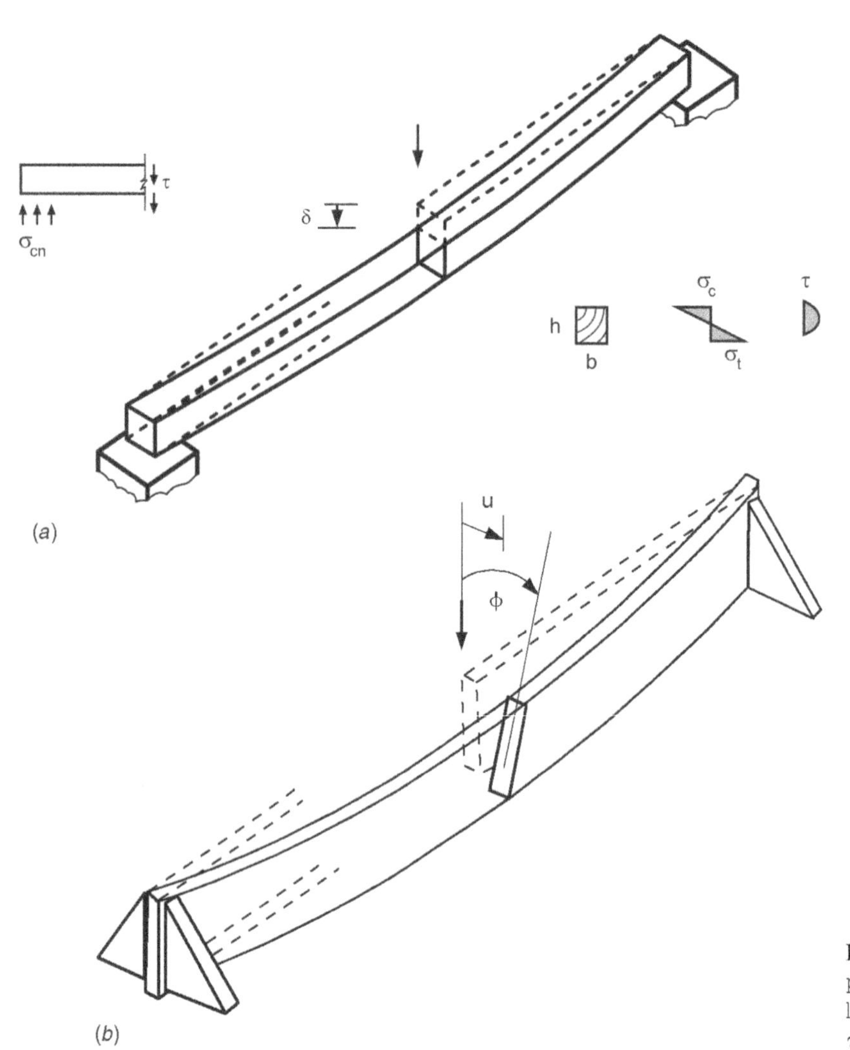

Fig. 6.1 Flexão simples: (*a*) viga em flexão no plano vertical com tensões normais σ longitudinais e transversais e tensões cisalhantes τ; (*b*) flambagem lateral de vigas.

Para garantia de segurança em relação aos estados limites últimos de vigas no contexto do método dos estados limites, as tensões solicitantes de projeto devem ser menores que as tensões resistentes.

Em relação ao estado limite de deformação excessiva, os deslocamentos δ (Fig. 6.1*a*) finais (instantâneos mais os de fluência) devem ser inferiores a valores limites de modo a evitar a ocorrência de danos em elementos acessórios à estrutura e desconforto dos usuários.

Neste capítulo são abordados os critérios de projeto e disposições construtivas de vigas com seções de diversos tipos, conforme mostrado no item 6.2, em flexão simples reta (em torno de eixo principal de inércia), oblíqua e flexão composta sem flambagem. As peças em flexocompressão com flambagem são abordadas no Cap. 7.

6.2. TIPOS CONSTRUTIVOS

As vigas de madeira podem ser executadas com diversos tipos de produtos, em seções simples ou compostas, conforme esquematizados na Fig. 6.2:

a) vigas de madeira roliça;
b) vigas de madeira lavrada;
c) vigas de madeira serrada;
d) vigas de madeira laminada ou microlaminada e colada;
e) vigas compostas de peças maciças por entarugamento;
f) vigas compostas de peças maciças, com interfaces contínuas;
g) vigas compostas com alma descontínua;
h) vigas compostas com placas de madeira compensada.

As três primeiras categorias são formadas por peças maciças simples. As madeiras roliças são, por vezes, usadas como vigas em obras provisórias, como por exemplo andaimes ou escoramentos. As madeiras lavradas são utilizadas na construção de pontes de serviço. As seções transversais apresentam em

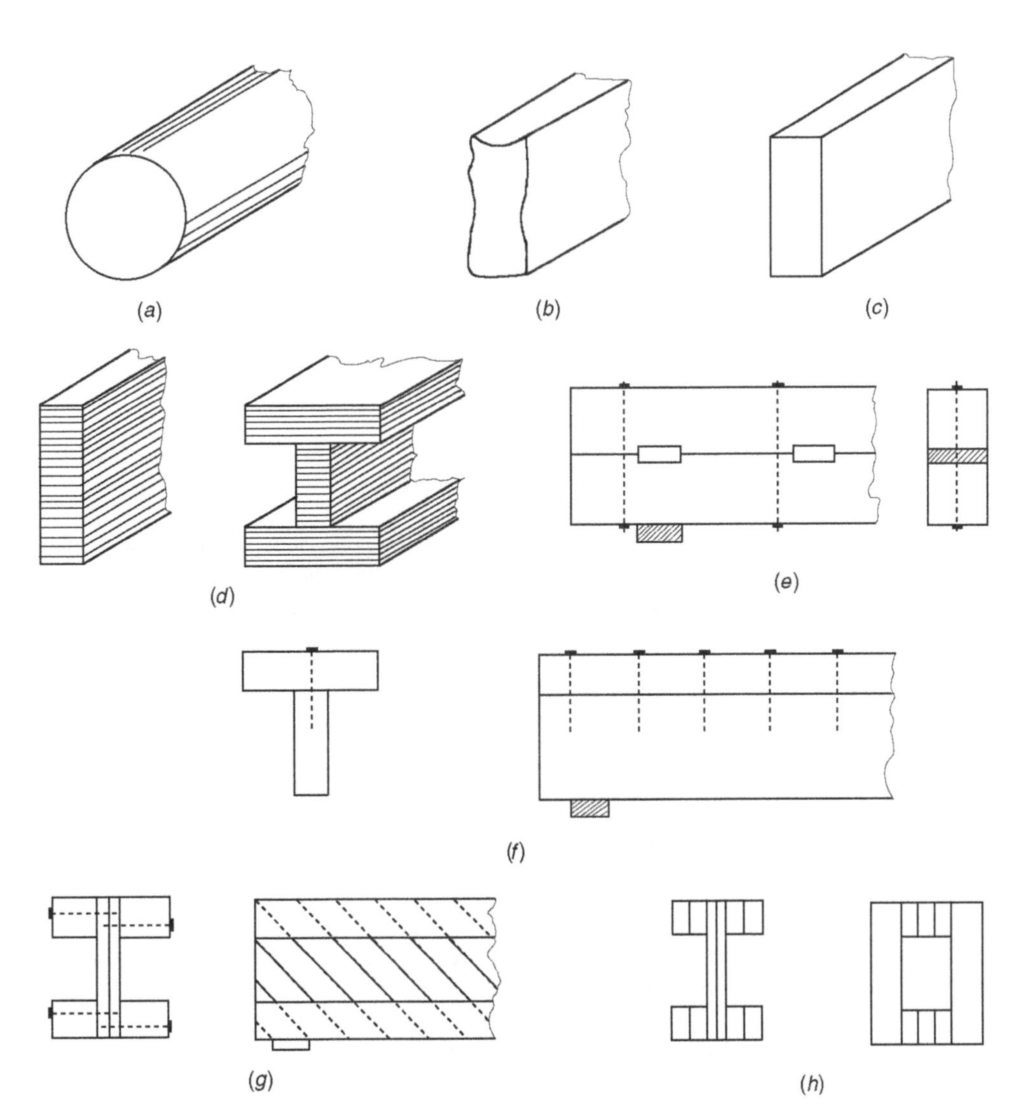

Fig. 6.2 Tipos construtivos de vigas de madeira: (*a*) madeira roliça; (*b*) madeira lavrada; (*c*) madeira serrada; (*d*) madeira laminada colada; (*e*) viga composta de peças maciças entarugadas; (*f*) vigas compostas de peças maciças com interfaces contínuas (ligação com pregos, conectores de anel ou cola); (*g*) viga composta com alma descontínua, pregada; (*h*) viga composta com alma formada por placas de madeira compensada ou de madeira recomposta com lascas orientadas OSB (ligação com cola ou pregos).

geral dimensões superiores às das madeiras serradas; podem ser usadas, por exemplo, peças lavradas de 20 cm × 20 cm, 20 cm × 30 cm, 30 cm × 30 cm etc. As vigas de madeira serrada obedecem em geral a dimensões transversais padronizadas.

As vigas de madeira laminada e colada são produtos industriais da maior importância, pois permitem construir seções de comportamento equivalente ao da madeira maciça, porém com dimensões muito maiores, como por exemplo vigas retangulares de seção de 30 cm × 200 cm.

As vigas compostas de duas ou mais peças maciças necessitam de ligações nas interfaces, a fim de evitar deslocamentos relativos entre as peças. As ligações podem ser feitas com tarugos, como é indicado na Fig. 6.2*e*. Na Fig. 6.2*f*, vê-se um esquema de viga composta de peças maciças, com interfaces contínuas; a união das interfaces pode ser feita com cola, pregos ou conectores de anel.

As vigas compostas das Figs. 6.2*e* e *f* têm as alturas limitadas pelas dimensões das peças maciças. Conseguem-se vigas de maiores alturas com o esquema da Fig. 6.2*g*, no qual a alma é formada por tábuas ou pranchas pregadas nos flanges; essas vigas de almas descontínuas são na verdade *treliças* de diagonais múltiplas.

A combinação de peças de madeira laminada com placas de madeira compensada ou painéis de madeira recomposta com lascas orientadas (OSB) (Fig. 6.2*h*) permite fazer vigas compostas de grandes alturas, com formas eficientes.

6.3. DIMENSÕES MÍNIMAS — CONTRAFLECHAS

6.3.1. DIMENSÕES MÍNIMAS

As dimensões mínimas de peças utilizadas em vigas, conforme a Norma NBR7190, são as mesmas indicadas no item 2.4.4.

Nas peças compostas, ligadas por pregos ou conectores de anel, devem ser respeitadas as dimensões mínimas especificadas para esses elementos de ligação.

Os pranchões de pisos de pontes rodoviárias ou de pedestres devem ser previstos com uma espessura de, pelo menos, 2 cm superior ao exigido pelo cálculo, a fim de atender ao *desgaste* mecânico provocado pelos usuários.

6.3.2. CONTRAFLECHAS

Sempre que possível, em construções, as vigas de madeira devem ser feitas com uma contraflecha, de modo a evitar os efeitos pouco estéticos de configurações deformadas visíveis a olho nu.

As vigas laminadas coladas podem ser constituídas com contraflecha, bastando colar as lâminas com a curvatura especificada.

As treliças e vigas armadas, que serão estudadas mais adiante, podem também ser dotadas de contraflechas.

Nas vigas de madeira maciça, serradas ou lavradas, em geral, não é possível preparar as peças com contraflechas.

Usualmente são especificados nos projetos valores de contraflechas de modo a compensar os deslocamentos totais (instantâneos mais os de fluência) devidos às cargas permanentes. Na verificação quanto ao estado limite de deformação excessiva a contraflecha dada pode ser deduzida do deslocamento total (ver o item 3.7.2).

6.4. CRITÉRIOS DE CÁLCULO

No dimensionamento das vigas de madeira são utilizados dois critérios básicos, a saber:

— limitação das tensões;
— limitação de deformações.

As limitações de deformações têm, em obras de madeira, importância relativamente maior que em outros materiais, como aço e concreto armado. Isto porque se trata de um material com alta relação resistência/rigidez.

Limitações de tensões. O problema de verificação de tensões, em obras de madeira, é formulado com a teoria clássica de resistência dos materiais, muito embora o material não siga a lei linear de tensões (Lei de Hooke) até a ruptura.

Em peças compostas, leva-se em conta a ineficiência das ligações através de valores reduzidos dos momentos de inércia ou dos momentos resistentes.

Limitação de deformações. As limitações de flechas das vigas visam a atender a requisitos estéticos, evitar danos a componentes acessórios e ainda visam ao conforto dos usuários (evitar flexibilidade exagerada no caso de assoalhos de edificações ou pontes).

Os inconvenientes estéticos das deformações podem ser prevenidos, quando possível, com a adoção de contraflechas, como indicado no item 6.3.2. As contraflechas podem ser colocadas nas vigas laminadas coladas, nos sistemas treliçados, vigas armadas etc.

Os valores limites para as flechas de vigas indicados pela NBR7190 encontram-se na Tabela 3.18 e levam em conta a existência ou não de materiais frágeis ligados à estrutura, tais como forros, pisos e divisórias, aos quais se pretende evitar danos através de controle de deslocamentos das vigas.

A Fig. 6.3*a* ilustra a configuração deformada de uma viga biapoiada em várias etapas. A configuração 0 corresponde à contraflecha δ_0, a qual evolui para a configuração 1 no início da utilização da estrutura quando ocorre o deslocamento instantâneo δ_{Gi} referente à carga permanente. Passado um certo

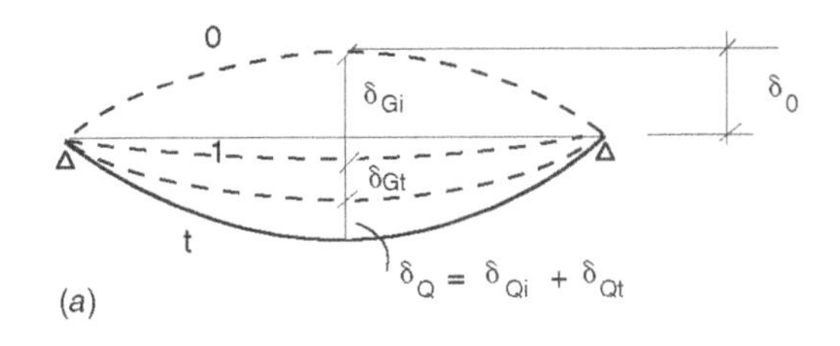

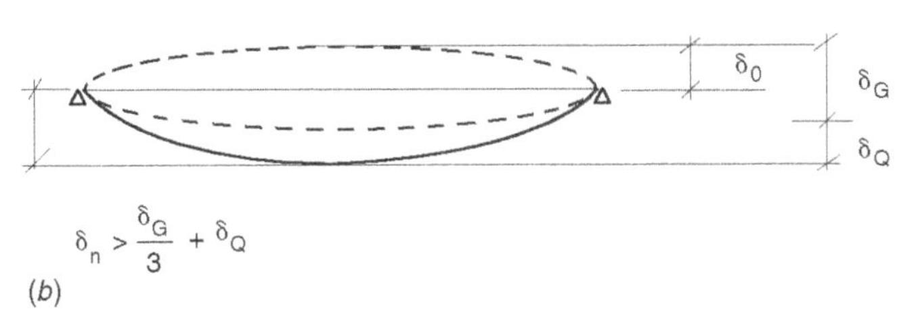

Fig. 6.3 Configurações deformadas de uma viga biapoiada.

tempo t este deslocamento é acrescido de δ_{Gt} devido à fluência e do deslocamento δ_Q devido às cargas variáveis.

As flechas totais a serem calculadas correspondem aos deslocamentos instantâneos acrescidos dos deslocamentos ao longo do tempo devidos à fluência da madeira, conforme a Eq. (3.16), onde o coeficiente de fluência φ é dado na Tabela 3.17 em função das condições de duração do carregamento e de umidade. Alternativamente o cálculo das flechas pode ser feito com o módulo de elasticidade efetivo definido na Eq. (3.23), onde o coeficiente k_{mod} reduz o valor médio de E_c, obtido em ensaios rápidos de compressão paralela às fibras, para incluir o efeito de fluência em função das condições específicas de duração da carga, de umidade e de classificação estrutural da madeira. As ações e as condições de duração das cargas a serem consideradas encontram-se na Tabela 3.18.

De acordo com a NBR7190, quando for dada uma contraflecha δ_0, o cálculo da flecha líquida δ_n deve incluir no mínimo 1/3 da flecha total devido à carga permanente δ_G (ver Fig. 6.3*b*).

6.5. VIGAS DE MADEIRA MACIÇA, SERRADA OU LAVRADA

6.5.1. GENERALIDADES

No Brasil as vigas de madeira maciça são as que têm maior utilização na prática. Em geral, o produto é disponível em forma de madeira serrada, em dimensões padronizadas e comprimentos limitados a cerca de 5 m. As vigas de madeira serrada são empregadas na construção de telhados, assoalhos, casas, galpões, treliças etc.

As vigas de madeira lavrada podem ser obtidas, nas regiões madeireiras, com seções transversais e comprimentos especiais, em geral superiores às dimensões usuais das madeiras serradas.

As vigas principais de soalhos ou pontes podem ser simples ou contínuas. No cálculo de vigas contínuas, devem ser previstas as ancoragens (com parafusos ou vigas de amarração), para absorver eventuais reações negativas de cargas móveis.

As vigas secundárias e as pranchas de soalhos são em geral calculadas como vigas simplesmente apoiadas sobre dois apoios, não se considerando a influência favorável da continuidade.

O vão teórico ℓ de vigas simplesmente apoiadas sobre dois apoios (Fig. 6.4) é dado pelo menor valor entre:

$$\ell = \ell_0$$
$$\ell = \ell' + h \leq \ell' + 10\ \text{cm}; \qquad (6.1)$$

onde ℓ_0 é a distância entre centros dos apoios, ℓ' é o vão livre e h é a altura da viga.

Nos tramos intermediários de vigas contínuas, o vão teórico é tomado igual à distância ℓ_0 entre os centros dos apoios; nos tramos extremos, o vão teórico é tomado igual ao vão livre acrescido da semi-altura ($h/2$) da viga e da semilargura do apoio intermediário.

As vigas de *seção circular* têm módulo resistente à flexão W aproximadamente igual ao de vigas quadradas de área equivalente, podendo ser dimensionadas como tal. Na Tabela

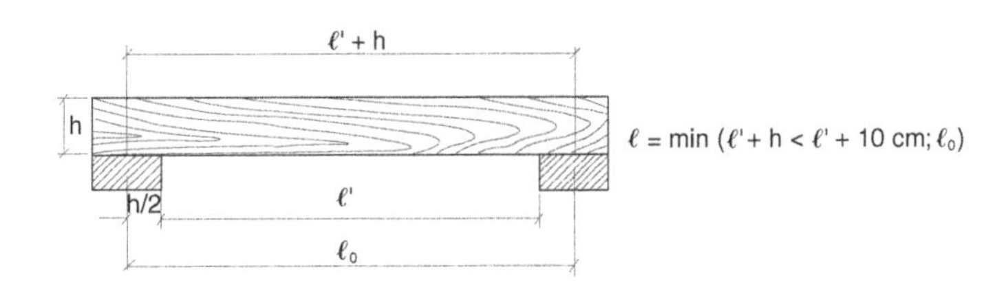

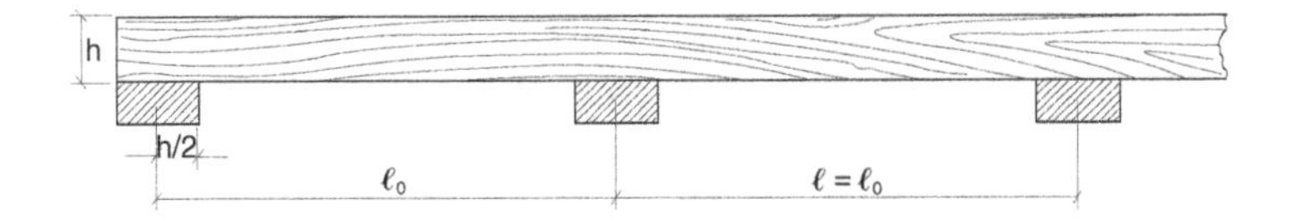

Fig. 6.4 Vão teórico de viga simples e contínua: ℓ' = vão livre entre apoios; ℓ_0 = distância entre centros dos apoios; ℓ = vão teórico.

A.2.3, o momento de inércia e o momento resistente das seções circulares são calculados para o quadrado de mesma área. Para vigas roliças de diâmetro variável, adota-se no cálculo um diâmetro nominal constante, igual ao diâmetro no terço da peça no lado mais fino, limitado a uma vez e meia o diâmetro na extremidade mais fina (Fig. 2.1).

As vigas de seção quadrada, por sua vez, têm a mesma resistência, quer trabalhem no plano paralelo à face ou no plano da diagonal.

6.5.2. VERIFICAÇÃO DE TENSÕES EM FLEXÃO SIMPLES

No dimensionamento segundo a NBR7190 de vigas de madeira maciça em flexão simples são verificadas as tensões que seguem.

a) Tensões normais de flexão nos bordos mais comprimido e mais tracionado da seção (Fig. 6.5):

$$\sigma_{td} = \frac{M_d}{W_t} \leq f_{td} \qquad (6.2a)$$

$$\sigma_{cd} = \frac{M_d}{W_c} \leq f_{cd} \qquad (6.2b)$$

onde

M_d = momento fletor solicitante de projeto;

W_t, W_c = módulos de resistência à flexão referidos aos bordos tracionado e comprimido da seção, respectivamente;

W = I/y em que I é o momento de inércia da seção e y é a distância entre o centro de gravidade e o bordo da seção;

f_{td}, f_{cd} = tensões resistentes de projeto à tração e à compressão paralelas às fibras, respectivamente.

Para seção retangular, de base b e altura h, as Eqs. (6.2) conduzem a

$$\sigma_{cd} = \frac{6M_d}{bh^2} \leq f_{cd} \qquad (6.2c)$$

$$\sigma_{td} = \frac{6M_d}{bh^2} \leq f_{td} \qquad (6.2d)$$

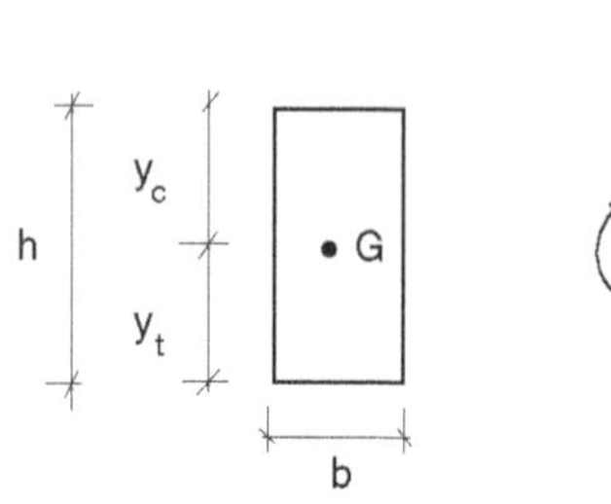

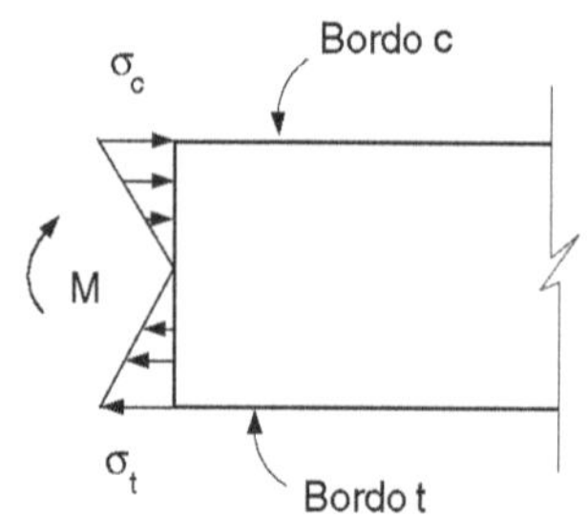

Fig. 6.5 Tensões normais em viga de seção retangular.

Entretanto, para a maioria das madeiras, a Eq. (6.2*c*) será determinante, já que, em geral e de acordo com a NBR7190 (ver Tabela 3.2), tem-se

$$f_{tk} \geq 1{,}3 f_{ck} \therefore$$

$$f_{td} = k_{\text{mod}} \frac{f_{tk}}{1{,}8} \geq k_{\text{mod}} \frac{1{,}3 f_{ck}}{1{,}8} \cong k_{\text{mod}} \frac{f_{ck}}{1{,}4} = f_{cd}$$

Em *vigas muito esbeltas*, a resistência à flexão é limitada pela *flambagem lateral*, que será analisada no item 6.5.4.

A norma EUROCODE 5 e a recomendação norte-americana NDS utilizam a tensão resistente f_{Md} na verificação de tensões de flexão.

A tensão f_{Md} é obtida a partir de ensaios de flexão em corpos de prova e deve ser multiplicada por um fator de escala para levar em consideração a influência da altura da viga sobre esta resistência (item 3.2.1).

b) Tensão de compressão normal à fibra, no ponto de atuação da reação de apoio ou de cargas concentradas:

$$\sigma_{cnd} = \frac{R_d}{bc} \leq f_{cnd} = 0{,}25 f_{cd}\, \alpha_n \qquad (6.3)$$

em que b e c são as dimensões da superfície de apoio, onde se introduz a reação R. Os acréscimos de tensões da Tabela 3.19 (valores de α_n) não se aplicam a áreas de apoio situadas nas extremidades da viga (distância entre a face do apoio e a extremidade da viga inferior a 7,5 cm) nem para larguras de apoio menores que 15 cm (ver Fig. 3.16).

No cálculo da área de apoio, nas extremidades da viga, admite-se tensão de apoio *uniforme*, embora a rotação da viga produza uma certa concentração de tensões no bordo interno do apoio.

c) Tensão de cisalhamento paralelo às fibras:

$$\tau_d \leq f_{vd} \qquad (6.4)$$

onde τ_d é a máxima tensão cisalhante de projeto e f_{vd} é a tensão resistente de cisalhamento paralelo às fibras. As tensões τ_d atuam tanto na direção das fibras quanto na direção normal às fibras, mas a resistência ao cisalhamento na direção das fibras é muito inferior à resistência ao cisalhamento normal às fibras, razão pela qual é determinante no dimensionamento (ver Fig. 3.6, item 3.2.1*d*). As tensões de cisalhamento τ, em peças de altura constante solicitadas pelo esforço cortante V, são dadas pela conhecida fórmula de Resistência dos Materiais (Gere, Timoshenko; 1990):

$$\tau = \frac{VS}{bI} \qquad (6.5)$$

onde I é o momento de inércia da seção referido ao seu centro de gravidade;
b é a largura de seção no ponto de cálculo de τ;
S é o momento estático referido ao centro de gravidade da seção, da parte da área da seção entre a borda e o ponto de cálculo de τ.

Para seção retangular, obtém-se

$$\tau = \frac{3}{2}\frac{V}{bh} \tag{6.6}$$

As cargas situadas sobre a viga, próximo aos apoios, são transferidas para estes por *cisalhamento* e por *compressão inclinada*. Para levar em conta este fato, as normas admitem uma redução do esforço cortante, para cargas situadas nas proximidades dos apoios, considerando que uma parte da carga se transmite diretamente ao apoio por compressão inclinada. Para vigas de altura h o cálculo do esforço cortante V junto aos apoios devido a cargas concentradas posicionadas a uma distância a menor que $2h$ pode ser feito com (ver Fig. 6.6):

$$V_{\text{red}} = V\frac{a}{2h} \tag{6.7}$$

Havendo entalhes no bordo tracionado da viga, como ilustrado na Fig. 6.7, reduzindo a altura h para h', a tensão cisalhante calculada para a altura h' é amplificada pela relação h/h':

$$\tau = \frac{3}{2}\frac{V}{bh'}\frac{h}{h'} \tag{6.6a}$$

submetida à restrição $h' > 0{,}75h$. O fator de amplificação destina-se a neutralizar a tendência ao fendilhamento da viga, na direção das fibras. O fendilhamento inicia-se no entalhe, sendo produzido por tensões de tração normais às fibras.

Além do acréscimo de tensões cisalhantes, dado pela Eq. (6.6*a*), convém adotar pormenores construtivos que limitem o fendilhamento da viga, como indicado na Fig. 6.8. Os parafusos verticais aplicados em vigas altas necessitam de reaperto posterior devido à retração da madeira.

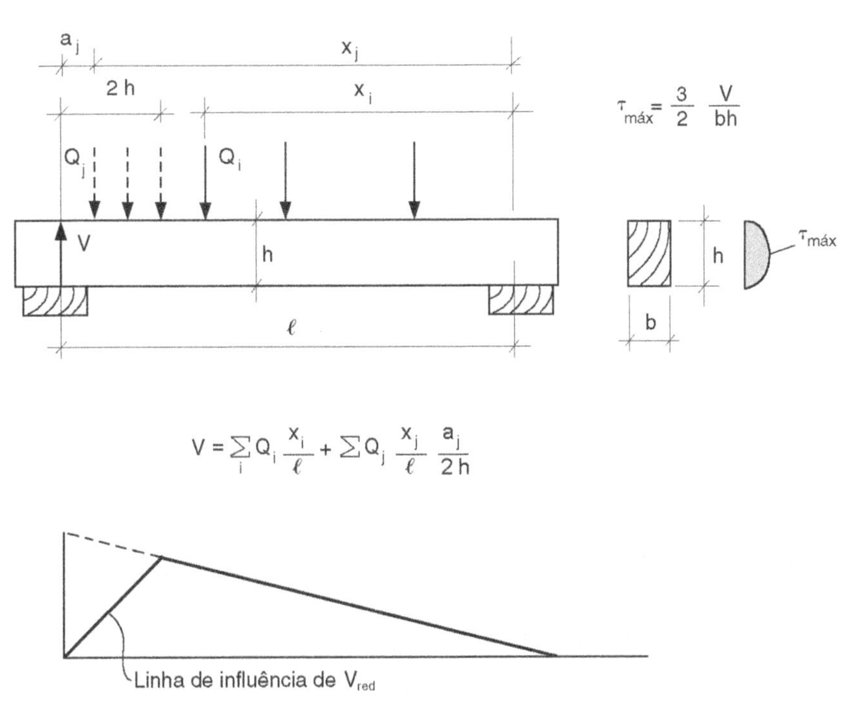

Fig. 6.6 Posicionamento das cargas para cálculo do esforço cortante no apoio de uma viga simplesmente apoiada. As cargas concentradas Q_j situadas até uma distância $2h$ do eixo de apoio se transmitem ao mesmo por cisalhamento e compressão inclinada, sendo consideradas reduzidas no cálculo do esforço cortante (V).

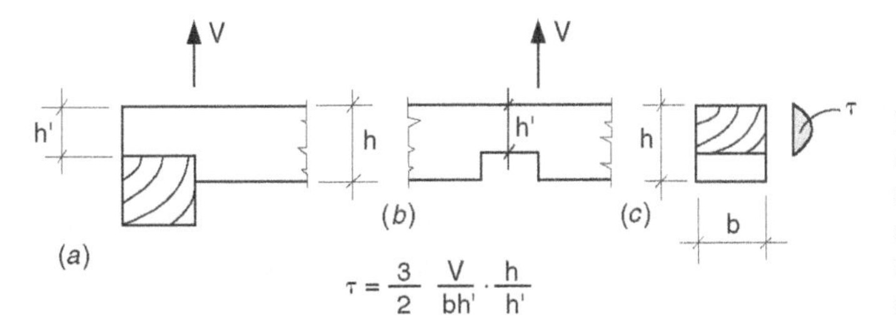

Fig. 6.7 Aumento nas tensões de cisalhamento utilizadas no cálculo, no caso de entalhes no bordo tracionado de uma viga. Os entalhes provocam tração normal às fibras, tendendo a fendilhar a peça: (*a*) entalhe no apoio, destinado a rebaixar a viga; (*b*) entalhe fora do apoio; (*c*) seção transversal no entalhe, mostrando o diagrama de tensões de cisalhamento.

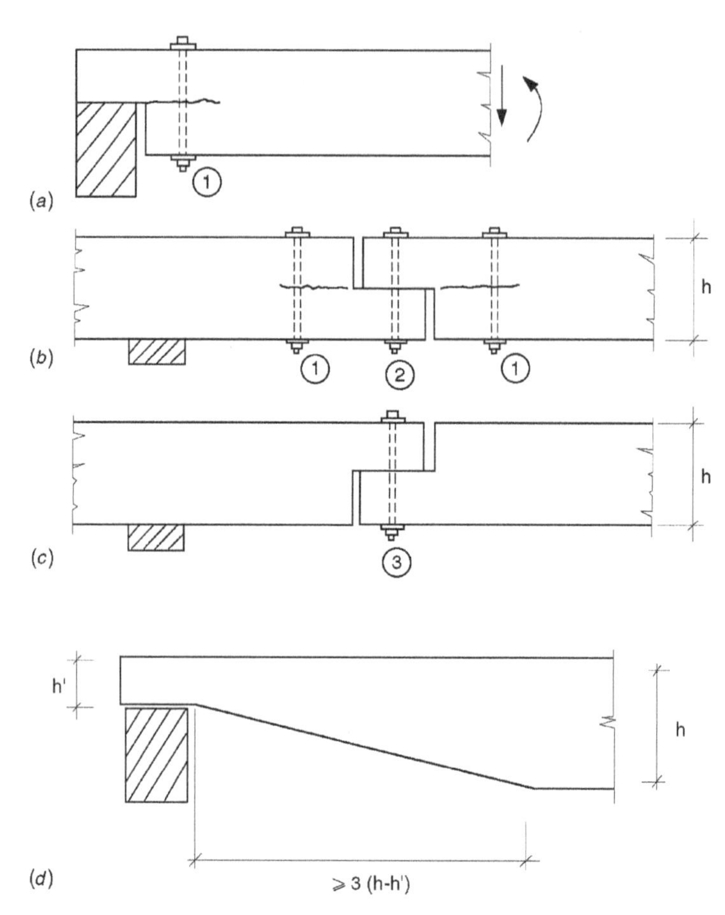

Fig. 6.8 Pormenores construtivos destinados a limitar o fendilhamento de vigas, na região de entalhes: (*a*) apoio de viga com entalhe em face inferior; colocação de parafuso para absorver o esforço de tração normal às fibras; (*b*) rótula intermediária de uma viga; esforços de tração normais às fibras absorvidos por parafusos; (*c*) rótula intermediária de uma viga, com inversão dos dentes; reação absorvida por parafuso, provocando compressão normal às fibras, com o que se elimina a tendência ao fendilhamento da viga: 1 — parafuso para limitar o fendilhamento da viga; 2 — parafuso de fixação da rótula; 3 — parafuso funcionando como tirante de apoio; (*d*) mísulas de comprimento não menor que 3 vezes a altura do entalhe.

Para alturas h' de seção entalhada menores que $0{,}75h$, mas sempre maiores que $0{,}5h$, a NBR7190 recomenda dimensionar os parafusos verticais ilustrados na Fig. 6.8 para "suspender" uma carga igual ao esforço cortante da seção ou adotar mísulas de grande comprimento.

6.5.3. TABELAS PARA DIMENSIONAMENTO DE VIGAS RETANGULARES

O dimensionamento de vigas de madeira é muito facilitado pelo emprego de tabelas.

As Tabelas A.7.1 a A.7.4 apresentam as cargas distribuídas máximas, em função do vão, de vigas serradas de diversas seções transversais para madeiras de algumas Classes de Resistência da NBR7190 (Tabelas 3.14 e 3.15) nas seguintes condições: combinação normal de ações, Classe 2 de umidade, madeira de 2.ª categoria.

A formulação das referidas tabelas encontra-se no Problema Resolvido 6.11.7.

Exemplo 6.1 Utilizando as Tabelas A.7, determinar a carga uniforme máxima de uma viga de $7{,}5 \times 15$ cm^2, vão de 3 m, em Cupiúba de 2.ª categoria.

Solução

Da Tabela A.1.1 obtêm-se as tensões resistentes e módulo de elasticidade médios da espécie Cupiúba:

$$f_c = 54{,}4 \text{ MPa}$$

$$f_v = 10{,}4 \text{ MPa}$$

$$E_{cm} = 13\,627 \text{ MPa}$$

As tensões resistentes características

$$f_{ck} = 0{,}70 \times 54{,}4 = 38{,}1 \text{ MPa}$$

$$f_{vk} = 0{,}54 \times 10{,}4 = 5{,}6 \text{ MPa}$$

permitem classificar a madeira, conforme a NBR7190 (ver Tabela 3.14), como de Classe C30 (dicotiledônea). Apenas o módulo E_{cm} fica ligeiramente inferior da Classe C30.

Da Tabela A.7.2, válida para Classe 2 de umidade e combinação de ações de longa duração, obtém-se:

$p_{d\,\text{máx}} = 3{,}0$ kN/m (determinado pelas tensões de flexão)

onde $p_d = \gamma_g\, g + \gamma_q\, q$
sendo g a carga permanente e q a carga acidental.

6.5.4. FLAMBAGEM LATERAL DE VIGAS RETANGULARES

Conforme exposto no item 6.1, as vigas esbeltas apresentam o fenômeno de flambagem lateral, que é uma forma de instabilidade envolvendo flexão e torção. O fenômeno de flambagem lateral pode ser entendido a partir da flambagem por flexão de uma peça comprimida (Fig. 6.9*a*). Na viga retangular da Fig. 6.9*b*, a parte superior da seção fica comprimida por ação do momento fletor com tendência à flambagem em torno do eixo de menor inércia. Como a parte inferior da seção está estabilizada pelas tensões de tração, o deslocamento lateral u é dificultado e o fenômeno se processa com torção ϕ da seção.

A flambagem lateral pode ser evitada por amarrações laterais (contraventamentos) que impedem a torção da viga. Na prática, não é, em geral, possível uma completa amarração da viga para evitar torção, sendo então necessário verificar a segurança contra a flambagem lateral.

Contraventamento de vigas. As vigas retangulares ao baixo (isto é, apoiadas no maior lado) não necessitam de contenção lateral nos apoios, nem estão sujeitas à flambagem lateral. O mesmo se dá com vigas de seção quadrada e de seção circular (Figs. 6.10*a, b, c*).

As vigas retangulares com $h/b > 2$ devem ter, nos apoios, contenção lateral impedindo rotação da seção no plano perpendicular ao eixo longitudinal. Essa contenção pode ser obtida com calços ou escoras laterais (Figs. 6.11*a, b, c*), ou pregando-se a viga num elemento vertical (Fig. 6.11*d*).

A contenção lateral em pontos intermediários pode ser feita com diafragmas (Fig. 6.12*a*) ou escoras (Fig. 6.12*b*), ligando as partes comprimidas às tracionadas de vigas adjacentes.

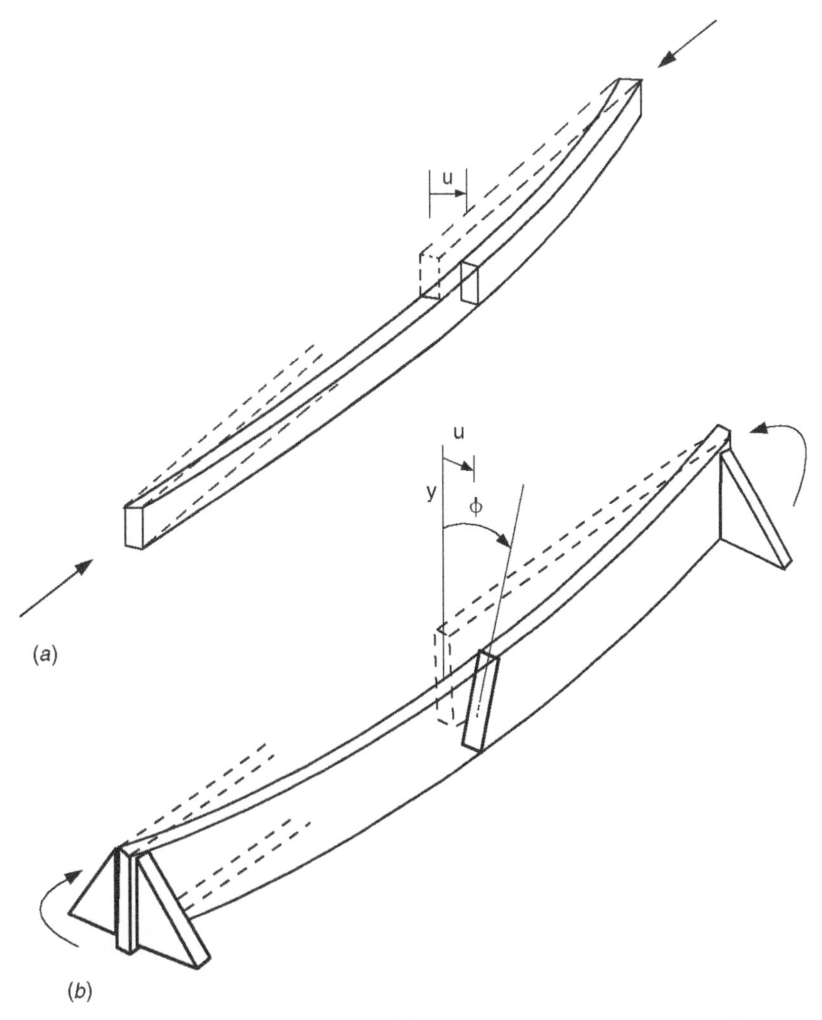

Fig. 6.9 (*a*) Flambagem por flexão de peça comprimida axialmente; (*b*) Flambagem lateral de viga biapoiada.

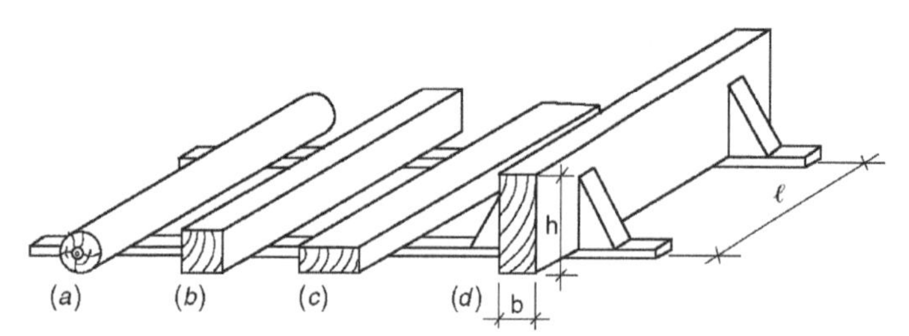

Fig. 6.10 Amarração de vigas de madeira maciça, nos pontos de apoio, para contenção lateral: (*a*) viga de seção circular; (*b*) viga de seção quadrada; (*c*) viga de seção retangular *ao baixo* (apoiada sobre o maior lado). As três vigas acima não necessitam de contenção lateral nos apoios; (*d*) viga de seção retangular *ao alto* (apoiada sobre o menor lado). As vigas ao alto necessitam de contenção lateral nos apoios.

A contenção lateral das vigas em pontos intermediários também é eficaz quando se prega sobre as mesmas um assoalho de madeira compensada (Fig. 6.12*c*). Se o assoalho for feito com tábuas (Fig. 6.12*d*), os pregos devem ser em número suficiente para garantir rigidez na ligação das tábuas com as vigas (pelo menos dois pregos em cada apoio de uma tábua).

A associação dos diafragmas (Fig. 6.12*b*) com os assoalhos pregados (Fig. 6.12*c* e *d*) serve para distribuir as cargas acidentais entre as vigas (ver item 2.9.2).

Segundo a prática de projeto americana, devem ser observadas as seguintes regras construtivas para contenção lateral de vigas retangulares de madeira, de modo a evitar a flambagem lateral de vigas (NDS, 1997):

a) $h/b \leq 2$ — não há necessidade de suportes laterais, nem de amarração intermediária.

b) $h/b = 3$ — contenção lateral nos apoios (Fig. 6.11), sem necessidade de amarração intermediária.

c) $h/b = 4$ — contenção lateral nos apoios; alinhamento da viga mantido com auxílio das terças ou tirantes intermediários.

d) $h/b = 5$ — contenção lateral nos apoios; o alinhamento do lado comprimido deve ser mantido por ligação direta com o estrado (Figs. 6.12*c*, *d*), ou com as travessas.

e) $h/b = 6$ — igual ao item (d), acrescentando-se diafragmas ou escoras intermediárias com espaçamento não superior a $6h$.

f) $h/b = 7$ — contenção lateral nos apoios; os lados comprimido e tracionado devem ser firmemente amarrados, de modo a manter seu alinhamento.

Flambagem lateral de vigas de seção retangular biapoiadas. O caso fundamental de análise de flambagem lateral elástica encontra-se na Fig. 6.9*b*. Trata-se de uma viga biapoiada com contenção lateral e torcional nos apoios, sob ação de momento fletor constante em torno do eixo de maior inércia; além disso, a viga tem seção duplamente simétrica, e o material é isotrópico linear elástico. Neste caso, a solução exata (Timoshenko, 1961) da equação diferencial de equilíbrio na posição deformada fornece o valor do momento fletor crítico:

$$M_{cr} = \frac{\pi}{\ell}\sqrt{EI_y GJ}\sqrt{1+W} \tag{6.8}$$

sendo $W = \dfrac{\pi^2}{\ell^2}\dfrac{EC_W}{GJ}$,

onde ℓ = comprimento da viga;
I_y = momento de inércia em torno do eixo y;
J = constante de torção pura (Saint-Venant);
C_W = constante de empenamento.

Para uma viga de seção retangular de altura h e largura b, a Eq. (6.8) se reduz a

$$M_{cr} = \frac{\pi}{\ell}\sqrt{EI_y GJ} \tag{6.9}$$

onde $I_y = hb^3/12$;

$$J = \frac{hb^3}{3} - 0{,}21b^4.$$

Substituindo-se as expressões de I_y e J na Eq. (6.9) e ainda dividindo-a pelo módulo elástico à flexão W, obtém-se a equação da tensão crítica de flambagem lateral

$$\sigma_{\text{crít}} = \frac{\pi}{\ell/b}E\sqrt{\frac{G}{E}}\frac{b}{h}\sqrt{1-0{,}63\frac{b}{h}} \tag{6.10}$$

onde a relação $\sqrt{G/E}$ pode ser tomada igual a 0,25 para a madeira.

Para um material elastoplástico, esta Eq. (6.10) é válida até o limite de resistência f_M, conforme ilustrado pela linha tra-

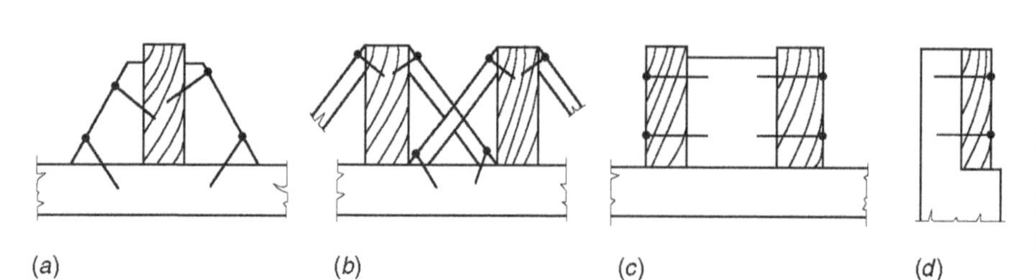

Fig. 6.11 Contenção lateral de vigas nos apoios: (*a*) calços individuais; (*b*) escoras laterais; (*c*) diafragmas ligando as vigas duas a duas; (*d*) fixação da viga numa coluna.

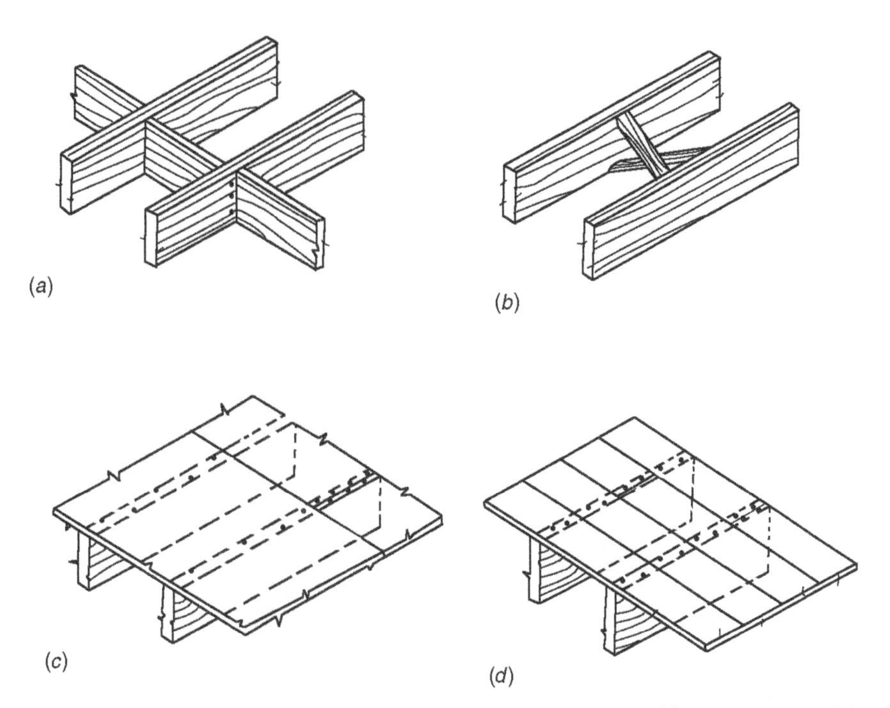

Fig. 6.12 Contenção lateral de vigas em pontos intermediários: (a) diafragmas intermediários; (b) escoras intermediárias; (c) assoalho de madeira compensada; (d) assoalho de tábuas.

cejada da Fig. 6.13. Igualando-se a tensão crítica à tensão resistente f_M, obtém-se o parâmetro de esbeltez $(\ell/b)_e$:

$$\left(\frac{\ell}{b}\right)_e = \frac{E}{f_M\,\beta} \qquad (6.11)$$

onde $\beta = \dfrac{1}{0,25\pi} \dfrac{(h/b)^{3/2}}{\sqrt{\dfrac{h}{b} - 0,63}}$.

Para um material inelástico, como é o comportamento à compressão da madeira (Fig. 3.2), a Eq. (6.10) vale até a tensão limite de proporcionalidade f_{el}, e a curva em linha grossa cheia na Fig. 6.13 representaria a tensão resistente nominal σ_{res} da viga sob ação de momento constante em função do parâmetro de esbeltez (ℓ/b). O trecho da curva entre $(\ell/b)_r$ e $(\ell/b)_e^*$ corresponde então à ocorrência de flambagem lateral em regime inelástico de tensões. Aplicando os coeficientes de redução de resistência γ_w e os coeficientes de modificação k_{mod} a esta curva constrói-se uma curva de projeto para verificação da tensão de flexão com flambagem lateral:

$$\sigma_d < f_d \qquad (6.12)$$

O caso de momento fletor constante é o mais desfavorável em termos de estabilidade lateral. Para outros carregamentos a tensão crítica dada pela Eq. (6.10) pode ser utilizada substituindo o fator π por π/m, conforme a Tabela 6.1 (Kirby, Nethercot, 1979).

Em termos de localização da carga aplicada na seção, as cargas aplicadas no bordo superior têm efeito desestabilizante, o contrário ocorrendo com as cargas aplicadas inferiormente.

Recomendações da NBR7190 quanto à flambagem lateral de vigas de seção retangular. A NBR7190 não apresenta

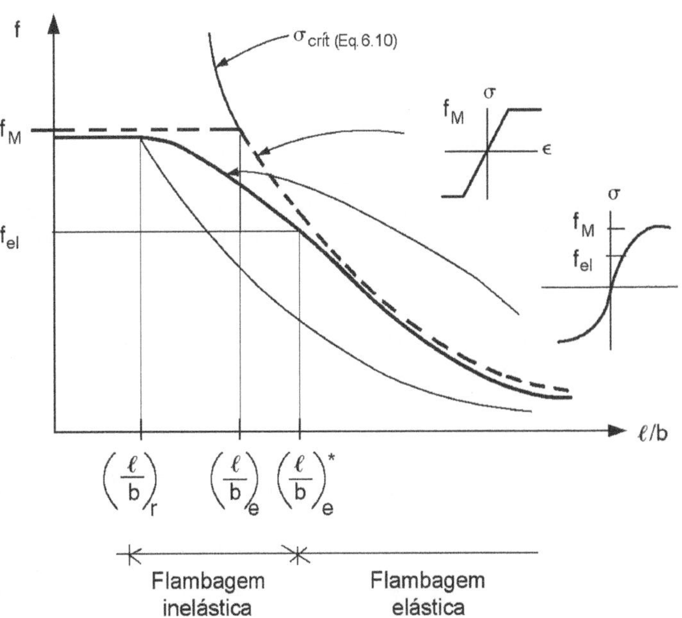

Fig. 6.13 Curvas de tensão resistente f à flexão com flambagem lateral em função do parâmetro de esbeltez (ℓ/b) de uma viga retangular de seção bh.

TABELA 6.1 Fator m de equivalência ao caso de momento constante (Kirby & Nethercot, 1979)

Esquema estrutural	Diagrama de momento fletor	m
		1,0
		0,57
		0,43
		0,74
		0,88

uma curva de tensão resistente f_d, correspondente à curva em linha grossa cheia da Fig. 6.13, para a verificação de tensões, mas sim as condições de dispensa de verificação. Estas condições, baseadas no caso fundamental de análise teórica da flambagem lateral conforme exposto em seção anterior, são aplicadas se

— nos apoios da viga há impedimento da rotação por torção (ver Fig. 6.9*b*);
— existem pontos de contenção lateral distantes entre si de ℓ_1, nos quais também se restringe a rotação por torção.

Dispensa-se a verificação de tensões de flexão com flambagem lateral nos casos em que

$$\frac{\ell_1}{b} < \frac{E_{c\,\mathrm{ef}}}{\beta_M\, f_{cd}} \qquad (6.13)$$

onde ℓ_1 = distância entre pontos de contenção lateral;

$$\beta_M = \frac{1}{0{,}25\pi}\,\frac{(h/b)^{3/2}}{\sqrt{\dfrac{h}{b} - 0{,}63}}\,\frac{\beta_E}{1{,}4}, \text{ sendo } \beta_E = 4{,}0.$$

Valores do fator β_M para diferentes relações h/b são dados na Tabela 6.2.

Observa-se que a condição da Eq. (6.13) corresponde a uma redução do parâmetro de esbeltez $(\ell/b)_e$ dado pela Eq. (6.11) e aplicado a uma curva de projeto na qual a tensão resistente é f_c (e não mais f_M). A condição da Eq. (6.13) está associada ao parâmetro $(\ell/b)_r$ da Fig. 6.13, abaixo do qual não ocorre flambagem lateral.

Para os casos em que a condição (6.13) não for atendida, é dispensada a verificação de tensões de flexão com flambagem lateral desde que

$$\sigma_{cd} \leqslant \frac{E_{c\,\mathrm{ef}}}{\left(\dfrac{\ell_1}{b}\right)\beta_M} \qquad (6.14)$$

Observa-se que a verificação de tensões dada pela Eq. (6.14) corresponde a transladar horizontalmente uma curva de projeto associada à curva de $\sigma_{\text{crít}}$ na Fig. 6.13 até $(\ell/b)_e$ encontrar $(\ell/b)_r$, transformando-se na curva em linha fina cheia. Se apresentado como um critério de tensão resistente seria classificado como bastante conservador.

Exemplo 6.2 Um pranchão de 75 × 305 mm de pinho brasileiro de 2.ª categoria trabalha como viga, sendo as seções do apoio fixadas lateralmente. Determinar o comprimento ℓ_1 entre os pontos de contenção lateral, de modo a evitar a redução da tensão resistente por flambagem lateral.

Solução

Admitindo o uso da viga em ambiente de Classe de Umidade 3 e combinação normal de ações tem-se:

$$f_{cd} = 9{,}2 \text{ MPa}$$
$$E_{c\,\mathrm{ef}} = 6820 \text{ MPa}$$

Aplica-se a Eq. (6.13) para $h/b = 4{,}0$

$$\frac{\ell_1}{b} < \frac{6820}{15{,}9 \times 9{,}2} = 47 \;\therefore\; \ell_1 \leq 353 \text{ cm.}$$

6.5.5. VIGAS RETANGULARES SUJEITAS À FLEXÃO OBLÍQUA

Denomina-se flexão oblíqua a solicitação em que as cargas que produzem momentos não ficam situadas num dos planos principais da seção.

As vigas apoiadas em elementos inclinados estão sujeitas à flexão oblíqua, como é o caso de terças de telhado, indicado nas Figs. 6.14*a*, *b*.

As terças geralmente são constituídas de pranchões colocados ao *alto*, isto é, apoiadas sobre a menor face. Para evitar deformações laterais das pranchas, é usual colocar-se um ti-

TABELA 6.2 Valores de β_M

h/b	1	2	3	4	5	6	7	8	9	10
β_M	6,0	8,8	12,3	15,9	19,5	23,1	26,7	30,3	34,0	37,6
h/b	11	12	13	14	15	16	17	18	19	20
β_M	41,2	44,8	48,5	52,1	55,8	59,4	63,0	66,7	70,3	74,0

rante metálico no meio do vão entre treliças; o tirante serve de apoio lateral para as pranchas e se ancora na terça de cumeeira. Neste caso, o vão da viga em flexão em torno do eixo *y* se reduz à metade.

Na Fig. 6.14*d* mostra-se uma terça com as cargas atuantes. A carga de vento (*w*) atua no plano principal (*y*-*y*), enquanto a carga permanente (*g*) atua no plano vertical. Decompondo-se a carga vertical (*g*) segundo os planos principais da seção da terça, podem-se escrever as componentes de momento M_x e M_y em cada plano principal.

As tensões normais máximas combinadas de tração e de compressão se darão nos vértices da seção retangular. A verificação de resistência é feita com a mais desfavorável das expressões a seguir, escritas para tensões de tração e de compressão:

$$\frac{\sigma_{xd}}{f_{wd}} + k_M \frac{\sigma_{yd}}{f_{wd}} \leq 1 \qquad (6.15a)$$

$$k_M \frac{\sigma_{xd}}{f_{wd}} + \frac{\sigma_{yd}}{f_{wd}} \leq 1 \qquad (6.15b)$$

onde σ_{xd} e σ_{yd} são as tensões máximas de projeto (de compressão ou de tração) devidas, respectivamente, aos momentos M_x e M_y;

f_{wd} é a resistência de projeto à tração (f_{td}) ou à compressão (f_{cd}), conforme o caso;

k_M é um fator de combinação de resistências em flexão oblíqua;

$k_M = 0{,}5$ para seções retangulares;

$k_M = 1{,}0$ para outras seções.

O fator k_M leva em conta o fato de que nem sempre a resistência se esgota quando a tensão combinada máxima atuando em um vértice de seção atinge a tensão resistente.

No caso de peças com fibras inclinadas de $\alpha > 6°$ (arctg 0,10) em relação ao eixo longitudinal da viga, as tensões f_{cd} e f_{td} devem ser substituídas por $f_{c\alpha d}$ e $f_{t\alpha d}$, respectivamente.

As tensões cisalhantes máximas de projeto τ_{xd} e τ_{yd} devidas à flexão em cada plano principal devem ser combinadas vetorialmente:

$$\tau_d = \sqrt{\tau_{xd}^2 + \tau_{yd}^2} \leq f_{vd} \qquad (6.16)$$

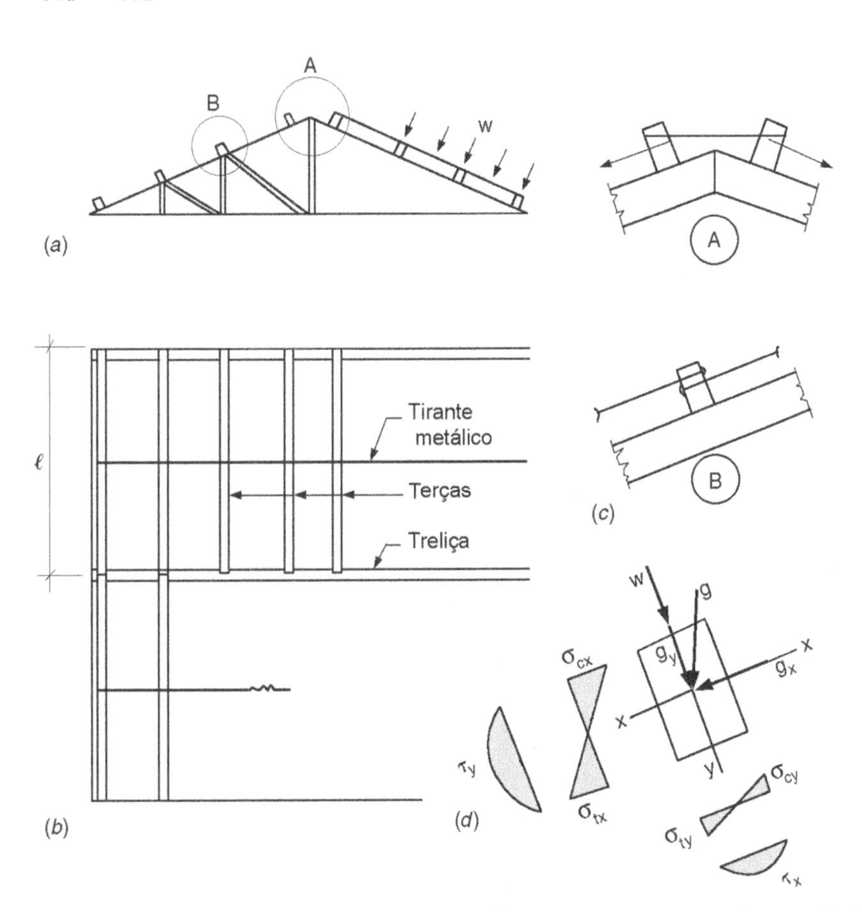

Fig. 6.14 Exemplo de vigas de telhado (terças) trabalhando à flexão oblíqua: (*a*) elevação, mostrando a treliça do telhado; (*b*) planta; (*c*) seções nas terças, mostrando os tirantes de apoio lateral; (*d*) seção de uma terça, mostrando as cargas atuantes, as tensões de flexão (σ) e de cisalhamento (τ). σ_x = tensão de flexão em torno do eixo *x*-*x* ($\sigma_x = M_x/W_x$). σ_y = tensão de flexão em torno do eixo *y*-*y* ($\sigma_y = M_y/W_y$). τ_x = tensão de cisalhamento no plano *x*-*x* (provocado pelo esforço cortante V_x). τ_y = tensão de cisalhamento no plano *y*-*y* (provocado pelo esforço cortante V_y).

A verificação do estado limite de deformação excessiva é expressa por

$$\delta = \sqrt{\delta_x^2 + \delta_y^2} \leq \delta_{\text{lim}} \qquad (6.17)$$

6.5.6. VIGAS RETANGULARES SUJEITAS À FLEXÃO COMPOSTA

A flexão composta (flexão + esforço normal) de uma viga pode ser provocada por esforço normal centrado, associado a cargas transversais (Fig. 6.15) ou por esforço normal aplicado com uma excentricidade *e*, conforme ilustrado na Fig. 5.2 para tração. A viga recebe tensões provocadas pelo momento fletor e ainda tensões de tração ou compressão simples.

No caso de *flexotração reta*, a tensão de projeto do bordo mais tracionado deve atender à condição (Fig. 6.15*b*):

$$\sigma_{Td} + \sigma_{td} = \frac{T_d}{A_n} + \frac{M_d}{W} \leq f_{td}$$

ou

$$\frac{\sigma_{Td}}{f_{td}} + \frac{\sigma_{td}}{f_{td}} \leq 1 \qquad (6.18a)$$

Sendo a tensão resistente à compressão menor ou igual à tensão resistente à tração (Eq. (6.2*c*)), pode-se verificar a tensão no bordo comprimido pelo momento fletor com a expressão:

$$\frac{M_d}{W} - \frac{T_d}{A_n} \leq f_{cd} \qquad (6.18b)$$

No caso de *flexotração oblíqua*, a verificação de segurança é feita com as Eqs. (6.15), em cujos lados esquerdos adiciona-se o termo σ_{Td}/f_{td} correspondente à tração axial:

$$\frac{\sigma_{Td}}{f_{td}} + \frac{\sigma_{xd}}{f_{td}} + k_M \frac{\sigma_{yd}}{f_{td}} \leq 1 \qquad (6.19a)$$

$$\frac{\sigma_{Td}}{f_{td}} + k_M \frac{\sigma_{xd}}{f_{td}} + \frac{\sigma_{yd}}{f_{td}} \leq 1 \qquad (6.19b)$$

onde σ_{xd}, σ_{yd} e k_M foram definidos anteriormente (ver Eqs. (6.15)).

Dependendo do seu índice de esbeltez, conforme definido no item 7.3, as vigas sujeitas à *flexocompressão* podem apresentar redução de resistência pela ocorrência de flambagem devida à ação combinada do esforço de compressão e do momento fletor. Para peças curtas, cujo índice de esbeltez é

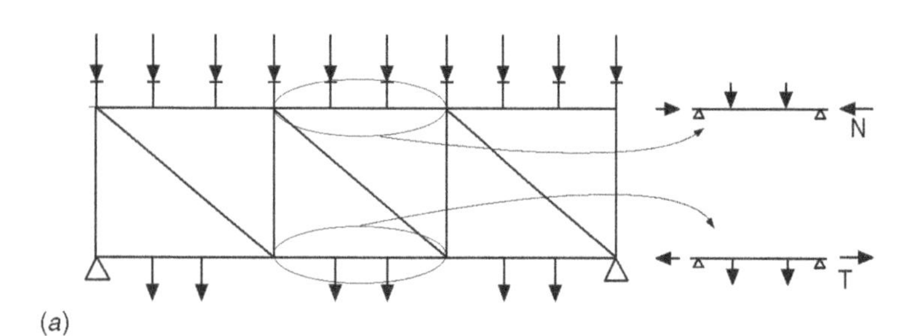

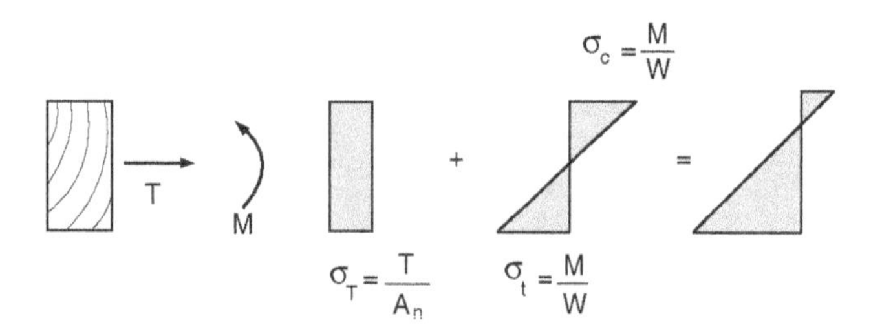

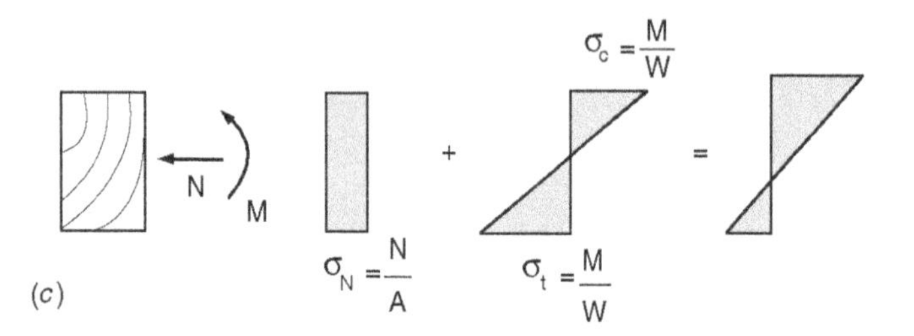

Fig. 6.15 Exemplo de peça de madeira solicitada à flexão composta e distribuição de tensões na seção: (*a*) banzos de uma treliça sujeita a esforço normal centrado e cargas transversais; (*b*) distribuição de tensões na seção sujeita à flexotração; (*c*) distribuição de tensões na seção sujeita à flexocompressão.

menor que 40, não ocorre a referida redução de resistência, e a verificação de tensões de compressão no estado limite último é feita com as seguintes equações (ver Fig. 6.15c):

$$\left(\frac{\sigma_{Nd}}{f_{cd}}\right)^2 + \frac{\sigma_{xd}}{f_{cd}} + k_M \frac{\sigma_{yd}}{f_{cd}} \leq 1 \qquad (6.20a)$$

$$\left(\frac{\sigma_{Nd}}{f_{cd}}\right)^2 + k_M \frac{\sigma_{xd}}{f_{cd}} + \frac{\sigma_{yd}}{f_{cd}} \leq 1 \qquad (6.20b)$$

onde σ_{xd}, σ_{yd} e k_M foram definidos anteriormente (ver Eqs. (6.15)).

Observa-se nas Eqs. (6.20), em contraposição às Eqs. (6.19), que o termo originado do esforço normal está elevado ao quadrado. A soma dos termos lineares das Eqs. (6.19) tem origem no comportamento elástico da madeira à tração até a ruptura (ver Fig. 3.5). Nas Eqs. (6.20) o termo quadrático se origina da consideração do comportamento plástico da madeira à compressão (ver Fig. 7.5).

Exemplo 6.3 Um pranchão de Ipê de 7,5 cm × 23 cm com f_{td} = 16,9 MPa está sujeito a um esforço de tração axial de 100 kN, originado de carga de longa duração. Verificar a segurança à flexãotração numa seção que tenha uma endentação de profundidade c = 3 cm (Fig. 5.2c), segundo a altura da seção.

Solução

a) Tensões solicitantes de projeto

Na seção da endentação, tem-se:

$$b = 7{,}5 \text{ cm} \qquad h = 23 - 3 = 20 \text{ cm} \qquad e = \frac{c}{2} = 1{,}5 \text{ cm}$$

$$\sigma_{Td} = \frac{1{,}4 \times 100}{7{,}5 \times 20} = 0{,}93 \text{ kN/cm}^2$$

$$\sigma_{cd} = \sigma_{td} = \frac{1{,}4 \times 100 \times 1{,}5}{7{,}5 \times 20^2/6} = 0{,}42 \text{ kN/cm}^2$$

b) Verificação do dimensionamento

Aplicando-se a Eq. (6.18) para a tensão de tração máxima

$$9{,}3 + 4{,}2 = 13{,}5 \text{ MPa} < 16{,}9 \text{ MPa}$$

Sendo a seção retangular e a tensão de tração σ_{Td} oriunda do esforço axial dominante em relação à tensão σ_{cd} de compressão devida ao momento fletor, os dois bordos da seção encontram-se tracionados.

6.5.7. VIGAS APOIADAS EM BERÇOS

Nas construções de madeira, utilizam-se com freqüência elementos auxiliares de apoio, denominados *cepos* ou *berços*, formados por segmentos curtos de vigas, com comprimento de 30% a 40% do vão (Fig. 6.16).

O berço facilita o apoio das vigas, permitindo colocá-las em linha, sem necessidade de trespasse sobre o apoio. Sob ação das cargas, o berço colabora com a viga, reduzindo os momentos desta. Na configuração deformada, a linha de ação da reação de apoio pode ser tomada no ponto de mesma tangente das deformadas da viga e do berço para carga uniforme, portanto à distância a da extremidade da viga (ver Fig. 6.16). No caso de as peças da viga e do berço terem a mesma inércia, tem-se $a = 0{,}17\ \ell$ (Kalsen et al., 1967). Para o comprimento do berço toma-se $2a$ + 20 cm.

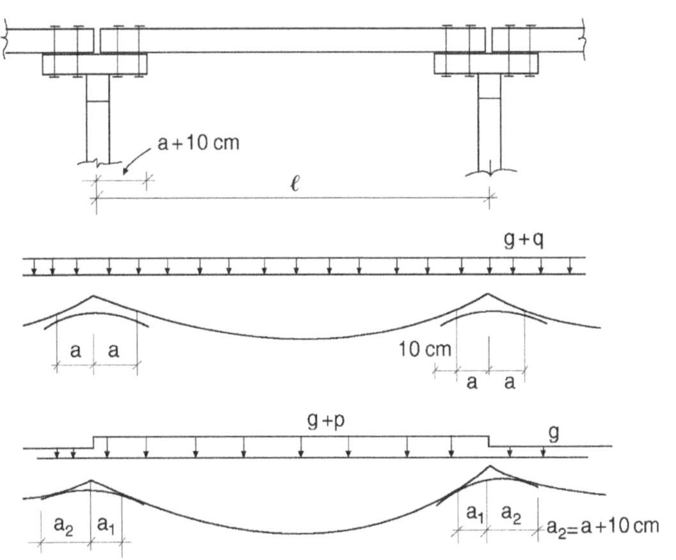

Fig. 6.16 Viga simples, apoiada em berços; deformadas da viga e dos berços sob cargas g e q.

O momento máximo no berço é obtido com o carregamento total nas vigas adjacentes:

$$M_{\text{berço}} = (g + q)\ \frac{\ell}{2}\ a \qquad (6.21)$$

Para a viga, o momento máximo no vão é calculado considerando os vãos adjacentes sem carga variável:

$$M_{\text{viga}} = (g + q)\ \frac{(\ell - 2a_1)^2}{8} \qquad (6.22)$$

onde a_1 é a distância entre o extremo da viga e o ponto de apoio na situação de carregamento considerada.

O equilíbrio de momentos no berço, para esta condição de carregamento, fornece a dimensão a_1:

$$a_1 = a_2\ \frac{g}{(g + q)} \qquad (6.23)$$

onde a_2 é igual à metade do comprimento do berço; $a_2 = a$ + 10 cm.

6.5.8. VIGAS ESCORADAS

Denominam-se vigas escoradas as vigas com apoio intermediário, formado por escoras inclinadas (essas escoras são geralmente chamadas de mãos-francesas).

Na Fig. 6.17 indicamos esquemas de vigas escoradas utilizadas em edifícios. O esquema estrutural dessas vigas depende do tipo de ligação adotada entre a escora e a viga além da rigidez axial da escora. Admitindo-se a escora rígida axialmente e uma ligação flexível (Fig. 6.17*b*) — *i.e.*, que tem comportamento semelhante a uma articulação, deixando livre a rotação relativa entre a viga e a escora — a viga é considerada simplesmente apoiada sobre as escoras, e o seu diagrama de momentos fletores tem o aspecto da curva 1 da Fig. 6.17*d* para carga uniformemente distribuída. Para ligações semi-rígidas, como a da Fig. 6.17*c*, a escora passa a fazer parte do esquema estrutural, e no diagrama de momentos da viga pode ocorrer redução de momento negativo (curva 2 da Fig. 6.17*d*), dependendo da relação entre vãos.

As recomendações do EUROCODE 5 para análise simplificada de treliças e seus banzos contínuos podem ser aqui adotadas: como regra geral, os momentos fletores devem ser calculados considerando a viga sobre apoios simples; o efeito da deformação dos nós e a semi-rigidez das ligações são considerados através de uma redução de 10% dos momentos nos apoios. Com estes momentos reduzidos são calculados os momentos fletores no meio do vão.

Em estruturas de pontes, utilizam-se as vigas escoradas indicadas na Fig. 6.18. As escoras inclinadas apóiam-se nos encontros ou blocos de fundações, que devem absorver os esforços horizontais correspondentes.

Os apoios intermediários das vigas podem também ser feitos com tirantes verticais presos em quadros superiores, como é indicado nas Figs. 6.18*c*, *d*. Uma solução intermediária aparece na Fig. 6.18*e*, onde as escoras superiores se apóiam nos encontros, em nível inferior ao da viga.

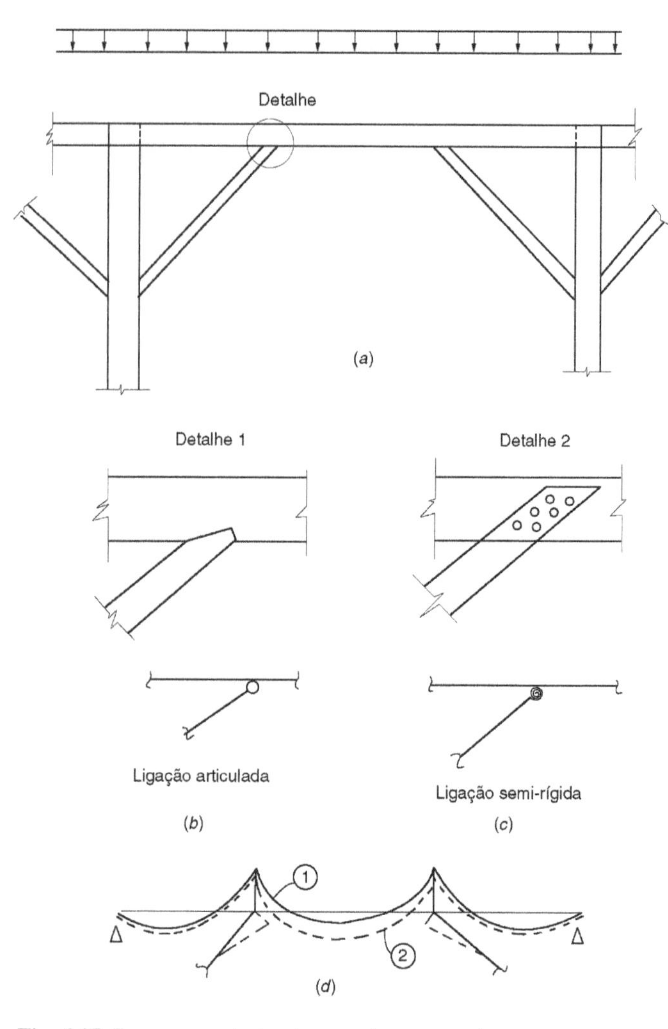

Fig. 6.17 Esquemas estruturais para vigas escoradas.

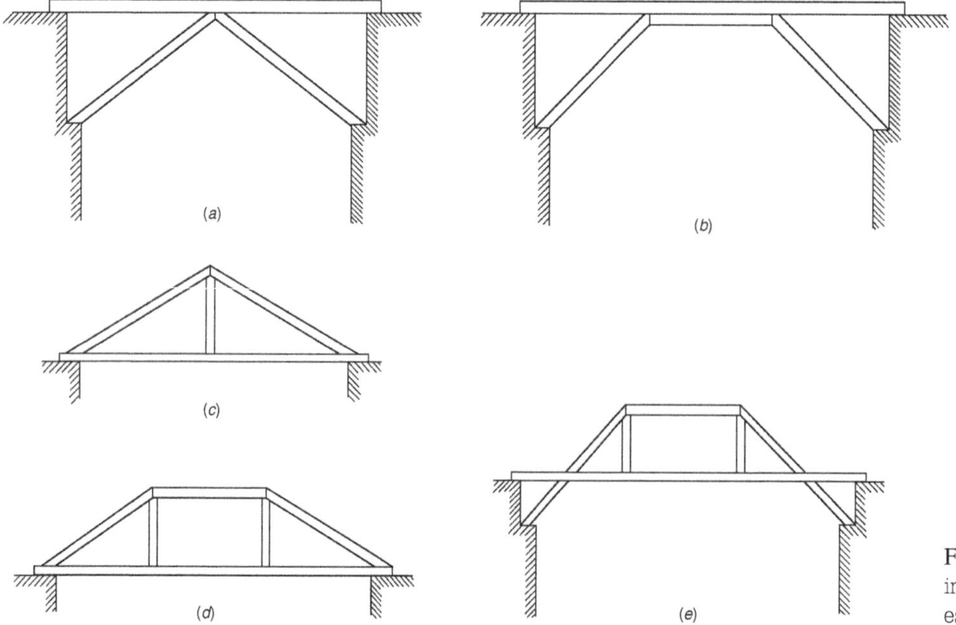

Fig. 6.18 (*a*) e (*b*) Vigas escoradas inferiormente; (*c*), (*d*) e (*e*) Vigas escoradas superiormente.

6.6. VIGAS DE MADEIRA LAMINADA COLADA

6.6.1. DISPOSIÇÕES CONSTRUTIVAS

As vigas de madeira laminada, em geral, são feitas com seção retangular, de altura variável, desde 20 cm até 200 cm. Elas são formadas por lâminas com espessura de 15 mm a 30 mm, coladas umas sobre as outras. Para vigas até 20 cm a 30 cm de largura (Fig. 6.19*a*), usa-se uma única lâmina por camada. Para larguras maiores, usam-se duas lâminas na mesma camada (Fig. 6.19*b*).

As vigas laminadas em forma de I (Fig. 6.19*c*) têm custo de fabricação mais oneroso, sendo pouco utilizadas atualmente.

Constroem-se também vigas coladas, em forma de I ou caixa, utilizando-se madeira laminada nos flanges e madeira compensada nas almas (Figs. 6.19*d, e, f*). Nestes casos, a alma comporta-se como placa esbelta, podendo estar sujeita à flambagem por cisalhamento. Estas vigas estão também descritas no item 6.10.

Em cada camada, as lâminas são emendadas com cola. As emendas podem ser denteadas ou por corte inclinado (Fig. 2.9). A eficiência da junta inclinada depende da inclinação, como se pode ver na Tabela 2.2. De acordo com a NBR7190, em lâminas adjacentes de espessura h_1, as emendas devem ter afastamento mínimo igual a $25h_1$, ou a altura da viga.

As vigas laminadas são utilizadas em geral em vãos de 30 m a 40 m, enquanto as vigas serradas maciças ficam limitadas a vãos da ordem de 10 m. As vigas laminadas podem ser feitas com uma curvatura predeterminada, com raio de curvatura *r* da ordem de 100 a 200 vezes a espessura da lâmina. Podem também ser fabricadas vigas laminadas com altura variável, serrando-se uma viga de altura constante, como indicado na Fig. 6.20. Recomenda-se serrar apenas os bordos comprimidos, uma vez que, neste caso, as tensões de compressão em serviço mantêm as lâminas apertadas transversalmente, impedindo a separação das mesmas por ruptura da cola. Na Fig. 6.20 mostram-se esquemas de vigas laminadas com bordo superior serrado e bordo inferior reto ou curvo.

As vigas curvas são utilizadas com vantagem na construção de tribunas, quadros, arcos etc. Na Fig. 6.21, vêem-se exemplos dessas aplicações (ver também Figs. 2.17 e 2.18).

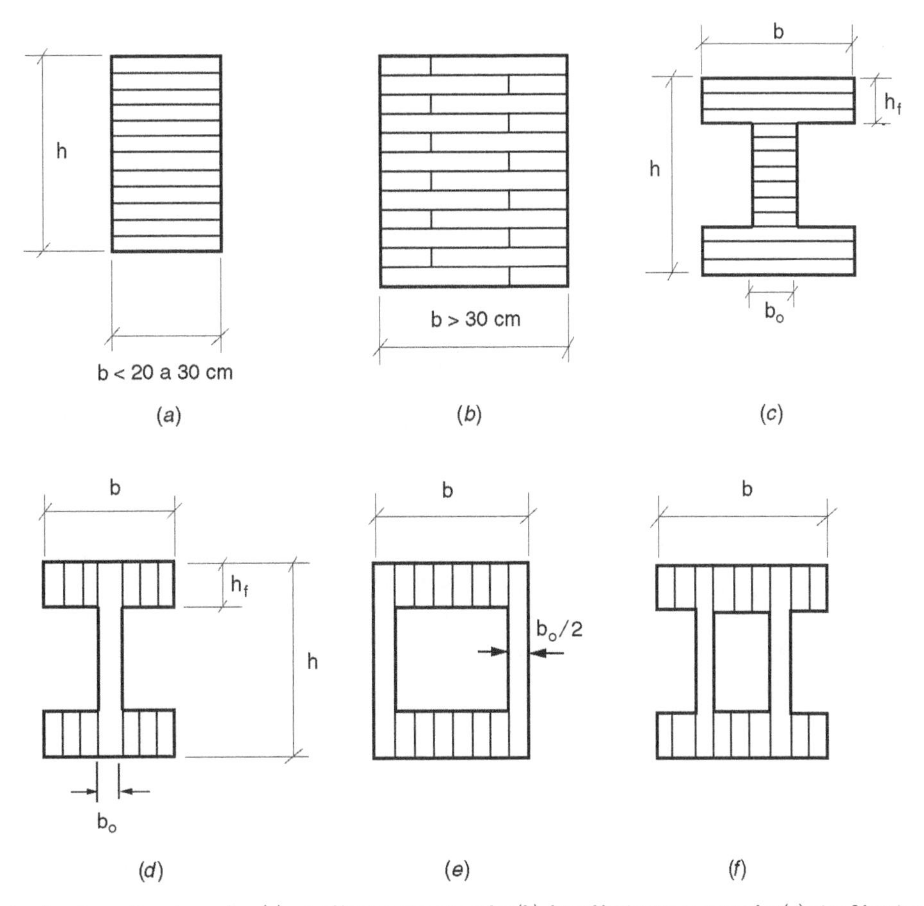

Fig. 6.19 Vigas laminadas de seção retangular: (*a*) uma lâmina por camada; (*b*) duas lâminas por camada; (*c*) viga I laminada; (*d*) viga I com alma de compensado; (*e*) e (*f*) viga celular ou viga-caixão, com alma de compensado.

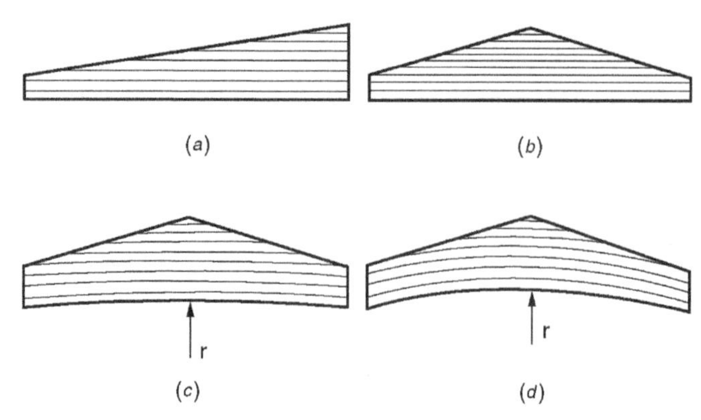

Fig. 6.20 Vigas laminadas de altura variável, com bordo superior serrado e bordo inferior reto ou curvo.

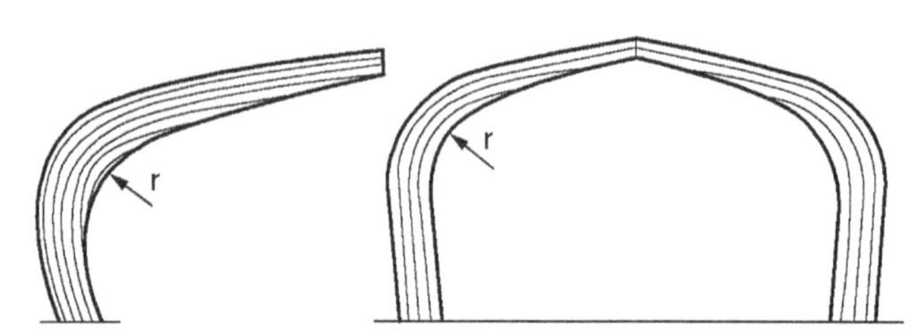

Fig. 6.21 Tribunas e quadros construídos com elementos laminados curvilíneos.

6.6.2. VIGAS DE ALTURA CONSTANTE. DIMENSIONAMENTO À FLEXÃO, CISALHAMENTO E COMPRESSÃO NO APOIO

As vigas coladas comportam-se como peças maciças. Nas seções sem emendas elas são dimensionadas com as equações de verificação de tensões e flechas indicadas no item 6.5. De acordo com a NBR7190 no cálculo das propriedades geométricas de uma seção com emenda, a lâmina emendada deve ser considerada com sua área reduzida pelo fator α_r que depende do tipo de emenda:

— denteada $\alpha_r = 0{,}90$
— corte com inclinação 1:10 $\alpha_r = 0{,}85$
— de topo $\alpha_r = 0$

Como tensões resistentes adotam-se aquelas referentes à madeira das lâminas. Admite-se, portanto, que as resistências ao cisalhamento e à tração da cola e das emendas não sejam determinantes no dimensionamento, o que deve ser garantido pelo fabricante.

Para o trabalho à flexão, a categoria estrutural das peças laminadas é definida pelas lâminas próximas dos bordos superior e inferior. Mediante seleção adequada dessas lâminas, pode-se trabalhar com uma tensão de bordo superior aos valores especificados para a madeira maciça.

O dimensionamento a cisalhamento paralelo às fibras e à compressão normal às fibras (nos apoios ou pontos de aplicação de cargas concentradas) é feito de modo idêntico ao descrito no item 6.5.2.

6.6.3. FLAMBAGEM LATERAL DE VIGA I E VIGA CELULAR

Em estruturas metálicas, as vigas em forma de caixa não apresentam flambagem lateral devido à sua grande rigidez à torção. Em vigas de madeira, devido à anisotropia do material, não se considera a resistência à torção e se verificam as vigas em forma de caixa com se fossem vigas I.

Critério aproximado do EUROCODE 5. A verificação da segurança à flambagem lateral das vigas I pode ser feita de maneira conservadora, considerando-se o flange comprimido de largura b em flambagem no plano horizontal como se fosse uma coluna isolada entre pontos de contenção lateral distantes de ℓ (Fig. 6.22*b*). Dessa forma, a tensão média no flange comprimido σ_{0d} é adotada como sendo a tensão uniforme da coluna fictícia, solicitada pelo esforço P_d e com comprimento de flambagem igual a ℓ. O dimensionamento de peças comprimidas é abordado no Cap. 7 (ver Problema Resolvido 7.11.10).

6.6.4. VIGAS CURVAS NO PLANO DAS CARGAS

As vigas laminadas coladas podem ser fabricadas com eixo curvilíneo no plano das cargas (Figs. 6.21). As vigas curvas são de grande interesse na construção de tribunas, quadros, arcos etc.

Em vigas curvas de material elástico e seção retangular, sujeitas a um momento M, a deformação no infradorso (fibra extrema do lado do centro de curvatura) é maior do que no bordo externo. O alongamento e o encurtamento nestes bordos devidos à flexão não é muito diferente. Entretanto, o comprimento de referência ℓ_i (Fig. 6.23*a*) na face interna é bem menor do que o da face externa, resultando em maior deformação. A distribuição de tensões normais na seção é não-linear (Fig. 6.23*b*) e a linha neutra encontra-se mais próxima do bordo adjacente ao centro de curvatura. O cálculo da tensão máxima solicitante σ_i pode ser feito a partir do diagrama de tensões linear aplicando-se um fator corretivo à tensão σ_1 da Fig. 6.23*c* (Timoshenko & Goodier, 1970; Garfinkel, 1973), função da relação h/R.

Além da flexão imposta na viga curva devida à ação das cargas deve-se considerar também a flexão imposta às lâminas no processo de fabricação da viga laminada e colada. As deformações oriundas do processo de fabricação resultam em tensões residuais, atuantes na viga antes mesmo de sua utilização estrutural. Estas tensões residuais, sobrepostas às tensões devidas às cargas de utilização, reduzem a resistência da viga curva em relação a uma viga reta.

As especificações americanas (NDS) recomendam limitar o raio de curvatura (R) aos seguintes valores, expressos em função da espessura (h_1) da lâmina:

— madeiras macias $R \geqslant 125h_1$;
— madeiras duras $R \geqslant 100h_1$.

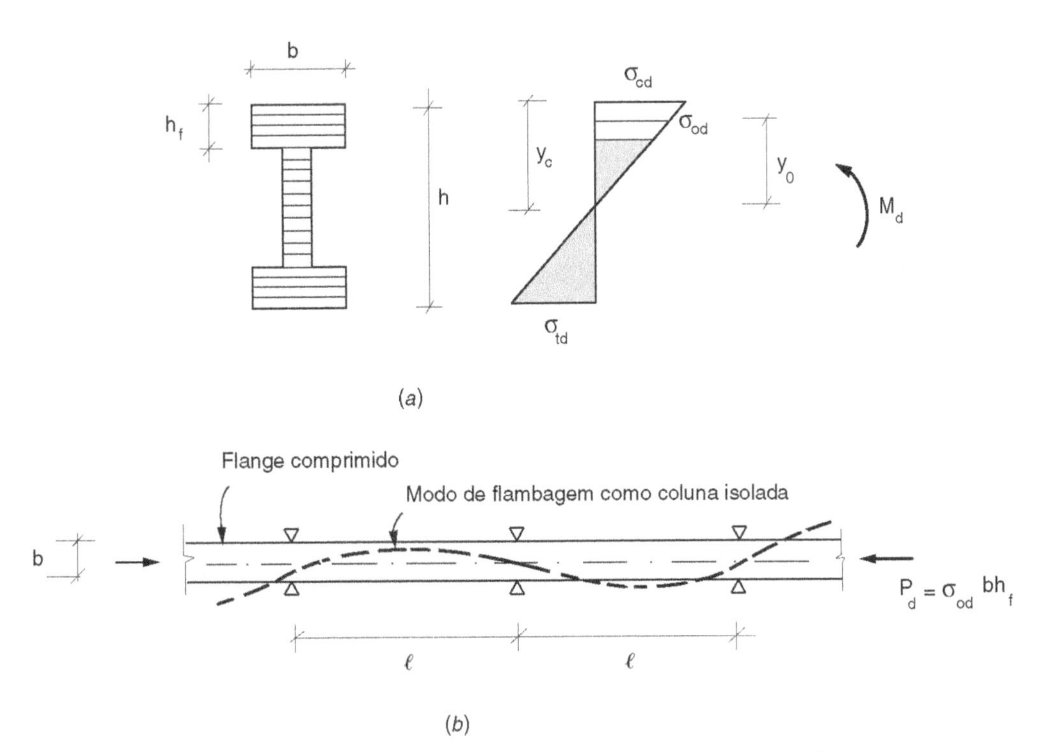

Fig. 6.22 Vigas I e celular, laminadas e coladas, em flexão. Critério aproximado para verificação de flambagem lateral.

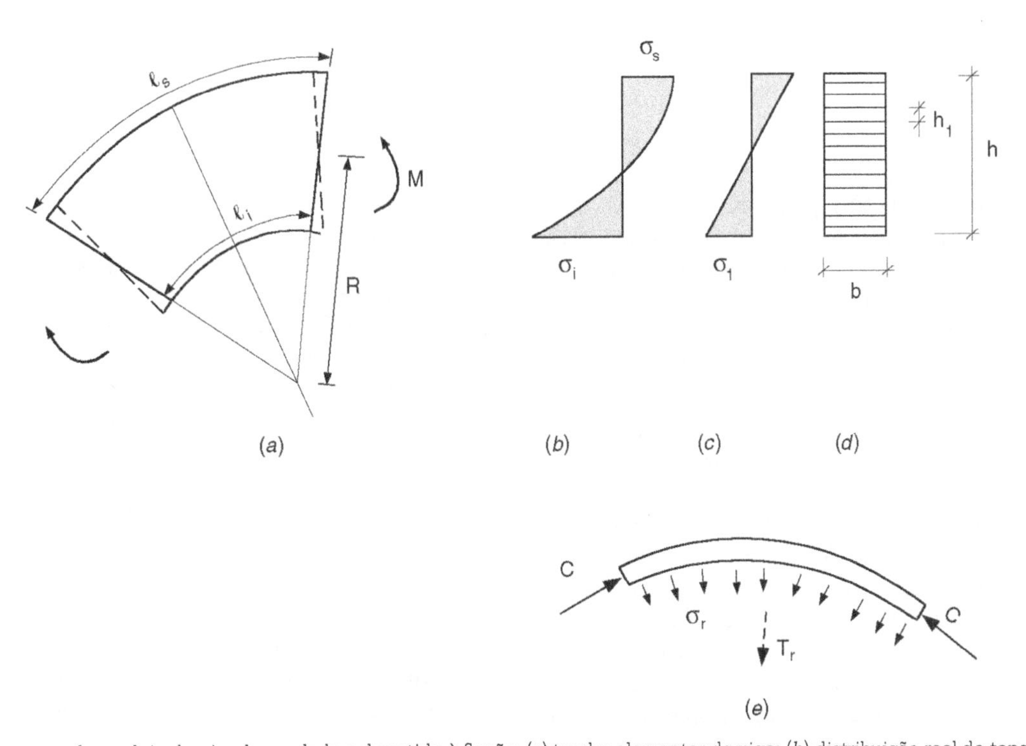

Fig. 6.23 Viga curva de madeira laminada e colada submetida à flexão: (*a*) trecho elementar da viga; (*b*) distribuição real de tensões; (*c*) distribuição convencional de tensões; (*d*) seção retangular; (*e*) diagrama de corpo livre de uma lâmina superior da viga.

A norma brasileira NBR7190, seguindo a abordagem da norma americana NDS, reduz a resistência da madeira em vigas curvas através do fator k_{mod3} dado por:

$$k_{mod_3} = 1 - 2000\left(\frac{h_1}{R}\right)^2 \quad (6.24)$$

sendo h_1 a espessura da lâmina e R o menor raio de curvatura.

A seguir calculam-se alguns valores numéricos desse coeficiente.

h_1/R	100	150	200	250
k_{mod_3}	0,80	0,91	0,95	0,97

De acordo com a norma americana, este coeficiente redutor leva em conta não só o acréscimo da tensão solicitante devido à curvatura (em relação à viga reta) como também a redução de resistência das lâminas em função das tensões residuais de fabricação (Garfinkel, 1973). Dessa forma, as tensões solicitantes podem ser calculadas como se a viga fosse reta.

A flexão de peças com curvatura no plano das cargas produz também tensões normais na direção radial (σ_r). O diagrama de corpo livre de uma lâmina superior da viga, mostrado na Fig. 6.23*e*, demonstra a existência da resultante T_r das tensões σ_r na direção radial, necessária ao equilíbrio da lâmina sujeita à compressão circunferencial. Aplicando-se as equações de equilíbrio ao corpo da Fig. 6.23*e*, chega-se à expressão da tensão radial σ_r. As tensões radiais têm maior valor na altura da linha neutra. Em seção retangular, calcula-se a maior tensão radial pela expressão (Garfinkel, 1973):

$$\sigma_r = \frac{3}{2}\frac{M}{Rbh}. \quad (6.25)$$

Quando o momento tende a retificar a peça (aumentar o raio de curvatura), a tensão radial é de tração (Fig. 6.23*e*). De acordo com a norma americana NDS, que adota o método das tensões admissíveis, a máxima tensão σ_r (de tração perpendicular às fibras) deve limitar-se a um terço da tensão admissível a cisalhamento horizontal ($\bar{\sigma}_r = \bar{\tau}/3$).

Quando o momento aumenta a curvatura (diminui o raio de curvatura), a tensão radial é de compressão, devendo então limitar-se à tensão admissível de compressão normal à fibra ($\bar{\sigma}_r = \bar{\sigma}_{cn}$).

6.7. VIGAS COMPOSTAS DE PEÇAS MACIÇAS ENTARUGADAS OU ENDENTADAS

As vigas compostas podem ser obtidas por superposição de vigas maciças simples, desde que se disponham os elementos de ligação nas interfaces, para impedir um deslocamento relativo. As ligações comumente utilizadas no passado eram tarugos ou endentações.

Na Fig. 6.24, vêem-se três tipos construtivos de vigas compostas com ligações denteadas ou entarugadas. Na Fig. 6.24*a*, os dentes são inclinados, podendo absorver esforços horizontais em apenas um sentido. Na Fig. 6.24*b*, há dentes verticais, capazes de absorver esforços horizontais em dois sentidos. Nas Figs. 6.24*c*, *d*, a ligação entre as peças se faz por meio de tarugos, em geral de madeira dura.

Para impedir separação física entre as peças eram colocados parafusos de amarração, cuja contribuição para absorver esforços horizontais era desprezada. No caso de vigas entarugadas (Figs. 6.24*c*, *d*), pode-se deixar um espaçamento de 1 a 2 cm entre as peças maciças, com a finalidade de impedir a permanência da umidade na interface.

Vigas compostas endentadas e entarugadas foram desenvolvidas no passado em um contexto de fabricação artesanal de estruturas de madeira, não sendo mais adequadas aos métodos construtivos modernos, caracterizados pela automação e otimização dos processos. Além disso, os entalhes prismáticos causam elevadas concentrações de tensões, reduzindo bastante a resistência da viga. Estas vigas compostas endentadas e entarugadas evoluíram para vigas compostas ligadas por pregos ou por conectores de anel (com entalhe circular na madeira), conforme exposto no item 6.9.

A verificação de tensões de vigas compostas do tipo da Fig. 6.24 se fazia considerando coeficientes empíricos de redução do módulo resistente à flexão. De acordo com a antiga NB11 (1951) para cálculo de estruturas de madeira, os seguintes módulos resistentes reduzidos, W_r, eram adotados:

— viga de dois elementos $W_r = 0{,}85W$; (6.26*a*)
— viga de três elementos $W_r = 0{,}70W$. (6.26*b*)

Não eram permitidas vigas com mais de três elementos, e o enfraquecimento da seção devido aos elementos de ligação já se acha considerado nos coeficientes supra.

Os elementos de ligação eram calculados para resistir à resultante das tensões de cisalhamento no plano de separação dos elementos calculada como se a viga fosse simples. Esse esforço horizontal no plano de separação dos elementos é dado pela expressão do fluxo de cisalhamento:

$$\phi = \tau b = \frac{VS}{I}, \quad (6.27)$$

sendo S e I calculados para a viga suposta maciça (ver Eq. (6.5)).

As flechas de vigas compostas podem ser calculadas pelas fórmulas de vigas maciças, utilizando-se valores reduzidos dos momentos de inércia, determinados experimentalmente. Para as vigas tratadas neste item, eram adotados os seguintes valores aproximados da antiga norma alemã:

— vigas de dois elementos $I_r = 0{,}60I$; (6.28*a*)
— vigas de três elementos $I_r = 0{,}30I$. (6.28*b*)

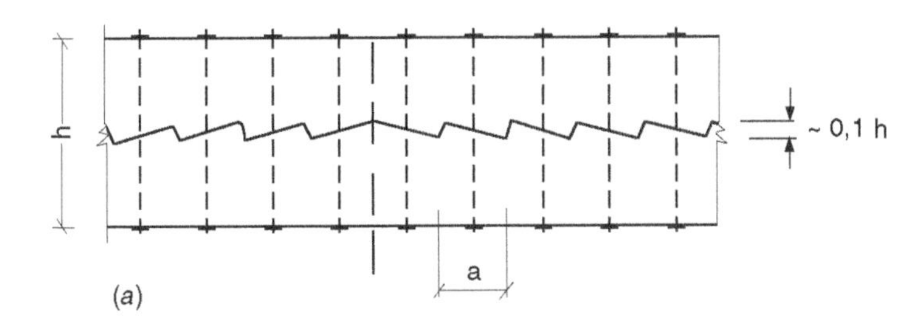

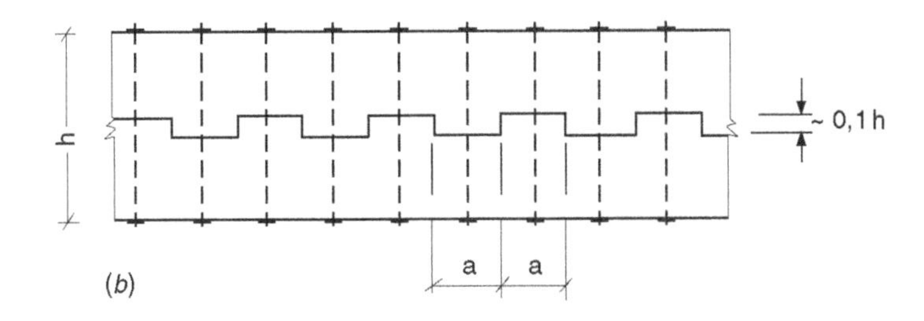

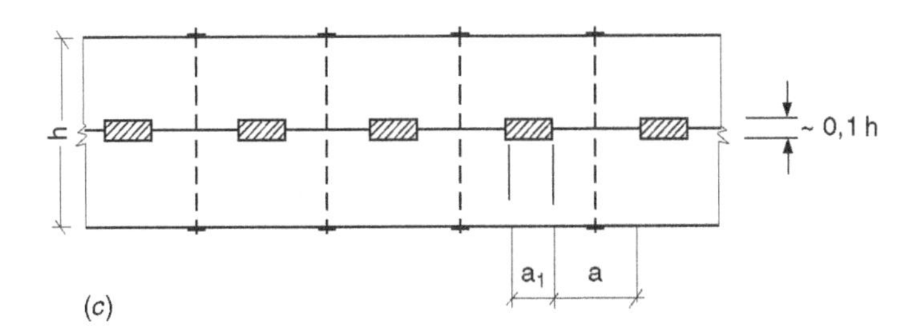

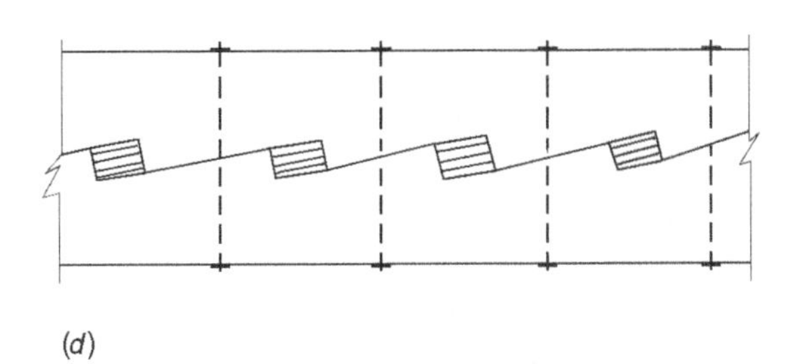

Fig. 6.24 Vigas compostas: (*a*) dentes inclinados; (*b*) dentes verticais; (*c*) tarugos horizontais; (*d*) tarugos inclinados.

6.8. VIGAS COMPOSTAS DE PEÇAS MACIÇAS COM ALMAS MACIÇAS CONTÍNUAS

6.8.1. DISPOSIÇÕES CONSTRUTIVAS

Obtêm-se vigas compostas eficientes, combinando peças maciças, como indicado na Fig. 6.27. Para ligações das peças, utilizam-se, em geral, conectores metálicos deformáveis (pregos ou conectores de anel).

A colagem não é comumente empregada como meio de união das peças maciças espessas pela dificuldade no controle de umidade; conseguem-se vigas coladas de melhor qualidade, colando-se lâminas finas (em geral inferiores a 25 mm de espessura, podendo eventualmente ir até 50 mm).

Os pregos constituem meios de união particularmente econômicos em mão-de-obra, sobretudo se não for necessário fazer furação prévia (caso de estruturas temporárias, de acordo com a NBR7190).

As vigas compostas estudadas neste item têm alturas limitadas pelas dimensões comerciais das almas maciças (máxima altura da alma 30 cm a 40 cm). As alturas das vigas podem atingir 50 cm a 60 cm.

6.8.2. COMPORTAMENTO DE VIGAS COMPOSTAS

A Fig. 6.25*a* ilustra a configuração deformada de duas peças justapostas, uma sobre a outra, em flexão. Na interface entre as duas peças ocorre deslizamento entre elas e as seções de cada uma sofrem flexão em torno de seu próprio centro de gravidade. Na verdade comportam-se como duas vigas independentes. Entretanto, se as peças são coladas ao longo da interface, a flexão se dá em torno do centro de gravidade do conjunto, sendo o comportamento igual ao de uma viga maciça com o dobro da altura de cada peça (Fig. 6.25*b*). Uma viga composta executada ligando-se as duas peças por pregos, como ilustrado na Fig. 6.25*c* (ou pino metálico ou conector de anel), representa uma situação intermediária entre os dois casos descritos anteriormente. Ocorre deslizamento entre as peças, sendo, entretanto, bem menor do que no caso das peças desligadas.

As Figs. 6.25 apresentam também, para cada caso, as resultantes de tensões normais em cada peça, obtidas por integração dos diagramas de tensões na seção típica. Para cada uma das peças desligadas resulta um momento fletor, enquanto para cada peça ligada por conectores resulta, além de um momento, um esforço normal. Neste caso, as tensões normais não se distribuem linearmente como numa peça maciça ou no caso de peças coladas: nota-se na Fig. 6.25*c* que ocorre descontinuidade das tensões na interface devida ao deslizamento entre as peças.

Por meio de ensaios experimentais, como aquele esquematizado na Fig. 6.26, pode-se determinar a resistência do conector e o módulo de deslizamento C, que relaciona o deslizamento δ entre as peças e a força P no conector.

6.8.3. CRITÉRIO DE DIMENSIONAMENTO DA NBR7190

As vigas compostas de peças serradas com *ligações por pregos* podem ser dimensionadas à flexão simples e à flexão composta como se fossem vigas maciças com as seguintes propriedades geométricas efetivas:

$$A_r = A \quad (6.29a)$$

$$I_r = 0{,}95I \text{ para seções T} \quad (6.29b)$$

$$= 0{,}85I \text{ para seções I ou caixão}$$

onde A e I são, respectivamente, a área e o momento de inércia da viga composta considerada como maciça.

Da mesma forma, as vigas compostas de seção retangular ligadas por *conectores metálicos de anel* podem ser dimensionadas à flexão como se fossem peças maciças com momento de inércia efetivo igual a

$$I_r = 0{,}85I \text{ para dois elementos superpostos;} \quad (6.29c)$$

$$I_r = 0{,}70I \text{ para três elementos superpostos.} \quad (6.29d)$$

Os furos ou cortes dos conectores enfraquecem as seções de madeira. Na zona comprimida, os furos preenchidos por pregos podem ser ignorados. Na zona tracionada das seções, os furos podem ser desprezados desde que a redução seja menor que 10% da área da zona tracionada íntegra.

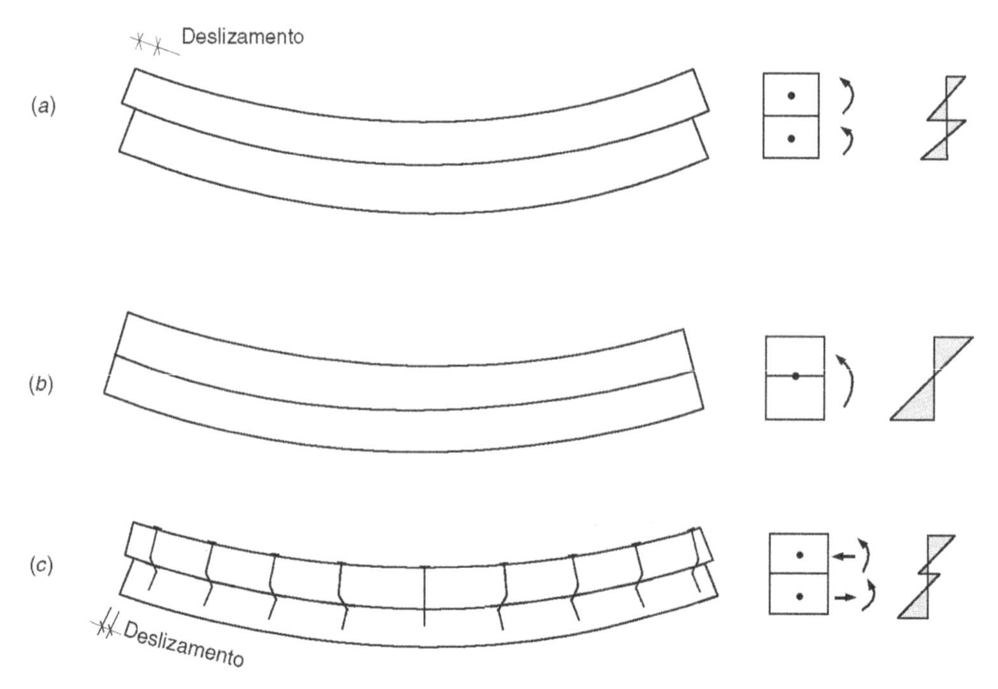

Fig. 6.25 Comportamento de vigas compostas: (*a*) peças sem ligação; (*b*) peças coladas; (*c*) peças ligadas por pregos.

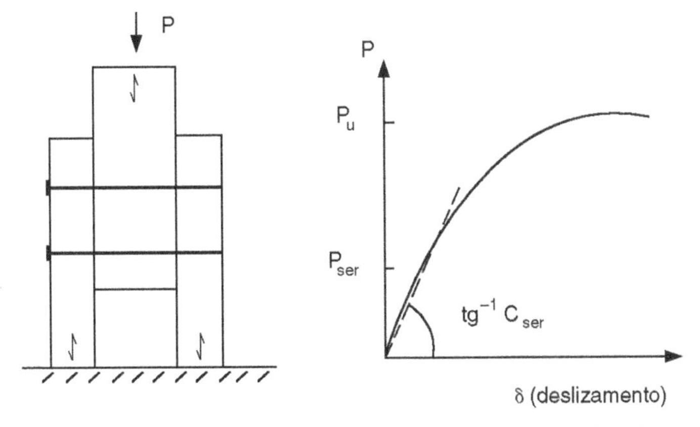

Fig. 6.26 Ensaio para determinação da resistência de uma ligação e sua deformabilidade.

Esta formulação é válida para os casos em que as ligações são dimensionadas para a força de cisalhamento na interface entre as peças, calculada como se a viga fosse de seção maciça.

6.8.4. CRITÉRIO DE DIMENSIONAMENTO DO EUROCODE 5

A norma européia EUROCODE 5 apresenta uma formulação para o cálculo de tensões em uma seção, que leva em conta a deformabilidade da ligação através do módulo de deslizamento C (Fig. 6.26). A Fig. 6.27 apresenta para vários tipos de seção os diagramas de tensões e a notação a ser utilizada.

No dimensionamento das vigas, cada peça é verificada à flexão composta (itens 6.5.6 e 7.5) com as seguintes tensões solicitantes:

a) tensões de flexão nos bordos, σ_{m_1}, σ_{m_2};
b) tensão normal média (no centro de gravidade da peça) σ_1, σ_2.

No cálculo das tensões e deslocamentos, considera-se o efeito de deformabilidade das conexões, utilizando os coeficientes C. Para verificações no estado limite de utilização, o valor de C é dado pelas Eqs. (6.30), mostradas na Tabela 6.3, para pregos e conectores de anel. Nas Eqs. (6.30), ρ_k é a massa específica aparente característica a 12% de umidade em kg/m^3 (igual a 0,84 vez o valor médio de ρ_{ap}) e d é o diâmetro do prego em mm e D o diâmetro do conector de anel em mm. Para cálculos no estado limite último utiliza-se $C_m = (2/3)\, C_{ser}$.

TABELA 6.3 Módulo de deslizamento C_{ser} (EUROCODE 5) (ver Fig. 6.26), para verificações no estado limite de utilização

Tipo de conector	C_{ser} (N/mm)	Equação
Pino metálico Prego com pré-furação	$\rho_k^{1,5}\, d/20$	(6.30*a*)
Prego sem pré-furação	$\rho_k^{1,5}\, d^{0,8}/25$	(6.30*b*)
Conector de anel	$0{,}6 D \rho_k$	(6.30*c*)

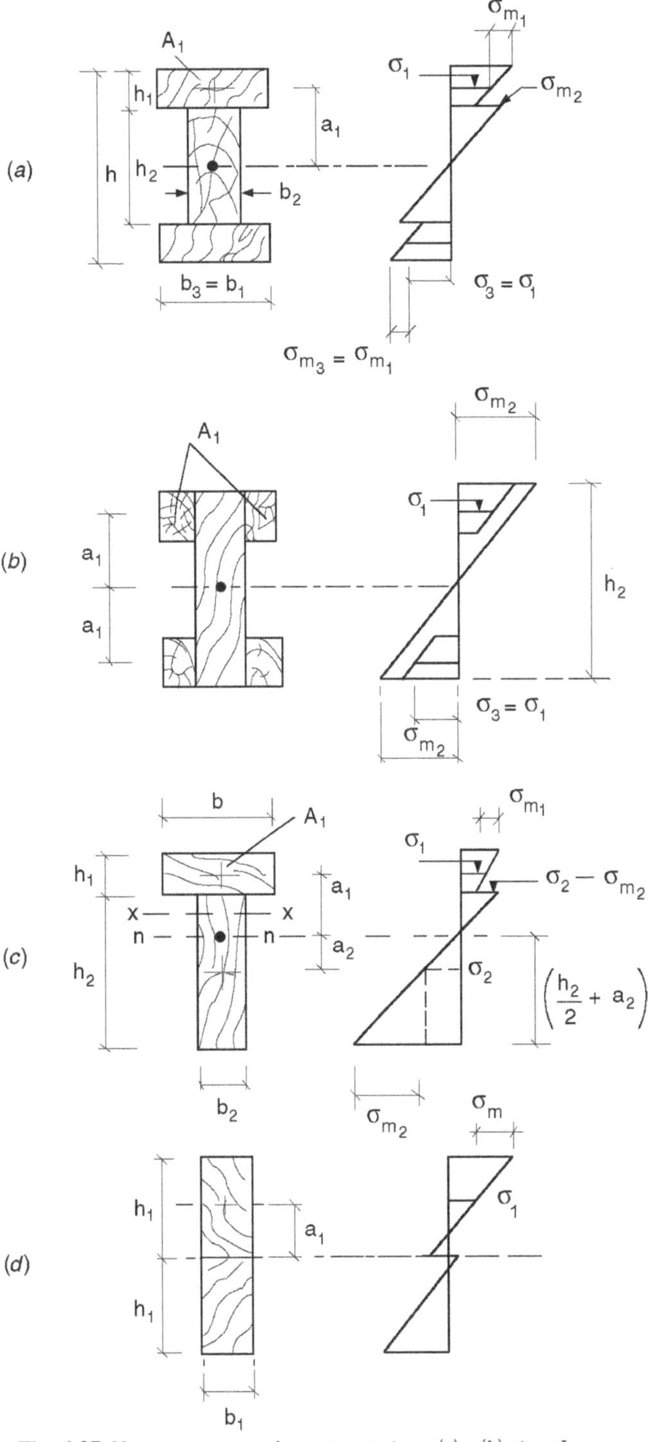

Fig. 6.27 Vigas compostas de peças maciças: (*a*) e (*b*) vigas I simétricas; (*c*) viga T (a_2 positivo para eixo *n-n* acima do centróide da peça 2); (*d*) viga retangular.

O método de cálculo supõe viga isostática de vão ℓ (para vigas contínuas utilizar ℓ igual a 0,8 vez o vão correspondente) e espaçamento s entre conectores constante ou variando uniformemente em função do esforço cisalhante, entre $s_{máx}$ e $s_{mín}$, sendo $s_{máx} < 4\ s_{mín}$. A formulação é aplicável às vigas de três peças (vigas I simétricas ou assimétricas) e às vigas de duas peças assimétricas (vigas T), com peças de diferentes materiais (por exemplo, flange em madeira compensada e alma em madeira serrada).

A seguir, esta formulação é particularizada para os casos de vigas I simétricas e vigas T compostas de peças de mesmo material.

Vigas I simétricas. Para vigas I simétricas, a linha neutra coincide com o centro de gravidade da peça múltipla, apesar da deformabilidade das ligações. Os tipos construtivos de maior interesse acham-se representados nas Figs. 6.27*a, b*. Admite-se peças de mesma espécie de madeira.

a) Tensões normais (ver notações nas Figs. 6.27*a, b*):

$$\sigma_1 = \frac{M}{I_r}\gamma_1 a_1 \tag{6.31}$$

$$\sigma_{m_1} = \frac{M}{I_r}\frac{h_1}{2} \tag{6.32}$$

$$\sigma_{m_2} = \frac{M}{I_r}\frac{h_2}{2} \tag{6.33}$$

onde σ_{m_2} = tensão no bordo da alma;

σ_{m_1} = tensão de flexão do flange;

σ_1 = tensão do centro de gravidade dos flanges comprimido e tracionado;

I_r = momento de inércia reduzido da seção bruta, referido ao eixo x-x que passa no centro de gravidade do perfil composto, dado por

$$I_r = \Sigma I_i + \Sigma \gamma_i A_i a_i^2 \tag{6.34}$$

sendo

$$\gamma_1 = \left(1 + \frac{\pi^2 E A_1 s}{C\ell^2}\right)^{-1} \tag{6.35}$$

$$\gamma_2 = 1$$

s = espaçamento entre os pregos ou conectores de anel.

Na Eq. (6.34) o subíndice i refere-se a cada uma das três peças componentes, sendo I_i o momento de inércia da peça i, referido ao eixo paralelo à linha neutra passando no centro de gravidade da área A_i. Neste caso, de viga I simétrica $I_1 = I_3$, $A_1 = A_3$ e $a_2 = 0$.

Em vigas contínuas, verifica-se uma redução de eficiência da ligação deformável quando comparada com viga simples de mesmo vão. Leva-se em conta este fato, considerando no cálculo de ℓ um vão igual a 4/5 do real.

Para vigas em balanço, por outro lado, verifica-se um aumento de eficiência, adotando-se no cálculo de ℓ um vão igual ao dobro do balanço.

Furos ou cortes dos conectores enfraquecem as seções de madeira, devendo ser levados em conta na determinação das tensões. De acordo com o EUROCODE 5, os furos na zona tracionada devem ser descontados da área da seção, exceto no caso de pregos com diâmetro menor que 6 mm cravados sem pré-furação. Na zona comprimida podem ser ignorados furos simétricos para ligações com pregos e parafusos.

b) Dimensionamento das conexões

O dimensionamento das conexões se faz com a expressão do fluxo de cisalhamento ($\phi = \tau b$, sendo τ dado pela Eq. (6.5)). Em peças compostas com ligações deformáveis, o fluxo de cisalhamento é inferior ao de peças maciças, podendo ser calculado com a expressão:

$$\phi = \frac{V\gamma_1 S_1}{I_r} \tag{6.36}$$

onde S_1 = momento estático do flange referido ao eixo que passa pelo centro de gravidade da seção composta $S_1 = A_1 a_1$.

Chamando de R_d a força resistente de um prego ou conector, o número n de peças de conexão por unidade de comprimento (igual ao inverso do espaçamento de cálculo s) deve verificar a condição

$$R_d\, n = \frac{R_d}{s} \geqslant \phi_d \tag{6.37}$$

onde ϕ_d é o fluxo cisalhante calculado com o esforço cortante de projeto. A Eq. (6.37) permite determinar o espaçamento de cálculo s entre as conexões; elas podem ser colocadas em linha simples com espaçamento s ou em duas linhas com espaçamento $2s$. Em geral adota-se um espaçamento constante de conexões em toda a extensão da viga.

c) Tensões de cisalhamento

A verificação da tensão de cisalhamento na alma da viga se faz com a expressão clássica de peças maciças (Eq. (6.5)) modificada para considerar a deformabilidade da conexão:

$$\tau = \frac{V}{I_r b_2}(\gamma_1 S_1 + S_2), \tag{6.38}$$

onde S_2 = momento estático da metade da área da alma, referido ao eixo que passa no centro de gravidade da seção composta

$$S_2 = b_2 \frac{h_2}{2}\frac{h_2}{4} = b_2 h_2^2/8.$$

Exemplo 6.4 Uma viga com conexões pregadas (2 pregos 140 × 64 PB-58, a cada 6,5 cm) é formada por três peças de Ipê, com as dimensões indicadas na figura, sendo o vão igual a 8,5 m.

Para uma seção sujeita a um momento fletor igual a 20 kNm, calcular as tensões normais solicitantes máximas segundo a NBR7190 e o EUROCODE 5.

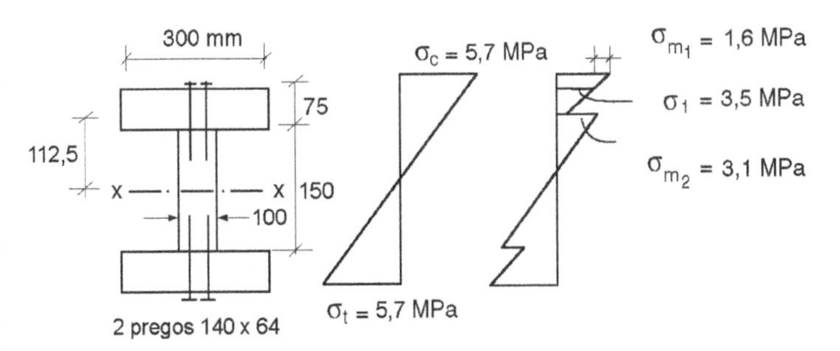

Solução

a) Tensões normais segundo a NBR7190

O cálculo é feito como se a viga fosse maciça com propriedades geométricas efetivas dadas pelas Eqs. (6.29).

Área da zona tracionada = 300 cm^2

Área dos furos = $2 \times 14 \times 0{,}64 = 18$ cm^2 $< 10\%$ de 300 cm^2

Não é preciso descontar os furos para o cálculo das propriedades geométricas.

Momento de inércia da seção maciça em torno de x

$$I = \frac{2 \times 30 \times 7{,}5^3}{12} + \frac{10 \times 15^3}{12} + 2 \times 7{,}5 \times 30 \times 11{,}25^2 = 61\,875 \text{ cm}^4$$

Momento de inércia efetivo

$$I_r = 0{,}85I = 52\,594 \text{ cm}^4$$

Tensões de flexão máximas

$$\sigma_c = \sigma_t = \frac{M}{I_r}\frac{h}{2} = \frac{2000}{52\,594} \times 15 = 0{,}57\frac{\text{kN}}{\text{cm}^2} = 5{,}7 \text{ MPa}$$

b) Tensões normais segundo o EUROCODE 5

Módulo de deslizamento de 1 prego 140 × 64 em Ipê

$$\rho_{ap} = 1068 \text{ kg/m}^3$$

$$\rho_k = 0{,}84\,\rho_{ap} = 897{,}1 \text{ kg/m}^3$$

$$C_{ser} = \rho_k^{1{,}5}\frac{d}{20} = 897{,}1^{1{,}5} \times \frac{6{,}4}{20} = 8599 \text{ N/mm}$$

$$C_u = \frac{2}{3}C_{ser} = 5732\frac{\text{N}}{\text{mm}} = 57{,}32\frac{\text{kN}}{\text{cm}}$$

Coeficiente γ_1 da Eq. (6.35)

$$\frac{1}{\gamma_1} = 1 + \frac{\pi^2 E A_1 s}{\ell^2 C} =$$

$$= 1 + \frac{\pi^2 \times 1801{,}1 \times 7{,}5 \times 30 \times 6{,}5}{850^2 \times 2 \times 57{,}32} = 1{,}32$$

Momento de inércia reduzido

$$I_r = \frac{2 \times 30 \times 7{,}5^3}{12} + \frac{10 \times 15^3}{12} + \frac{2}{1{,}32}7{,}5 \times 30 \times 11{,}25^2 = 48\,068 \text{ cm}^4$$

$$\frac{I_r}{I} = 0{,}78$$

Tensões no flange

$$\sigma_1 = \frac{M}{I_r}a_1\gamma_1 = \frac{2000}{48\,068} \times \frac{11{,}25}{1{,}32} = 0{,}35\frac{kN}{cm^2} = 3{,}5 \text{ MPa}$$

$$\sigma_{m_1} = \frac{M}{I_r}\frac{h_1}{2} = \frac{2000}{48\,068} \times 3{,}75 = 0{,}16\frac{\text{kN}}{\text{cm}^2}$$

$$\sigma_1 + \sigma_{m_1} = 3{,}5 + 1{,}6 = 5{,}1 \text{ MPa}$$

Tensão na alma

$$\sigma_{m_2} = \frac{M}{I_r}\frac{h_2}{2} = \frac{2000}{48\,068} \times 7{,}5 = 0{,}31\frac{\text{kN}}{\text{cm}^2} = 3{,}1 \text{ MPa}$$

c) Conclusão

A formulação aproximada da norma brasileira forneceu valor de tensão máxima cerca de 10% maior que a da norma européia.

Exemplo 6.5 Repetir o Exemplo 6.4 admitindo viga composta de pinho-do-paraná com as mesmas características geométricas.

Solução

a) Tensões normais segundo a NBR7190

As tensões solicitantes independem da espécie de madeira

$$\sigma_c = \sigma_t = 5{,}7 \text{ MPa}$$

b) Tensões normais segundo o EUROCODE 5

Módulo de deslizamento de 1 prego 140 × 64 em pinho-do-paraná

$$C_u = \frac{2}{3}\rho_k^{1{,}5}\frac{d}{20} = \frac{2}{3}(0{,}84 \times 580)^{1{,}5} \times \frac{6{,}4}{20} = 2294\frac{\text{N}}{\text{mm}}$$

Coeficiente γ_1 (Eq. (6.35))

$$\frac{1}{\gamma_1} = 1 + \frac{\pi^2 E A_1 s}{\ell^2 C} =$$

$$= 1 + \frac{\pi^2 \times 1522 \times 7{,}5 \times 30 \times 6{,}5}{850^2 \times 2 \times 22{,}94} = 1{,}66$$

Momento de inércia reduzido

$$I_r = \frac{2 \times 30 \times 7,5^3}{12} + \frac{10 \times 15^3}{12} +$$

$$+ \frac{2}{1,66} 7,5 \times 30 \times 11,25^2 = 39\ 231\ \text{cm}^4$$

$$I_r/I = 0,63$$

Tensões no flange

$$\sigma_1 = \frac{2000}{39\ 231} \times \frac{11,25}{1,66} = 0,35 \frac{\text{kN}}{\text{cm}^2} = 3,5\ \text{MPa}$$

$$\sigma_{m1} = \frac{2000}{39\ 231} \times 3,75 = 0,19 \frac{\text{kN}}{\text{cm}^2}$$

$$\sigma_1 + \sigma_{m_1} = 3,5 + 1,9 = 5,4\ \text{MPa}$$

c) *Conclusões*

Comparando os itens (*b*) dos Exemplos 6.5 e 6.4, verifica-se que a tensão normal média σ_1 no flange não é alterada pela deformabilidade da ligação (o fator $1/\gamma_1$, aplicado ao momento de inércia efetivo I_r praticamente restabelece o momento de inércia I da viga maciça); apenas a tensão σ_{m_1}, devida à flexão do flange, sofre alteração.

Vigas assimétricas de dois elementos. Na Fig. 6.27*c*, vê-se uma viga T, formada por dois elementos ligados por conexões deformáveis. A linha neutra (lugar dos pontos de tensão nula) não coincide com o eixo (*x-x*) que passa no centro de gravidade da viga composta.

O dimensionamento se faz calculando-se as tensões σ_1, σ_{m_1}, e σ_{m_2}, respectivamente com as Eqs. (6.31) a (6.33).

A tensão σ_2 é calculada com

$$\sigma_2 = \frac{M}{I_r} a_2 \tag{6.39}$$

onde $a_2 = \dfrac{\gamma_1 A_1 (h_1 + h_2)}{2(\gamma_1 A_1 + A_2)}$.

No cálculo de I_r com a Eq. (6.34) e de σ_2 (Eq. 6.39), o coeficiente γ_1 é obtido com a Eq. (6.35).

O cálculo do espaçamento das conexões pode ser feito com a Eq. (6.37).

A tensão máxima de cisalhamento na alma da viga é obtida aplicando-se, à parte inferior da seção, a fórmula clássica modificada:

$$\tau = \frac{VS_2}{b_2 I_r}, \tag{6.40}$$

onde S_2 = momento estático da área da alma abaixo da linha neutra *n-n*, referido à linha neutra *n-n*,

$$S_2 = \left(\frac{h_2}{2} + a_2\right)^2 \frac{b_2}{2}.$$

Exemplo 6.6 Uma viga T de pinho-do-paraná é formada por duas peças serradas com ligação pregada (2 pregos 140 × 64 — PB-58, a cada 6,5 cm) e vence um vão de 5 m. Para uma seção sujeita a um momento fletor igual a 20 kNm, calcular as tensões normais solicitantes segundo as formulações da NBR7190 e do EUROCODE 5.

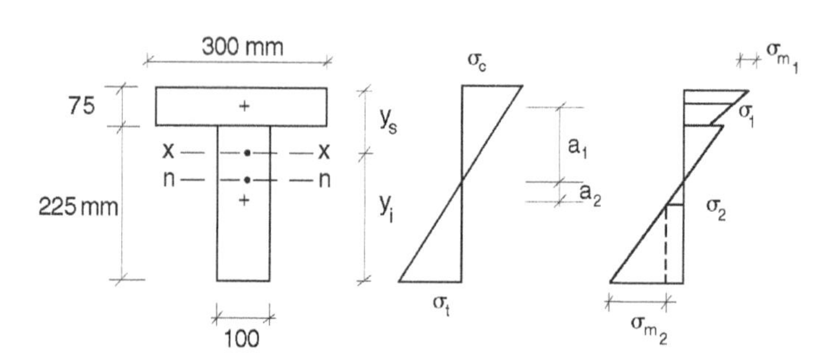

Solução

a) *Tensões normais segundo a NBR7190*

Posição do centróide da seção (eixo *x-x*)

$$y_s = \frac{7,5 \times 30 \times 3,75 + 10 \times 22,5 \times (11,25 + 7,5)}{7,5 \times 30 + 10 \times 22,5} =$$

$$= 11,25\ \text{cm}$$

$$y_i = 30 - 11,25 = 18,75\ \text{cm}$$

Momento de inércia da seção maciça em torno de x

$$I = \frac{30 \times 7,5^3}{12} + \frac{10 \times 22,5^3}{12} + 30 \times 7,5 \times 7,5^2 +$$

$$+ 10 \times 22,5 \times 7,5^2 = 35\ 859\ \text{cm}^4$$

Momento de inércia efetivo

$$I_r = 0,95I = 0,95 \times 35\ 859 = 34\ 066\ \text{cm}^4$$

Tensões normais

$$\sigma_c = \frac{M}{I_r} y_s = \frac{2000}{34\ 066} \times 11,25 = 0,66 \frac{\text{kN}}{\text{cm}^2} = 6,6\ \text{MPa}$$

$$\sigma_t = \frac{M}{I_r} y_i = \frac{2000}{34\ 066} \times 18,75 = 1,10 \frac{\text{kN}}{\text{cm}^2} = 11,0\ \text{MPa}$$

b) *Tensões normais segundo o EUROCODE 5*

Módulo de deslizamento de 1 prego 140 × 64 em pinho-do-paraná (a partir da Eq. (6.30))

$$C_u = \frac{2}{3}(0,84 \times 580)^{1,5} \times \frac{6,4}{20} = 2294\ \frac{\text{N}}{\text{mm}}$$

Coeficiente γ_1 (Eq. (6.35))

$$\frac{1}{\gamma_1} = 1 + \frac{\pi^2 \times 1522 \times 7,5 \times 30 \times 6,5}{500^2 \times 2 \times 22,94} = 2,91$$

Distâncias a_i entre os centros de cada peça e o eixo neutro n-n

$$a_2 = \frac{\gamma_1 A_1 (h_1 + h_2)}{2(\gamma_1 A_1 + A_2)} = \frac{0,34 \times 7,5 \times 30 \times 30}{2\,(0,34 \times 7,5 \times 30 + 22,5 \times 10)} =$$

$$= 3,8 \text{ cm}$$

$$a_1 = \frac{1}{2}(22,5 + 7,5) - 3,8 = 11,2 \text{ cm}$$

Momento de inércia reduzido

$$I_r = \frac{30 \times 75^3}{12} + \frac{10 \times 22,5^3}{12} + \frac{30 \times 7,5 \times 11,2^2}{2,91} +$$

$$+ 10 \times 22,5 \times 3,8^2 = 23\,495 \text{ cm}^4$$

Tensões normais

$$\sigma_1 = \frac{M}{I_r}\gamma_1 a_1 = \frac{2000}{23\,495} 0,34 \times 11,2 = 0,32 = 3,2 \text{ MPa}$$

$$\sigma_{m_1} = \frac{M}{I_r}\frac{h_1}{2} = \frac{2000}{23\,495} \times 3,75 = 0,32\frac{\text{kN}}{\text{cm}^2} = 3,2 \text{ MPa}$$

$$\sigma_2 = \frac{M}{I_r} a_2 = \frac{2000}{23\,495} \times 3,8 = 0,32\frac{\text{kN}}{\text{cm}^2} = 3,2 \text{ MPa}$$

$$\sigma_{m_2} = \frac{M}{I_r}\frac{h_2}{2} = \frac{2000}{23\,495} \times 11,25 = 0,96\frac{\text{kN}}{\text{cm}^2} = 9,6 \text{ MPa}$$

$$\sigma_1 + \sigma_{m_1} = 3,2 + 3,2 = 6,4 \text{ MPa}$$

$$\sigma_2 + \sigma_{m_2} = 3,2 + 9,6 = 12,8 \text{ MPa}$$

6.9. VIGAS COMPOSTAS COM ALMA DESCONTÍNUA PREGADA

6.9.1. DISPOSIÇÕES CONSTRUTIVAS

As vigas compostas com almas maciças contínuas, estudadas no item 6.8, têm suas alturas limitadas pelas dimensões comerciais das almas. Como as alturas das almas disponíveis se limitam a 30 cm ou 40 cm, vê-se que as alturas totais das vigas podem chegar a 50 cm ou 60 cm.

Quando se deseja construir vigas de maiores alturas com peças em madeira serrada, pode utilizar-se um sistema em que a alma consta de tábuas ou pranchas independentes (alma descontínua), pregadas nos flanges, como mostrado nas Figs. 6.28. Entretanto, com a implantação de indústrias de madeira laminada e colada, estas concepções tendem a ser substituídas por vigas I ou celulares com alma em placa de madeira compensada colada aos flanges, conforme mostrado na Fig. 6.31.

Na Fig. 6.28*a*, vê-se uma viga I, cuja alma é formada por duas camadas de tábuas de 2,5 cm de espessura e largura até 15 cm, pregadas nos flanges. As tábuas são inclinadas a 45°, ficando as duas camadas em direções ortogonais. A ligação é feita com pregos longos, trabalhando a corte duplo; desse modo, os esforços entre as camadas de tábuas são absorvidos pelos pregos dos flanges.

Na Fig. 6.28*b*, vê-se uma viga celular formada pelos flanges, ao lado dos quais são pregadas as tábuas inclinadas a 45°. As tábuas laterais são colocadas em direções paralelas nos dois planos, havendo mudança de direção no meio do vão. Pode-se também construir a viga celular com as tábuas em direções ortogonais nos dois planos (como indicado na viga I), porém neste caso desenvolve-se um momento de torção na viga celular, sendo preferível a solução apresentada na Fig. 6.28.

As vigas de alma descontínua não podem ser calculadas como vigas maciças. A sua estabilidade se baseia em sistema treliçado, no qual as tábuas inclinadas constituem diagonais e os flanges formam os banzos. Para completar o sistema de treliças, colocam-se montantes verticais, com espaçamento aproximadamente igual à altura das vigas. Nas vigas I, colocam-se os montantes nos lados; na viga celular, no interior da viga, entre as tábuas.

As vigas podem ser construídas com altura constante (banzos paralelos) ou com o banzo superior inclinado, aumentando a altura para o meio do vão.

A resistência dos banzos pode ser aumentada com reforços dos tipos indicados nas Figs. 6.29*a*, *b* e *c*.

6.9.2. CRITÉRIOS DE DIMENSIONAMENTO

As vigas de alma descontínua são dimensionadas por critérios aproximados. Para flexão, considera-se como seção resistente apenas as áreas dos flanges.

Para vigas I simétricas com contenção lateral contínua, tem-se, com a notação da Fig. 6.28,

$$\sigma_{cd} = \frac{M(a_1 + h_1/2)}{I} \leqslant f_{cd} \qquad (6.41a)$$

$$\sigma_{td} = \frac{M(a_1 + h_1/2)}{I} \leqslant f_{td} \qquad (6.41b)$$

onde $I \simeq 2A_1 a_1^2$.

Para vigas com contenção lateral descontínua, pode-se verificar a segurança à flambagem lateral com o mesmo critério indicado no item 6.6.3 para vigas I de madeira laminada colada.

O fluxo de cisalhamento na interface flange–alma, calculado com a expressão válida para seção "maciça" com apenas as áreas dos flanges, fornece

$$\phi = \frac{VA_1 a_1}{2A_1 a_1^2} = \frac{V}{2a_1} \qquad (6.42)$$

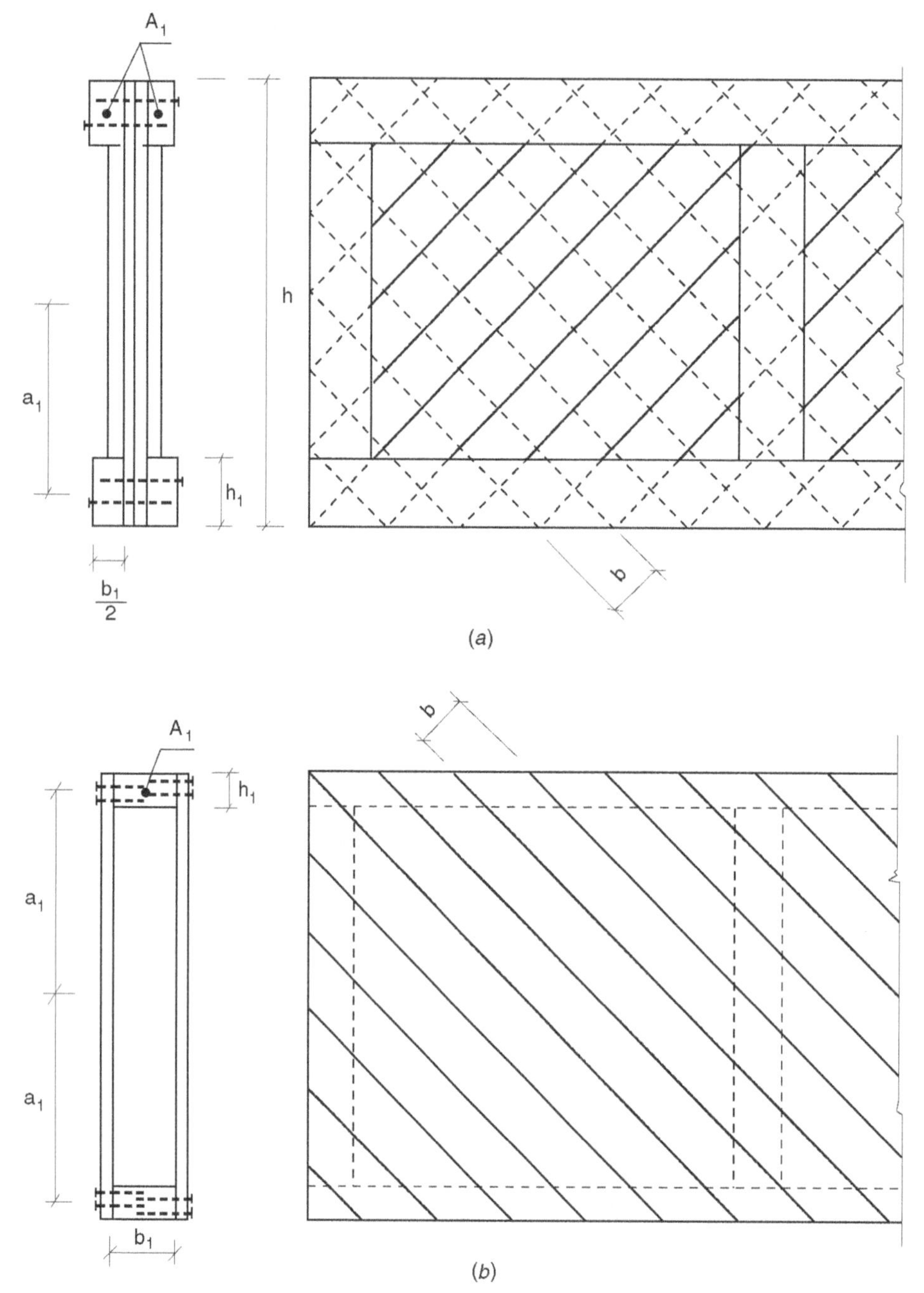

Fig. 6.28 Vigas pregadas com alma descontínua: (*a*) viga I com diagonais em direções perpendiculares; (*b*) viga celular com diagonais em direções paralelas; mudança de direção no meio da viga.

Esta expressão resulta também do modelo de treliça ilustrado na Fig. 6.30.

Para que o cálculo como sistema treliçado seja aplicável, limita-se a altura h_1 do flange a 15% da altura total da viga. As diagonais e suas ligações com os flanges são calculadas com os esforços cisalhantes horizontais produzidos pela variação dos momentos fletores. Pode-se exprimir ϕ em função dos esforços cortantes pela Eq. (6.42) sendo ϕ o esforço horizontal por unidade de comprimento da viga. Chamando de b a largura da tábua, o comprimento coberto pela mesma na direção da viga é $b\sqrt{2}$.

Na Fig. 6.30, vê-se a treliça ideal representativa da viga (Fig. 6.28*b*) (diagonais em direções paralelas). O esforço $F_2 - F_1$ aplicado no nó é equilibrado pela compressão no montante e pela tração na diagonal. O polígono de forças mostra que a tração na diagonal vale $(F_2 - F_1)\sqrt{2}$.

Na Fig. 6.30*b* vê-se a treliça com diagonais múltiplas. O esforço horizontal ϕ, por unidade de comprimento, é trans-

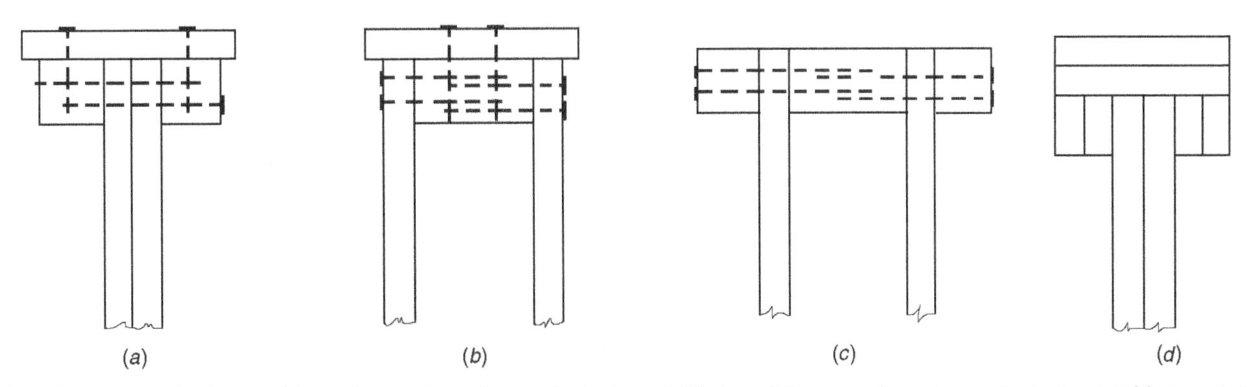

Fig. 6.29 Reforços dos banzos: (*a*) viga I com reforço de prancha horizontal; (*b*) viga celular com reforço de prancha horizontal; (*c*) viga celular com reforço lateral; (*d*) viga I com reforços superior e lateral.

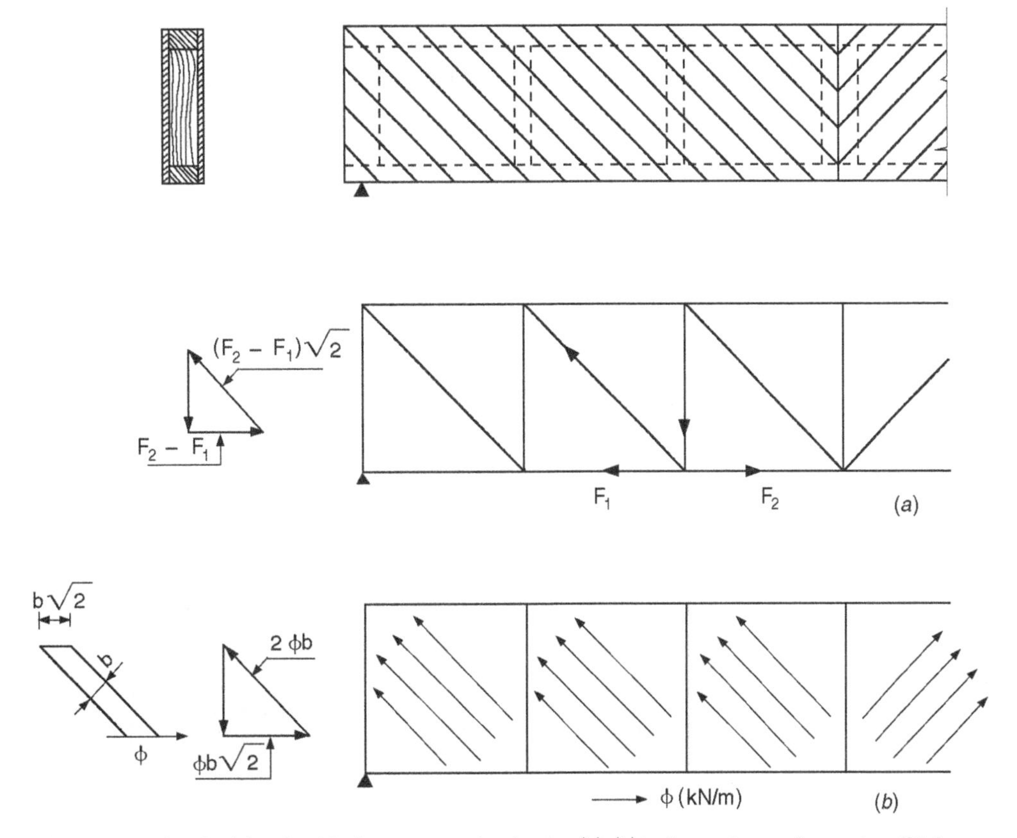

Fig. 6.30 Cálculo do sistema treliçado: (*a*) treliça ideal, representativa da viga (b); (*b*) treliça real, com diagonais múltiplas.

mitido aos pares de tábuas, cabendo a cada par o esforço horizontal $\phi b\sqrt{2}$. No polígono de forças, verifica-se que o esforço na direção da tábua vale, para um par de tábuas:

$$\phi b\sqrt{2} \cdot \sqrt{2} = 2\phi b.$$

As tábuas e as respectivas pregações são verificadas para o esforço por tábua

$$\phi \times b = Vb/2a_1. \quad (6.43)$$

As flechas da viga são calculadas com o momento de inércia, calculado apenas com as áreas dos flanges.

6.10. VIGAS COMPOSTAS COM PLACAS DE MADEIRA COMPENSADA COLADA

6.10.1. DISPOSIÇÕES CONSTRUTIVAS

Placas estruturais de madeira compensada são utilizadas para formar a alma de vigas, cujos flanges são constituídos de madeira laminada ou serrada. Na Fig. 6.31 aparecem exemplos de vigas compostas.

Os painéis de compensado são emendados com cola, sendo as juntas inclinadas (Fig. 6.31*c*). As ligações das almas com os flanges são também coladas. Devido à sua grande esbeltez, as placas da alma são providas de enrijecedores colados, situados em espaços regulares.

6.10.2. CRITÉRIOS DE CÁLCULO

No dimensionamento à flexão, considera-se apenas a contribuição dos flanges. Em face da rigidez da ligação colada, o momento de inércia é calculado como em peça maciça, desprezando-se apenas a área da alma. A alma de madeira compensada é verificada para a tensão de cisalhamento. A alma é enrijecida por meio de peças verticais coladas. Esses enrijecedores impedem a flambagem da alma e distribuem as cargas concentradas. As vigas descritas são utilizadas em vãos de até 30 m.

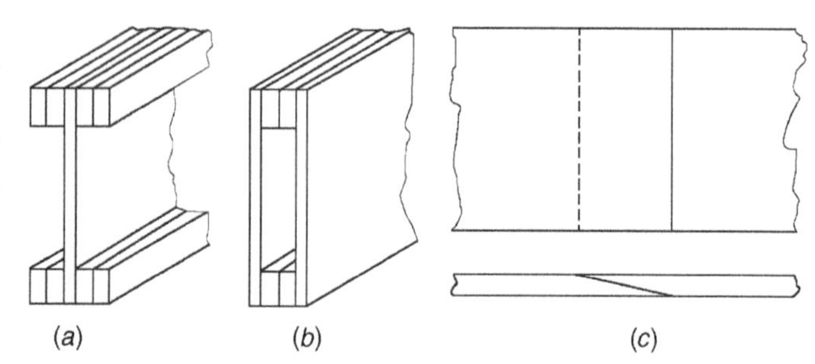

Fig. 6.31 Vigas compostas com placas de madeira compensada: (*a*) viga I com flanges de madeira laminada; (*b*) viga celular com flanges de madeira serrada; (*c*) emenda colada na alma de madeira compensada.

6.11. PROBLEMAS RESOLVIDOS

6.11.1.

Uma viga de 7,5 cm × 15 cm de pinho-do-paraná de 2.ª categoria trabalha sob carga distribuída acidental de longa duração em ambiente de Classe 2 de umidade. Determinar o valor da máxima carga q a ser aplicada, considerando as limitações de tensões e de deformações. Supõe-se a viga contraventada, de modo a evitar flambagem lateral.

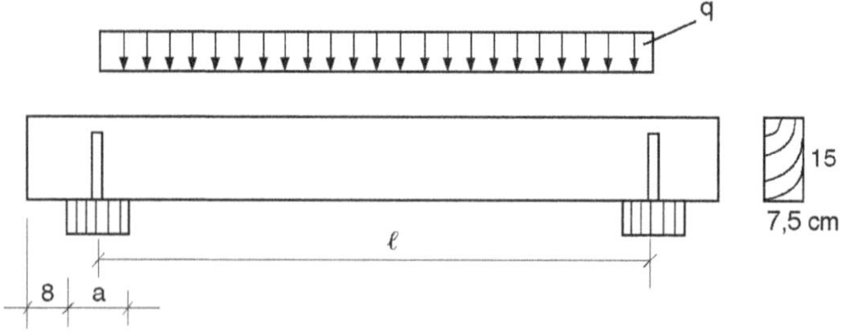

Fig. Probl. 6.11.1 Cálculo da carga máxima de uma viga de madeira, para diversos valores do vão ℓ. Supõe-se a viga escorada lateralmente nos apoios e contraventada de modo a impedir flambagem lateral.

Solução

a) *Tensões resistentes e módulo de elasticidade para as condições do problema*

$$k_{\text{mod}} = 0{,}70 \times 1{,}0 \times 0{,}80 = 0{,}56$$

$$f_{td} = \frac{0{,}56 \times 0{,}70 \times 93{,}1}{1{,}8} = 20{,}2 \text{ MPa}$$

$$f_{cd} = \frac{0{,}56 \times 0{,}70 \times 40{,}9}{1{,}4} = 11{,}4 \text{ MPa}$$

$$f_{vd} = \frac{0{,}56 \times 0{,}54 \times 8{,}8}{1{,}8} = 1{,}48 \text{ MPa}$$

$$E_c = 15\,225 \text{ MPa}$$

$$E_{c\,\text{ef}} = 0{,}56 \times 15\,225 = 8526 \text{ MPa}$$

b) *Limitação de tensões de flexão na seção do meio do vão (Eq. (6.2c))*

$$\sigma_d = \frac{q_d\,\ell^2}{8}\frac{6}{bh^2} = \frac{3}{4}\frac{q_d\,\ell^2}{7{,}5 \times 15^2} \leq 1{,}14\frac{\text{kN}}{\text{cm}^2}$$

$$q_d\,\ell^2 \leq 2565 \text{ kNcm}$$

c) *Limitações de tensões de cisalhamento na seção do apoio (Eqs. (6.4) e (6.5))*

$$V_d = q_d\frac{\ell}{2}$$

$$\tau_d = \frac{3}{2}\frac{V_d}{bh} = \frac{3}{4}\frac{q_d\,\ell}{7{,}5 \times 15} \leq 0{,}15 \text{ kN/cm}^2$$

$$q_d\,\ell \leq 22{,}5 \text{ kN}$$

d) *Limitação de deslocamentos (flechas) no meio do vão (Tabela 3.18)*

Flecha instantânea

$$\delta = \frac{5}{384}\frac{q\ell^4}{E_c I} = \frac{5}{384}\frac{q\ell^4}{1522{,}5 \times 7{,}5 \times 15^3/12} =$$
$$= 4{,}05 \times 10^{-9}\, q\ell^4$$

Flecha total (Eq. (3.16) e Tabela 3.17)

$$\delta_t = \delta(1 + \varphi) = 4{,}05 \times 10^{-9}\, q\ell^4\,(1 + 0{,}8) \leq \frac{\ell}{200}$$

$$q\ell^3 \leq 685\ 125 \text{ kN cm}^2$$

Alternativamente o cálculo pode ser feito com o módulo de elasticidade efetivo $E_{c,ef}$ (Eq. (3.23))

$$\delta_t = \frac{5}{384}\frac{q\ell^4}{E_{c\,ef} I} = \frac{5}{384}\frac{q\ell^4}{852{,}6 \times 2109} =$$
$$= 7{,}24 \times 10^{-9}\, q\ell^4 \leq \frac{\ell}{200}$$

onde $E_{c\,ef} \approx \dfrac{E_c}{1+\varphi}$

e) *Faixas de valores de ℓ em que os critérios de limitações de tensões e deslocamentos são determinantes*

Pode-se inicialmente determinar o valor crítico de ℓ, para o qual as condições de limitação de tensão de flexão e de flecha produzem a mesma carga q. Admitindo-se o coeficiente de majoração da carga q igual a 1,4 (Tabela 3.6), tem-se:

$$q = \frac{2565}{1{,}4\ell^2} = \frac{685\,125}{\ell^3} \therefore \ell = 373 \text{ cm}$$

Para vãos teóricos maiores que 3,73 m o estado limite de deformação excessiva é determinante.

O valor crítico de ℓ para o qual as condições de limitação de tensões de flexão e de cisalhamento produzem a mesma carga é dado por:

$$q = \frac{2565}{1{,}4\ell^2} = \frac{22{,}5}{1{,}4\ell} \therefore \ell = 114 \text{ cm}$$

Para vãos inferiores a 1,14 m a máxima carga q é determinada pela limitação da tensão cisalhante.

f) *Valores máximos de q para alguns vãos ℓ*

ℓ (cm)	$q_{máx}$ (kN/m) para limitação de τ	σ	δ
100	16,1	18,3	38,4
200	8,0	4,6	4,8
400	5,6	1,6	1,1

Os valores sublinhados são os valores determinantes da carga q máxima. Como os vãos situam-se nas diferentes faixas calculadas no item (e), a carga máxima é determinada por critérios diferentes em cada caso: para viga curta, $q_{máx}$ é determinada pela limitação de tensão cisalhante; para viga média, pela limitação de tensão normal de flexão; e para viga longa, pelo estado limite de deformação excessiva.

6.11.2.

A viga do Problema Resolvido 6.11.1, com vão ℓ = 1,00 m, apresenta um entalhe de 3 cm na face inferior, sobre o apoio (ver Fig. 6.7*a*). Calcular a carga uniforme máxima da viga.

Solução

Pelos cálculos do Probl. 6.11.1, verifica-se que a carga máxima é determinada pelo esforço cortante. O esforço cortante no apoio vale:

$$V = q\frac{\ell}{2} = 50q \ (q \text{ em kN/cm})$$

A tensão de cisalhamento é calculada com a Eq. (6.6*a*):

$$\tau = \frac{3}{2}\frac{V}{bh'}\frac{h}{h'} = \frac{3}{2}\frac{50q}{7{,}5 \times 12}\frac{15}{12} = 1{,}04q$$

$$\tau_d = 1{,}4\tau = 1{,}46q$$

Igualando-se o valor acima à tensão resistente (f_{vd} = 0,148 kN/cm²), obtém-se o valor máximo da carga q:

$$q_{máx} = \frac{0{,}148}{1{,}46} = 0{,}101\frac{\text{kN}}{\text{cm}} = 10{,}1\frac{\text{kN}}{\text{m}}$$

Sem o entalhe a carga $q_{máx}$ seria igual a 16,1 kN/m (ver item (*f*) do Problema Resolvido 6.11.1).

6.11.3.

Uma viga roliça de madeira de eucalipto (*Eucalyptus citriodora*), com diâmetro d = 25 cm (aproximadamente constante), é empregada como viga biapoiada de vão ℓ = 3 m, sujeita a uma carga permanente (de pequena variabilidade) uniformemente distribuída g = 9 kN/m. Verificar a segurança da viga trabalhando em ambiente de umidade Classe 2.

Solução

a) *Propriedades mecânicas do eucalipto nas condições do problema:*

$$k_{mod} = 0{,}60 \times 1{,}0 \times 0{,}8 = 0{,}48$$

$$f_{cd} = 0{,}48 \times 0{,}70 \times \frac{62{,}0}{1{,}4} = 14{,}9 \text{ MPa}$$

$$f_{td} = 0{,}48 \times 0{,}70 \times \frac{123{,}6}{1{,}8} = 23{,}1 \text{ MPa}$$

$$f_{vd} = 0{,}48 \times 0{,}54 \times \frac{10{,}7}{1{,}8} = 1{,}54 \text{ MPa}$$

$$E_{c\,ef} = 0{,}48 \times 18\,421 = 8842 \text{ MPa}$$

b) *Propriedades geométricas das seções*
Módulo resistente da seção circular:

$$W = \frac{\pi d^3}{32} = \frac{\pi \times 25^3}{32} = 1534 \text{ cm}^3$$

Momento de inércia da seção circular:

$$I = \frac{\pi d^4}{64} = \frac{\pi \times 25^4}{64} = 19\,175 \text{ cm}^4$$

Momento de inércia da seção quadrada de mesma área da seção circular:

$$I = 0{,}0514d^4 = 0{,}0514 \times 25^4 = 20\,078 \text{ cm}^4$$

Momento estático do semicírculo em relação ao diâmetro:

$$S = \frac{d^3}{12} = \frac{25^3}{12} = 1302 \text{ cm}^3$$

Lado do quadrado de mesma área que a seção circular:

$$h = 0{,}886d = 0{,}886 \times 25 = 22 \text{ cm.}$$

c) *Esforços solicitantes*
Momento fletor na seção do meio do vão:

$$M = \frac{q\ell^2}{8} = 9 \times \frac{3^2}{8} = 10{,}1 \text{ kNm}$$

Esforço cortante na seção do apoio:

$$V = q\frac{\ell}{2} = 9 \times \frac{3}{2} = 13{,}5 \text{ kN}$$

d) *Tensão de flexão na seção do meio do vão*

$$\sigma_d = \frac{M_d}{W} = \frac{1{,}3 \times 1010}{1\,534} = 0{,}86 \text{ kN/cm}^2 < f_{cd}$$

e) *Tensão cisalhante no centro de gravidade da seção*
Na seção circular, a tensão cisalhante vale:

$$\tau = \frac{VS}{bI} = \frac{13{,}5 \times 1302}{25 \times 19\,175} = 0{,}037 \text{ kN/cm}^2$$

$$\tau_d = 1{,}3 \times 0{,}037 = 0{,}048 \text{ kN/cm}^2 < f_{vd}$$

Na seção quadrada de mesma área que a seção circular, a tensão de cisalhamento é dada por:

$$\tau = \frac{3}{2}\frac{V}{bh} = \frac{3}{2}\frac{13{,}5}{22 \times 22} = 0{,}042 \text{ kN/cm}^2$$

f) *Flecha*
O cálculo da flecha pode ser feito considerando-se a seção retangular de mesma área. O módulo de elasticidade é tomado igual a $E_{c\,ef}$ para o cálculo da flecha total com a equação da teoria elástica:

$$\delta_t = \frac{5}{384}\frac{q\ell^4}{EI} = \frac{5}{384}\frac{0{,}09 \times 300^4}{884{,}2 \times 20\,078} = 0{,}53 \text{ cm}$$

Flecha limite:

$$\delta = \frac{\ell}{200} = \frac{300}{200} = 1{,}5 \text{ cm} > 0{,}53 \text{ cm.}$$

g) *Verificação da estabilidade lateral*
As vigas de seção circular não sofrem redução de tensões resistentes, por efeito de flambagem lateral.

6.11.4.

Repetir o Problema Resolvido 6.11.3, admitindo que o diâmetro da peça varie de 24 cm em uma das extremidades a 14 cm na outra.

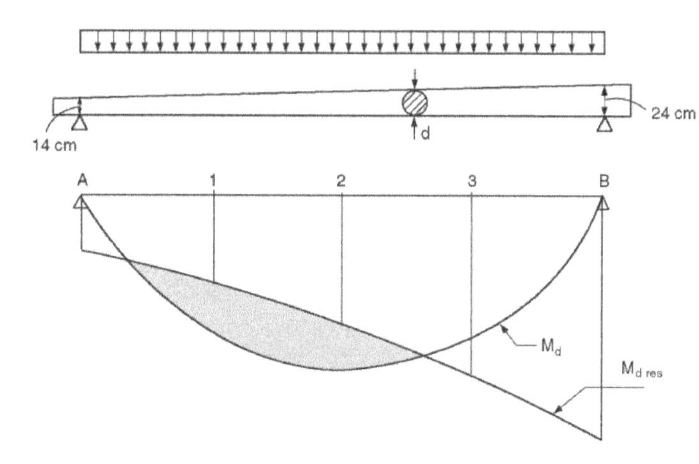

Fig. Probl. 6.11.4

Solução

a) *Verificação à flexão*
O momento resistente de projeto é dado neste caso de seção simétrica e madeira com $f_{cd} < f_{td}$ por

$$M_{d\,res} = Wf_{cd}$$

O momento solicitante de projeto para a carga uniformemente distribuída vale, em cada seção:

$$M_d = \frac{q_d\ell^2}{2}\left(\frac{x}{\ell} - \frac{x^2}{\ell^2}\right)$$

sendo
x = distância entre o apoio e a seção onde se calcula o momento.

Dividindo-se o vão em quatro partes, têm-se, em cada seção, os momentos solicitantes e resistentes vistos no quadro.

Seção	x (cm)	d (cm)	W (cm^3)	$M_{d\,res}$ (kNm)	M_d (kNm)
A	0	14	269	4,01	0
1	75	16,5	441	6,57	9,85
2	150	19	673	10,0	13,2
3	225	21,5	976	14,5	9,85
B	300	24	1357	20,2	0

No entorno das seções 1 e 2, o momento fletor solicitante é maior que o resistente.

b) *Tensão cisalhante*

Lado do quadrado de mesma área da seção circular

$$h = 0{,}886d = 0{,}886 \times 14 = 12{,}4 \text{ cm}$$

Esforço cortante de projeto na seção do apoio:

$$V_d = 1{,}3 \times 9 \times \frac{3}{2} = 17{,}5 \text{ kN}$$

Momento estático do semicírculo em relação ao diâmetro:

$$S = d^3/12 = 14^3/12 = 229 \text{ cm}^3$$

Momento de inércia da seção:

$$I = \pi d^4/64 = \pi \times 14^4/64 = 1886 \text{ cm}^4$$

Tensão cisalhante de projeto no centro de gravidade da seção:

$$\tau_d = \frac{V_d S}{b\,I} = \frac{17{,}5 \times 229}{14 \times 1886} = 0{,}15 \text{ kN/cm}^2$$
$$< f_{vd} = 0{,}154 \text{ kN/cm}^2$$

Tensão cisalhante calculada com a seção retangular equivalente:

$$\tau_d = \frac{3}{2}\,\frac{17{,}5}{12{,}4 \times 12{,}4} = 0{,}17 \text{ kN/cm}^2$$

c) *Flecha*

O cálculo aproximado da flecha é feito considerando-se uma seção constante, com o diâmetro da seção a 1/3 do vão, no lado mais fino (d = 17,3 cm).

Momento de inércia da seção retangular de mesma área que a seção circular:

$$I = 0{,}0514d^4 = 0{,}0514 \times 17{,}3^4 = 4604 \text{ cm}^4$$

Flecha total:

$$\delta_t = \frac{5}{384}\,\frac{q\ell^4}{EI} = \frac{5}{384}\,\frac{0{,}09 \times 300^4}{884{,}2 \times 4604} = 2{,}33 \text{ cm}$$

Flecha limite:

$$\frac{\ell}{200} = \frac{300}{200} = 1{,}50 \text{ cm}$$

A flecha calculada é maior que a flecha limite.

d) *Conclusão*

A viga considerada não tem dimensões suficientes para suportar a carga do problema.

6.11.5.

Verificar a estabilidade de uma viga de Jatobá de 2.ª categoria, em ambiente com umidade relativa do ar média igual a 70%, de seção retangular, serrada, 18 × 36 cm, com vão de 5 m, para cargas:

permanente	g = 2,5 kN/m
variável	q = 7,5 kN/m

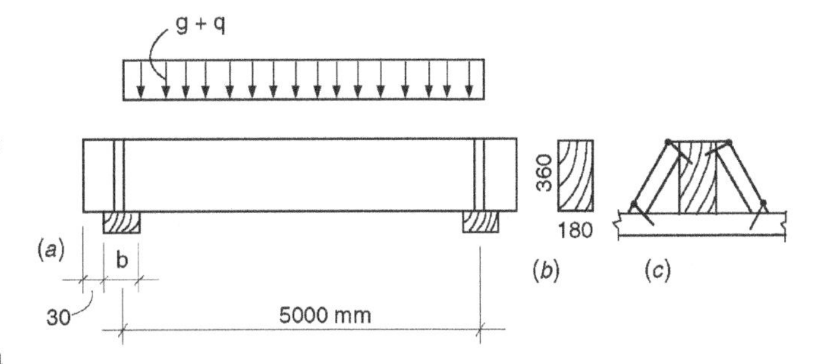

Fig. Probl. 6.11.5 Verificação da estabilidade de uma viga de seção retangular: (*a*) esquema da viga; (*b*) seção transversal; (*c*) contenção lateral nos apoios.

Solução

a) *Propriedades mecânicas do Jatobá nas condições de serviço especificadas*

Para Classe 2 de umidade e combinações normais de ações tem-se:

$$k_{mod} = 0{,}70 \times 1{,}0 \times 0{,}80 = 0{,}56$$
$$f_{cd} = 0{,}56 \times 0{,}70 \times 93{,}3/1{,}4 = 26{,}1 \text{ MPa}$$
$$f_{td} = 0{,}56 \times 0{,}70 \times 157{,}5/1{,}8 = 34{,}3 \text{ MPa}$$
$$f_{vd} = 0{,}56 \times 0{,}54 \times 15{,}7/1{,}8 = 2{,}64 \text{ MPa}$$
$$E_c = 23\,607 \text{ MPa}$$

b) *Propriedades geométricas da seção*

Área da seção:

$$A = 18 \times 36 = 648 \text{ cm}^2$$

Módulo resistente da seção:

$$W = bh^2/6 = 18 \times 36^2/6 = 3888 \text{ cm}^3$$

Momento de inércia da seção:

$$I = bh^3/12 = 18 \times 36^3/12 = 69\ 984\ \text{cm}^4.$$

c) *Combinação normal de ações em estados limites de projeto*

$$1{,}4 \times 2{,}5 + 1{,}4 \times 7{,}5 = 14\ \text{kN/m}.$$

d) *Esforços solicitantes de projeto*

Momento fletor na seção do meio do vão:

$$M_d = 14{,}0 \times 5^2/8 = 43{,}8\ \text{kNm}$$

Esforço cortante na seção do apoio

$$V_d = 14{,}0 \times \frac{5}{2} = 35\ \text{kN}.$$

e) *Tensões de flexão*

$$\sigma_{cd} = \sigma_{td} = \frac{M_d}{W} = \frac{4380}{3888} = 1{,}13\ \frac{\text{kN}}{\text{cm}^2} = 11{,}3\ \text{MPa}$$

Condição de dispensa de verificação de tensões de flexão com flambagem lateral (NBR7190), Eq. (6.13)

$$\frac{\ell_1}{b} = \frac{500}{18} = 27{,}8 < \frac{E_{c\,\text{ef}}}{\beta\, f_{cd}} = \frac{23\ 607 \times 0{,}56}{8{,}8 \times 26{,}1} = 57{,}6$$

Atendida a condição, as tensões σ_{cd} e σ_{td} são comparadas, respectivamente, às tensões resistentes f_{cd} e f_{td}

$$\sigma_{td} = \sigma_{cd} = 11{,}3\ \text{MPa} < f_{cd} = 26{,}1\ \text{MPa}$$

f) *Tensão cisalhante na seção do apoio*

$$\tau_d = \frac{3}{2}\frac{V_d}{bh} = \frac{3}{2}\frac{35}{18 \times 36} = 0{,}081\ \text{kN/cm}^2 = $$
$$= 0{,}8\ \text{MPa} < f_{vd}$$

g) *Flecha*

Para combinação de ações de longa duração em estado limite de utilização (Eq. (3.24*a*)) garantem-se as condições de uso normal da construção e seu aspecto estético. Tem-se então:

$$G + \psi_2 Q = 2{,}5 + 0{,}2 \times 7{,}5 = 4{,}0\ \text{kN/m}$$

$$\delta_t = \frac{5}{384}\frac{q\ell^4}{E_{c\,\text{ef}} I} = \frac{5}{384}\frac{0{,}04 \times 500^4}{(0{,}56 \times 2361) \times 69\ 984} =$$
$$= 0{,}35\ \text{cm}$$

$$\delta_{\lim} = \frac{500}{200} = 2{,}5\ \text{cm} > \delta_t$$

h) *Apoios*

Reação de apoio de projeto: $R_d = 14{,}0 \times 2{,}5 = 35$ kN

Tensão resistente à compressão normal às fibras

$$f_{cnd} = 0{,}25 f_{cd} = 0{,}25 \times 26{,}1 = 6{,}53\ \text{MPa}$$

para largura b do apoio maior ou igual a 15 cm.

Largura necessária da área de apoio

$$b_{\text{nec}} = \frac{35}{0{,}65 \times 18} = 3{,}0\ \text{cm}.$$

A largura de apoio adotada depende da peça onde a mesma se apóia, variando, em geral, entre 5 cm e 15 cm.

Estando o apoio a uma distância superior a 7,5 cm, da extremidade da viga, a tensão resistente pode ser majorada pelos coeficientes (α_n) da Tabela 3.19. No caso deste exemplo esta distância é igual a 3,0 cm (ver Fig. Probl. 6.11.5) e não há majoração de f_{cnd}.

6.11.6.

Uma escora de madeira de 75 × 150 mm de pinho-do-paraná está apoiada sobre um calço de Jatobá de 1.ª categoria com as dimensões mostradas na figura. Verificar a resistência da peça de apoio para uma carga vertical de longa duração $N = 50$ kN. Classe 2 de umidade.

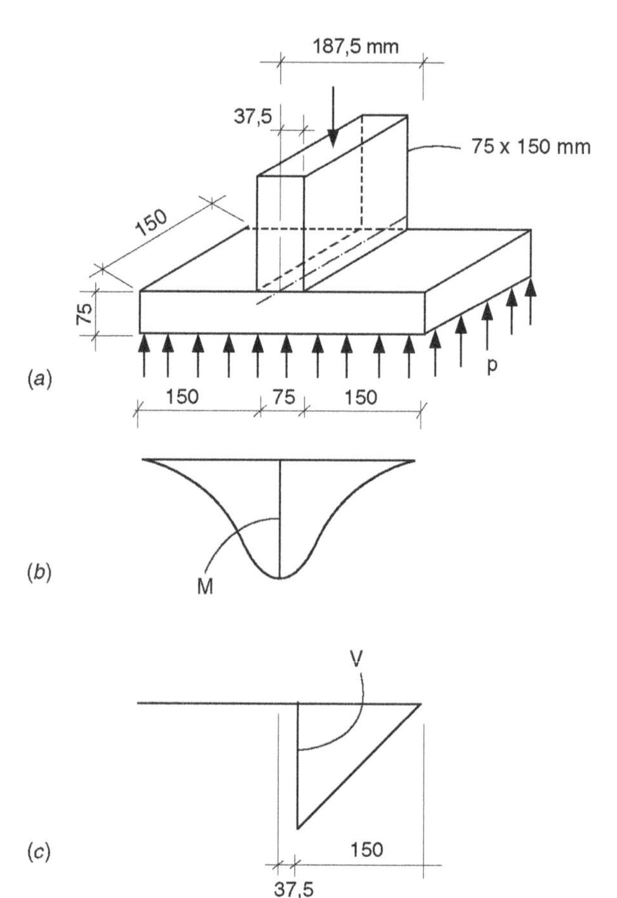

Fig. Probl. 6.11.6 Resistência a flexão e cisalhamento de uma peça de apoio em madeira de lei (Jatobá): (*a*) esquema de peça de apoio; (*b*) diagrama de momentos fletores; (*c*) diagrama de esforços cortantes.

Solução

a) *Tensões resistentes*

$$k_{\text{mod}} = 0{,}70 \times 1{,}0 \times 1{,}0 = 0{,}70$$

$$f_{cd} = 0{,}70 \times 0{,}70 \times 93{,}3/1{,}4 = 32{,}6 \text{ MPa}$$

$$f_{vd} = 0{,}70 \times 0{,}54 \times 15{,}7/1{,}8 = 3{,}30 \text{ MPa}$$

$$f_{cnd} = 0{,}25 f_{cd}\, \alpha_n = 0{,}25 \times 32{,}6 \times 1{,}15 = 9{,}37 \text{ MPa}$$

b) *Solicitações*

Admitindo-se a peça de madeira apoiada em alvenaria com tensão uniforme, a pressão da alvenaria no calço de madeira vale:

$$p = \frac{50}{15 \times 37{,}5} = 0{,}089 \text{ kN/cm}^2.$$

O momento fletor máximo vale:

$$M = \frac{50}{2}\left(\frac{18{,}75}{2} - \frac{3{,}75}{2}\right) = 187{,}5 \text{ kNcm}.$$

Esforço cortante na face do apoio:

$$V = 0{,}089 \times 15 \times 15 = 20{,}0 \text{ kN}$$

c) *Tensão de flexão de projeto*:

$$\sigma_d = \frac{M_d}{W} = \frac{6M_d}{bh^2} = \frac{6 \times 1{,}4 \times 187{,}5}{15 \times 7{,}5^2} = 1{,}86 \text{ kN/cm}^2 = 18{,}6 \text{ MPa} < f_{cd}$$

d) *Tensão de cisalhamento de projeto*:

$$\tau_d = \frac{3}{2}\frac{V_d}{bh} = \frac{3}{2}\frac{1{,}4 \times 20}{15 \times 7{,}5} = 0{,}37 \text{ kN/cm}^2 = 3{,}7 \text{ MPa} > f_{vd}$$

e) *Tensão de compressão normal às fibras*

$$\sigma_{cnd} = \frac{1{,}4 \times 50}{7{,}5 \times 15} = 0{,}62 \text{ kN/cm}^2 = 6{,}2 \text{ MPa} < f_{cnd}$$

Comparando-se estes resultados, verifica-se que a carga máxima na escora é determinada pela tensão de cisalhamento. Obtém-se:

$$N_{\text{máx}} = \frac{3{,}3}{3{,}7}\, 50 = 44{,}6 \text{ kN}.$$

6.11.7.

Elaborar uma tabela que forneça a carga máxima de projeto p_d (estado limite último) e a carga máxima p no estado limite de utilização, em função do vão ℓ, para vigas de seção retangular ($b \times h$) nas seguintes condições:

— madeira de 2.ª categoria com tensões resistentes características f_{ck}, f_{vk};
— combinação normal de ações (permanente + variável);
— Classe 2 de umidade;
— flecha máxima = $\ell/200$;
— carga p uniformemente distribuída;
— contraventamento lateral contínuo.

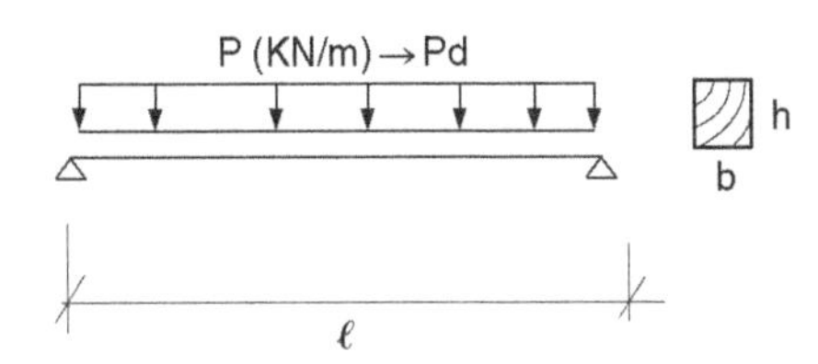

Fig. Probl. 6.11.7

Solução

a) *Propriedades mecânicas*

$$k_{\text{mod}} = 0{,}56$$

$$f_{cd} = 0{,}56 \times f_{ck}/1{,}4 = 0{,}40\, f_{ck}$$

$$f_{vd} = 0{,}56 \times f_{vk}/1{,}8 = 0{,}31\, f_{vk}$$

$$E_{c\,\text{ef}} = 0{,}56\, E_c$$

b) *Combinação normal (longa duração) das ações g (permanente) e q (acidental em edificações residenciais)*

Estado limite último (Eq. (3.20*d*))

$$p_d = \gamma_g\, g + \gamma_q\, q$$

Estado limite de utilização (Eq. (3.24*a*))

$$p = g + \psi_2\, q = g + 0{,}2q$$

c) *Limitação de tensões de cisalhamento na seção do apoio*

$$\tau_d = \frac{3}{2}\, p_d\, \frac{\ell}{2}\, \frac{1}{b \times h} < f_{vd}$$

$$p_d < f_{vd}\, bh\, \frac{4}{3\ell} \quad \text{(kN, cm)}$$

d) *Limitação de tensões de flexão na seção do meio do vão*

Considera-se que $f_{td} \geqslant f_{cd}$

$$\sigma_{td} = \sigma_{cd} = p_d\, \frac{\ell^2}{8}\, \frac{6}{bh^2} < f_{cd}$$

$$p_d < f_{cd}\, bh^2\, \frac{8}{6\ell^2}$$

e) *Limitação da flecha no meio do vão*

$$\delta = \frac{5}{384}\,\frac{p\ell^4}{E_{c\,ef}\,bh^3/12} < \frac{\ell}{200}$$

$$p < \frac{384E_{c\,ef}\,bh^3}{5 \times 12 \times 200\,\ell^3}$$

f) *Resultados*

As Tabelas A.7.1 a A.7.4 resultaram da aplicação das condições (c), (d) e (e) para madeiras de diversas Classes de Resistência da NBR7190 (ver Tabelas 3.14 e 3.15). Para uso das Tabelas A.7.1 a A.7.4, ver o Exemplo 6.1, item 6.5.3.

6.11.8.

Verificar a resistência da terça de telhado em pinho-do-paraná ilustrada na figura, em ambiente de Classe 2 de umidade, sendo a combinação das cargas normal.

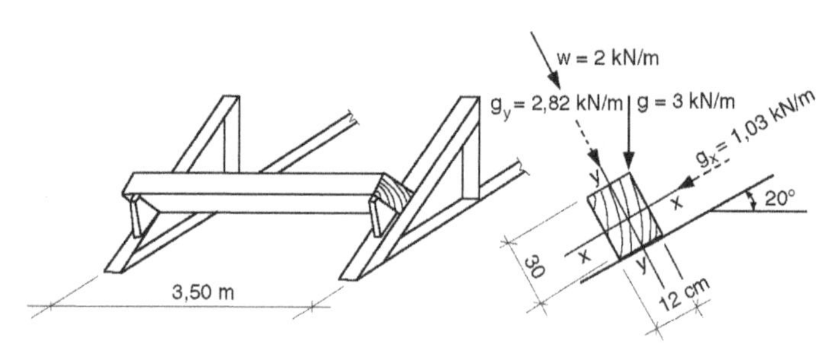

Fig. Probl. 6.11.8 Verificação da estabilidade de uma terça de telhado, sujeita à flexão em dois planos.

Solução

a) *Propriedades mecânicas de pinho-do-paraná nas condições do problema*

$$k_{mod} = 0{,}56$$

$$f_{cd} = 11{,}4 \text{ MPa}$$

$$f_{vd} = 1{,}48 \text{ MPa}$$

$$E_{c\,ef} = 8526 \text{ MPa (cargas de longa duração)}$$

b) *Combinação normal de ações no estado limite último*

Na direção x:

$$q_{xd} = 1{,}4g_x = 1{,}4 \times 1{,}03 = 1{,}44 \text{ kN/m}$$

Na direção y:

$$q_{yd} = 1{,}4g_y + 0{,}75 \times 1{,}4w = $$
$$= 1{,}4 \times 2{,}82 + 0{,}75 \times 1{,}4 \times 2 = 6{,}05 \text{ kN/m}$$

c) *Combinação de ações de longa duração no estado limite de utilização*

$$q_x = 1{,}03 \text{ kN/m}$$

$$q_y = g_y + \psi_2\, w = 2{,}82 + 0 \times 2 = 2{,}82 \text{ kN/m}$$

d) *Propriedades geométricas da seção da peça*

$b = 12$ cm $h = 30$ cm $\quad A = 12 \times 30 = 360$ cm^2

$$W_x = 12 \times 30^2/6 = 1800 \text{ cm}^3$$
$$W_y = 30 \times 12^2/6 = 720 \text{ cm}^3$$
$$I_x = 12 \times 30^3/12 = 27\,000 \text{ cm}^4$$
$$I_y = 30 \times 12^3/12 = 4320 \text{ cm}^4$$

e) *Solicitações atuantes máximas de projeto e flechas máximas*

$$M_{xd} = q_{yd}\,\frac{\ell^2}{8} = 6{,}05 \times \frac{3{,}5^2}{8} = 9{,}26 \text{ kNm}$$

$$M_{yd} = q_{xd}\,\frac{\ell^2}{8} = 1{,}44 \times \frac{3{,}5^2}{8} = 2{,}20 \text{ kNm}$$

$$V_{yd} = q_{yd}\,\frac{\ell}{2} = 6{,}05 \times \frac{3{,}50}{2} = 10{,}6 \text{ kN}$$

$$V_{xd} = q_{xd}\,\frac{\ell}{2} = 1{,}44 \times \frac{3{,}50}{2} = 2{,}52 \text{ kN}$$

$$\delta_y = \frac{5}{384}\,\frac{\ell^4}{EI_x}\,q_y =$$

$$= \frac{5}{384}\,\frac{350^4}{852{,}6 \times 27\,000}0{,}0282 = 0{,}24 \text{ cm}$$

$$\delta_x = \frac{5}{384}\,\frac{\ell^4}{EI_y}\,q_x =$$

$$= \frac{5}{384}\,\frac{350^4}{852{,}6 \times 4320}0{,}0103 = 0{,}54 \text{ cm}$$

f) *Verificação de tensões e flecha*

Tensões normais

$$\sigma_{xd} = \frac{926}{1800} = 0{,}51\,\frac{\text{kN}}{\text{cm}^2} \qquad \sigma_{yd} = \frac{220}{720} = 0{,}31\,\frac{\text{kN}}{\text{cm}^2}$$

Condição de dispensa de verificação da tensão σ_{xd} de flexão em torno do eixo x com flambagem lateral (Eq. (6.13) para $h/b = 2{,}5$):

$$\frac{\ell_1}{b} = \frac{350}{12} = 29 < \frac{E_{c\,ef}}{\beta_M\,f_{cd}} = \frac{8526}{10{,}6 \times 11{,}4} = 70{,}9$$

Atendida esta condição verifica-se a segurança quanto à flexão oblíqua (Eqs. (6.15) e (6.16)):

$$\frac{\sigma_{xd}}{f_{cd}} + 0{,}5\frac{\sigma_{yd}}{f_{cd}} = \frac{5{,}1}{11{,}4} + 0{,}5\frac{3{,}1}{11{,}4} = 0{,}58 < 1$$

Tensões cisalhantes

$$\tau_d = \frac{3}{2}\frac{\sqrt{V_{xd}^2 + V_{yd}^2}}{bh} = \frac{3}{2}\frac{\sqrt{10,6^2 + 2,52^2}}{360} = 0,045\frac{\text{kN}}{\text{cm}^2} =$$

$$= 0,45 \text{ MPa} < f_{vd}$$

Flechas

$$\delta = \sqrt{\delta_x^2 + \delta_y^2} = \sqrt{0,24^2 + 0,54^2} =$$

$$= 0,59 \text{ cm} < \frac{\ell}{200} = 1,75 \text{ cm}$$

6.11.9.

Uma diagonal de treliça de 7,5 cm × 23 cm de pinho brasileiro de segunda categoria, em ambiente de umidade Classe 2, está sujeita à tração com uma excentricidade de 5 cm produzida por excentricidade nos nós da treliça. Determinar o maior esforço de tração oriundo de carga de longa duração que a madeira pode absorver. Considerar a seção líquida com dois furos de diâmetro d = 27 mm, como indicado na figura.

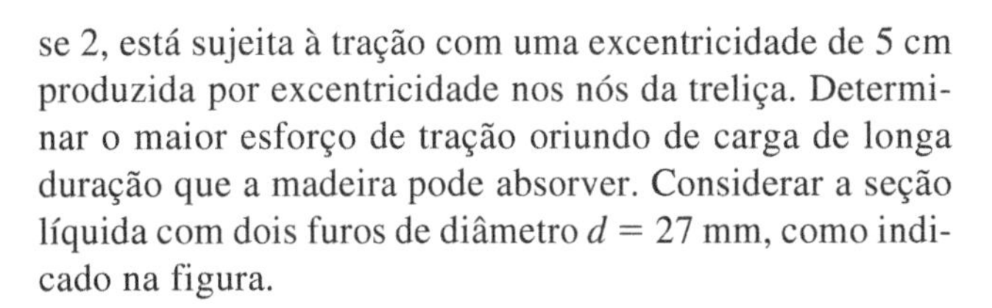

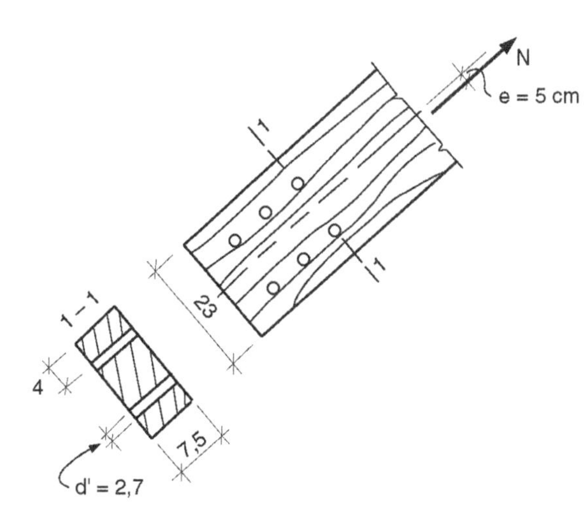

Fig. Probl. 6.11.9 Cálculo das tensões da seção líquida de uma diagonal de treliça sujeita à tração excêntrica.

Solução

a) *Propriedades geométricas da seção líquida*

$$A_n = 7,5 \times (23 - 2 \times 2,7) = 132 \text{ cm}^2$$

$$I_n = 7,5 \times 23^3/12 - 2 \times 7,5 \times 2,7\,(11,5 - 4)^2 = 5326 \text{ cm}^4$$

$$W_n = \frac{I_n}{11,5} = 463 \text{ cm}^3$$

b) *Tensões resistentes de projeto para as condições do problema*

$$f_{td} = 20,2 \text{ MPa}$$

c) *Esforço de tração máximo*

$$1,4\,N_{\text{máx}}\left(\frac{1}{132} + \frac{5}{463}\right) = 2,02 \text{ kN/cm}^2 \therefore N_{\text{máx}} = 78,5 \text{ kN}$$

Sem o efeito da excentricidade, a carga máxima seria:

$$N_{\text{máx}} = 132 \times \frac{2,02}{1,4} = 190 \text{ kN}$$

6.11.10.

Uma viga armada com vão de 9 m, é formada por três peças de 10 cm × 30 cm, de pinho-do-paraná de 2.ª categoria, armadas com dois tirantes de diâmetro a ser determinado. Ela está sujeita a cargas permanentes de 8 kN/m e variável de utilização igual a 10 kN/m. Verificar as tensões na madeira no estado limite último admitindo Classe 2 de umidade.

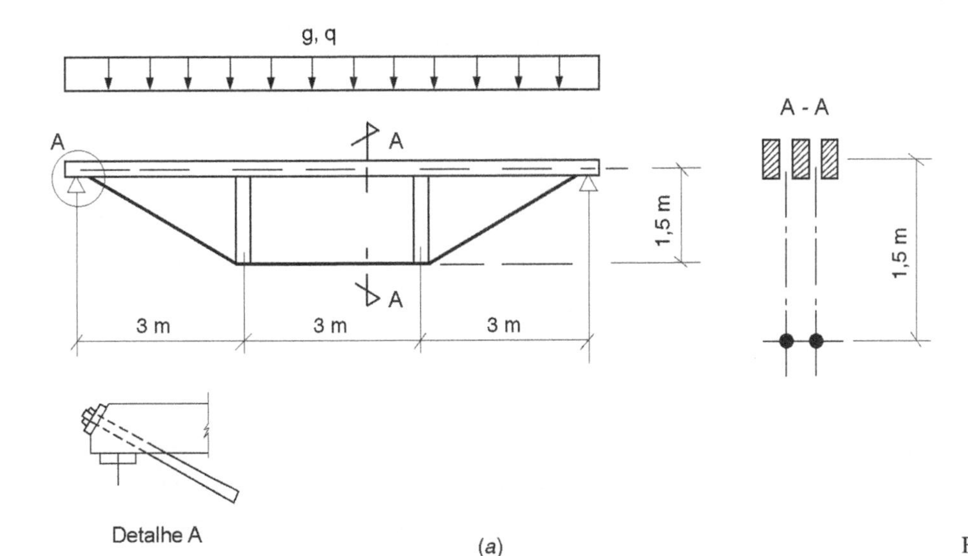

Fig. Probl. 6.11.10 (a)

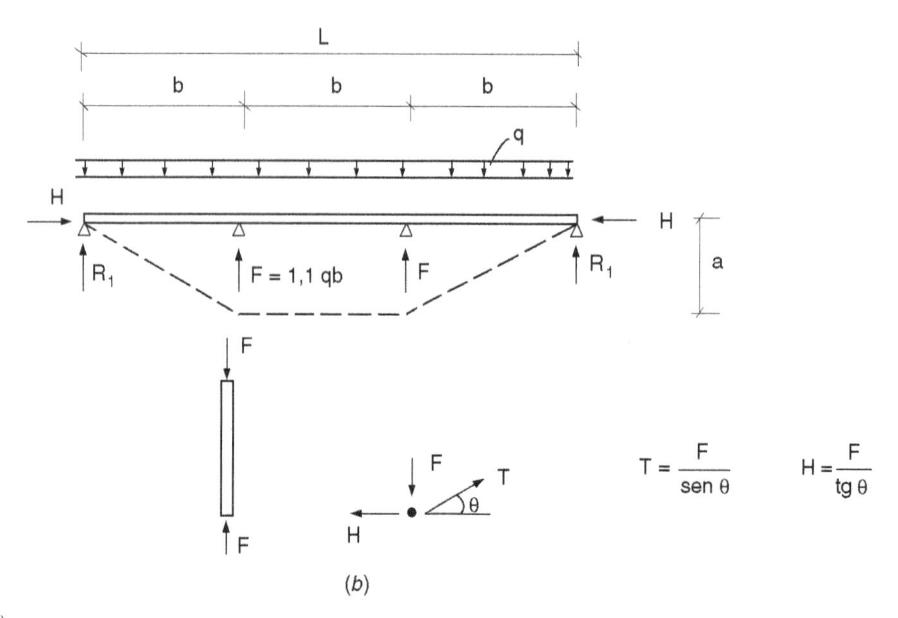

Fig. Probl. 6.11.10 (*b*)

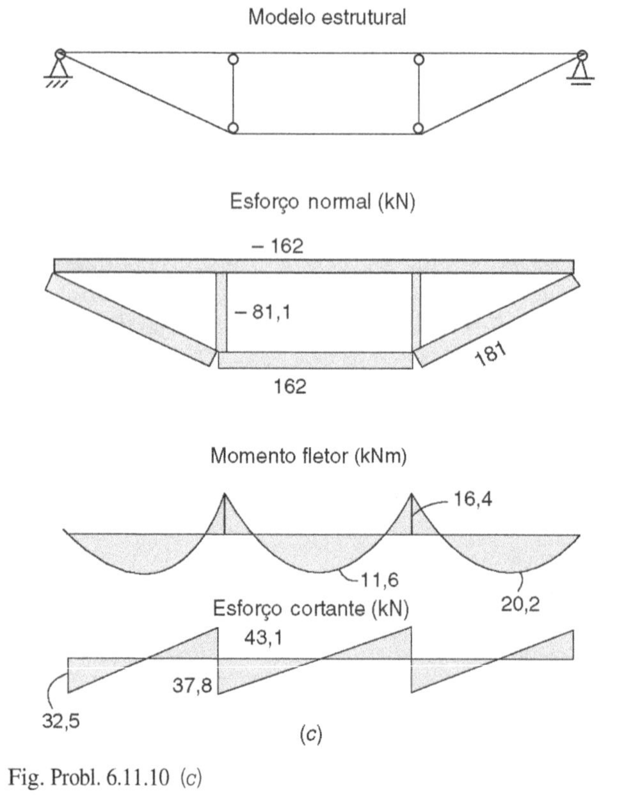

Fig. Probl. 6.11.10 (*c*)

Solução

a) *Determinação do diâmetro dos tirantes*

A viga armada é um sistema estrutural hiperestático, por isso, para a determinação da área necessária de tirantes, será utilizado um modelo estrutural aproximado e isostático, cujo resultado em termos da força no tirante será verificado posteriormente pelo cálculo exato. Para as relações a/L da prática, este modelo aproximado fornece bons resultados. Admite-se que a viga tem apoios rígidos sobre as escoras e determina-se o valor de suas reações dos apoios intermediários para carga uniformemente distribuída, que será igual ao esforço axial de compressão nas escoras. O equilíbrio do nó rotulado inferior fornece as forças T e H no tirante.

$$q_d = 1{,}4 \times 8 + 1{,}4 \times 10 = 25{,}2 \text{ kN/m}$$

$$H_d = 1{,}1\ \frac{q_d b}{tg\,\alpha} = 1{,}1 \times 25{,}2 \times \frac{3 \times 3}{1{,}5} = 166{,}3 \text{ kN}$$

O tirante é dimensionado pelo esforço inclinado T, que atua na área líquida A_n do tirante. Admitindo-se os tirantes formados por dois vergalhões, com as extremidades rosqueadas, tem-se:

$$T_d\ \frac{166{,}3}{\cos\alpha} = 185{,}9 \text{ kN}$$

O esforço resistente do tirante de aço com tensão resistente f_u igual a 250 MPa é calculado de acordo com a NBR8800 (1996):

$$R_d = \phi_t A_n f_u = 0{,}65 \times 0{,}75 \times A_g \times 25 \geqslant 185{,}9 \text{ kN}$$

$$A_g \geqslant 15{,}2 \text{ cm}^2$$

Adotam-se duas barras ϕ32 mm (1 1/4") com $A_g = 15{,}8 \text{ cm}^2$.

b) *Esforços solicitantes*

Sendo a viga armada um sistema estrutural hiperestático e misto (madeira–aço), os esforços solicitantes dependem da relação α entre os módulos de elasticidade ($E_{madeira}/E_{aço}$) dos materiais. O módulo efetivo $E_{c\,ef}$ da madeira, por sua vez, depende do tempo de duração da carga para levar em conta o efeito de fluência da madeira na redistribuição de esforços. Dessa forma, a relação $\alpha = E_{\text{madeira}}/E_{\text{aço}}$ tem valores diferentes para as cargas permanente e acidental, e dois cálculos devem ser efetuados, um para cada tipo de carga:

Carga permanente

$$E_{c\,\text{ef}} = 0{,}6 \times 1 \times 0{,}8 \times 15\,225 = 7308 \text{ MPa}$$
$$\therefore \alpha = 0{,}0356$$

Carga acidental (média duração)

$$E_{c\,\text{ef}} = 0{,}8 \times 1 \times 0{,}8 \times 15\,225 = 9744 \text{ MPa}$$
$$\therefore \alpha = 0{,}0475$$

Para a diferença encontrada na relação α, os resultados em termos de esforços para um mesmo valor de carga variam pouco. O resultado apresentado na Fig. 6.11.10*c* refere-se a um valor médio de $E_{c\,\text{ef}}$ e corresponde à carga total de projeto q_d.

c) *Tensões resistentes da madeira*

$$k_{\text{mod}} = 0{,}56$$

$$f_{cd} = 11{,}4 \text{ MPa}; f_{td} = 20{,}3 \text{ MPa}; f_{vd} = 1{,}48 \text{ MPa}$$

d) *Verificação de tensões na viga de madeira*

Flexão

$$\sigma_{td} = \sigma_{cd} = \frac{6 \times 2020}{30 \times 30^2} = 0{,}45 \text{ kN/cm}^2 = 4{,}5 \text{ MPa}$$

Esforço normal de compressão

$$\sigma_{Nd} = \frac{162}{30 \times 30} = 0{,}18 \text{ kN/cm}^2 = 1{,}8 \text{ MPa}$$

Flexocompressão

Admite-se que há contraventamento contínuo no plano horizontal para evitar a flambagem das peças neste plano por compressão. No plano da viga armada, as peças são curtas (esbeltez < 40 — ver Cap. 7), de forma que se pode utilizar a Eq. (6.20*a*) para verificação de tensões de flexocompressão.

$$\left(\frac{\sigma_{Nd}}{f_{cd}}\right)^2 + \frac{\sigma_{cd}}{f_{cd}} < 1$$

$$\left(\frac{1{,}8}{11{,}4}\right)^2 + \frac{4{,}5}{11{,}4} = 0{,}42 < 1$$

Cisalhamento

$$\tau_d = 1{,}5\ \frac{43{,}1}{30 \times 30} = 0{,}072 \text{ kN/cm}^2 = 0{,}72 \text{ MPa} < 1{,}48 \text{ MPa}$$

As tensões nas peças de madeira da viga armada são satisfatórias.

6.11.11.

Uma viga maciça de 30 cm × 30 cm encontra-se simplesmente apoiada em um tramo intermediário de vão teórico de 10 m, dispondo de berços de mesma seção. Verificar as tensões de flexão da viga e do berço para a sobrecarga de 3 kN/m, supondo os vãos adjacentes descarregados e carga permanente de 1,5 kN/m.

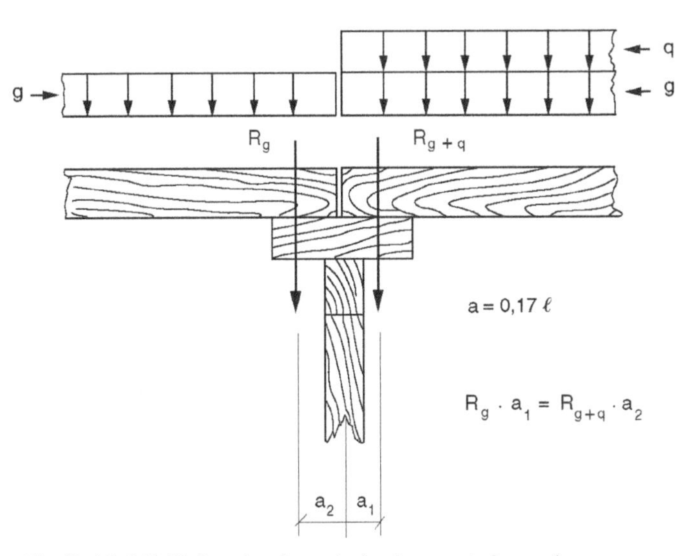

Fig. Probl. 6.11.11 Reações de apoio de vigas apoiadas em berços.

Solução

a) *Tensões resistentes*

A madeira utilizada é Cupiúba de 2.ª categoria e tem as seguintes tensões resistentes e módulo de elasticidade referidos às condições de serviço da viga (carga de longa duração, Classe 2 de umidade):

$$f_{td} = 13{,}5 \text{ MPa}$$
$$f_{cd} = 15{,}2 \text{ MPa}$$
$$f_{vd} = 1{,}75 \text{ MPa}$$
$$E_{c\,\text{ef}} = 7631 \text{ MPa}$$

b) *Cálculo das solicitações*

As reações das cargas no vão de 10 m valem:

$$R_g = 1{,}5 \times 10/2 = 7{,}5 \text{ kN}$$
$$R_q = 3 \times 10/2 = 15 \text{ kN}$$

No caso de berço de mesma seção da viga (ver item 6.5.7), tem-se

$$a = 0{,}17\ell = 1{,}7 \text{ m}$$

e o comprimento adotado para o berço é

$$2 \times (1{,}7 + 0{,}10) = 3{,}6 \text{ m}$$

Para o caso de carga não-uniforme ilustrado na figura tem-se por equilíbrio de momentos no berço (Eq. (6.23))

$$a_1 = 1{,}8\ \frac{7{,}5}{22{,}5} = 0{,}60 \text{ m}$$

A viga intermediária é, então, dimensionada como simplesmente apoiada, de vão de 8,80 m e dois balanços de 0,60 m. Momento solicitante de projeto no meio do vão

$$M_d = (1{,}4 \times 1{,}5 + 1{,}4 \times 3{,}0)(8{,}80^2/8 - 0{,}60^2/2) = \\ = 59{,}8 \text{ kNm}$$

O momento de projeto na viga do berço vale

$$M_d = (1{,}4 \times 7{,}5 + 1{,}4 \times 15) \times 1{,}7 = 53{,}5 \text{ kNm}$$

c) *Tensões de flexão na viga e no berço*
Viga (com contenção lateral contínua)

$$\sigma_{cd} = \sigma_{td} = \frac{M_d}{W} = \frac{6 \times 5980}{30 \times 30^2} = 1{,}33\ \frac{\text{kN}}{\text{cm}^2} = \\ = 13{,}3 \text{ MPa} < f_{td} = 13{,}5 \text{ MPa} < f_{cd} = 15{,}2 \text{ MPa}$$

Viga do berço (30 × 30 cm)

$$\sigma_{cd} = \sigma_{td} = \frac{5350 \times 6}{30 \times 30^2} = 1{,}19\ \frac{\text{kN}}{\text{cm}^2} \simeq 11{,}9 \text{ MPa} < f_{td}$$

d) *Flecha*
Combinação normal de ações no estado limite de utilização (Eq. (3.24*a*))

$$g + \psi_2 q = 1{,}5 + 0{,}2 \times 3 = 2{,}1 \text{ kN/m}$$

Flecha total

$$\delta_t = \frac{5}{384}\ \frac{0{,}021 \times 880^4}{763{,}1 \times 30^4/12} = 3{,}18 \text{ cm}$$

Flecha limite (Tabela 3.18)

$$\delta_{\text{lim}} = \frac{\ell}{200} = \frac{880}{200} = 4{,}4 \text{ cm} > \delta_t$$

e) *Tensão de cisalhamento*
Basta verificar o cisalhamento no apoio do berço (a viga é longa e a flecha é o critério determinante)

$$\tau_d = \frac{3}{2} \times \frac{(1{,}4 \times 7{,}5 + 1{,}4 \times 15)}{30 \times 30} = 0{,}052\ \frac{\text{kN}}{\text{cm}^2} < f_{vd}$$

6.11.12.

Uma viga de madeira laminada colada, com seção retangular de 20 cm × 100 cm, com vão de 15 m, tem as seções do apoio fixadas lateralmente por meio de quadros. Verificar se há necessidade de contraventamento lateral em pontos intermediários entre os apoios, tendo a madeira as seguintes propriedades: $f_{cd} = 11{,}4$ MPa; $E_{c\,\text{ef}} = 8526$ MPa

Solução

Utiliza-se o critério de dispensa de verificação das tensões de flexão da NBR7190 (Eq. (6.13) para $h/b = 5$)

$$\frac{\ell_1}{b} = \frac{1500}{20} = 75 > \frac{E_{c\,\text{ef}}}{\beta_M\ f_{cd}} = \frac{8526}{19{,}5 \times 11{,}4} = 38{,}3$$

Não foi atendida a condição (6.13), ou seja, pode ocorrer a flambagem lateral dependendo das tensões solicitantes. Se as tensões máximas de flexão atenderem à condição (6.14) não será necessário contraventamento lateral em pontos intermediários entre os apoios:

$$\sigma_{cd} \leq \frac{E_{c\,\text{ef}}}{\left(\frac{\ell_1}{d}\right)\beta_M} = \frac{8526}{75 \times 19{,}5} = 5{,}83 \text{ MPa}$$

Para dispensar a contenção lateral no caso em que $\sigma_{cd} >$ 5,83 MPa seria necessário proceder ao cálculo da tensão resistente f'_{cd} de flexão com flambagem lateral e garantir que

$$\sigma_{cd} \leqslant f'_{cd}$$

Entretanto a NBR7190 não fornece critério para este cálculo.

6.11.13.

As vigas secundárias de um piso em madeira de edifício têm seção retangular de 50 × 200 mm e vão igual a 4 m. Cada viga está sujeita a um carregamento combinado normal q_d = 2 kN/m, uniformemente distribuído. As vigas são fabricadas em madeira laminada e colada de pinho-do-paraná (1.ª categoria). Verificar a segurança quanto às tensões de flexão.

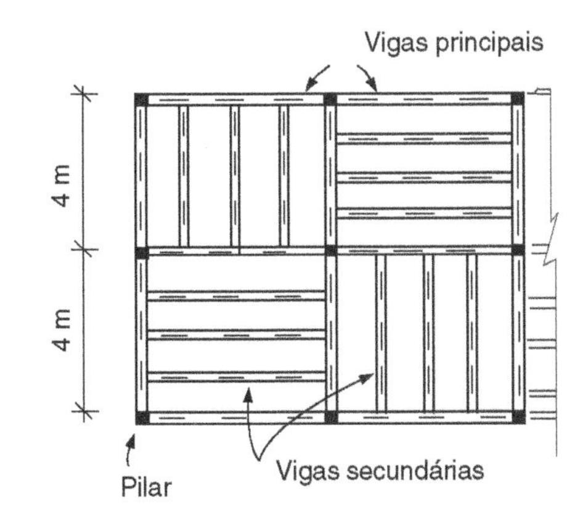

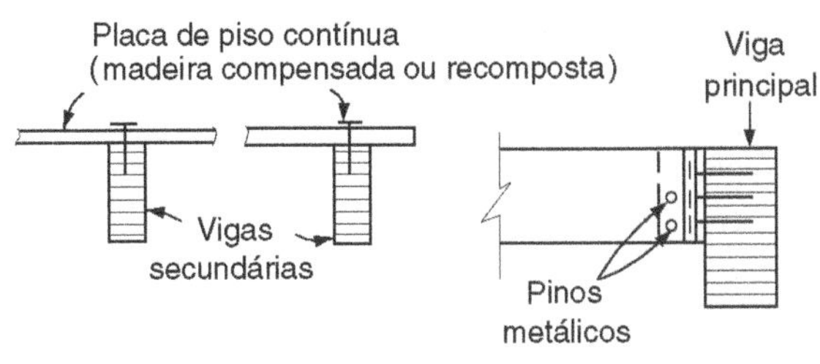

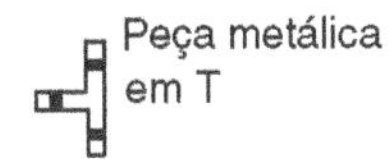

Fig. Probl. 6.11.13

Solução

a) *Propriedades mecânicas (Classe 2 de umidade)*

$$k_{mod} = 0{,}7 \times 1{,}0 \times 1{,}0 = 0{,}7$$

$$f_{cd} = 14{,}3 \text{ MPa}; f_{td} = 25{,}3 \text{ MPa}; f_{vd} = 1{,}84 \text{ MPa}$$

$$E_{c\,ef} = 10\,657 \text{ MPa}$$

b) *Esforços solicitantes de projeto*

$$V_d = 0{,}5 \times 2 \times 4 = 4 \text{ kN}$$

$$M_d = 2 \times 4^2/8 = 4 \text{ kNm}$$

c) *Tensões de flexão*

$$\sigma_{cd} = \sigma_{td} = \frac{400}{5 \times 20^2/6} = 1{,}20 \frac{\text{kN}}{\text{cm}^2} = 12{,}0 \text{ MPa}$$

Se o bordo comprimido da viga secundária puder ser considerado contido lateralmente ao longo do vão (pelas placas de piso) e se há impedimento à torção nos apoios, então não há redução de resistência devida à flambagem lateral. Para isso as placas de piso devem ser contínuas e estar adequadamente pregadas às vigas secundárias (Fig. 6.12*c*) e não somente às vigas principais. O detalhe de apoio adotado com peça metálica em T embutida na viga secundária fornece impedimento à rotação axial (ver Fig. Probl. 6.11.13). Dessa forma a máxima tensão de flexão atende ao critério de segurança:

$$\sigma_{cd} = \sigma_{td} = 12{,}0 \text{ MPa} < f_{cd} = 14{,}3 \text{ MPa}.$$

Se, por outro lado, não se puder contar com a contenção lateral do piso, deve-se considerar a redução de resistência devida à flambagem lateral. De acordo com a NBR7190 dispensa-se esta consideração no caso de viga retangular se os critérios da Eq. (6.13) ou da Eq. (6.14) forem atendidos:

$$\ell_1 < \frac{b\, E_{c\,ef}}{\beta_M\, f_{cd}} = \frac{5 \times 1065{,}7}{15{,}9 \times 1{,}43} = 234 \text{ cm} = 2{,}34 \text{ m}$$

$$\sigma_{cd} < \frac{E_{c\,ef}}{(\ell_1/b)\beta_M} = \frac{1065{,}7}{(400/5)15{,}9} = 0{,}84 \frac{\text{kN}}{\text{cm}^2} = 8{,}4 \text{ MPa}$$

Como nenhum dos dois critérios é atendido e na falta de um critério para verificação de tensões com flambagem lateral pode-se aumentar as dimensões da viga ou prover contenção lateral na forma de escoras intermediárias (Fig. 6.12*a* ou *b*).

6.11.14.

Uma viga com conexões pregadas é formada por três peças de Ipê, com as dimensões indicadas na figura, sendo o vão teórico de 8,50 m. A viga está sujeita aos seguintes carrega-

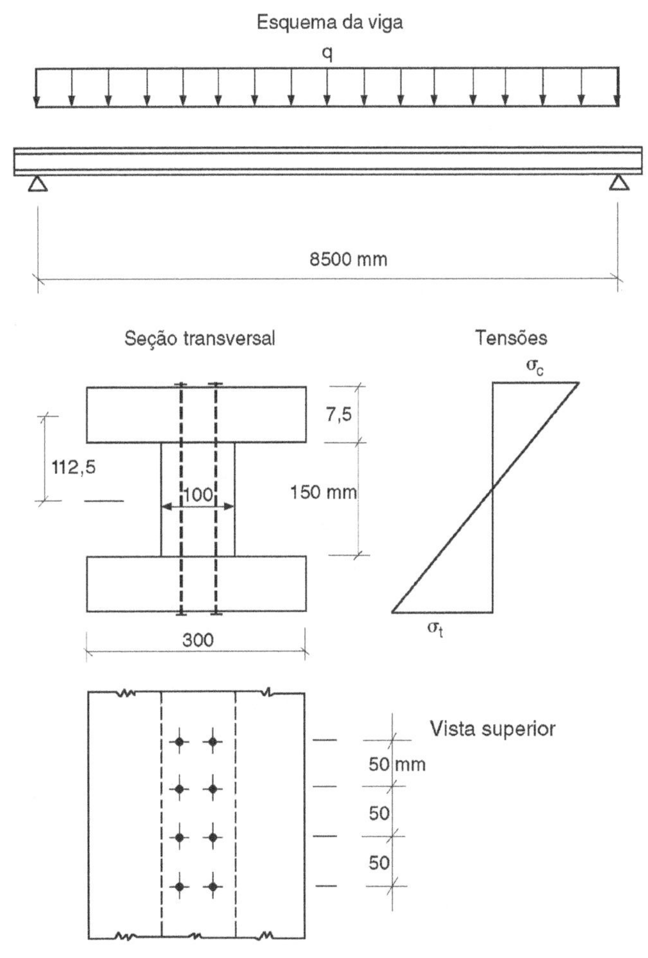

Fig. Probl. 6.11.14 Exemplo de cálculo de uma viga formada por elementos justapostos, com conexões pregadas.

mentos uniformes: 2,0 kN/m de carga permanente e 2,5 kN/m de carga variável de utilização. Supondo a existência de contraventamentos que impeçam a flambagem lateral, dimensionar a ligação pregada e verificar as tensões normais e cisalhantes e a flecha segundo a NBR7190.

Solução

a) *Propriedades mecânicas*

Admitindo-se carga de longa duração, Classe 2 de umidade e peça de 2.ª categoria, tem-se

$$k_{mod} = 0{,}56$$

$$f_{cd} = 0{,}56 \times 0{,}7 \times 76/1{,}4 = 21{,}3 \text{ MPa}$$

$$f_{td} = 0{,}56 \times 0{,}7 \times 96{,}8/1{,}8 = 21{,}0 \text{ MPa}$$

$$f_{vd} = 0{,}56 \times 0{,}54 \times 13{,}1/1{,}8 = 2{,}2 \text{ MPa}$$

$$E_c = 18\,011 \text{ MPa}$$

$$E_{c\,ef} = 0{,}56 \times 18\,011 = 10\,086 \text{ MPa}$$

b) *Esforços solicitantes de projeto*

$$q_d = 1{,}4 \times 2{,}0 + 1{,}4 \times 2{,}5 = 6{,}3 \text{ kN/m}$$

Esforço cortante no apoio

$$V_d = 6{,}3 \times 8{,}5/2 = 26{,}8 \text{ kN}$$

Momento fletor no meio do vão

$$M_d = 6{,}3 \times 8{,}5^2/8 = 56{,}9 \text{ kNm}$$

c) *Dimensionamento das conexões*

De acordo com a NBR7190, o cálculo deve ser feito considerando a viga maciça. O fluxo de cisalhamento ϕ na interface é dado pela Eq. (6.27).

$$I = \frac{2 \times 30 \times 7{,}5^3}{12} + \frac{10 \times 15^3}{12} + 2 \times 7{,}5 \times 30 \times 11{,}25^2$$
$$= = 61\,875 \text{ cm}^4$$

$$\phi_d = \frac{V_d S_1}{I} = \frac{26{,}8 \times 30 \times 7{,}5 \times 11{,}25}{61\,875} = 1{,}096 \text{ kN/cm}$$

Adotando-se pregos 170 × 76 (PB-58) tem-se:

penetração na alma = 170 − 75 = 95 > t = 75 mm
espaçamento mínimo na direção da força = $6d$ = 45,6 mm
espaçamento mínimo na direção normal à força = $3d$ = 22,8 mm

Resistência da madeira ao embutimento

$$f_{ed} = f_{cd} = 21{,}3 \text{ MPa}$$

Resistência de um prego em corte simples

$$\frac{t}{d} = \frac{75}{7{,}6} = 9{,}9 > 1{,}25\sqrt{\frac{600/1{,}1}{21{,}3}} = 5{,}06$$

$$R_d = 0{,}5 \times 7{,}6^2 \sqrt{21{,}3 \times 600/1{,}1} = 3113 \text{ N}$$

O espaçamento de cálculo entre os pregos vale:

$$\frac{3113}{1096} = 2{,}84 \text{ cm}$$

Podem ser adotados 2 pregos a cada 5,0 cm (> 4,56 cm):

$$2{,}84 \text{ cm} > \frac{5{,}0}{2} = 2{,}5 \text{ cm}$$

d) *Tensões de flexão*

De acordo com a NBR7190, o cálculo é feito como se a viga fosse maciça e com as propriedades geométricas efetivas dadas pelas Eqs. (6.29).

Área da zona tracionada = 30 × 7,5 + 10 × 7,5 = 300 cm²
Área dos furos = 2 × 15 × 0,76 = 22,8 < 10% 300 cm²
Não é preciso descontar os furos para o cálculo das propriedades geométricas

$$I_r = 0{,}85 \times 61\,875 = 52\,594 \text{ cm}^4$$

$$\sigma_{cd} = \sigma_{td} = \frac{M_d}{I_r}\frac{h}{2} = \frac{5690}{52\,594} \times 15 = 1{,}62\,\frac{\text{kN}}{\text{cm}^2} =$$
$$= 16{,}2 \text{ MPa} < f_{td} < f_{cd}$$

e) *Tensão máxima de cisalhamento na madeira*

$$\tau_d = \frac{V_d S_1}{b I_r} = \frac{26{,}8\,(30 \times 7{,}5 \times 11{,}25 + 10 \times 7{,}5 \times 3{,}75)}{10 \times 52\,594} =$$
$$= 0{,}143\,\frac{\text{kN}}{\text{cm}^2} = 1{,}4 \text{ MPa} < f_{vd}$$

f) *Cálculo da flecha*

O cálculo é feito com o momento de inércia reduzido I_r, para a combinação normal de ações no estado limite de utilização

$$g + \psi_2\, q = 2{,}0 + 0{,}2 \times 2{,}5 = 2{,}5 \text{ kN/m}$$

$$\delta = \frac{5}{384}\,\frac{0{,}025 \times 850^4}{1008{,}6 \times 52\,594} = 3{,}2 \text{ cm} < \frac{\ell}{200} = 4{,}25 \text{ cm}$$

6.11.15.

Uma viga I, de Ipê, de seção transversal indicada na figura, é ligada por pregos de 22 × 45 (5,4 mm × 100 mm), tendo um vão de 5 m. Supondo-se que existam contraventamentos que impedem flambagem lateral, calcular a máxima carga uniformemente distribuída a ser aplicada na viga.

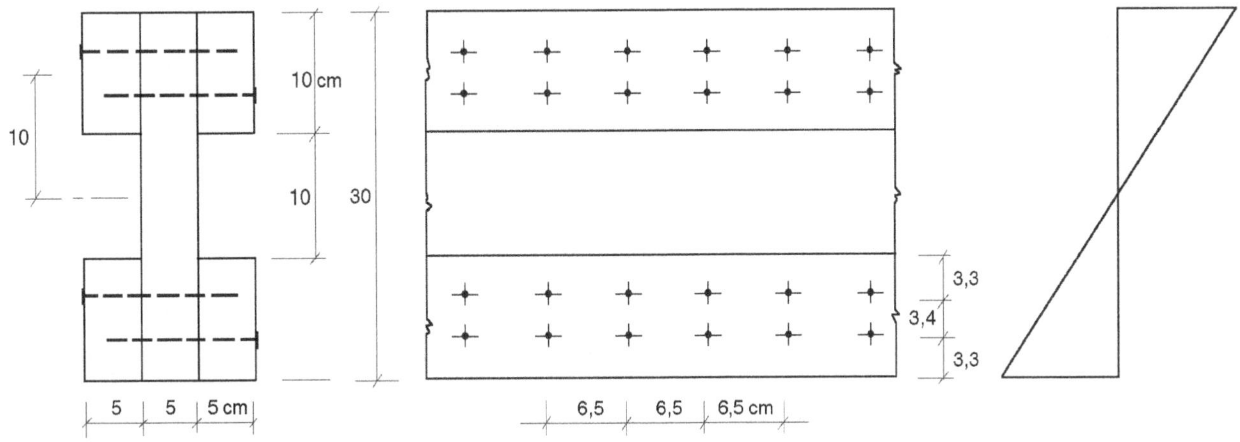

Fig. Probl. 6.11.15 Exemplo de cálculo de uma viga I composta, com elementos justapostos laterais e com ligações pregadas.

Solução

a) *Propriedades mecânicas*

Admite-se carga de longa duração, Classe 2 de umidade e peça de 2.ª categoria

$$f_{cd} = 21{,}3 \text{ MPa}; f_{td} = 21{,}0 \text{ MPa}; f_{vd} = 2{,}2 \text{ MPa}$$

$$E_{cef} = 10\,086 \text{ MPa}$$

b) *Carga determinada pelas tensões de flexão*

O momento de inércia de uma seção maciça vale:

$$I = \frac{5 \times 30^3}{12} + 2\,\frac{10 \times 10^3}{12} + 2 \times 10 \times 10 \times 10^2 = \\ = 32\,917 \text{ cm}^4$$

Momento de inércia efetivo

$$I_r = 0{,}85I = 0{,}85 \times 32\,917 = 27\,979 \text{ cm}^4$$

Tensões normais máximas

$$\sigma_{cd} = \sigma_{td} = \frac{M_d}{I_r}\,\frac{h}{2} = \frac{M_d}{27\,979} \times 15 < 2{,}1\,\frac{\text{kN}}{\text{cm}^2}$$

Carga máxima de projeto

$$M_d = q_d\,\frac{\ell^2}{8} = q_d \times \frac{500^2}{8} < 2{,}1 \times \frac{27\,979}{15}$$

$$q_d < 0{,}125\,\frac{\text{kN}}{\text{cm}} = 12{,}5\,\frac{\text{kN}}{\text{m}}$$

c) *Carga máxima determinada pela ligação*

O fluxo de cisalhamento em cada interface de ligação da área A_1 do flange com a alma é dado pela Eq. (6.27).

$$\phi_d = \frac{V_d S_1}{I} = \frac{q_d \times 250 \times 5 \times 10 \times 10}{32\,917} = 3{,}8\,q_d \text{ (/cm)}$$

penetração na alma = 100 − 50 = 50 mm ≥ t = 50 mm

espaçamento mínimo na direção da força = $6d$ = 32,4 mm

espaçamento mínimo na direção normal à força = $3d$ = 16,2 mm

Resistência de um prego em corte simples

$$\frac{t}{d} = \frac{50}{5{,}4} = 9{,}2 > 1{,}25\sqrt{\frac{600/1{,}1}{21{,}3}} = 5{,}06$$

$$R_d = 0{,}5 \times 5{,}4^2\,\sqrt{21{,}3 \times 600/1{,}1} = 1571 \text{ N}$$

Admitindo 1 prego a cada 4 cm, tem-se

$$\frac{1571}{4} > 3{,}8q_d \therefore q_d < 103{,}3\,\frac{\text{N}}{\text{cm}} = 10{,}3\,\frac{\text{kN}}{\text{m}}$$

d) *Carga máxima determinada pela tensão máxima de cisalhamento na madeira*

Aplica-se a Eq. (6.5) com o momento de inércia efetivo

$$\tau_d = \frac{q_d \times 2{,}50}{27\,979 \times 5}\,(10 \times 10 \times 10 + 5 \times 15 \times 7{,}5)$$

$$\tau_d < f_{vd} = 0{,}22\,\frac{\text{kN}}{\text{cm}^2}$$

$$q_d < 0{,}079\,\frac{\text{kN}}{\text{cm}} = 7{,}9\,\frac{\text{kN}}{\text{m}}$$

e) *Cálculo da flecha*

Calcula-se a carga que produz uma flecha $\ell/200$ (admite-se que a carga é permanente)

$$\delta = \frac{5}{384}\,\frac{q\ell^4}{EI_r} = \frac{5}{384}\,\frac{q \times 500^4}{1008{,}6 \times 27\,979} < \frac{500}{200}$$

$$q < 0{,}087\,\frac{\text{kN}}{\text{cm}} = 8{,}7\,\frac{\text{kN}}{\text{m}}$$

$$q_d = 1{,}4q < 12{,}1\,\frac{\text{kN}}{\text{m}}$$

f) *Conclusão*

A carga máxima de projeto (q_d = 7,9 kN/m) é determinada pela tensão de cisalhamento.

6.11.16.

Uma passarela provisória foi construída em uma obra para circulação de pessoas e materiais de construção. A passarela é composta de 2 vãos de 6 m com 2 vigas de seção T em cada vão, como mostra a figura. Admite-se que há suficientes pontos de contraventamento lateral de modo a prevenir a ocorrência de flambagem lateral.

Estuda-se a viabilidade da passagem de uma camionete pesada (40 kN) sobre a passarela. Verificar a segurança das vigas para este carregamento. Madeira: pinho-do-paraná; Classe 2 de Umidade. Carga de peso próprio = 0,4 kN/m em cada viga.

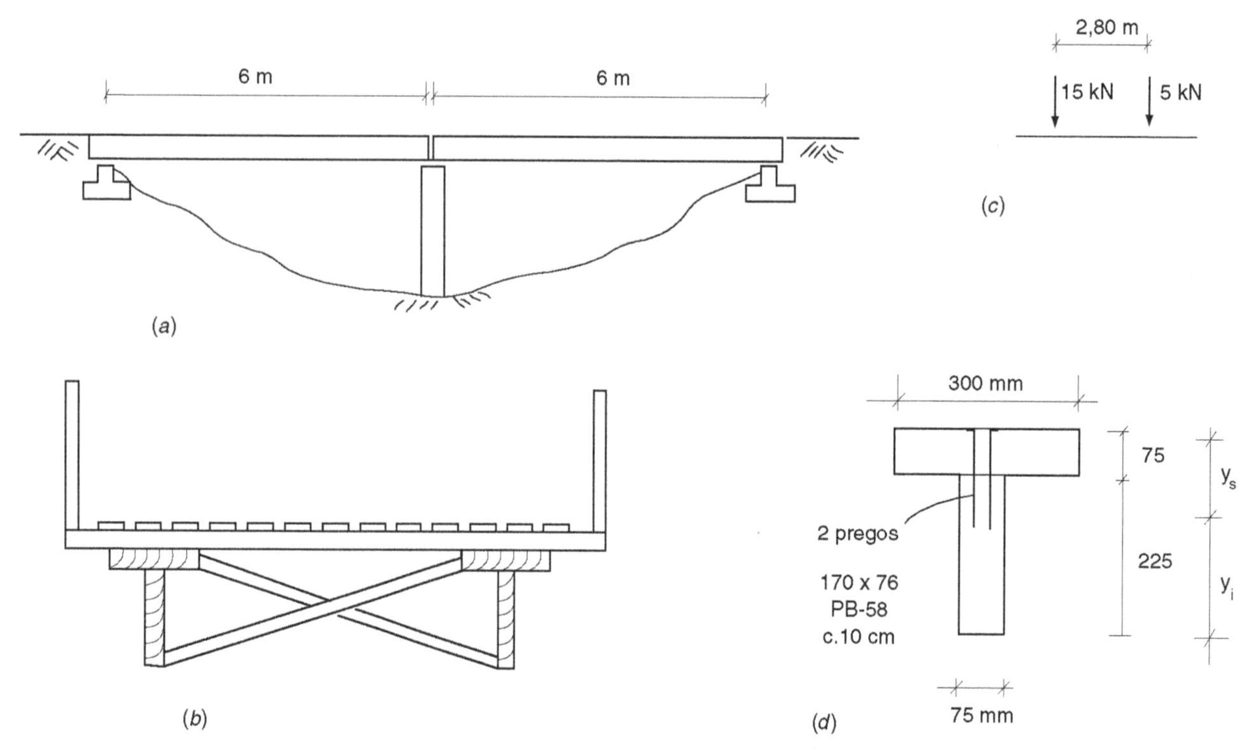

Fig. Probl. 6.11.16 (*a*) Vista longitudinal; (*b*) seção transversal; (*c*) trem-tipo para 1 viga; (*d*) seção de 1 viga.

Solução

a) *Esforços solicitantes de projeto*

Combinação de ações de construção de muito curta duração.

Momento fletor no meio do vão (eixo traseiro no meio do vão)

$$M_d = 1{,}3 \times 0{,}4 \times \frac{6^2}{8} + 1{,}2 \times \left(15 \times \frac{6}{4} + \frac{5 \times 0{,}2 \times 5{,}8}{6}\right) =$$

$$= 30{,}5 \text{ kNm}$$

Reação de apoio máxima (eixo traseiro no apoio)

$$R_d = 1{,}3 \times 0{,}4 \times \frac{6}{2} + 1{,}2\left(15 + 5 \times \frac{3{,}2}{6}\right) = 22{,}8 \text{ kN}$$

Esforço cortante máximo à distância $2h$ (= 60 cm) do apoio (eixo traseiro à distância $2h$ do apoio)

$$V_d = 1{,}3 \times 0{,}4\left(\frac{6}{2} - \frac{0{,}6^2}{2}\right) + 1{,}2\left(15 \times \frac{5{,}4}{6{,}0} + 5 \times \frac{2{,}6}{6}\right) =$$

$$= 20{,}3 \text{ kN}$$

b) *Propriedades mecânicas nas condições do problema*

k_{mod_1} = 1,10 (combinação de ações de duração muito curta)

$$k_{mod_2} = 1{,}0; \; k_{mod_3} = 0{,}8$$

$$k_{mod} = 1{,}10 \times 1{,}0 \times 0{,}8 = 0{,}88$$

$$f_{cd} = 0{,}88 \times 0{,}7 \times 40{,}9/1{,}4 = 18{,}0 \text{ MPa}$$

$$f_{td} = 0{,}88 \times 0{,}7 \times 93{,}1/1{,}8 = 31{,}9 \text{ MPa}$$

$$f_{vd} = 0{,}88 \times 0{,}54 \times 8{,}8/1{,}8 = 2{,}32 \text{ MPa}$$

$$E_{c\,ef} = 0{,}88 \times 15\,225 = 13\,398 \text{ MPa}$$

c) *Propriedades geométricas da seção*

Não haverá dedução da área dos furos para os pregos, pois estes se encontram na região comprimida.

Posição do centróide da seção

$$y_s = \frac{7{,}5 \times 30 \times 3{,}75 + 7{,}5 \times 22{,}5\,(11{,}25 + 7{,}5)}{7{,}5 \times 30 + 7{,}5 \times 22{,}5} =$$

$$= 10{,}18 \text{ cm}$$

$$y_i = 19{,}82 \text{ cm}$$

Momento de inércia da seção maciça

$$I = \frac{30 \times 7{,}5^3}{12} + \frac{7{,}5 \times 22{,}5^3}{12} + 30 \times 7{,}5 \times 6{,}43^2 +$$
$$+ 7{,}5 \times 22{,}5 \times 8{,}51^2 = 29\,870 \text{ cm}^4$$

Momento de inércia efetivo (NBR7190)

$$I_r = 0{,}95I = 28\,377 \text{ cm}^4$$

d) *Tensões normais de flexão (sem flambagem lateral)*

$$\sigma_{cd} = \frac{M_d}{I_r} y_s = \frac{3050}{28\,377} \times 10{,}18 =$$

$$= 1{,}09 \frac{\text{kN}}{\text{cm}^2} = 10{,}9 \text{ MPa} < f_{cd}$$

$$\sigma_{td} = \frac{M_d}{I_r} y_i = \frac{3050}{28\,377} \times 19{,}82 = 2{,}13 \frac{\text{kN}}{\text{cm}^2} < f_{td}$$

e) *Tensão máxima de cisalhamento (seção à distância 2h do apoio)*

Como a carga concentrada é predominante, pode-se tomar o esforço cortante reduzido conforme Fig. 6.5

$$V_d \simeq 20{,}3 \text{ kN}$$

$$\tau_{d\text{máx}} = \frac{V_d S_2}{b_2 I_r} = \frac{20{,}3}{7{,}5 \times 28\,377}\left(7{,}5 \times \frac{19{,}82^2}{2}\right) =$$

$$= 0{,}135 \frac{\text{kN}}{\text{cm}^2} = 1{,}35 \text{ MPa} < f_{vd}$$

f) *Ligação pregada* (2 pregos 170 × 76 c. 10 cm)

penetração na alma = 170 − 75 = 95 mm > t = 75 mm

Resistência de 1 prego em corte simples em pinho-do-paraná nas condições do problema (f_{ed} = 18 MPa)

$$\frac{t}{d} = \frac{75}{7{,}6} = 9{,}9 > 1{,}25\sqrt{\frac{600/1{,}1}{18{,}0}} = 6{,}9$$

$$R_d = 0{,}5 \times 7{,}6^2\,\sqrt{18 \times 600/1{,}1} = 2861 \text{ N}$$

Fluxo cisalhante resistente

$$\frac{2 \times 2{,}86}{10} = 0{,}57\,\frac{\text{kN}}{\text{cm}}$$

Fluxo de cisalhamento máximo na interface entre as peças (à distância $2h$ do apoio)

$$\phi_d = \frac{V_d S_1}{I} = \frac{20{,}3 \times 30 \times 7{,}5 \times (10{,}18 - 3{,}75)}{29\,870} =$$

$$= 0{,}98\frac{\text{kN}}{\text{cm}} > 0{,}57\frac{\text{kN}}{\text{m}}$$

Não há garantia de segurança quanto à resistência das ligações. Como reforço poderiam ser cravados mais dois pregos em cada intervalo de 10 cm, de modo que o fluxo cisalhante resistente passasse a

$$\frac{2 \times 2{,}86}{5} = 1{,}14\frac{\text{kN}}{\text{cm}} > \phi_d$$

Espaçamento mínimo na direção da força = $6d$ = 45,6 mm < 50 mm

g) *Largura b mínima do apoio* (distância do apoio ao extremo da peça maior que 7,5 cm)

$$\sigma_{cnd} = \frac{22{,}8}{b \times 7{,}5} < f_{cnd} = 0{,}25 f_{cn}\, \alpha_n =$$

$$= 0{,}25 \times 1{,}8 \times 1{,}15 = 0{,}52 \frac{\text{kN}}{\text{cm}^2}$$

$$b > 5{,}9 \text{ cm}$$

h) *Estado limite de utilização*

Combinação de ações de duração muito curta = $G + Q$

Flecha máxima (eixo traseiro no meio do vão)

$$\delta = \frac{1}{EI_r}\left(\frac{15 \times 6^3}{48} + \frac{5 \times 0{,}2 \times 3}{6 \times 6}(6^2 - 0{,}2^2 - 3^2)\right) =$$

$$= \frac{10^4}{1339{,}8 \times 28\,377} \times 69{,}7 = 0{,}018 \text{ m}$$

$$\delta = 1{,}8 \text{ cm} < \frac{\ell}{300}$$

6.11.17.

Uma viga, com vão teórico de 9 m, em ambiente Classe 2 de umidade, é formada por duas seções de 15 cm × 23 cm, superpostas, de Ipê de 2.ª categoria, ligadas por conectores de anel metálico ϕ64 mm. Dimensionar o espaçamento dos conectores e verificar as tensões normais e de cisalhamento da viga para ação de uma carga uniformemente distribuída de projeto q_d igual a 4 kN/m (combinação normal de ações)

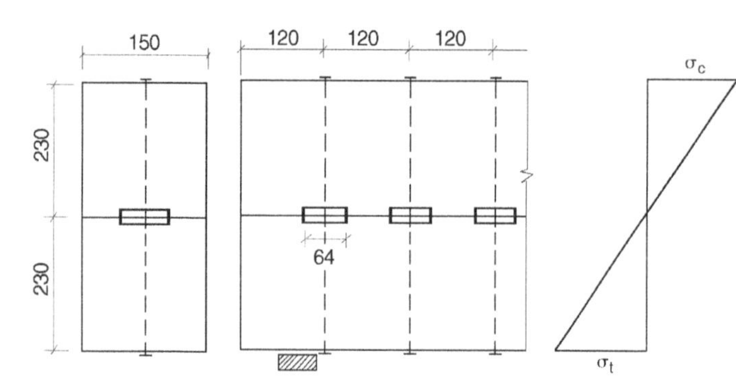

Fig. Probl. 6.11.17 Viga formada por duas peças ligadas por conectores de anel metálico.

Solução

a) *Esforços solicitantes de projeto*

$$M_d = 4 \times \frac{9^2}{8} = 40{,}5 \text{ kNm}$$

$$V_d = 4 \times \frac{9}{2} = 18 \text{ kN}$$

b) *Tensões resistentes para as condições do problema*

$$k_{\text{mod}} = 0{,}70 \times 1{,}0 \times 0{,}8 = 0{,}56$$

$$f_{cd} = 0{,}56 \times 0{,}70 \times 76{,}0/1{,}4 = 21{,}3 \text{ MPa}$$

$$f_{td} = 0{,}56 \times 0{,}70 \times 96{,}8/1{,}8 = 21{,}0 \text{ MPa}$$

$$f_{vd} = 0{,}56 \times 0{,}54 \times 13{,}1/1{,}8 = 2{,}2 \text{ MPa}$$

c) *Tensões normais segundo a NBR7190*

O cálculo é feito como se a viga fosse maciça com o momento de inércia dado pela Eq. (6.29*c*).

Momento de inércia da seção maciça

$$I = 15 \times \frac{46^3}{12} = 121\,670 \text{ cm}^4$$

Momento de inércia efetivo

$$I_r = 0{,}85 I = 103\,419 \text{ cm}^4$$

Tensões normais

$$\sigma_{cd} = \sigma_{td} = \frac{M_d}{I_r}\frac{h}{2} = \frac{4050}{103\,419} \times 23 = 0{,}90 \frac{\text{kN}}{\text{cm}^2} < f_{td}$$

d) *Tensão máxima de cisalhamento (no apoio)*

$$\tau_d = \frac{V_d\, S_1}{b\, I_r} = \frac{18 \times 23 \times 15 \times 11{,}5}{15 \times 103\,419} = 0{,}046 \frac{\text{kN}}{\text{cm}^2} < f_{vd}$$

e) *Dimensionamento das ligações*

Resistência de 1 conector de anel (NBR7190)

$$R_d = t\, D\, f_{cd} = \frac{1{,}9}{2} \times 6{,}4 \times 2{,}13 = 12{,}9 \text{ kN}$$

$$R_d = \frac{\pi D^2}{4} f_{vd} = \pi \times \frac{6{,}4^2}{4} \times 0{,}22 = 7{,}1 \text{ kN}$$

Espaçamento *s* entre conectores na região do apoio

$$\phi_d = \frac{V_d\, S_1}{I} = \frac{18 \times 23 \times 15 \times 11{,}5}{121\,670} = 0{,}58 \frac{\text{kN}}{\text{cm}} < \frac{R_d}{s}$$

$$\therefore s < \frac{7{,}1}{0{,}58} = 12{,}1 \text{ cm}$$

espaçamento mínimo = 1,5 *D* = 9,6 cm

6.11.18.

Uma viga I, de pinho-do-paraná, de seção transversal indicada na figura, é ligada por pregos 100 × 54 (PB-58), tendo um vão de 5 m. Para uma seção sujeita a um momento fletor igual a 20,0 kNm, calcular as tensões normais solicitantes segundo a NBR7190 e o EUROCODE 5.

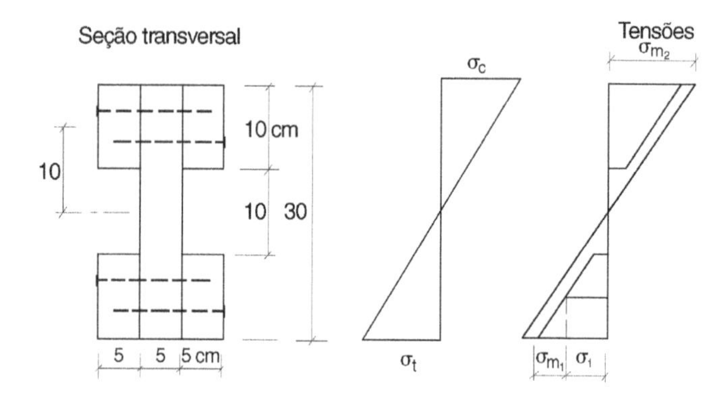

Fig. Probl. 6.11.18

Solução

a) *Tensões segundo a NBR7190*

Momento de inércia da seção maciça

$$I = \frac{5 \times 30^3}{12} + 2\frac{10 \times 10^3}{12} + 2 \times 10 \times 10 \times 10^2 =$$

$$= 32\,917 \text{ cm}^4$$

Momento de inércia efetivo

$$I_r = 0{,}85 \times 32\,917 = 27\,980 \text{ cm}^4$$

Tensões normais máximas

$$\sigma_c = \sigma_t = \frac{M}{I_r}\frac{h}{2} = \frac{2000}{27\,980} \times 15 = 1{,}07 \frac{\text{kN}}{\text{cm}^2} =$$

$$= 10{,}7 \text{ MPa}$$

b) *Tensões normais segundo formulação do EUROCODE 5*

Módulo de deslizamento de 1 prego 100 × 54 em pinho-do-paraná

$$C_\mu = \frac{2}{3}\rho_{\text{ap}}^{1,5}\frac{d}{20} = \frac{2}{3}(0{,}84 \times 580)^{1,5} \times \frac{5{,}4}{20} =$$

$$= 1936 \frac{\text{N}}{\text{mm}}$$

Coeficiente γ_1 (Eq. (6.35))

$$\frac{1}{\gamma_1} = 1 + \frac{\pi^2 E A_1 s}{\ell^2 C} = 1 + \frac{\pi^2 \times 1522{,}5 \times 5 \times 10 \times 4}{500^2 \times 19{,}36} =$$
$$= 1{,}62$$

Momento de inércia reduzido

$$I_r = \frac{5 \times 30^3}{12} + \frac{2 \times 10 \times 10^3}{12} + \frac{2}{1{,}62}\, 10 \times 10 \times 10^2 =$$
$$= 25\,262 \text{ cm}^4$$

$$\frac{I_r}{I} = 0{,}77$$

Tensão máxima na alma

$$\sigma_{m_2} = \frac{M}{I_r}\frac{h}{2} = \frac{2000}{25\,262} \times 15 = 1{,}18 \frac{\text{kN}}{\text{cm}^2} = 11{,}8 \text{ MPa}$$

6.11.19.

Uma viga I do tipo da Fig. 6.28*a* tem flange formado por duas peças ($b_1/2 = 5$ cm; $h_1 = 10$ cm); as diagonais constam de tábuas com 14 cm de largura por 2,5 cm de espessura. A altura da viga é de 1 m e o vão de 10 m. Calcular a carga máxima uniforme q_d de projeto da viga em uma combinação normal de ações, admitindo o uso de pinho-do-paraná em ambiente de Classe 3 de umidade. A viga é contraventada, eliminando flambagem lateral. Adotar a flecha máxima igual a 1/300 do vão.

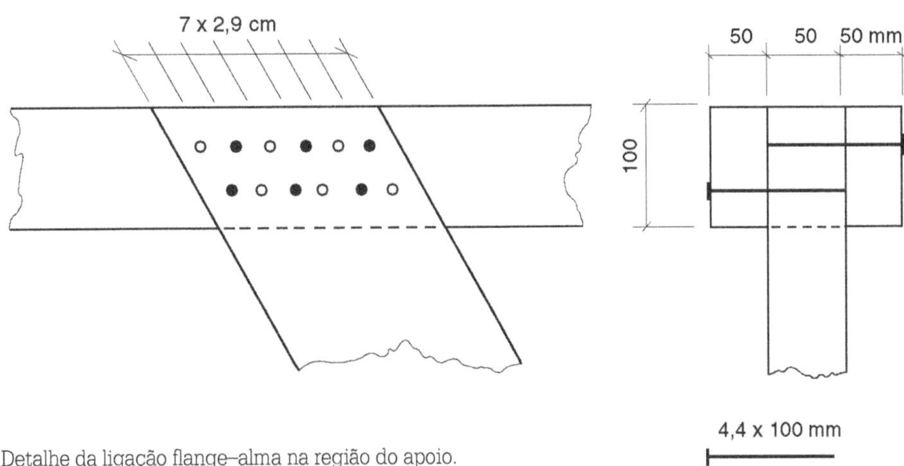

Fig. Probl. 6.11.19 Detalhe da ligação flange–alma na região do apoio.

Solução

a) *Propriedades mecânicas para as condições do problema*

$$k_{\text{mod}} = 0{,}70 \times 0{,}8 \times 0{,}8 = 0{,}45$$

$$f_{cd} = 9{,}2 \text{ MPa}$$

$$f_{td} = 16{,}3 \text{ MPa}$$

$$f_{vd} = 1{,}19 \text{ MPa}$$

$$E_{c\,\text{ef}} = 6851 \text{ MPa}$$

b) *Carga máxima determinada pelas tensões nos flanges*:

$$a_1 = 50 - 5 = 45 \text{ cm}$$

$$A_1 = 10 \times 10 = 100 \text{ cm}^2$$

Admitindo-se um prego de 20 × 48 em cada seção transversal, obtém-se

$$A_{1n} = 2(5 - 0{,}44)10 = 91{,}20 \text{ cm}^2$$

Sendo a redução de área menor que 10% da área íntegra, os furos podem ser ignorados, de acordo com a NBR7190

$$I = 2A_1 a_1^2 = 2 \times 100 \times 45^2 = 405\,000 \text{ cm}^4$$

Não havendo efeito de flambagem lateral, utilizam-se as Eqs. (6.41)

$$\sigma_{cd} = \sigma_{td} = \frac{M_d}{I}(a_1 + h_1/2) =$$

$$= \frac{q_d\, 1000^2}{8} \frac{(45 + 5)}{405\,000} < f_{cd} = 0{,}92 \frac{\text{kN}}{\text{cm}^2}$$

$$q_d < 0{,}060 \frac{\text{kN}}{\text{cm}} = 6 \frac{\text{kN}}{\text{m}}$$

c) *Carga máxima determinada pela flecha*

A limitação de flecha se exprime por

$$\delta = \frac{5}{384} \frac{q\ell^4}{EI_r} \leq \frac{\ell}{300}$$

$$q \leqslant \frac{384 \times 685{,}1 \times 405\,000}{1500 \times 1000^3} = 0{,}071 \text{ kN/cm} = 7{,}1 \text{ kN/m}$$

A condição de flecha não é determinante da carga máxima de projeto.

d) *Carga de projeto máxima determinada pelas conexões*

Admite-se ligação com prego 20 × 48 (44 × 100) conforme ilustrado na figura. Cada prego trabalha em corte simples apoiado em pinho-do-paraná sob compressão inclinada às fibras nas tábuas diagonais. Resistência de um prego 20 × 48:

$$f_{e\alpha d} = \frac{f_{cd}\ f_{cnd}}{f_{cd}\ \text{sen}^2\ 45° + f_{cnd}\ \cos^2 45°} =$$

$$= \frac{9{,}2 \times 0{,}25 \times 9{,}2}{0{,}5 \times 9{,}2(1 + 0{,}25)} = 3{,}68 \text{ MPa}$$

$$R_d = 0{,}4 f_{e\alpha d}\, dt = 0{,}4 \times 3{,}68 \times 4{,}4 \times 50 = 324 \text{ N}$$

Espaçamento mínimo na direção da força = $6d$ = 26,4 mm

Com 12 pregos por par de tábua de 14 cm na região dos apoios, conforme ilustra a figura, tem-se o fluxo cisalhante resistente:

$$\frac{12 \times 324}{14\sqrt{2}} = 196{,}4 \text{ N/cm}$$

O esforço cortante máximo de projeto é obtido por

$$\phi_d = \frac{V_d S_1}{I} = \frac{V_d \times 10 \times 10 \times 45}{405\,000} < 0{,}196 \text{ kN/cm}$$

$$V_d < 17{,}6 \text{ kN}$$

o que corresponde a uma carga máxima de projeto

$$q_d = \frac{17{,}6}{5} = 3{,}53 \frac{\text{kN}}{\text{m}}$$

e) *Verificação das diagonais*

O esforço cortante de projeto, para a carga máxima q_d = 3,53 kN/m, vale:

$$V_d = 3{,}53 \times 5 = 17{,}6 \text{ kN}$$

Esforço de projeto por tábua (Eq. (6.43)):

$$V_d \frac{b}{2a_1} = 17{,}6 \times 14/90 = 2{,}74 \text{ kN}.$$

Os montantes verticais, no caso espaçados entre si por 100 cm, são pregados em cada tábua diagonal com 4 pregos. Como as diagonais têm direções ortogonais, as de uma face trabalham à tração, enquanto as de face oposta ficam comprimidas. Para o dimensionamento à tração da diagonal, considera-se a área líquida

$$A_n = (14 - 6 \times 0{,}44)2{,}5 = 28{,}40 \text{ cm}^2.$$

Tensão de tração na tábua:

$$\sigma_{td} = \frac{2{,}74}{28{,}4} = 0{,}096 \text{ kN/cm}^2 < f_{td} = 1{,}63 \text{ kN/cm}^2.$$

As diagonais comprimidas têm o comprimento de flambagem $90\sqrt{2}$ = 127,3 cm

$$\frac{\ell_{f\ell}}{i} = 3{,}46 \frac{\ell_{f\ell}}{t} = 3{,}46 \frac{127{,}3}{2{,}5} = 176 > 140.$$

O comprimento de flambagem pode ser reduzido à metade, pregando-se (4 pregos) as diagonais comprimidas às tracionadas, na meia altura da viga. Com isso, chega-se a

$$\frac{\ell_{f\ell}}{i} = 88$$

A verificação da compressão com flambagem da tábua deve ser efetuada com os procedimentos descritos no Cap. 7.

6.12. PROBLEMAS PROPOSTOS

6.12.1. Projetar uma viga de madeira conífera classe C30 (ver Tabela 3.15) de seção retangular, tendo vão de 3,0 m, para suportar as cargas indicadas na figura em ambiente de Classe 2 de umidade. A viga tem contenção lateral nos apoios.

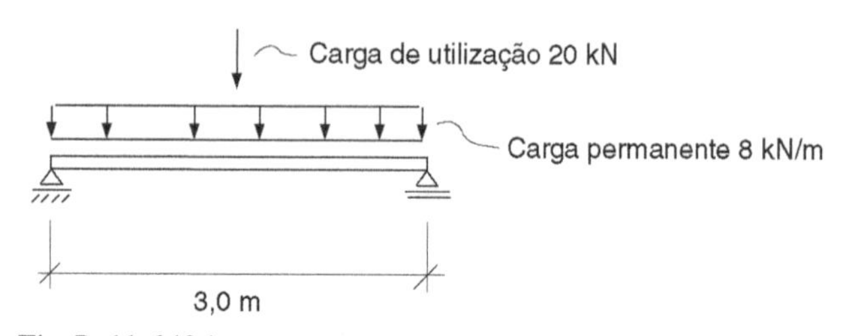

Fig. Probl. 6.12.1

6.12.2. Um telhado em madeira da classe de resistência C60 (Tabela 3.14) será executado conforme o esquema ilustrado na Fig. 2.13. Serão utilizadas telhas cerâmicas tipo colonial (sem fixação à estrutura), para as quais o espaçamento entre as ripas é de 35 cm. O peso das telhas secas é 500 N/m² e das telhas molhadas 650 N/m². As seguintes dimensões e espaçamentos foram adotados para os elementos do vigamento de apoio das terças:

Elemento	Largura (cm)	Altura (cm)	Espaçamento (cm)
Ripa	5,0	1,5	35
Caibro	5,0	6,0	50
Terça	5,0	15,0	150

Verificar a segurança do vigamento de apoio das telhas (ripas, caibros e terças) para ação de sobrepressão de vento igual a 600 N/m^2 além do peso do telhamento. As vigas podem ser consideradas como biapoiadas. Admitir Classe 2 de umidade.

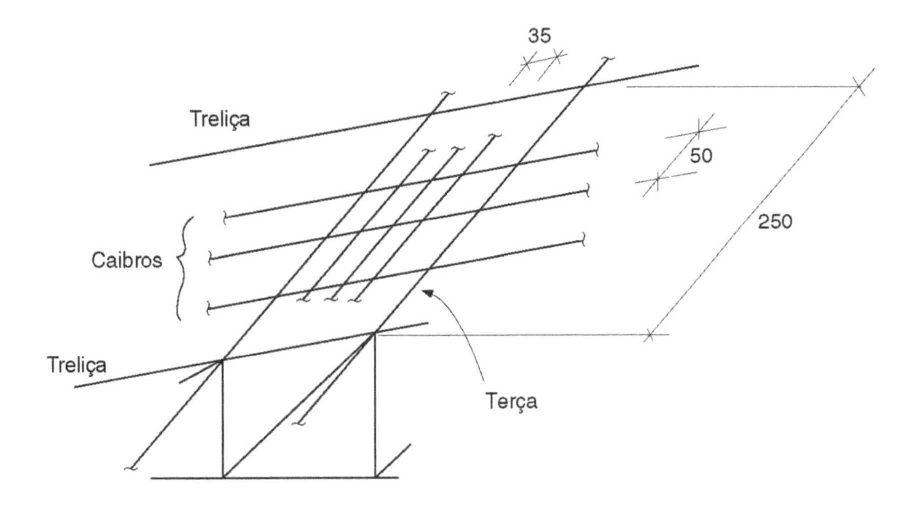

Fig. Probl. 6.12.2

6.12.3. As vigas principais internas do piso de edifício do Problema Resolvido 6.11.13 têm seção transversal de 75 × 300 mm e suportam, cada uma, três vigas secundárias espaçadas de 1 m. Cada viga secundária está sujeita a um carregamento combinado normal q_d = 2 kN/m uniformemente distribuído. Verificar a segurança das vigas principais internas admitindo que são biapoiadas e que o piso não oferece contenção lateral. As vigas são fabricadas em madeira laminada de pinho-do-paraná.

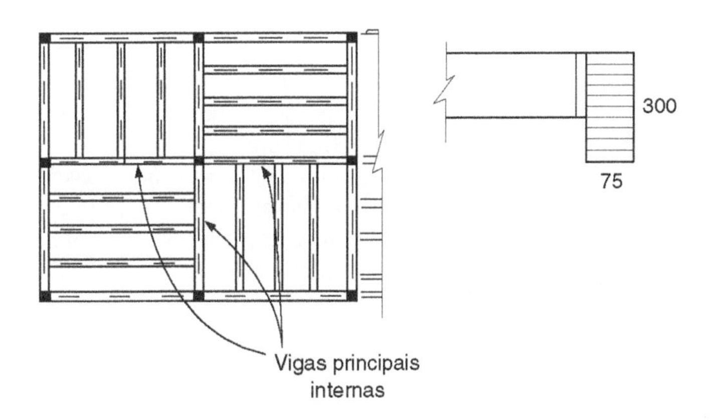

Fig. Probl. 6.12.3

CAPÍTULO 7

PEÇAS COMPRIMIDAS — FLAMBAGEM

7.1. INTRODUÇÃO

Peças comprimidas são encontradas em componentes de treliças, sistemas de contraventamento, além de colunas ou pilares isolados ou pertencentes a pórticos. Estas peças podem estar sujeitas à compressão simples e à flexocompressão por ação de carga aplicada com excentricidade ou de um momento fletor oriundo de cargas transversais, em combinação com a carga axial de compressão.

Curvaturas iniciais em peças esbeltas sob compressão axial ou deslocamentos laterais produzidos por ação de um momento fletor aplicado tendem a ser ampliados pelo esforço de compressão em um processo denominado *flambagem por flexão*, o qual reduz a resistência da peça em relação ao caso de peça curta.

As peças comprimidas podem ser de seção simples ou de seção composta.

Este capítulo trata de peças sujeitas à compressão e à flexocompressão e apresenta os critérios de dimensionamento considerando-se os efeitos da flambagem por flexão em peças de seção simples ou composta. Detalhes construtivos para emendas e apoios de colunas são também abordados.

7.2. SEÇÕES TRANSVERSAIS DE PEÇAS COMPRIMIDAS

7.2.1. SEÇÕES TRANSVERSAIS DE USO CORRENTE

As peças de madeira, comprimidas na direção das fibras, podem ser constituídas de seções transversais simples ou compostas (ver a Fig. 7.1):

a) seções maciças de madeira roliça;
b) seções maciças de madeira lavrada, em geral com seção retangular, com lados variando de 20 cm a 40 cm;
c) seções maciças de madeira serrada, de seção retangular, em geral de dimensões padronizadas;
d) seções maciças de madeira laminada colada, com seções retangulares, em I ou T;
e) seções compostas de madeiras roliças, ligadas com talas de madeira pregada;
f) seções compostas de madeira serrada ou laminada, com ligação contínua nas interfaces;
g) seções compostas de madeira serrada ou laminada, com ligações descontínuas entre as peças.

7.2.2. DIMENSÕES MÍNIMAS DA SEÇÃO TRANSVERSAL

As peças utilizadas em colunas ou outros elementos estruturais têm dimensões mínimas construtivas, especificadas nas normas. Conforme a NBR7190, a espessura mínima b de peças retangulares e a área mínima das respectivas seções transversais são dadas na Tabela 2.1. Em peças compostas, com conectores de anel ou pregos, devem também ser respeitadas as dimensões mínimas especificadas para esses elementos de ligação.

7.3. FLAMBAGEM POR FLEXÃO

Ao ser comprimida axialmente, uma coluna esbelta apresenta uma tendência ao deslocamento lateral. Este tipo de instabilidade, denominado flambagem por flexão, se caracteriza pela interação entre o esforço axial e a deformação lateral, de tal forma que a resistência final da coluna depende não apenas da resistência do material, mas também de sua rigidez à flexão, EI.

Abordando o caso ideal de uma coluna birrotulada (de comprimento ℓ) perfeitamente retilínea, com carga centrada e de material elástico, Leonhard Euler (1707-1783) demonstrou (Gere, Timoshenko; 1990) que para uma carga maior ou igual a

$$N_{cr} = \frac{\pi^2 EI}{\ell^2} \tag{7.1}$$

não é mais possível o equilíbrio na configuração retilínea. Aparecem então deslocamentos laterais e a coluna fica sujeita à flexocompressão. A carga N_{cr} é denominada carga crítica ou carga de Euler. No gráfico da Fig. 7.2*c*, as linhas identificadas por *"coluna idealmente perfeita"* representam a respos-

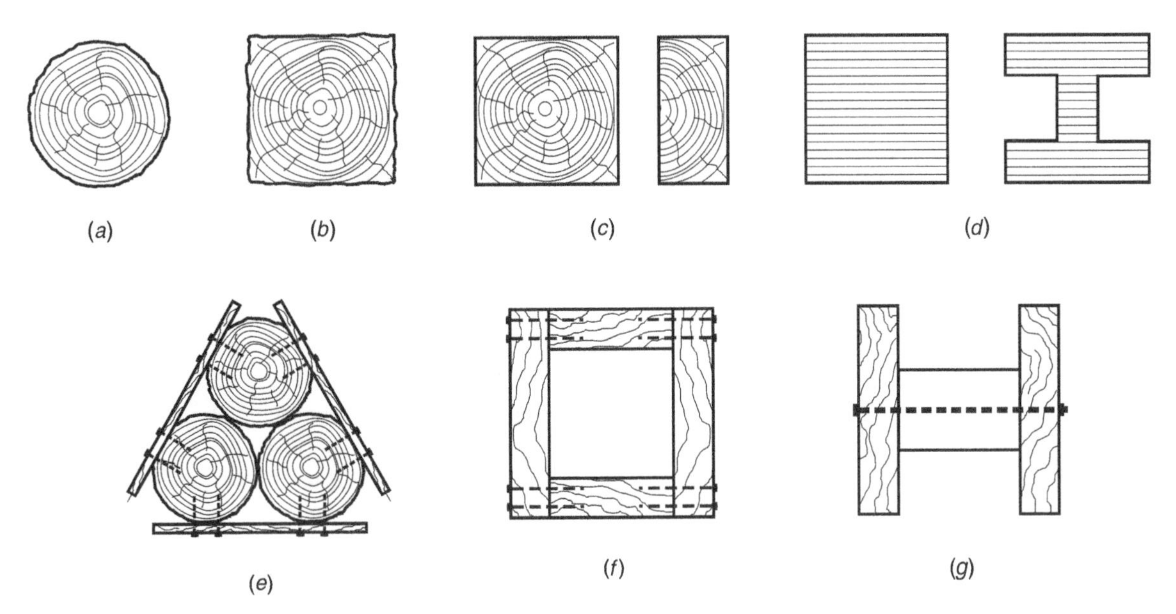

Fig. 7.1 Seções transversais de peças comprimidas de madeira: (*a*) madeira roliça; (*b*) madeira lavrada; (*c*) madeira serrada; (*d*) madeira laminada colada; (*e*) seção composta de peças roliças; (*f*) seção composta de peças serradas com ligação contínua; (*g*) seção composta de peças serradas ligadas por peças intermediárias descontínuas.

ta em deslocamento δ_t no meio do vão da coluna para carga N crescente.

Entretanto, as colunas reais não correspondem às hipóteses associadas ao cálculo de Euler e portanto não se comportam de acordo com sua previsão. Diversos fatores influenciam o comportamento das colunas reais até a ruptura. A começar pelos processos construtivos e de fabricação das peças em função dos quais não se pode garantir a retilinidade das peças e nem a centralização do carregamento. As Figs. 7.2*a* e *b* ilustram, respectivamente, os casos de coluna com imperfeições geométricas iniciais (δ_0) e de coluna com excentricidade de carga (e_i). Nesses casos, o processo de flambagem se dá com a flexão da coluna desde o início do carregamento, conforme ilustrado pela linha identificada por "coluna imperfeita" na Fig. 7.2*c*. Observa-se, pelos diagramas de tensões na seção mais solicitada associados a pontos ao longo da curva de resposta, que o efeito de flexão se amplia com o acréscimo do carregamento.

A força normal N em uma coluna com *imperfeição geométrica*, representada por δ_0, produz uma excentricidade adicional δ, chegando a uma flecha total δ_t, que para tensões em regime elástico é expressa por (Gere, Timoshenko; 1990):

$$\delta_t = \frac{\delta_0}{1 - N/N_{cr}} = \delta_0 \frac{N_{cr}}{N_{cr} - N} \tag{7.2}$$

Para uma coluna com *excentricidade de carga* e_i a resposta em termos de deslocamento para cada valor de carga N pode ser aproximada pela Eq. (7.2), sendo δ_0 tomado igual à deflexão máxima produzida pelo momento inicial (ou primário) $M_i = Ne_i$.

Para uma coluna com excentricidade de carga e_i a resposta exata em termos do deslocamento total δ_t para cada valor de N é dada por:

$$\delta_t = e_i \left(\sec \left(\frac{\pi}{2} \sqrt{\frac{N}{N_{cr}}} \right) - 1 \right) \tag{7.3}$$

e o momento máximo no meio do vão é obtido com

$$M_{\text{máx}} = M_i + N\delta_t = Ne_i \left(1 + \sec \left(\frac{\pi}{2} \sqrt{\frac{N}{N_{cr}}} \right) - 1 \right) =$$

$$= M_i \sec \left(\frac{\pi}{2} \sqrt{\frac{N}{N_{cr}}} \right) \tag{7.4}$$

Na Eq. (7.4), $M_{\text{máx}}$ é calculado como uma amplificação do momento inicial (ou primário M_i) e inclui a interação esforço normal — momento fletor denominada efeito de 2.ª ordem. Este momento máximo pode ainda ser aproximado pelo coeficiente de amplificação de δ_0 da Eq. (7.2):

$$M_{\text{máx}} \cong M_i \frac{N_{cr}}{N_{cr} - N} \tag{7.5}$$

Outro aspecto que influencia a resistência da coluna diz respeito ao tipo de *diagrama* $\sigma \times \epsilon$ do material. No caso da madeira, o comportamento em tração é praticamente linear (regime elástico) até a ruptura, mas em compressão o diagrama $\sigma \times \epsilon$ é não-linear (ver Figs. 3.2 e 3.5). Então, a validade das Eqs. (7.2) e (7.3) se limita ao valor da carga N, que produz tensão máxima na seção mais solicitada igual à

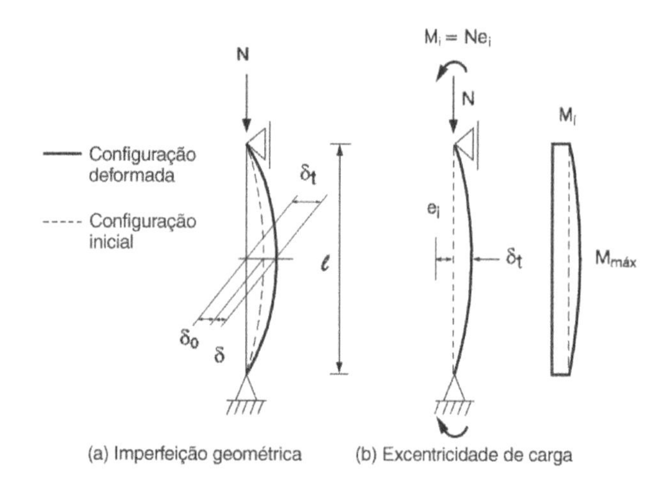

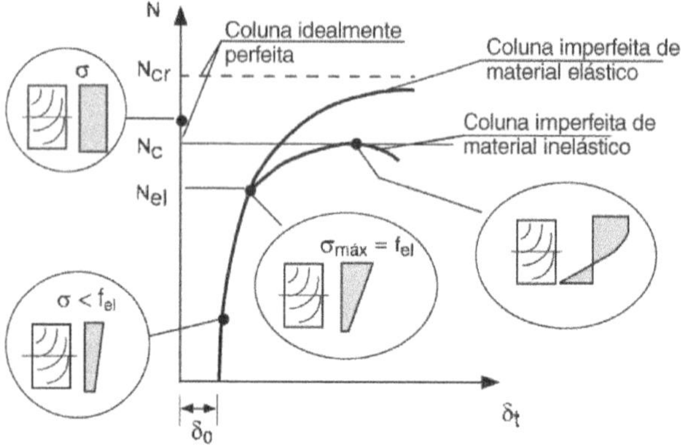

(c) Respostas sob carga crescente e diagramas de tensões na seção do meio do vão da coluna

Fig. 7.2 Comportamento de colunas sob cargas crescentes. Efeitos da imperfeição geométrica inicial e da excentricidade de carga.

tensão limite de proporcionalidade $f_{e\ell}$. A partir daí inicia-se a perda de rigidez da seção com a sua plastificação progressiva. A resposta da coluna segue o caminho identificado por "coluna imperfeita de material inelástico" na Fig. 7.2*c* até atingir a resistência N_c com a ruptura da seção mais solicitada.

No caso da madeira há que se considerar ainda o *efeito de fluência* (ver item 3.3.6), que se caracteriza pelo acréscimo das deformações ao longo do tempo para uma carga mantida constante. Para uma carga $N < N_c$, a coluna imperfeita de material inelástico da Fig. 7.2*c* não atinge a ruptura instantaneamente. Entretanto, se a carga for mantida ao longo do tempo o efeito de fluência poderá levá-la ao colapso por acréscimo dos deslocamentos laterais δ.

Dividindo-se a carga crítica (Eq. (7.1)) pela área A da seção da coluna, obtém-se a tensão crítica

$$f_{cr} = \frac{N_{cr}}{A} = \frac{\pi^2 E}{(\ell/i)^2} \tag{7.6}$$

onde ℓ/i = índice de esbeltez da coluna;

$i = \sqrt{I/A}$, raio de giração da seção, em relação ao eixo de flambagem.

A tensão nominal última f_c' é obtida dividindo-se a carga última N_c pela área da seção transversal

$$f_c' = \frac{N_c}{A} \tag{7.7}$$

A resistência de uma coluna pode ser representada como uma função de seu índice de esbeltez. Para colunas muito curtas (baixo ℓ/i) não ocorre o processo de flambagem e a tensão resistente nominal f_c' é igual à tensão resistente à compressão do material f_c. Para colunas esbeltas, a resistência é dada pela Eq. (7.7), onde em N_c estão incluídos todos os efeitos redutores de carga última em relação à carga crítica N_{cr}. A Fig. 7.3 mostra um gráfico $f_c' \times \ell/i$, cuja linha em traço cheio, denominada *curva de flambagem*, representa a resistência de colunas reais. A linha tracejada representa o caso de colunas perfeitas (f_{cr}) e a linha pontilhada refere-se à resistência f_c do material em compressão.

Na curva de flambagem (Fig. 7.3) pode-se distinguir três tipos de colunas:

- colunas esbeltas (valores elevados de ℓ/i) para as quais a flambagem ocorre em regime elástico e a resistência f_c' aproxima-se de f_{cr};
- colunas de esbeltez intermediária, nas quais a influência das imperfeições geométricas e da não-linearidade física (do material) reduz a resistência;
- colunas curtas (baixos valores de ℓ/i), nas quais a tensão resistente é tomada igual à tensão resistente à compressão do material.

No caso de colunas com outras condições de contorno que não o caso fundamental de duas rótulas extremas, a Eq. (7.1) e o gráfico da Fig. 7.3 permanecem válidos com a introdução do *comprimento de flambagem* $\ell_{f\ell}$ em substituição ao com-

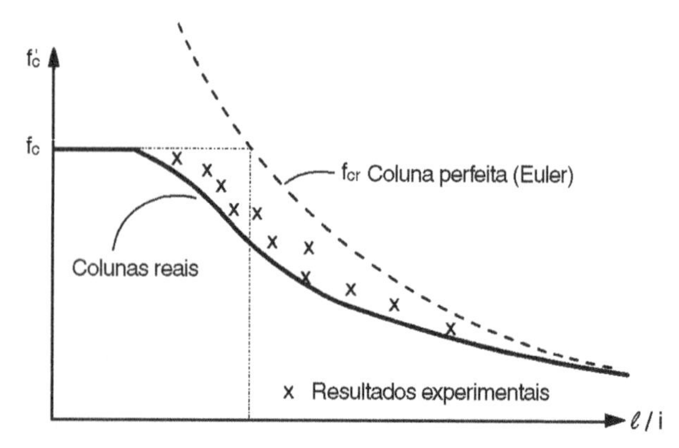

Fig. 7.3 Variação da resistência de uma peça comprimida, em função do índice de esbeltez ℓ/i.

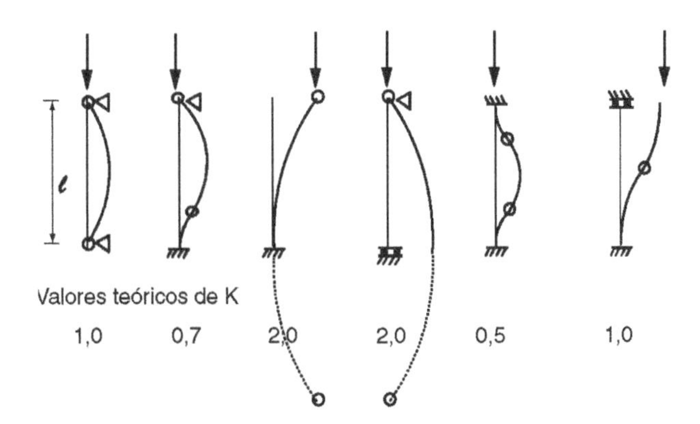

Fig. 7.4 Comprimentos de flambagem $\ell_{f\ell} = K\,\ell$.

primento ℓ da coluna. Observando o modo de flambagem de uma coluna com quaisquer condições de contorno, o comprimento de flambagem é definido como a distância entre dois pontos de inflexão (ver Fig. 7.4). Nestes pontos, o momento fletor é nulo e o comprimento $\ell_{f\ell}$ fornece a equivalência ao caso fundamental. O comprimento de flambagem é dado em função do comprimento ℓ:

$$\ell_{f\ell} = K\,\ell \tag{7.8}$$

sendo K o parâmetro de flambagem, dado na Fig. 7.4.

7.4. RESISTÊNCIA DA SEÇÃO EM FLEXOCOMPRESSÃO

Em uma certa seção de uma coluna curta atuam um esforço normal N e um momento fletor M. Admitindo-se que o material apresenta diagrama tensão $\times$ deformação linear, as tensões normais devidas ao esforço normal, σ_N, e ao momento fletor, σ_M, podem ser superpostas (Fig. 7.5*a*). O limite de resistência, neste caso, se dá quando a tensão máxima atinge a tensão resistente f do material para o par de esforços (N, M) e pode ser expresso por:

$$\sigma_N + \sigma_M = f$$

ou

$$\frac{\sigma_N}{f} + \frac{\sigma_M}{f} = 1 \tag{7.9a}$$

ou ainda

$$\frac{N}{N_c} + \frac{M}{M_u} = 1 \tag{7.9b}$$

onde

$$N_c = Af \tag{7.10a}$$

$$M_u = Wf \tag{7.10b}$$

Nas Eqs. (7.10) N_c e M_u são, respectivamente, os esforços de ruptura nos casos de compressão simples e flexão simples.

O limite de resistência das Eqs. (7.9) se aplica a uma seção de madeira sujeita à flexotração (ver item 6.5.6), pois em tração a madeira apresenta comportamento linear-elástico (Fig. 3.5).

Admite-se agora o caso de seção de madeira sujeita à flexocompressão (Fig. 7.5*b*). Como a madeira tem comportamento inelástico em compressão, a superposição das tensões normais devidas ao esforço normal e ao momento fletor só é válida até a tensão limite de proporcionalidade, $f_{e\ell}$, não podendo ser aplicada na ruptura. Somam-se então as deformações específicas ϵ_N e ϵ_M devidas aos esforços aplicados e a ruptura é atingida quando a máxima deformação se iguala à de ruptura ϵ_c. O diagrama de tensões ao longo da seção (Fig. 7.5*b*) mostra a seção parcialmente plastificada, de forma que, para o mesmo esforço normal N aplicado à seção de material elástico (Fig. 7.5*a*), tem-se um acréscimo no momento de ruptura: $M_p > M_e$.

Os muitos pares de esforços que causam a ruptura de uma seção estão representados nas curvas da Fig. 7.6. Nos casos extremos de flexão simples (N = 0) e compressão simples (M = 0), os esforços de ruptura são M_u e N_c, respectivamente (Eqs. (7.10)). A curva pontilhada (na verdade uma reta) resulta da análise linear (material elástico) e representa a Eq. (7.9*b*). Aproximando-se o diagrama $\sigma \times \epsilon$ da madeira em compressão por um diagrama elastoplástico resulta a curva em linha cheia, que pode ser tomada como representativa do comportamento de

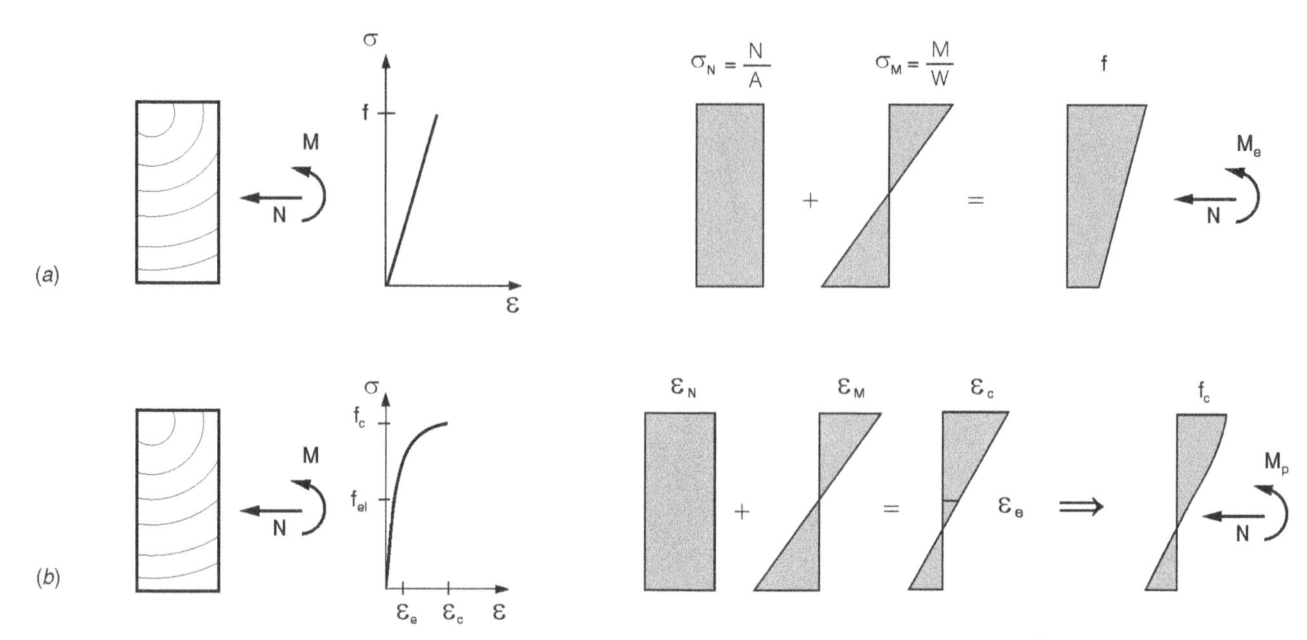

Fig. 7.5 Resistência de uma seção sujeita à flexocompressão: (*a*) material elástico; (*b*) material inelástico.

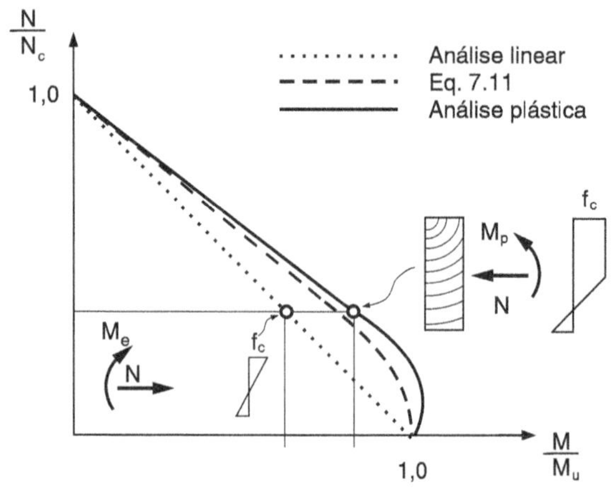

Fig. 7.6 Curva de interação entre momento fletor e esforço axial. N_c é o esforço axial de ruptura para compressão simples ($M = 0$) e M_u é o momento fletor de ruptura para flexão simples ($N = 0$) (Step, 1996).

uma seção de madeira em flexocompressão. Em relação à análise linear, observa-se novamente aqui o ganho de resistência da seção sujeita a um mesmo esforço normal N quando se considera a plastificação da seção: $M_p > M_e$.

Tem-se ainda, na Fig. 7.6, a curva tracejada expressa pela seguinte equação:

$$\left(\frac{N}{N_c}\right)^2 + \frac{M}{M_u} = 1 \tag{7.11}$$

que aproxima o comportamento da seção de madeira em flexocompressão.

As curvas da análise plástica e da Eq. (7.11) na Fig. 7.6 referem-se a uma seção de coluna curta (sem efeito de flambagem). Para as colunas em que há efeito de flambagem, a curva representativa aproxima-se da interação linear (Step, 1996).

7.5. PEÇAS COMPRIMIDAS DE SEÇÃO SIMPLES — COMPRESSÃO SIMPLES E FLEXOCOMPRESSÃO

7.5.1. COMPRIMENTO DE FLAMBAGEM

Em estruturas de madeira, devido à natureza deformável das ligações, geralmente se despreza o efeito favorável de engastamento nas extremidades, tomando-se para comprimento de flambagem o próprio comprimento da coluna ($\ell_{f\ell} = \ell$), exceção é feita ao caso de peça engastada em uma extremidade e livre em outra, no qual $\ell_{f\ell} = 2\ell$.

No caso de colunas de madeira com ligações intermediárias de contraventamento, o comprimento de flambagem é tomado igual à distância ℓ_1 entre os pontos de ligação intermediária ($\ell_{f\ell} = \ell_1$), desprezando-se o efeito favorável da continuidade da coluna.

7.5.2. LIMITES DE ESBELTEZ

Há interesse na fixação de limites superiores do índice de esbeltez, para se evitar estruturas muito flexíveis. A Norma Brasileira fixa o seguinte valor de esbeltez máxima:

$$\ell_{f\ell}/i \leq 140.$$

Do ponto de vista da resistência, conforme exposto no item 7.3 (ver Fig. 7.3), o índice de esbeltez determina três tipos de coluna para os quais a norma NBR7190 atribui os seguintes limites:

- colunas curtas $0 < \dfrac{\ell_{f\ell}}{i} \leq 40$
- colunas medianamente esbeltas $40 < \dfrac{\ell_{f\ell}}{i} \leq 80$
- colunas esbeltas $80 < \dfrac{\ell_{f\ell}}{i} < 140.$

7.5.3. PEÇAS CURTAS

Para colunas curtas ($\ell_{f\ell}/i < 40$) não é preciso considerar redução de resistência à compressão devida ao processo de flambagem. A resistência da coluna curta é igual à resistência da seção mais solicitada, verificada com a Eq. (3.25) no caso de *compressão simples*:

$$\sigma_{N_d} = \frac{N_d}{A} \leq f_{cd} \tag{3.25}$$

A resistência das seções mais solicitadas de peças curtas sujeitas à *flexão composta reta* (M_d, N_d) é verificada no estado limite último com a seguinte expressão:

$$\left(\frac{\sigma_{N_d}}{f_{cd}}\right)^2 + \frac{\sigma_{M_d}}{f_{cd}} \leq 1 \tag{7.12}$$

onde σ_{M_d} é tensão máxima de compressão devida ao momento fletor M_d de projeto.

A Eq. (7.12) mantém o formato da Eq. (7.11) para considerar a não-linearidade do diagrama $\sigma \times \epsilon$ da madeira em compressão e o conseqüente acréscimo de resistência em relação ao material de comportamento elástico.

As peças curtas sujeitas à *flexão composta oblíqua* devem ser verificadas com as Eqs. (6.20):

$$\left(\frac{\sigma_{N_d}}{f_{cd}}\right)^2 + \frac{\sigma_{xd}}{f_{cd}} + k_M \frac{\sigma_{yd}}{f_{cd}} \leq 1 \tag{6.20a}$$

$$\left(\frac{\sigma_{N_d}}{f_{cd}}\right)^2 + k_M \frac{\sigma_{xd}}{f_{cd}} + \frac{\sigma_{yd}}{f_{cd}} \leq 1 \tag{6.20b}$$

onde σ_{xd} e σ_{yd} são as máximas tensões de compressão devidas aos momentos fletores M_{xd} e M_{yd};
$k_M = 0,5$ para seções retangulares;
$k_M = 1,0$ para outras seções.

7.5.4. PEÇAS MEDIANAMENTE ESBELTAS

Nas peças comprimidas com esbeltez intermediária ($40 \leq \dfrac{\ell_{f\ell}}{i} < 80$) a resistência é afetada pela ocorrência de flambagem, incluindo os efeitos de imperfeições geométricas e da não-linearidade do material. No caso de peças sujeitas à *compressão simples*, a verificação de segurança pode ser feita de acordo com duas abordagens:

- através das curvas de flambagem (Fig. 7.3, item 7.3) nas quais a tensão resistente f'_c (menor que f_c e f_{cr}) já leva em conta o efeito das imperfeições geométricas e da não-linearidade do material;
- através de equação de interação de esforço normal e momento fletor na qual o efeito de imperfeições geométricas é explicitado no cálculo das solicitações.

Conforme exposto no item 7.3, mesmo uma coluna sob ação de uma carga centrada fica sujeita à flexocompressão devido às imperfeições geométricas. Entretanto, se as imperfeições se limitarem às tolerâncias de norma, o dimensionamento pode ser feito para "carga centrada", pois o efeito destas imperfeições está incluído no cálculo da tensão resistente f'_c através da curva de flambagem. Esta é a abordagem clássica para estruturas de aço e é adotada pelo EUROCODE 5 para estruturas de madeira.

Segundo a NBR7190, o dimensionamento é feito para flexocompressão mesmo no caso de peça sujeita à compressão simples. As peças que na situação de projeto estão sujeitas à compressão axial devem ser verificadas considerando-se a existência de imperfeições geométricas das peças (incluídas as excentricidades construtivas de carga), os efeitos de 2.ª ordem decorrentes da flambagem. O efeito das imperfeições geométricas é considerado através de uma excentricidade acidental e_a da carga, cujo valor mínimo é dado por

$$e_a = \frac{\ell_{f\ell}}{300} \geq \frac{h}{30} \tag{7.13}$$

Esta excentricidade será amplificada pelo efeito de 2.ª ordem, isto é, pela ação do esforço normal de projeto N_d com excentricidade e_a. Resultará, então, um momento fletor máximo de projeto (ver Eq. (7.5) e Fig. 7.2)

$$M_d = N_d\, e_a \frac{N_{cr}}{N_{cr} - N_d} \tag{7.14}$$

onde

$$N_{cr} = \frac{\pi^2 E_{c\,\mathrm{ef}} I}{\ell^2_{f\ell}} \tag{7.1a}$$

I = momento de inércia da seção no plano de flambagem
$E_{c\,\mathrm{ef}}$ é dado pela Eq. (3.23).

Com M_d e N_d calculam-se, respectivamente, as tensões σ_{M_d} e σ_{N_d} e verifica-se a condição de segurança à compressão com flambagem (condição de estabilidade) pela equação de interação linear:

$$\frac{\sigma_{N_d}}{f_{cd}} + \frac{\sigma_{M_d}}{f_{cd}} \leq 1 \tag{7.15}$$

A condição (7.15) é aplicada a cada plano de flambagem (ver Fig. 7.7*a*) de forma independente, a menos que em um

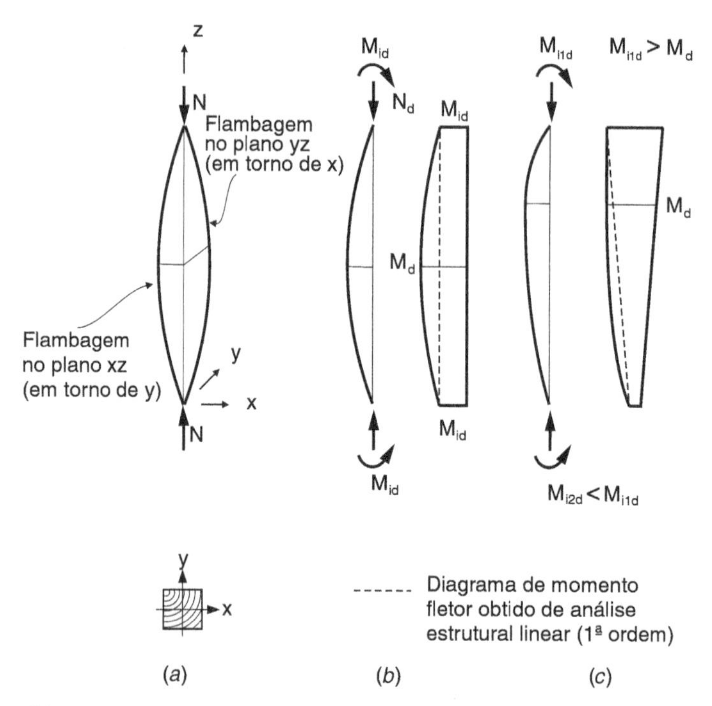

Fig. 7.7 (*a*) Planos de flambagem; (*b*) coluna sob flexocompressão com momento inicial constante; (*c*) coluna sob flexocompressão com momentos extremos diferentes.

dos planos $\ell_{fl}/i < 40$, quando é dispensada a inclusão do efeito da flambagem na resistência (item 7.5.3).

No caso de peças que na condição de projeto estão sob ação de *flexocompressão*, esforço normal N_d e momento fletor inicial M_{id} (Fig. 7.7*b*), o momento fletor máximo de projeto (que inclui efeitos de imperfeições geométricas e efeito de 2.ª ordem) é dado por

$$M_d = N_d\,(e_a + e_i)\,\frac{N_{cr}}{N_{cr} - N_d} \tag{7.14a}$$

onde

$$e_i = M_{id}/N_d \tag{7.16}$$

com valor mínimo de $h/30$, sendo h a altura da seção transversal referente ao plano de verificação. A condição de segurança é dada pela Eq. (7.15) com σ_{M_d} calculado com o momento da Eq. (7.14*a*).

Além da verificação da condição de estabilidade, Eq. (7.15), deve-se ainda verificar a condição de resistência da seção, Eqs. (7.12) e (6.20), respectivamente, nos casos de peças sob flexocompressão reta e oblíqua. Estas condições podem ser determinantes no dimensionamento em casos de colunas com momentos fletores diferentes em cada extremidade. Por exemplo, no caso da Fig. 7.7*c*, verifica-se a condição de estabilidade para o momento M_d no vão e a condição de resistência da seção para o momento M_{i1d} no apoio.

7.5.5. Peças esbeltas (NBR7190)

Para peças esbeltas ($\ell_{fl}/i > 80$) o dimensionamento é feito tal como para peças medianamente esbeltas (item 7.5.4), porém com a inclusão do efeito da fluência da madeira nos deslocamentos laterais da coluna, o qual se traduz em acréscimo do momento de projeto M_d. Às excentricidades acidental e_a (Eq. (7.13)) e inicial e_i (Eq. (7.16)) acrescenta-se a excentricidade e_c que representa o efeito da fluência da madeira, transformando a Eq. (7.14*a*) em

$$M_d = N_d\,(e_a + e_i + e_c)\,\frac{N_{cr}}{N_{cr} - N_d} \tag{7.14b}$$

A excentricidade complementar de fluência e_c é dada, tal como para estruturas de concreto, pela expressão:

$$e_c = (e_{ig} + e_a)\left[\exp\left(\frac{\varphi N_g^*}{N_{cr} - N_g^*}\right) - 1\right] \tag{7.17}$$

onde φ é o coeficiente de fluência dado na Tabela 3.17;
$e_{ig} = M_{igd}/N_d$, excentricidade inicial oriunda do momento devido à carga permanente g;
$e_a = \ell_{fl}/300 > h/30$; h = altura da seção em relação ao plano de verificação;
$N_g^* = N_g + (\psi_1 + \psi_2)N_q$

sendo N_g e N_q os valores característicos dos esforços normais oriundos, respectivamente, de carga permanente g e variável q, e ψ_1 e ψ_2 dados na Tabela 3.7 com $\psi_1 + \psi_2 \leq 1$.

Além da verificação de estabilidade (Eq. (7.15)) deve-se ainda verificar a condição de resistência da seção (Eqs. (7.12) ou (6.20)).

Exemplo 7.1 Para um caibro (7,5 cm × 7,5 cm) de pinho-do-paraná de 2.ª categoria, sujeito à compressão simples, calcular a carga máxima de projeto N_d para diversos comprimentos de flambagem.

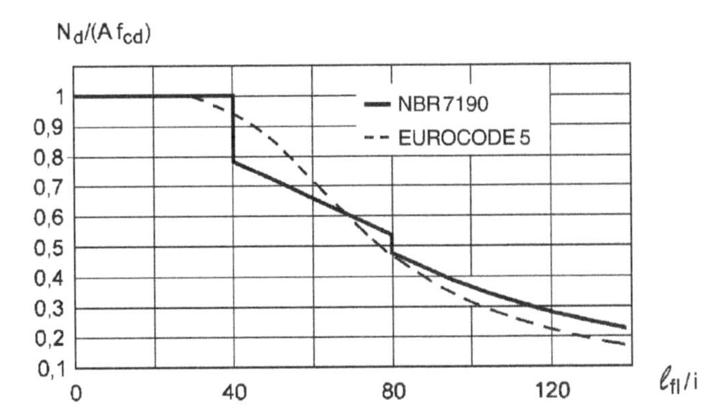

Fig. Ex. 7.1

Solução

a) *Propriedades mecânicas*

Admitindo carga de longa duração e classe 2 de umidade, tem-se:

$$k_{mod} = 0{,}70 \times 1{,}0 \times 0{,}8 = 0{,}56$$

$$f_{cd} = 0{,}70 \times 0{,}56 \times 40{,}9/1{,}4 = 11{,}4 \text{ MPa}$$

$$E_{c\,ef} = 0{,}56 \times 15\,225 = 8526 \text{ MPa}$$

$$\varphi = 0{,}8$$

b) *Coluna curta* ($\ell_{f\ell}/i \leq 40$)

Nesse intervalo, tem-se:

$$\ell_{f\ell} \leq 40 \frac{b}{\sqrt{12}} = 11{,}5b = 86{,}6 \text{ cm}$$

$$\text{Eq. (3.25) } N_d = f_{cd} A = 1{,}14 \times 7{,}5^2 = 64{,}1 \text{ kN}$$

c) *Coluna medianamente esbelta* ($40 \leq \frac{\ell_{f\ell}}{i} \leq 80$)

Neste intervalo tem-se 86,6 cm $\leq \ell_{f\ell} \leq$ 173 cm. Cálculo para $\ell_{f\ell}$ = 173 cm:

$$e_a = \frac{\ell_{f\ell}}{300} = 0{,}58 \text{ cm}$$

$$I = 7{,}5^4/12 = 263{,}7 \text{ cm}^4$$

$$N_{cr} = \frac{\pi^2 E_{c\,ef} I}{\ell^2_{f\ell}} = \pi^2 \times \frac{852{,}6 \times 263{,}7}{173^2} = 74{,}1 \text{ kN}$$

$$\text{(Eq. 7.15) } \frac{N_d}{A f_{cd}} + \frac{N_d e_a}{W f_{cd}} \frac{N_{cr}}{(N_{cr} - N_d)} = 1$$

A Eq. (7.15) resulta numa equação quadrática em N_d, cujo resultado para $\ell_{f\ell}$ = 173 cm vale:

$$N_d = 34{,}4 \text{ kN}$$

d) *Coluna esbelta* ($80 \leq \ell_{f\ell}/i \leq 140$)

Cálculo para $\ell_{f\ell} = 140 \times \frac{b}{\sqrt{12}} \simeq 300$ cm, admitindo que o esforço normal N_d é oriundo de carga permanente ($N_g^* = N_d/1{,}4$)

$$N_{cr} = \pi^2 \times 852{,}6 \times 263{,}7/300^2 = 24{,}65 \text{ kN}$$

$$e_a = \ell_{f\ell}/300 = 1{,}0 \text{ cm}$$

$$\text{(Eq. 7.17) } e_c = 1{,}0 \left[\exp\left(\frac{0{,}8 \times N_d/1{,}4}{N_{cr} - N_d/1{,}4} \right) - 1 \right]$$

$$M_d = N_d (e_a + e_c) \frac{N_{cr}}{N_{cr} - N_d}$$

$$\text{(Eq. 7.15) } \frac{N_d}{7{,}5^2 \times 1{,}14} + \frac{\sigma_{M_d}}{1{,}14} = 1$$

Como σ_{M_d} inclui uma função exponencial de N_d, a solução para N_d é obtida numericamente:

$$N_d = 14{,}5 \text{ kN}$$

e) A Fig. Ex. 7.1 mostra o gráfico $N_d/(f_{cd} A) \times \ell_{f\ell}/i$, que expressa a variação da resistência da coluna de 7,5 × 7,5 cm de pinho-do-paraná com o índice de esbeltez. Verifica-se que a curva obtida com os critérios de dimensionamento da NBR7190 tem o aspecto de curva de flambagem mostrada na Fig. 7.3, ressaltando-se a existência de descontinuidades para $\ell_{f\ell}/i$ = 40 e 80. A título de comparação, a Fig. Ex. 7.1 mostra também a curva de flambagem do EUROCODE 5 aplicada aos dados do problema. Verifica-se boa concordância entre os valores de resistência obtidos com as duas normas, sendo a NBR7190 mais conservadora na faixa de colunas medianamente esbeltas.

7.5.6. DIMENSIONAMENTO À COMPRESSÃO SIMPLES COM TABELAS

Como em estruturas de madeira as ligações entre peças são, em geral, flexíveis (ou semi-rígidas), com freqüência as peças comprimidas estão sujeitas à compressão simples. Desse modo há interesse no desenvolvimento de tabelas para facilitar os cálculos nesta situação.

A equação de interação (7.15), para a verificação de peças esbeltas e medianamente esbeltas sob compressão simples, pode ser transformada para o formato de uma curva de flambagem se escrita em termos de tensões. No caso de peças medianamente esbeltas, a Eq. (7.15) pode ser escrita como

$$\frac{N_d}{A f_{cd}} + \frac{N_d e_a}{W f_{cd}} \frac{N_{cr}}{(N_{cr} - N_d)} \leq 1 \qquad (7.15a)$$

Para a Eq. (7.15*a*) igual a 1, o esforço N_d é o próprio esforço resistente $N_{d\,res}$, que dividido pela área A da seção transversal fornece a tensão resistente f'_{cd} com efeito de flambagem. Particularizando para o caso de seção retangular ($W = hb^2/6$) e substituindo e_a por $\ell_{f\ell}/300$, tem-se:

$$\rho + \rho \frac{\beta(\pi/\lambda)^2}{(\beta \frac{\pi^2}{\lambda^2} - \rho)} \times \frac{1}{50\sqrt{12}} \times \lambda = 1 \qquad (7.18)$$

onde $\rho = \frac{f'_{cd}}{f_{cd}}$; $\lambda = \frac{\ell_{f\ell}}{i}$; $i = \frac{b}{\sqrt{12}}$; $\beta = \frac{E_{c\,ef}}{f_{cd}} = \frac{1,4}{0,7}\frac{E_c}{f_c}$

Resolvendo-se a equação quadrática (7.18), calcula-se ρ e, portanto, tem-se a tensão resistente com efeito de flambagem f'_{cd} para valores de $\ell_{f\ell}/i$ entre 40 e 80.

Para colunas esbeltas, à excentricidade acidental e_a deve-se somar a excentricidade complementar de fluência (Eq. (7.17)). Admite-se de forma conservadora que o esforço normal é oriundo apenas de carga permanente ($N_g^* = N_d/1,4$ na Eq. (7.17)). Dessa forma, a equação de interação pode ser escrita como

$$\rho + \rho \frac{\beta(\pi/\lambda)^2}{(\beta \frac{\pi^2}{\lambda^2} - \rho)} \times \frac{1}{50\sqrt{12}} \times$$

$$\times \lambda \times \exp\left(\frac{\varphi\rho}{1,4\beta \frac{\pi^2}{\lambda^2} - \rho}\right) = 1 \qquad (7.19)$$

Resolvendo as Eqs. (7.18) e (7.19) para ρ foram elaboradas as Tabelas A.8 para o dimensionamento de peças de seção retangular sob compressão simples para os seguintes valores de E_c/f_c e φ:

- E_c/f_c: 200, 240, 280, 320, 360;
- φ: 0,8, 2,0.

Para $\ell_{f\ell}/i > 80$, as referidas tabelas são válidas nos casos em que e_a calculado com a Eq. (7.13) seja maior que $h/30$.

Exemplo 7.2 Com auxílio das Tabelas A.8, calcular o esforço normal máximo de projeto N_d para a peça comprimida do Exemplo 7.1 com $\ell_{f\ell} = 170$ cm.

Solução

Índice de esbeltez

$$\frac{\ell_{f\ell}}{i} = \frac{170}{7,5/\sqrt{12}} = 78,5 \sim 79$$

$$\text{Pinho-do-paraná } \frac{E_c}{f_c} = \frac{15\,225}{40,9} = 372$$

Na Tabela A.8.5 válida para $E_c/f_c = 360$, obtém-se $\rho = 0,537$

$$f'_{cd} = \rho f_{cd} = 0,537 \times 11,4 \text{ MPa} = 6,12 \text{ MPa}$$

Esforço normal máximo de projeto

$$N_d = f'_{cd} A = 0,612 \times 7,5 \times 7,5 = 34,4 \text{ kN}$$

7.6. PEÇAS COMPRIMIDAS COMPOSTAS, FORMADAS POR ELEMENTOS JUSTAPOSTOS CONTÍNUOS

7.6.1. TIPOS CONSTRUTIVOS

Quando não se dispõe de peças serradas, maciças, de dimensões suficientes, podem ser feitas seções compostas, como indicado na Fig. 7.8.

Nas Figs. 7.8*a*, *b* e *c*, vêem-se seções compostas retangulares formadas de duas, três e quatro peças serradas. Na figura *d*, vê-se uma seção em T; na figura *e*, uma seção I. As figuras *f* e *g* mostram colunas ocas, formadas por quatro peças serradas. Nas figuras *h* e *i* aparecem associações de duas ou três madeiras roliças contíguas.

As ligações das peças são feitas com pregos, parafusos ou conectores, sendo mais comuns os pregos (mais fáceis de instalar, ligação bastante rígida) e os conectores (maior rigidez e capacidade de carga).

7.6.2. DIMENSIONAMENTO

Conforme exposto no item 6.8.2, as colunas compostas de peças ligadas por pregos, pinos metálicos ou conectores de anel, quando fletidas, apresentam deslizamento entre as peças componentes, perdendo eficiência em relação à seção maciça equivalente (ver Fig. 6.25).

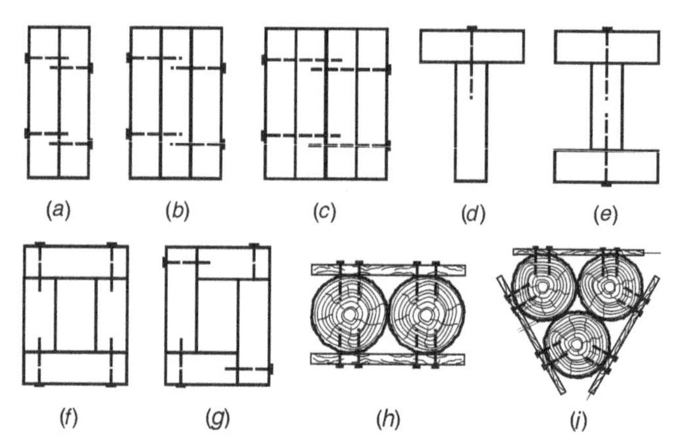

Fig. 7.8 Colunas compostas de elementos contínuos justapostos.

O deslizamento origina descontinuidade de tensões normais na interface entre as peças.

O dimensionamento, segundo a NBR7190, é feito como se a peça composta fosse maciça, mas com as seções calculadas com um fator de ineficiência, que se pode expressar como *fator de redução do momento de inércia.*

Já a norma européia EUROCODE 5 apresenta uma formulação para determinação do diagrama de tensões na seção considerando as descontinuidades. Esta formulação é baseada no módulo de deslizamento C_{ser} da ligação e está apresentada no item 6.8.4.

De acordo com a NBR7190, o momento de inércia reduzido I_r, em colunas múltiplas de elementos justapostos, tem os seguintes valores:

Para ligações com pregos

$$I_r = 0{,}95I \text{ para seções T} \tag{6.29b}$$

$$= 0{,}85I \text{ para seções I ou caixão} \tag{6.29c}$$

Para ligações com conectores de anel

$$I_r = 0{,}85I \text{ para dois elementos superpostos} \tag{6.29c}$$

$$I_r = 0{,}70I \text{ para três elementos superpostos} \tag{6.29d}$$

onde I é o momento de inércia da seção maciça.

A ligação entre as peças é calculada para absorver o fluxo cisalhante ϕ que existiria no plano da ligação caso a peça fosse maciça:

$$\phi = \tau b = \frac{VS}{I}, \tag{6.27}$$

onde V é o esforço cortante e S o momento estático da área acima da interface em relação ao eixo neutro.

Para uma coluna birrotulada com imperfeição geométrica δ_0 medida no meio do vão e sob compressão axial N, o esforço cortante máximo (de apoio) pode ser escrito como um percentual de N:

$$V = \delta_0 \frac{\pi}{\ell} \frac{N_{cr}}{N_{cr} - N} \times N \tag{7.20}$$

Para o projeto, a norma EUROCODE 5 indica a seguinte expressão para o cálculo do esforço cortante V_d em colunas sob compressão simples, com índice de esbeltez maior que 60, a qual pode ser usada conservadoramente para qualquer valor de ℓ_{fl}/i:

$$V_d = \frac{N_d}{60\rho}, \text{ onde } \rho = \frac{N_{d\,\text{res}}}{f_{cd}\,A} = \frac{f'_{cd}}{f_{cd}} \tag{7.20a}$$

As colunas compostas formadas por peças coladas produzem seções com eficiência total, uma vez que a ligação colada é rígida. O cálculo é então feito como seção maciça.

7.7. PEÇAS COMPRIMIDAS COMPOSTAS, FORMADAS POR ELEMENTOS COM LIGAÇÕES DESCONTÍNUAS

7.7.1. TIPOS E DISPOSIÇÕES CONSTRUTIVAS

As peças compostas com ligações descontínuas obedecem, em geral, aos tipos construtivos indicados na Fig. 7.9.

Os elementos intermediários podem ser peças interpostas (Figs. 7.9*a*, *c* e *e*), chapas laterais com rigidez à flexão (Figs. 7.9*b* e *d*) ou treliças (Figs. 7.9*f* e *g*). As ligações se fazem comumente por meio de cola, pregos ou conectores metálicos de anel. Em geral, os parafusos não oferecem rigidez suficiente para garantir o trabalho conjunto das peças; o seu emprego nesta função deve restringir-se a obras provisórias (escoramentos), devendo fazer-se reaperto da porca em períodos regulares.

As colunas com peças interpostas são utilizadas normalmente com o afastamento entre h_1 e $3h_1$, sendo h_1 a espessura das peças componentes da coluna composta. Nas colunas com chapas laterais, o afastamento em geral varia de $3h_1$ a $6h_1$. Os contraventamentos treliçados são empregados com afastamentos maiores, da ordem de $10h_1$.

O espaçamento longitudinal ℓ_1 entre os elementos intermediários deve ser tal que a esbeltez da peça individual não exceda 60 ($\ell_1 \leq 60i_1$). Devem ser colocados pelo menos três elementos intermediários, nos quartos do comprimento da coluna múltipla. Nas extremidades da coluna múltipla, deve haver ligação com pelo menos dois conectores de anel ou quatro pregos em uma fila.

Para garantir a rigidez das ligações cada elemento intermediário deve ser ligado a cada peça individual por pelo menos dois conectores de anel ou quatro pregos. O comprimento das peças interpostas coladas deve ser igual ou maior que uma vez e meia a distância livre entre as peças (1,5a) e o das peças laterais, igual ou maior que o dobro da distância livre ($\geq 2a$).

7.7.2. COMPORTAMENTO DE PEÇAS FORMADAS POR ELEMENTOS COM LIGAÇÕES DESCONTÍNUAS

Ao se deformar lateralmente durante o processo de flambagem, as seções de coluna formada por peças com ligações descontínuas não são mantidas planas, distorcendo-se por cisalhamento.

Na Fig. 7.10*a* vê-se duas hastes isoladas sob compressão; havendo deformação lateral, uma seção originalmente plana das duas hastes transforma-se em dois planos, já que a flexão de cada haste se dá de forma independente. Na Fig. 7.10*b*, as duas hastes se encontram ligadas continuamente por chapas coladas ao longo de toda a altura. Neste caso a coluna comporta-se como peça maciça, com as seções mantidas planas após a deformação. As duas hastes ligadas por chapas espaçadas coladas estão mostradas na Fig. 7.10*c*; sob deformação lateral trata-se, na verdade, de um pórtico no qual o deslocamento lateral é função da rigidez relativa entre as peças que compõem as colunas e as "vigas" (cha-

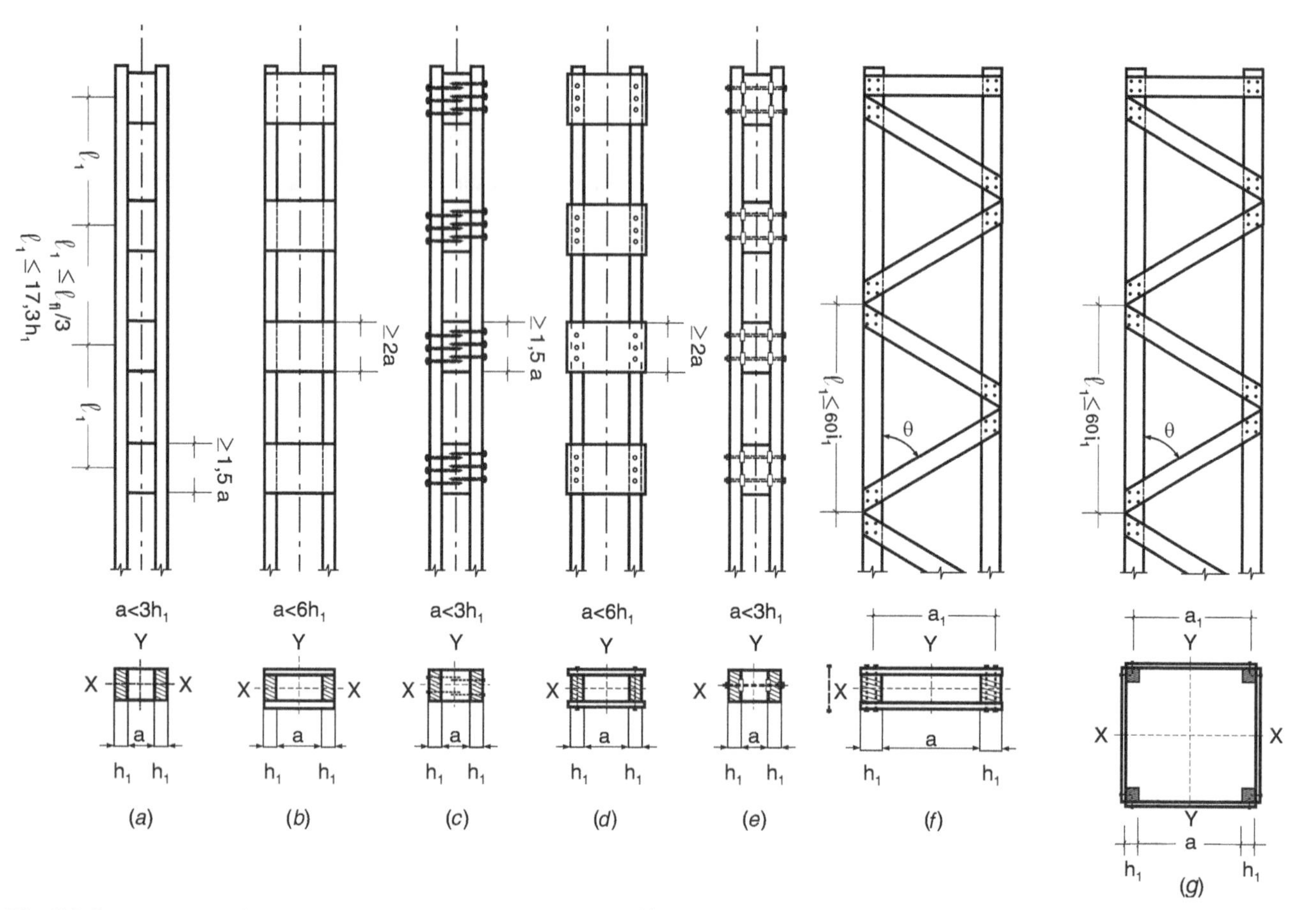

Fig. 7.9 Peças comprimidas, compostas, com ligações descontínuas: (*a*) ligação com peça interposta colada; (*b*) ligação com peça lateral colada; (*c*) ligação com peça interposta pregada; (*d*) ligação com peça lateral pregada; (*e*) ligação com peça interposta, com conector de anel; (*f*) ligação treliçada em dois planos; (*g*) ligação treliçada em quatro planos.

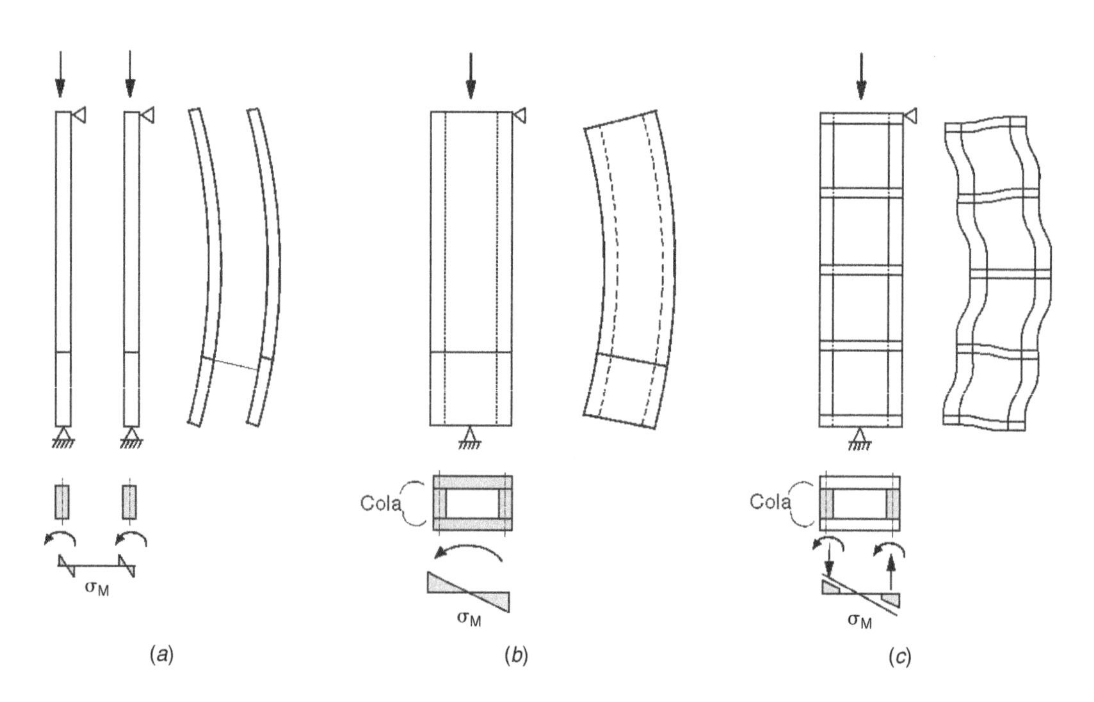

Fig. 7.10 Flambagem de peças múltiplas: (*a*) peças isoladas; (*b*) peças com ligação contínua; (*c*) peças com ligações descontínuas.

pas). Entretanto, se o número de painéis do pórtico for maior do que 4, a peça composta pode ser tratada como uma coluna na qual não se podem desprezar as *deformações por cisalhamento* (observe a distorção das seções após a deformação na Fig. 7.10*c*), como é usual em peças de seção maciça.

As Figs. 7.10 apresentam também os diagramas de tensões normais σ_M devidas à flexão em uma seção de cada um dos três casos. As peças sem ligação trabalham de forma independente, cada uma sujeita a um momento fletor. Na Fig. 7.10*b* vê-se o diagrama de tensões da seção maciça para as peças com ligação contínua colada. Para o caso de peças com ligações espaçadas tem-se um diagrama semelhante ao da seção maciça, porém com uma descontinuidade. Em termos de esforço pode-se dizer que a seção como um todo fica sujeita a um momento fletor, menor que M da seção maciça, e representado pelo binário de forças em cada peça. Além disso, cada peça fica também sujeita individualmente a um momento, como no caso das peças isoladas. Este mesmo comportamento é encontrado em vigas e colunas compostas com peças justapostas ligadas por pregos ou conectores de anel (ver Fig. 6.25) devido ao deslizamento nas interfaces.

7.7.3. ESBELTEZ DE COLUNAS COMPOSTAS EM COMPRESSÃO AXIAL

As peças múltiplas, sujeitas à compressão axial, podem ser dimensionadas pelo mesmo critério de colunas singelas, utilizando-se um *índice de esbeltez equivalente*, calculado para a coluna composta.

Nos casos das Figs. 7.9*a*, *b*, *c*, *d*, *e* e *f*, para flambagem em torno do eixo *X-X*, a coluna trabalha como peça maciça, pois cada elemento se deforma em torno de seu próprio eixo, sem mobilizar as ligações. Para flambagem em torno do eixo *Y-Y*, as ligações são mobilizadas para solidarizar o conjunto, havendo então efeito de coluna composta. No caso da Fig. 7.9*g*, há efeito de coluna composta para flambagem em torno dos eixos *X-X* e *Y-Y*.

Nas peças múltiplas com uniões coladas, as ligações são rígidas, de modo que seu comportamento é análogo ao das estruturas metálicas. Devido às deformações provocadas pelo esforço de cisalhamento atuando nas peças transversais, o momento de inércia da seção múltipla sofre uma redução, que resulta em uma diminuição da carga crítica e também da carga última. Levando-se em conta o efeito das deformações por cisalhamento, a carga crítica N^*_{cr} de uma coluna é dada por

$$N^*_{cr} = \frac{N_{cr}}{1 - N_{cr}/K_v} \tag{7.21}$$

onde N_{cr} é a carga crítica da coluna (Eq. (7.1)), considerando-se apenas as deformações por flexão, e K_v é a rigidez ao cisalhamento, que no caso de ligações rígidas depende exclusivamente da geometria de composição da coluna composta.

Nas peças múltiplas ligadas com pregos ou conectores, o efeito das deformações de cisalhamento é aumentado pela deformabilidade das ligações, ambos produzindo reduções na carga crítica (redução de K_v em relação ao caso de peças coladas).

A redução da carga crítica pode ser refletida, no cálculo, através de um índice de esbeltez ideal majorado $(\ell_{f\ell}/i)^*_Y$, equivalente a um momento de inércia reduzido. Explicitando a Eq. (7.21) em termos de índice de esbeltez chega-se a

$$\left(\frac{\ell_{f\ell}}{i}\right)^*_Y = \sqrt{\left(\frac{\ell_{f\ell}}{i}\right)^2_Y + \frac{\pi^2 EA}{K_v}} \tag{7.22}$$

onde $\left(\frac{\ell_{f\ell}}{i}\right)_Y$ é o índice de esbeltez da coluna considerada de seção maciça e A é a área da coluna composta (soma das áreas das peças verticais).

Nas colunas múltiplas, é necessário verificar a resistência de cada montante individual, com o respectivo comprimento de flambagem ℓ_1.

Colunas com peças interpostas ou chapas laterais. Para o caso de colunas compostas por peças ligadas por espaçadores interpostos colados e submetidos aos limites geométricos indicados na Fig. 7.9*a* ($a < 3h_1$, altura da chapa $> 2a$), a rigidez K_v pode ser escrita como

$$\frac{1}{K_v} = \frac{1}{24EA_1}\left(\frac{\ell_1}{i_1}\right)^2$$

onde
- A_1 = área da peça individual;
- ℓ_1 = espaçamento longitudinal entre elementos de ligação;
- i_1 = raio de giração da peça individual, em relação ao seu eixo central paralelo a *Y-Y*;
- ℓ_1/i_1 = índice de esbeltez de uma peça individual em relação ao seu eixo central paralelo a *Y-Y*.

Substituindo a expressão de $1/K_v$ na Eq. (7.22) chega-se ao índice de esbeltez ideal:

$$(\ell_{f\ell}/i)^*_Y = \sqrt{(\ell_{f\ell}/i)^2_Y + \alpha n\left(\frac{\ell_1}{i_1}\right)^2} \tag{7.23}$$

onde
- $(\ell_{f\ell}/i)_Y$ = índice de esbeltez de coluna múltipla, sem reduções;
- $(\ell_{f\ell}/i)^*_Y$ = índice de esbeltez ideal da coluna múltipla, considerando as reduções provocadas por deformações de cisalhamento;
- n = número de peças individuais da coluna em cada plano de flambagem;
- α = $\pi^2/24$ no caso de ligação rígida.

Para as ligações de peças com espaçadores interpostos ligados por pregos e conectores de anel (Figs. 7.9*c*, *e*) leva-se em conta a deformabilidade das ligações aumentando-se o valor de α. No caso de chapas laterais (Figs. 7.9*b*, *d*), a mesma Eq. (7.23) pode ser utilizada com diferentes valores do coeficiente adimensional α.

7.7.4. Dimensionamento de colunas múltiplas segundo a NBR 7190

A NBR 7190 apresenta as condições para verificação de segurança de colunas formadas por 2 ou 3 peças ligadas por espaçadores interpostos ou chapas laterais (Figs. 7.9*a*, *e*), não abordando os casos de ligações por treliçados (Figs. 7.9*f*, *g*). As limitações geométricas referentes ao espaçamento a entre as peças são as mesmas já indicadas nas Figs. 7.9*a*-*c*. As chapas devem estar igualmente espaçadas ao longo do comprimento ℓ da peça e as ligações devem ser feitas com pregos, conectores de anel e parafusos de modo a serem rígidas, conforme as indicações do item 4.13.

As verificações pertinentes são efetuadas para uma seção com área total da seção A, e momento de inércia reduzido I_{Yr}. Explicitando na Eq. (7.23) os índices de esbeltez conforme suas definições e introduzindo o parâmetro

$$m = \frac{\ell_{f\ell}}{\ell_1}$$

chega-se à expressão do momento de inércia reduzido:

$$I_{Yr} = \frac{m^2 I_{1y}}{m^2 I_{1y} + \alpha I_Y} I_Y \qquad (7.24)$$

onde $I_{1y} =$ $b_1 h_1^3/12$ é o momento de inércia da peça isolada em torno do eixo y, que passa pelo seu centróide (ver Fig. 7.11);

$I_Y =$ $nI_{1y} + 2A_1 a_1^2$ é o momento de inércia da seção considerada maciça (ver Fig. 7.11);

$A_1 =$ $b_1 h_1$.

O coeficiente adimensional α é dado por:

$\alpha = 1{,}25$ para peças interpostas;

$\alpha = 2{,}25$ para chapas laterais.

A *verificação de estabilidade da coluna composta* para um esforço normal de projeto N_d e um momento fletor M_d, dado por uma das Eqs. (7.14), (7.14*a*) ou (7.14*b*), conforme o caso, considera a soma da tensão σ_{N_d} devida a N_d e da máxima tensão devida à flexão, $\sigma_{1d} + \sigma_{m_1 d}$, conforme o diagrama mostrado na Fig. 7.11. Cada peça fica sujeita individualmente a um momento $M_d\, I_{1y}/I_{Yr}$ (ver também Fig. 7.10*c*), restando à seção múltipla o momento

$$M_{dr} = M_d\left(1 - n\frac{I_{1y}}{I_{Yr}}\right)$$

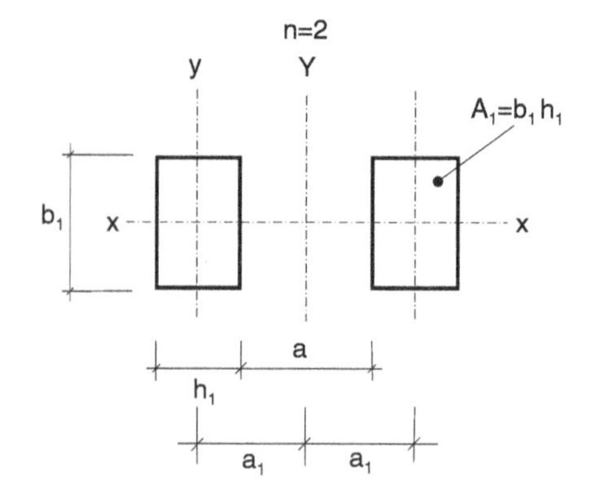

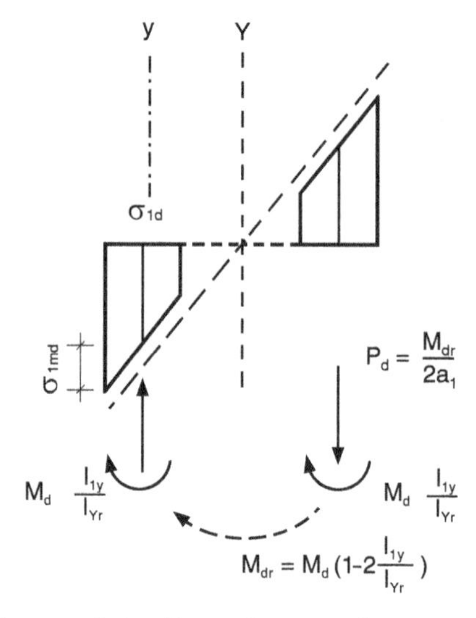

Fig. 7.11 Diagrama de tensões e esforços resultantes nas peças componentes de uma coluna composta.

A equação de interação (7.15) para verificação de estabilidade torna-se então:

$$\frac{N_d}{A} + \frac{M_d}{W_{1y}}\frac{I_{1y}}{I_{Yr}} + \frac{M_d}{2a_1 A_1}\left(1 - n\frac{I_{1y}}{I_{Yr}}\right) \leq f_{cd} \qquad (7.25)$$

onde $W_{1y} = b_1 h_1^2/6$.

É necessário ainda verificar a *estabilidade da peça isolada* com esbeltez ℓ_1/i_1. De acordo com a NBR 7190 dispensa-se esta verificação nos casos em que sejam respeitados os limites geométricos para o espaçamento a entre peças verticais (ver Fig. 7.9) e

$$9b_1 < \ell_1 < 18b_1$$

As peças transversais espaçadoras de colunas múltiplas são calculadas em função de um esforço cortante ideal V_d na coluna. De acordo com a NBR 7190 toma-se V_d em função da resistência ao cisalhamento da peça individual:

$$V_d = 2A_1 f_{vd} \qquad (7.26)$$

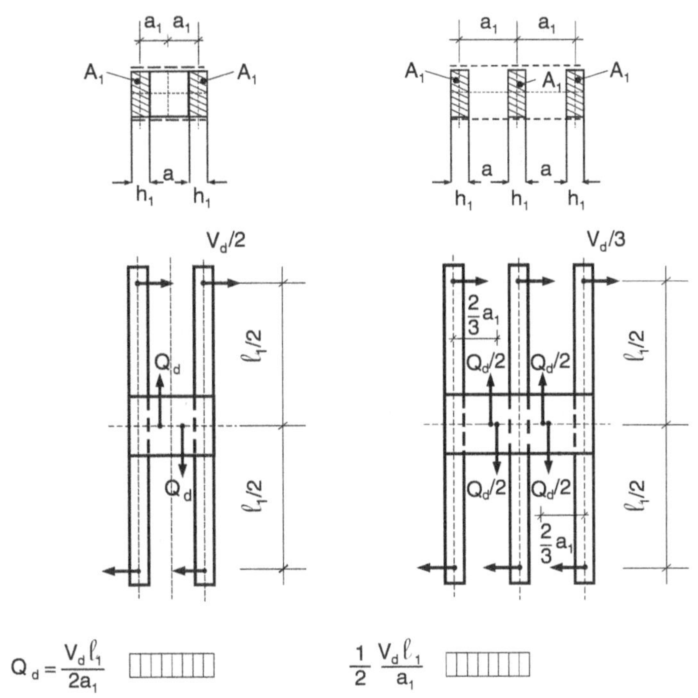

$$Q_d = \frac{V_d \ell_1}{2a_1} \qquad \frac{1}{2}\frac{V_d \ell_1}{a_1}$$

Fig. 7.12 Esforços nas peças transversais de colunas compostas com peças interpostas ($\frac{a}{h_1} \leq 3$) ou chapas laterais ($\frac{a}{h_1} \leq 6$). Os diagramas da parte inferior da figura representam esforços cortantes (V) nas peças de ligação.

Alternativamente, V, que é o esforço cortante atuando nas peças verticais da coluna múltipla, poderia ser obtido a partir da Eq. (7.20) referente a uma coluna simples, com N_{cr} calculado com $(\ell_{f\ell}/i)^*$ da Eq. (7.23).

Nos casos de peças interpostas (Figs. 7.9*a*, *c* e *e*) ou chapas laterais (Figs. 7.9*b* e *d*), o esforço cortante V_d produz nas peças transversais as solicitações indicadas na Fig. 7.12. Estas solicitações decorrem da localização aproximada dos pontos de inflexão das elásticas, hipóteses que podem ser utilizadas para os limites a/h_1 indicados no título da figura.

As ligações, as peças interpostas ou chapas laterais são verificadas para um esforço cortante Q_d de projeto dado por

$$Q_d = V_d \frac{\ell_1}{2a_1} = A_1 f_{vd} \frac{\ell_1}{a_1} \tag{7.27}$$

conforme mostrado na Fig. 7.12.

7.7.5. Dimensionamento de Colunas Múltiplas segundo o EUROCODE 5

A norma européia EUROCODE 5 apresenta os critérios de dimensionamento para colunas compostas sob compressão axial apenas, com os arranjos e limitações geométricas mostradas nas Figs. 7.9, inclusive arranjos treliçados.

Para colunas com peças interpostas ou chapas laterais, o dimensionamento é feito com as curvas de flambagem de colunas simples, utilizando-se o índice de esbeltez da coluna composta dado pela Eq. (7.23) com os valores do coeficiente α indicados na Tabela 7.1.

Tabela 7.1 Valores do coeficiente adimensional $\eta = 2\alpha$, α da Eq. (7.23), para cargas de longa duração segundo o EUROCODE 5

Tipo de peça transversal	Tipo de conexão: Cola	Tipo de conexão: Prego
Peça interposta	1,0	4,0
Chapa lateral	3,0	6,0

No caso de ligação treliçada em V (Fig. 7.9*f*), com conexões pregadas, o índice de esbeltez fictício é dado pela expressão aproximada:

$$(\ell_{f\ell}/i)_Y^* = (\ell_{f\ell}/i)_Y \sqrt{1 + 25\frac{EA_1 a_1}{\ell^2 \; pC \operatorname{sen} 2\theta}} \tag{7.28}$$

onde
A_1 = área da seção transversal de uma peça longitudinal individual;
a_1 = distância entre os eixos de duas peças longitudinais;
p = número de pregos de ligação de uma peça longitudinal individual (de área A_1) com a haste ou o par de hastes transversais de amarração;
C = módulo de deslizamento ($C = 2C_{ser}/3$, Tabela 6.3);
θ = ângulo de inclinação da diagonal com a direção vertical (ver Fig. 7.9*f*).

7.8. SISTEMAS DE CONTRAVENTAMENTO

7.8.1. CONCEITOS GERAIS

Sistemas estruturais formados por treliças ou pórticos dispostos em planos verticais paralelos, como é usual em coberturas e estruturas para galpões (ver Figs. 2.14 e 2.19), devem ser providos de sistemas de contraventamento para garantir sua estabilidade lateral. Conforme exposto no item 2.9.5 (Fig. 2.24), nos sistemas estruturais para edificações em que as ligações viga–pilar são flexíveis, o contraventamento é essencial para restringir o movimento lateral dos pilares e assim impedir a sua flambagem precoce.

O dimensionamento do contraventamento se baseia no critério duplo resistência–rigidez desenvolvido por Winter (1960) através do modelo simplificado ilustrado na Fig. 7.13.

A coluna com imperfeição geométrica δ_0 da Fig. 7.13*a* está contraventada no meio do vão, sendo este contraventamento representado por uma mola de rigidez k. O diagrama de corpo livre do trecho inferior da coluna está mostrado na Fig. 7.13*b*, onde F_{br} é a força na mola. Após a deformação, este trecho inferior pode ser representado de forma aproximada pelo diagrama da Fig. 7.13*c*, onde o momento M_0 não foi considerado e δ é o encurtamento da mola. Escrevendo-se a equação de equilíbrio de momentos em torno do ponto A tem-se:

$$\Sigma M_A = 0 \rightarrow P(\delta_0 + \delta) - F_{br}\ell_1 = 0 \qquad (7.29)$$

onde $F_{br} = k\delta$.

Para a coluna perfeita ($\delta_0 = 0$), a Eq. (7.29) fornece a rigidez ideal k_i, necessária para que a coluna atinja sua carga crítica $P_{cr}(\ell_1)$ associada ao comprimento de flambagem ℓ_1 (ver Fig. 7.13*d*):

$$k_i = \frac{\pi^2 EI}{\ell_1^3} \qquad (7.30)$$

Adotando este coeficiente de rigidez k_i para o contraventamento da coluna imperfeita, a carga P_{cr} só poderá ser atingida para deslocamentos laterais muito grandes como mostrado na Fig. 7.13*e*, e conseqüentemente para altos valores da força F_{br} na mola. Se, por outro lado, for adotado $k = 2k_i$, o deslocamento δ restringe-se ao valor δ_0 para $P = P_{cr}(\ell_1)$, e a força na mola, obtida da Eq. 7.29, é expressa por:

$$F_{br} = P\frac{2\delta_0}{\ell_1} \qquad (7.31)$$

Para uma coluna de comprimento ℓ com n pontos de contraventamento lateral igualmente espaçados, a solução exata (Timoshenko, Gere, 1961) mostra que a rigidez k das molas, necessária para que a coluna atinja a carga crítica $P_{cr}(\ell_1)$ associada ao comprimento $\ell_1 = \ell/(n+1)$, varia entre $2k_i$ e $4k_i$. Para um ponto de contenção lateral ($n = 1$), $k = 2k_i$, e para um grande número de pontos tem-se $k = 4k_i$.

A rigidez k_i de um ponto de contenção lateral permite que a coluna atinja a carga crítica de peça birrotulada entre apoios ($K = 1$, Fig. 7.4). Entretanto, para impedir o deslocamento lateral no topo de uma coluna engastada na base e originalmente livre no topo, alterando K de 2 para 0,7 (Fig. 7.4), teoricamente é necessário um contraventamento de rigidez infinita (Galambos, 1998). Para atingir 95% da carga crítica correspondente a $K = 0{,}7$, a rigidez do contraventamento deve ser $5k_i$.

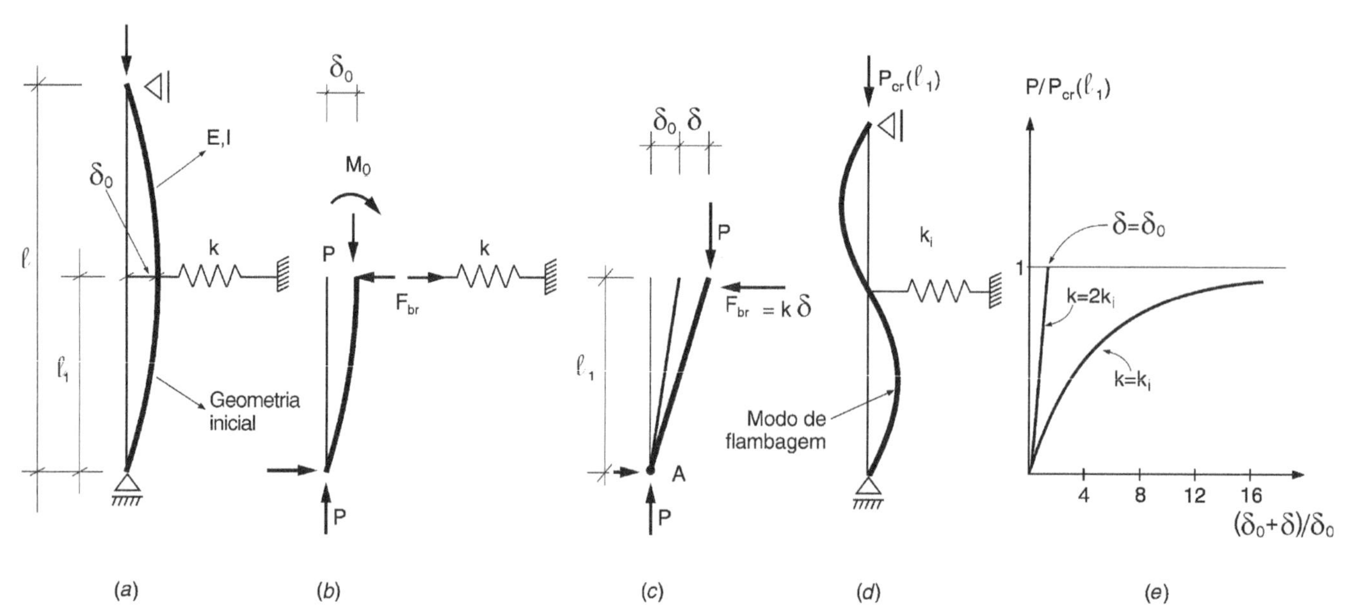

Fig. 7.13 Rigidez e força no contraventamento de peça comprimida: (*a*) geometria incial; (*b*) diagrama de corpo livre (DCL) do trecho inferior da coluna; (*c*) DCL aproximado do trecho inferior da coluna; (*d*) modo de flambagem associado a $P_{cr}(\ell_1)$; (*e*) gráficos carga × deslocamento da coluna imperfeita para dois valores de rigidez k do contraventamento.

7.8.2. DIMENSIONAMENTO DO CONTRAVENTAMENTO DE COLUNAS, VIGAS E TRELIÇAS SEGUNDO A NBR7190

Os elementos que provêm contenção lateral a colunas ou vigas (Fig. 7.14) devem ser dimensionados para uma força axial dada por

$$F_{brd} = \frac{N_d}{150} \tag{7.32}$$

que corresponde à imperfeição δ_0 igual a $\ell_1/300$ na Eq. (7.31).

Os elementos comprimidos do contraventamento devem ter sua estabilidade verificada para a força F_{brd}. No caso de elementos de contraventamento fixados de cada lado da coluna (Fig. 7.14*b*) ou viga pode-se considerar ativo somente o elemento tracionado.

No caso de contenção lateral de vigas, o esforço axial N_d na Eq. (7.32) é tomado como a resultante das tensões de compressão na seção considerada.

Para garantir que o modo de flambagem da coluna e o modo de flambagem lateral da viga ou treliça contraventadas correspondam a semi-ondas de comprimento ℓ_1, a rigidez k dos elementos de contraventamento deve ser no mínimo dada por:

$$k_{\text{mín}} = 2\alpha_m \frac{\pi^2 E_{c\,\text{ef}} I}{\ell_1^3} \tag{7.33}$$

onde $\alpha_m = 1 + \cos\frac{\pi}{m}$;

$m - 1 =$ número de pontos de contenção lateral intermediários;

$I =$ momento de inércia da coluna ou da viga contraventada em torno do eixo perpendicular ao plano do sistema de contraventamento.

A Fig. 7.15*a* mostra uma vista em planta da estrutura de cobertura da Fig. 2.14, destacando-se as treliças de cobertura, as terças e o contraventamento no plano do telhado. Conforme exposto no item 2.9.1, para a ação de cargas de gravidade e sobrepressão de vento o banzo superior da treliça de cobertura fica comprimido, podendo flambar no próprio plano da treliça (entre os nós) ou fora deste plano, na direção horizontal. O contraventamento no plano da cobertura deve ter rigidez suficiente para dar contenção lateral ao banzo comprimido e garantir o modo de flambagem mostrado na Fig. 7.15*a*. Provendo-se contraventamentos nas duas extremidades da cobertura pode-se considerar que apenas um deles ficará ativo e que as terças estarão sempre tracionadas. A distância entre os contraventamentos no plano da cobertura deve ser no máximo 20 m. Esta treliça de contraventamento (Fig. 7.15*b*) deve então ser dimensionada para forças F_d com:

$$F_d > \frac{2}{3} n\, F_{brd} \tag{7.34}$$

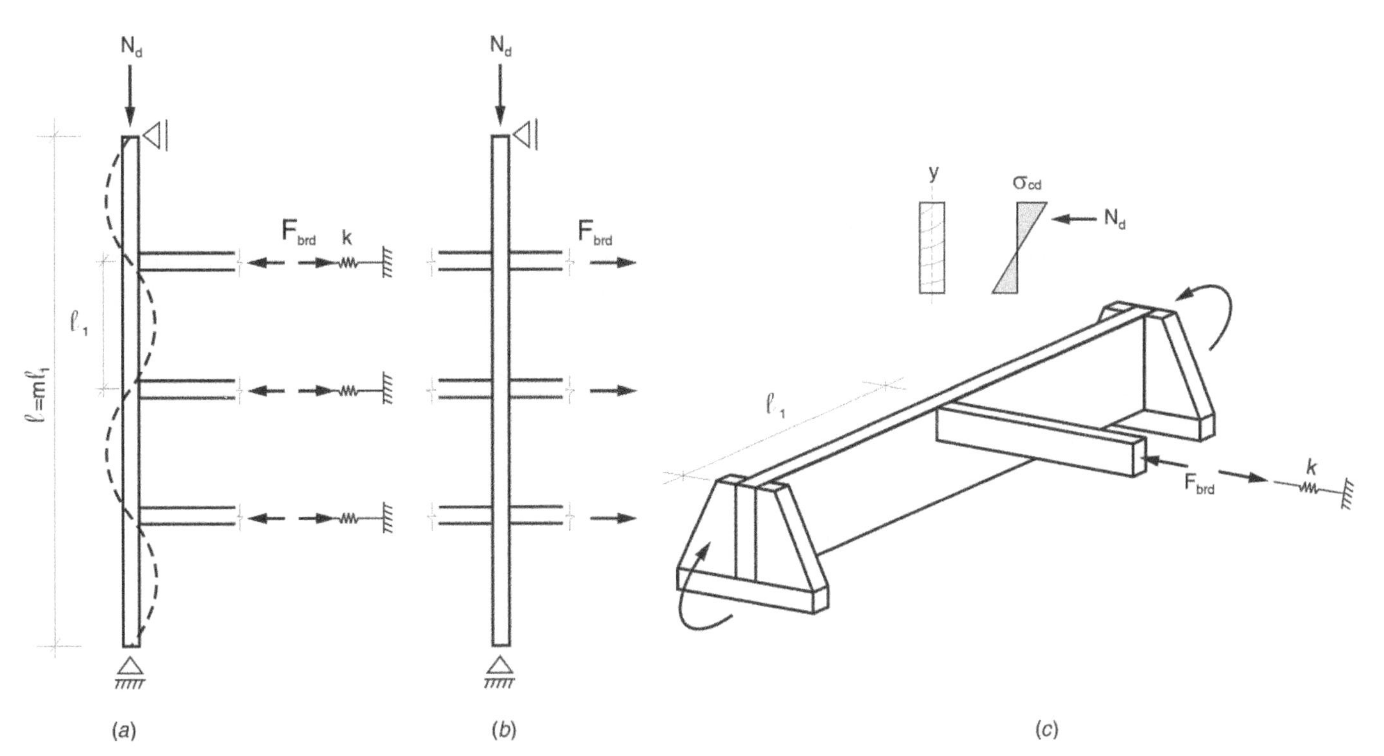

Fig. 7.14 Contraventamento de colunas e vigas.

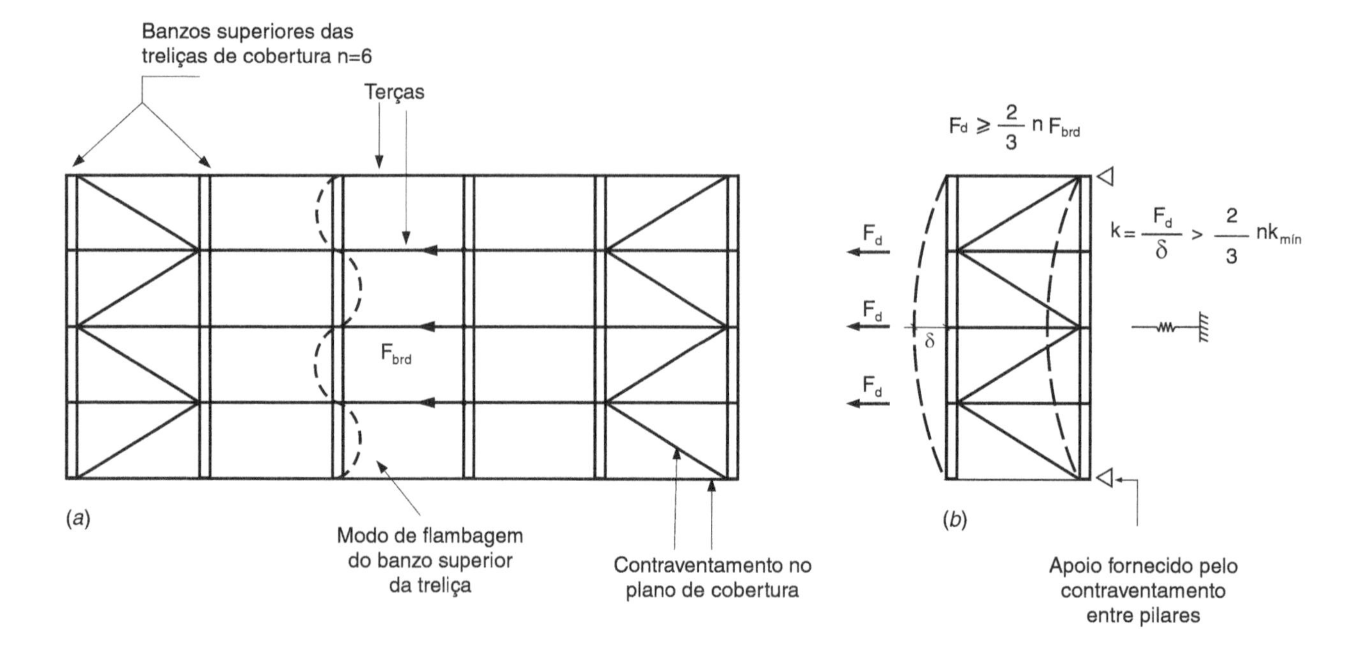

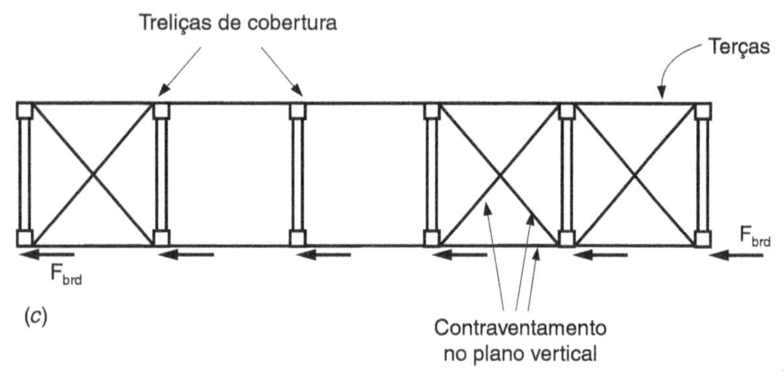

Fig. 7.15 Contraventamento de treliças de cobertura: (*a*) planta da cobertura; (*b*) treliça de contraventamento; (*c*) contraventamento no plano vertical.

sendo F_{brd} dado pela Eq. (7.32) e n o número de treliças de cobertura a serem estabilizadas pelo contraventamento. Além disso, a sua rigidez no ponto mais deslocável deve atender à condição

$$k \geq \frac{2}{3} n \, k_{\text{mín}} \tag{7.35}$$

sendo $k_{\text{mín}}$ dado na Eq. (7.33).

Alternativamente os banzos superiores das treliças de cobertura podem ser contidos lateralmente por um sistema de contraventamento vertical longitudinal, como mostrado na Fig. 7.15*c* pelo corte longitudinal da estrutura de cobertura da Fig. 2.14. Este contraventamento vertical tem também a função de estabilizar o banzo inferior das treliças quando estas estão submetidas a cargas de sucção de vento dominantes. O contraventamento é formado por diagonais em X, ligando duas treliças, pelo menos a cada três vãos, além das terças e de um elemento ligando os banzos inferiores das treliças. Considera-se atuando em cada nó de banzo comprimido uma força F_{brd} dada pela Eq. (7.32), sendo N_d o esforço de compressão no banzo.

7.9. EMENDAS DE PEÇAS COMPRIMIDAS AXIALMENTE

7.9.1. Disposições construtivas

As peças comprimidas de madeira são emendadas de topo, transferindo-se diretamente o esforço de uma peça para a outra. O corte das peças deve ser feito rigorosamente em esquadro, para garantir a superfície de contato (Fig. 7.16*a*).

Em obras provisórias, como escoramentos de madeira roliça, pode-se dispensar o corte em esquadro, preenchendo-se a superfície de apoio com cunhas de madeira dura, ou com argamassa úmida de cimento e areia bem socada.

Há necessidade de fixar as peças emendadas, uma na outra. Em colunas sem perigo de flambagem, a fixação pode ser feita por um pino (Fig. 7.16*c*). Em geral, há necessidade de se conferir uma certa rigidez à emenda, o que se consegue por meio de talas laterais pregadas ou aparafusadas. As emendas são, em geral, feitas com duas ou quatro talas. Na Fig. 7.16*d*, vê-se uma emenda com duas talas aparafusadas e, na Fig. 7.16*e*, uma emenda com quatro talas pregadas. Em colunas de pequena carga, podem ser utilizadas as emendas das Figs. 7.16*f* e *g*, que dispensam as talas laterais. Nestes casos, é difícil conseguir um apoio ajustado nas duas superfícies horizontais de contato; é então preferível encher a junta posteriormente com argamassa úmida de cimento e areia, bem socada.

Não havendo contato direto entre as faces da emenda, todo o esforço de compressão deverá ser transmitido pelas talas, o que torna a solução antieconômica.

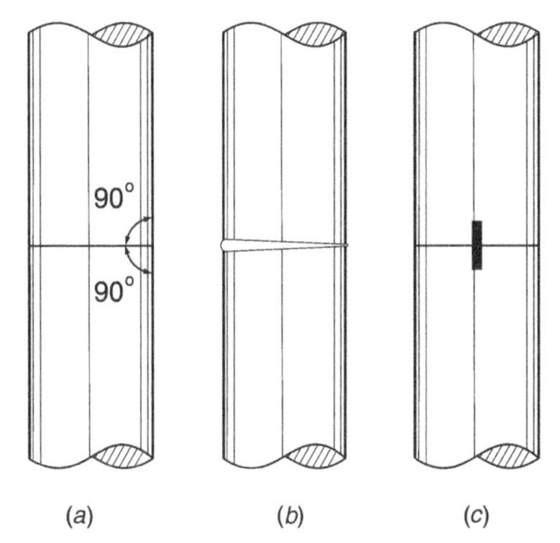

Fig. 7.16 Emendas de peças de madeira roliça comprimidas axialmente: (*a*) corte em esquadro das seções em contato; (*b*) superfície de contato preenchida com argamassa; (*c*) fixação da emenda por meio de pino.

7.9.2. Cálculo das emendas de peças comprimidas axialmente

O cálculo das emendas de peças comprimidas axialmente deve atender a duas condições:

a) transmissão do esforço;

b) inércia da coluna na emenda (para efeito de flambagem).

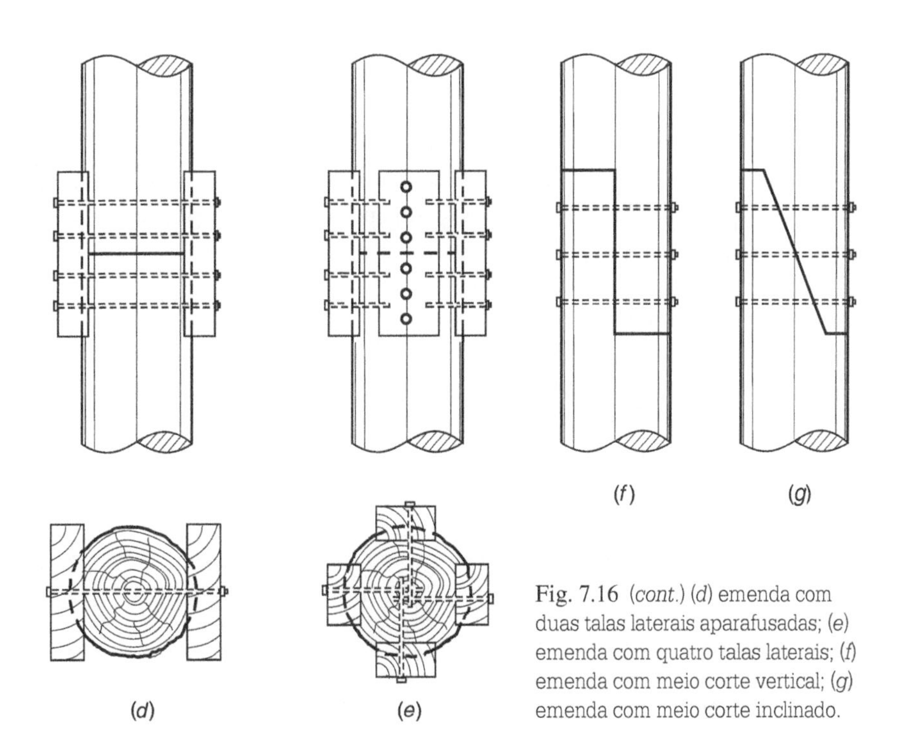

Fig. 7.16 (*cont.*) (*d*) emenda com duas talas laterais aparafusadas; (*e*) emenda com quatro talas laterais; (*f*) emenda com meio corte vertical; (*g*) emenda com meio corte inclinado.

Quanto à transmissão do esforço, distinguem-se as emendas de contato e sem contato de topo.

Nas emendas de contato de topo adotam-se medidas construtivas para garantir o contato das superfícies de topo das colunas, que podem assim transmitir diretamente as tensões de compressão. Nas emendas junto aos nós (sem efeito de flambagem), pode-se admitir a totalidade do esforço transmitido pela superfície de contato, de modo que as talas não têm esforços de cálculo.

Nas emendas de contato de topo, situadas longe dos nós de contraventamento, as ligações das talas com a coluna são calculadas para a metade do esforço normal (DIN 1052, 1969).

Nas emendas sem contato de topo, todo o esforço deve ser transmitido pelas talas, o que torna esse tipo mais dispendioso.

Quanto à inércia da seção da emenda, cabe distinguir as emendas situadas junto aos nós de contraventamento e as situadas longe dos mesmos.

As emendas situadas junto aos nós de contraventamento (pontos com apoios laterais em duas direções ortogonais) não estão sujeitas à flambagem; as talas não precisam atender a requisitos de inércia.

Nas emendas situadas longe dos nós de contraventamento, há perigo de flambagem pela formação de um ângulo entre as peças emendadas. Para impedir esse tipo de ruptura, a soma das inércias das talas individuais deve ser igual ou maior que a inércia da coluna na região fora da emenda; essa condição é atendida com as larguras das talas indicadas nas Figs. 7.17*a*, *b*.

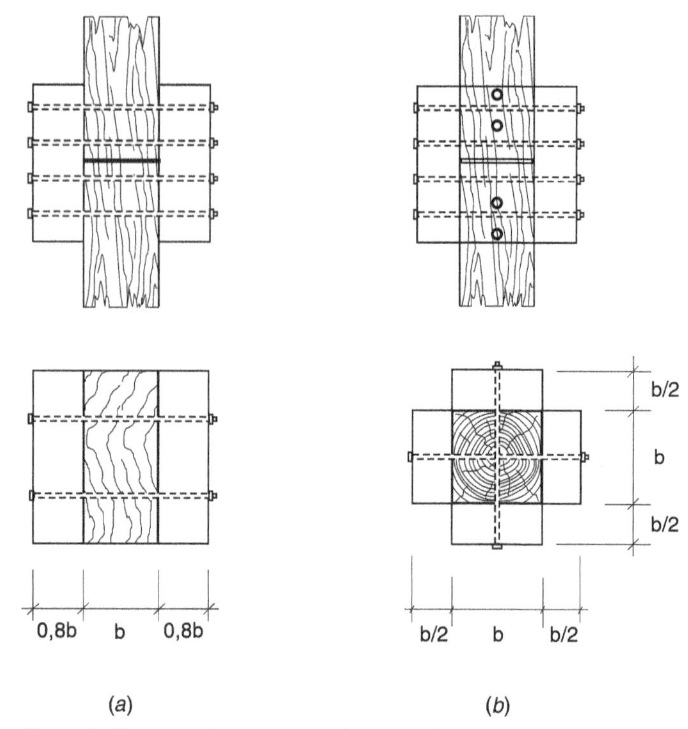

Fig. 7.17 Emendas de peças serradas comprimidas com duas e quatro talas laterais.

Em peças submetidas alternadamente a esforços de compressão e tração, não é possível garantir o contato de topo para transmitir compressão. É necessário então calcular as talas e conexões para o valor total do esforço axial.

7.10. APOIOS DE PEÇAS COMPRIMIDAS

7.10.1. APOIO PARA COMPRESSÃO AXIAL SOBRE MATERIAL RESISTENTE

As peças comprimidas de madeira, em geral, podem ser apoiadas diretamente em materiais de grande resistência, como aço, concreto, cantaria de pedra etc. Para garantir uma distribuição uniforme das tensões de apoio, podem ser adotados três processos construtivos, indicados na Fig. 7.18.

7.10.2. APOIO PARA COMPRESSÃO AXIAL SOBRE MADEIRA, NA DIREÇÃO NORMAL ÀS FIBRAS

As colunas de madeira muitas vezes são apoiadas em peças transversais de madeira com a finalidade de distribuir a carga para um material irregular ou menos resistente, como o solo de fundação, alvenaria etc.

Como a resistência à compressão da madeira, na direção normal às fibras, é muito inferior à resistência à compressão na direção das fibras (cerca de 25%), a carga axial máxima da coluna fica limitada pela tensão resistente à compressão normal às fibras da peça de apoio. Pode-se, entretanto, compatibilizar a carga axial máxima da coluna com a do apoio, usando-se para este madeira de maior resistência.

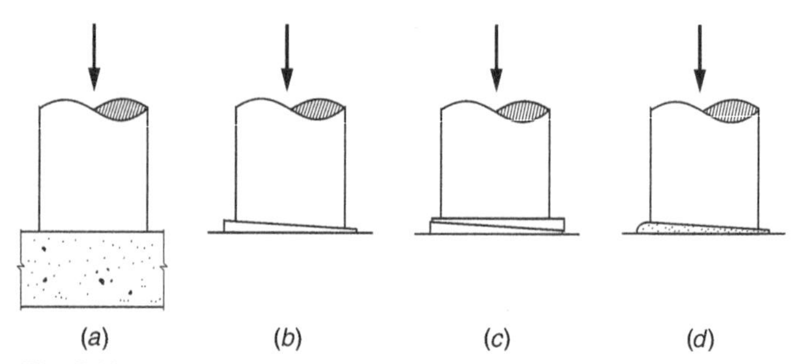

Fig. 7.18 Apoio de madeira em material resistente. Processos para se obter distribuição uniforme de tensões: (*a*) corte rigoroso da madeira no plano de apoio; (*b*) apoio sobre cunha de aço ou de madeira dura; (*c*) apoio sobre cunha dupla de aço ou de madeira dura; (*d*) enchimento da fresta com argamassa rica de cimento.

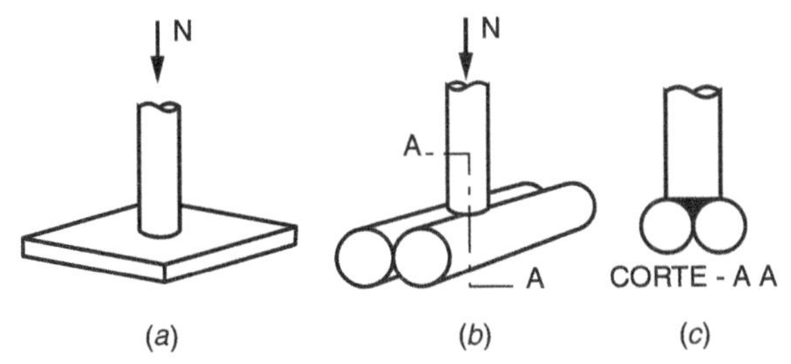

Fig. 7.19 Apoios de colunas de madeira em peças transversais de madeira, apoiadas no solo: (*a*) peça transversal em madeira serrada; (*b*) peças transversais em madeiras roliças. Na seção *A-A*, vê-se a superfície de apoio da coluna, formada por argamassa de cimento e areia.

7.10.3. APOIO PARA CARGA AXIAL E TRANSVERSAL

Para o apoio de colunas sujeitas a cargas horizontais pode-se adotar o detalhe ilustrado na Fig. 7.20, o qual também é adequado para colunas que apresentem eventual tendência ao arrancamento. O esforço de compressão é transferido à fundação em concreto por contato com a placa de aço, enquanto o esforço de tração é transmitido pelos parafusos e peça metálica em U. A força horizontal é resistida por corte da peça metálica.

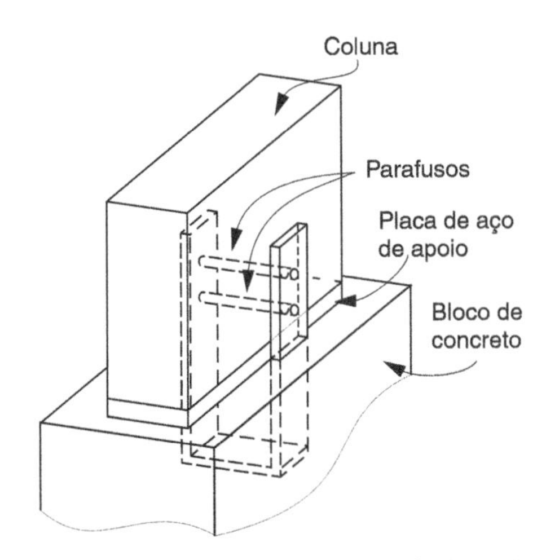

Fig. 7.20 Apoio de coluna para resistir a cargas horizontais e arrancamento.

Exemplo 7.3 Uma escora de madeira de 75 × 150 mm, de pinho-do-paraná, de segunda categoria, está apoiada sobre um calço transversal de ipê, com as dimensões mostradas na figura. Calcular o esforço máximo de projeto N_d de apoio da escora para uma combinação normal de cargas e Classe 3 de umidade.

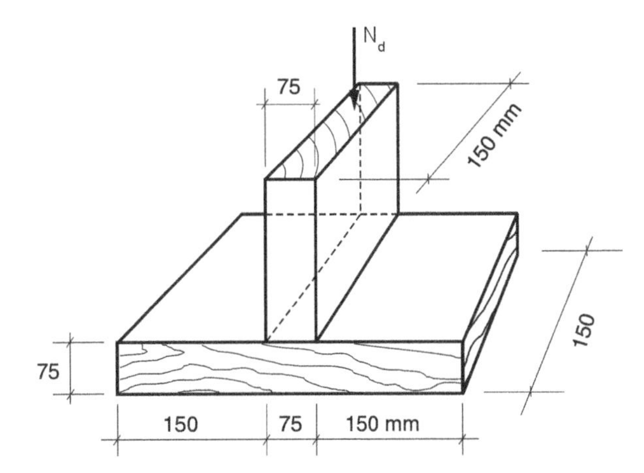

Fig. Ex. 7.3 Cálculo do esforço máximo de apoio de uma escora, sobre um calço de madeira (apoio na direção normal às fibras).

Solução

A tensão resistente de compressão normal à fibra f_{cnd} é dada por (ver item 3.8.2):

$$k_{mod} = 0{,}7 \times 0{,}8 \times 0{,}8 = 0{,}45$$

$$f_c = 0{,}45 \times 0{,}70 \times 76{,}0/1{,}4 = 17{,}0 \text{ MPa}$$

$$f_{cnd} = 0{,}25 f_{cd}\, \alpha_n = 0{,}25 \times 17 \times 1{,}15 = 4{,}9 \text{ MPa}$$

A tensão resistente pode ser multiplicada pelo coeficiente de amplificação da Tabela 3.19 ($\alpha_n = 1{,}15$), uma vez que a área de apoio se encontra a uma distância de 15 cm (> 7,5 cm) da extremidade da peça transversal.

O esforço de projeto no apoio da coluna vale:

$$N_d = 0{,}49 \times 7{,}5 \times 15 = 55 \text{ kN}$$

A carga resistente da escora propriamente dita depende do comprimento de flambagem da mesma, conforme exposto no item 7.3.

A resistência do calço a flexão e cisalhamento é verificada no Probl. 6.11.6.

7.11. PROBLEMAS RESOLVIDOS

7.11.1.

Uma coluna roliça de eucalipto de uma edificação, com diâmetro nominal de 16 cm, está sujeita aos seguintes esforços axiais de compressão: $N_g = 42$ kN (permanente) e $N_q = 45$ kN (variável de utilização). Verificar a segurança da coluna no estado limite último para dois valores de comprimento de flambagem — 3 m e 4 m — e para as seguintes situações de projeto: combinação normal de ações e Classe 2 de umidade.

Solução

a) *Propriedades mecânicas da madeira*

$$k_{mod} = 0{,}70 \times 1 \times 0{,}8 = 0{,}56$$

$$f_{cd} = 0{,}56 \times 0{,}70 \times 62{,}0/1{,}4 = 17{,}4 \text{ MPa}$$

$$E_{c\,ef} = 0{,}56 \times 18\,421 = 10\,316 \text{ MPa}$$

$$\varphi = 0{,}8 \text{ (Tabela 3.17)}$$

$$E_c/f_c = 297$$

b) *Propriedades geométricas*

O diâmetro nominal é medido no terço da peça no lado mais fino, sendo limitado a uma vez e meia o diâmetro na extremidade mais fina. A peça é dimensionada como de seção constante igual ao diâmetro nominal.

$$A = \pi d^2/4 = \pi \times 16^2/4 = 201 \text{ cm}^2$$

$$I = \pi d^4/64 = 3217 \text{ cm}^4$$

$$W = \pi d^3/32 = 402 \text{ cm}^3$$

$$i = \sqrt{I/A} = d/4 = 4 \text{ cm}$$

c) *Combinação de ações no estado limite último*

$$N_d = 1{,}4 \times 42 + 1{,}4 \times 45 = 121{,}8 \text{ kN}$$

d) *Coluna com* $\ell_{f\ell} = 3$ m

$$\frac{\ell_{f\ell}}{i} = \frac{300}{4} = 75 \rightarrow \text{coluna de esbeltez intermediária}$$

$$e_a = \frac{\ell_{f\ell}}{300} = 1 \text{ cm}$$

$$N_{cr} = \pi^2 E_{c\,ef} I/\ell_{f\ell}^2 = \pi^2 \times 1032 \times 3217/300^2 = 364 \text{ kN}$$

$$M_d = N_d e_a \frac{N_{cr}}{N_{cr} - N_d} = 121{,}8 \times 1 \frac{364}{364 - 121{,}8} = 183{,}0 \text{ kNcm}$$

Equação de interação (7.15)

$$\frac{121{,}8}{201 \times 1{,}74} + \frac{183{,}0}{402 \times 1{,}74} = 0{,}35 + 0{,}26 = 0{,}61 < 1$$

A coluna satisfaz o critério de segurança.

e) *Coluna com* $\ell_{f\ell} = 4$ m

$$\frac{\ell_{f\ell}}{i} = \frac{400}{4} = 100 \rightarrow \text{coluna esbelta}$$

$$e_a = 400/300 = 1{,}33 \text{ cm}$$

$$N_{cr} = \pi^2 \times 1032 \times 3217/400^2 = 204{,}8 \text{ kN}$$

$$N_g^* = N_g + (\psi_1 + \psi_2)N_q = 42 + (0{,}3 + 0{,}2) \times 45 = 64{,}5 \text{ kN}$$

$$\text{(Eq. 7.17) } e_c = 1{,}33\left[\exp\left(\frac{0{,}8 \times 64{,}5}{204{,}8 - 64{,}5}\right) - 1\right] = 0{,}59 \text{ cm}$$

$$M_d = 121{,}8(1{,}33 + 0{,}59)\frac{204{,}8}{204{,}8 - 121{,}8} = 577{,}0 \text{ kNcm}$$

Equação de interação (7.15)

$$\frac{121{,}8}{201 \times 1{,}74} + \frac{577{,}0}{402 \times 1{,}74} = 0{,}35 + 0{,}82 = 1{,}17 > 1$$

A coluna não satisfaz o critério de segurança.

f) *Verificação com tabelas*

As Tabelas A.8 fornecem a relação ρ entre a tensão resistente f'_{cd} de compressão simples com flambagem de peças de seção retangular e a tensão f_{cd}. Para efeito de cálculo, a seção circular pode ser substituída por uma seção quadrada de mesma área (NBR 7190, 6.2.8), o que permite o uso das referidas tabelas neste problema. Para o eucalipto, $E_c/f_c = 297$, utiliza-se conservadoramente a Tabela A.8.3, válida para $E_c/f_c = 280 < 297$.

Para $\frac{\ell_{f\ell}}{i} = 75$ ($\ell_{f\ell} = 300$ cm) tem-se $\rho = 0{,}521$

$$f'_{cd} = 0{,}521 \times 17{,}4 = 9{,}06 \text{ MPa}$$

Então o esforço resistente vale

$$N_{d\,\text{res}} = 0{,}906 \times 201 = 182{,}1 \text{ kN} > N_d = 121{,}8 \text{ kN}$$

Para $\frac{\ell_{f\ell}}{i} = 100$ ($\ell_{f\ell} = 400$) tem-se $\rho = 0{,}309$

$e_a = \ell_{f\ell}/300 = 1{,}33$ cm $>$ h/30 $= 0{,}53$ cm (a tabela é válida)

$$N_{d\,\text{res}} = f'_{cd}A = 0{,}309 \times 1{,}74 \times 201 = 108{,}1 \text{ kN}$$

$$N_{d\,\text{res}} < N_d = 121{,}8 \text{ kN}$$

A coluna atende ao critério de segurança para índice de esbeltez igual a 75, mas não atende no caso de $\ell_{f\ell}/i = 100$.

7.11.2.

Uma coluna de madeira laminada de seção I tem comprimento de flambagem $\ell_{f\ell} = 8{,}50$ m nas duas direções perpendiculares a seu eixo. Verificar a segurança da coluna nas seguintes condições:

- madeira Ipê, em Classe 3 de umidade
- $N_d = 260$ kN (carga de longa duração)

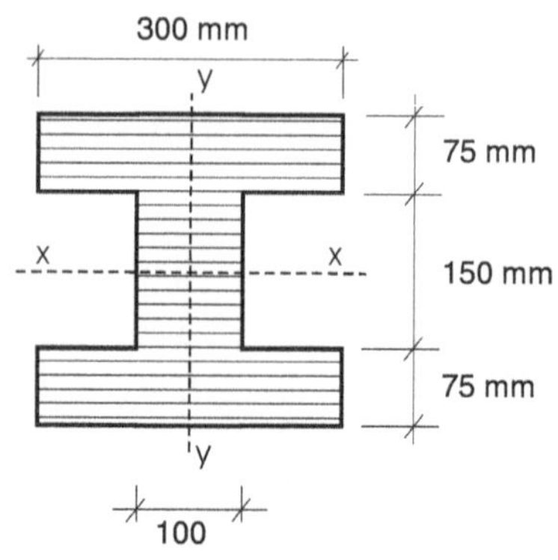

Fig. Probl. 7.11.2

Solução

a) *Propriedades mecânicas da madeira*

$$k_{\text{mod}} = 0{,}7 \times 0{,}8 \times 1{,}0 = 0{,}56$$

$$f_{cd} = 21{,}3 \text{ MPa}$$

$$E_{c\,\text{ef}} = 0{,}56 \times 18\,011 = 10\,086 \text{ MPa}$$

$$\varphi = 2{,}0$$

b) *Seção I*, podendo flambar em torno dos eixos x-x ou y-y:

$$I_x = \frac{30 \times 30^3}{12} - \frac{20 \times 15^3}{12} = 61\,875 \text{ cm}^4$$

$$I_y = \frac{15 \times 30^3}{12} + \frac{15 \times 10^3}{12} = 35\,000 \text{ cm}^4$$

$$A = 30 \times 15 + 10 \times 15 = 600 \text{ cm}^2$$

Como o comprimento de flambagem é o mesmo nas duas direções, a flambagem ocorrerá em torno do eixo de menor inércia (y-y):

$$i_y = \sqrt{I_y/A} = 7{,}64 \text{ cm}$$

$$\frac{\ell_{f\ell}}{i_y} = \frac{850}{7{,}64} = 111 \therefore \text{coluna esbelta}$$

Carga crítica

$$N_{cr} = \frac{\pi^2 E I_y}{\ell^2_{f\ell}} = \frac{\pi^2 \times 1009 \times 35\,000}{850^2} = 482 \text{ kN}$$

Excentricidades acidental e de fluência

$$e_a = \frac{\ell_{f\ell}}{300} = \frac{850}{300} = 2{,}83 \text{ cm} > \frac{h}{30} = \frac{30}{30} = 1{,}0 \text{ cm}$$

$$N_g^* = N_d/1{,}4 = 260/1{,}4 = 185{,}7 \text{ kN}$$

$$e_a + e_c = 2{,}83 \exp\left(\frac{2{,}0 \times 185{,}7}{482 - 185{,}7}\right) = 9{,}91 \text{ cm}$$

Equação de interação (7.15)

$$\sigma_{N_d} = \frac{N_d}{A} = \frac{260}{600} = 0{,}433 \text{ kN/cm}^2$$

$$\sigma_{M_d} = \frac{N_d\,(e_a + e_c)}{W_y} \times \frac{N_{cr}}{N_{cr} - N_d} =$$

$$= \frac{260 \times 9{,}91}{35\,000/15} \times \frac{482}{(482 - 260)} = 2{,}40 \text{ kN/cm}^2$$

$$\frac{0{,}433}{2{,}13} + \frac{2{,}40}{2{,}13} = 0{,}20 + 1{,}13 = 1{,}33 > 1{,}0$$

A coluna não satisfaz o critério de segurança para flambagem em torno do eixo *Y-Y*.

c) *Seção I contraventada no plano x-x*. Se a seção for contraventada na direção *X-X* (plano *xz*), ela só poderá flambar em torno do eixo *X-X* (plano *yz*). Resulta então:

$$i_x = \sqrt{I_x/A} = 10{,}16 \text{ cm}$$

$$\ell_{f\ell}/i_x = 850/10{,}16 = 83{,}70 \therefore \text{coluna esbelta}$$

$$N_{cr} = \frac{\pi^2 E I_x}{\ell^2_{f\ell}} = \frac{\pi^2 \times 1009 \times 61\,875}{850^2} = 852{,}8 \text{ kN}$$

$$e_a + e_c = 2{,}83 \exp\left(\frac{2{,}0 \times 186}{853 - 186}\right) = 4{,}94 \text{ cm}$$

$$\sigma_{M_d} = \frac{260 \times 4{,}94}{61\,875/15} \times \frac{853}{(853 - 260)} = 0{,}448 \text{ kN/cm}^2$$

Equação de interação

$$\frac{0{,}433}{2{,}13} + \frac{0{,}448}{2{,}13} = 0{,}41 < 1{,}0$$

Com o contraventamento a coluna atende ao critério de segurança.

7.11.3.

Um escoramento de madeira é formado por paus roliços de eucalipto (*Eucalyptus citriodora*), colocados em pé, sendo contraventado nas duas direções. O comprimento de flambagem é tomado igual a 3,00 m, desprezando-se o efeito favorável da continuidade da coluna (ver item 7.5.1). A obra situa-se em local com grau de umidade relativa ambiente igual a 70%.

A carga por escora é de 75 kN (carga de média duração). Calcular o diâmetro necessário do pau roliço.

Solução

a) *Propriedades mecânicas do eucalipto*

Tratando-se de escoramento, nos quais muitas vezes a madeira é utilizada com elevado grau de umidade (ainda não em equilíbrio com o grau de umidade ambiente), considera-se Classe de umidade 4.

$$k_{\text{mod}} = 0{,}80 \times 0{,}80 \times 0{,}80 = 0{,}512$$

$$f_{cd} = 0{,}512 \times 0{,}70 \times 62/1{,}4 = 15{,}9 \text{ MPa}$$

$$E_{c\,\text{ef}} = 0{,}512 \times 18\,421 = 9431 \text{ MPa}$$

$$\varphi = 1{,}0$$

b) *Esforço normal de projeto*

$$N_d = 1{,}4 \times 75 = 105 \text{ kN}$$

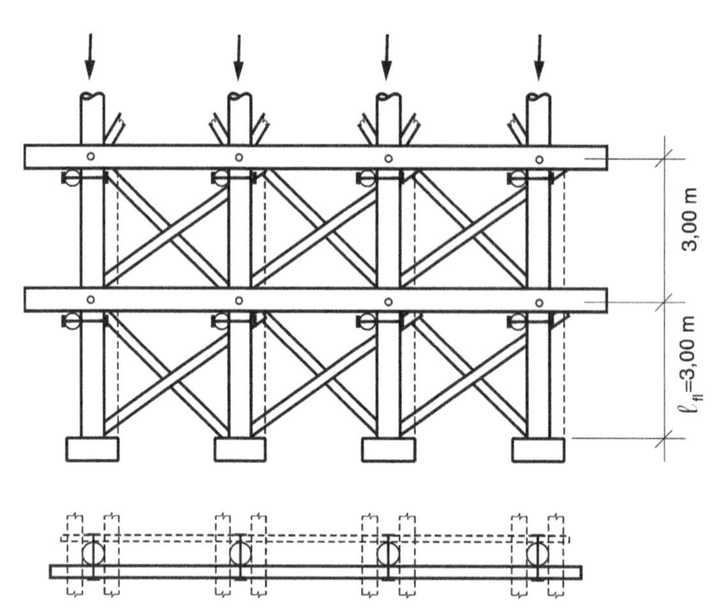

Fig. Probl. 7.11.3 Cálculo do diâmetro necessário de paus roliços de eucalipto para um escoramento.

c) O problema é resolvido por tentativas, variando-se o diâmetro até que a equação de interação (7.15) seja satisfeita adequadamente.

$$e_a = \ell_{f\ell}/300 = 1 \text{ cm}$$

Para $40 < \ell_{f\ell}/i < 80$ tem-se:

$$\frac{N_d}{A\, f_{cd}} + \frac{N_d}{W\, f_{cd}} \times 1 \times \frac{N_{cr}}{N_{cr} - N_d} = 1$$

Para $80 < \ell_{f\ell}/i < 140$ tem-se:

$$\frac{N_d}{A\, f_{cd}} + \frac{N_d}{W\, f_{cd}} \exp\left(\frac{1{,}0 \times N}{N_{cr} - N}\right) \times \frac{N_{cr}}{N_{cr} - N_d} = 1$$

As tentativas podem ser organizadas em forma tabular.

d (cm)	A (cm²)	W (cm³)	I (cm⁴)	i (cm)	$\ell_{f\ell}/i$	N_{cr} (kN)	Interação
18	254	572	5153	4,5	67	533	0,40
16	201	402	3217	4,0	75	332	0,57
14	154	269	1886	3,5	86	195	1,05
15	177	331	2485	3,75	80	257	0,82

Adota-se o diâmetro nominal de 15 cm, diâmetro esse que é medido no terço da peça, no lado mais fino.

d) O problema pode também ser resolvido com o auxílio das Tabelas A.8, que fornecem a relação ρ entre a tensão f'_{cd} de compressão simples com flambagem de seção retangular e a tensão f_{cd}. Para efeito de cálculo, a seção circular pode ser substituída por uma seção quadrada de mesma área. Para o eucalipto, com $E_c/f_c = 297$, utiliza-se conservadoramente a Tabela A.8.3 referente a $E_c/f_c = 280$. Para o caso $\ell_{f\ell}/i = 86 > 80$, toma-se o valor de ρ correspondente a $\varphi = 2{,}0$.

O esforço normal resistente $N_{d\,\text{res}}$ ($= f'_{cd}\, A$) é calculado para diversos diâmetros da seção circular até que seja maior e próximo ao esforço N_d solicitante igual a 105 kN.

d (cm)	A (cm²)	$\ell_{f\ell}/i$	f'_{cd} (kN/cm²)	ρ	$N_{d\,\text{res}}$ (kN)
18	254	67	0,578	0,919	233
16	201	75	0,521	0,828	166
14	154	86	0,322	0,512	79
15	177	80	0,486	0,773	137

Adota-se o diâmetro nominal de 15 cm, diâmetro esse que é medido no terço da peça, no lado mais fino.

7.11.4.

Resolver o Probl. 7.11.3 admitindo que as colunas inferiores sejam submersas.

Solução

De acordo com a NBR7190, o coeficiente $k_{\text{mod}2}$ para madeira submersa deve ser tomado igual a 0,65. Dessa forma tem-se:

$$f_{cd} = (0{,}8 \times 0{,}65 \times 0{,}8) \times 0{,}70 \times 62/1{,}4 = 12{,}9 \text{ MPa}$$

O esforço resistente da coluna com diâmetro igual a 15 cm torna-se:

$$N_{d\,\text{res}} = 177 \times 0{,}486 \times 1{,}29 = 111 \text{ kN},$$

satisfazendo ainda o critério de dimensionamento.

Para deixar uma folga no dimensionamento convém adotar-se o diâmetro nominal de 16 cm, o qual é medido no terço da peça, no lado mais fino.

7.11.5.

As escoras de um assoalho de edifício são constituídas de peças de louro-preto de 2.ª categoria, com seção transversal 7,5 cm × 23 cm, e comprimento de flambagem de 3 m, nas duas direções principais.

a) Qual a melhor orientação para as peças?

b) Admitindo carga de média duração e Classe 3 de umidade, qual o esforço normal resistente?

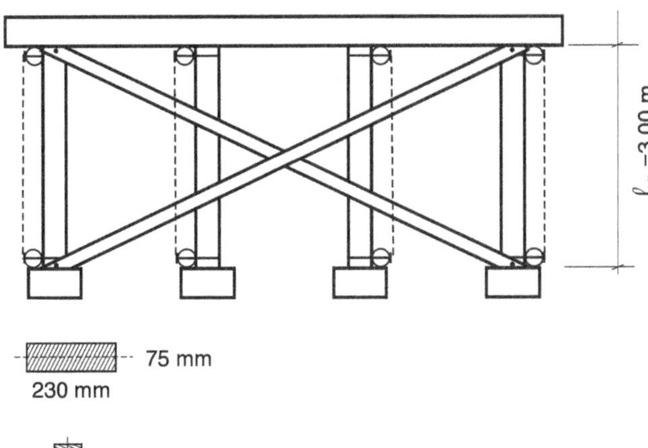

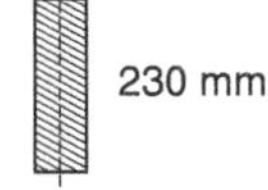

230 mm

75 mm

Fig. Probl. 7.11.5

Solução

a) Como as peças podem flambar, com o mesmo comprimento de flambagem, nas duas direções principais, as peças podem ser orientadas com a maior dimensão na direção longitudinal ou na transversal. O esforço normal resistente será o mesmo nos dois casos.

b) *Propriedades mecânicas*

$$k_{mod} = 0{,}80 \times 0{,}80 \times 0{,}80 = 0{,}512$$

$$f_{cd} = 0{,}512 \times 0{,}70 \times 56{,}5/1{,}4 = 14{,}5 \text{ MPa}$$

$$E_{c\,ef} = 0{,}512 \times 14\,185 = 7263 \text{ MPa}$$

$$E_c/f_c = 14\,185/56{,}5 = 251$$

$$\varphi = 1{,}0$$

Índice de esbeltez

O esforço normal resistente é determinado pela flambagem em torno do eixo mais fraco (eixo paralelo ao maior lado), já que o comprimento de flambagem é o mesmo nas duas direções:

$$i = \frac{b}{\sqrt{12}} = \frac{7{,}5}{3{,}46} = 2{,}17 \text{ cm}$$

$$\ell_{f\ell}/i = 300/2{,}17 = 138{,}6 < 140 \therefore \text{peça esbelta}$$

Esforço normal resistente

O cálculo será feito com o auxílio das Tabelas A.8.2 e A.8.3, interpolando-se os valores referentes a E_c/f_c igual a 240 e a 280.

As tabelas apresentam valores de ρ para $\varphi = 0{,}8$ e 2,0.

Para $\ell_{f\ell}/i$ igual a 139 tem-se então

$$\varphi = 0{,}8 \qquad \rho = 0{,}170$$

$$\varphi = 2{,}0 \qquad \rho = 0{,}138$$

Sabendo-se que para colunas muito esbeltas como esta o termo de flexão é dominante na equação de interação, é razoável interpolar o valor de ρ para $\varphi = 1{,}0$ do problema. Então

$$\rho = 0{,}164$$

$$N_{d\,res} = 23 \times 7{,}5 \times 0{,}164 \times 1{,}45 = 41{,}0 \text{ kN}$$

A seguir verifica-se para este valor ($N_d = 41{,}0$ kN) a equação de interação (7.15):

$$N_{cr} = \frac{\pi^2 EI}{\ell_{f\ell}^2} = \frac{\pi^2 \times 726{,}3 \times 23 \times 7{,}5^3}{300^2 \times 12} = 64{,}4 \text{ kN}$$

$$e_a = \frac{\ell_{f\ell}}{300} = 1 \text{ cm} > \frac{h}{30} = \frac{7{,}5}{30} = 0{,}25 \text{ cm}$$

$$N_g^* = N_d/1{,}4 = 41{,}0/1{,}4 = 29{,}3 \text{ kN}$$

$$e_a + e_c = 1 \times \exp\left(\frac{1{,}0 \times 29{,}3}{64{,}4 - 29{,}3}\right) = 2{,}30 \text{ cm}$$

$$\sigma_{N_d} = \frac{41{,}0}{23 \times 7{,}5} = 0{,}238 \text{ kN/cm}^2$$

$$\sigma_{M_d} = \frac{41{,}0 \times 2{,}3}{23 \times 7{,}5^2/6} \times \frac{64{,}4}{(64{,}4 - 41{,}0)} = 1{,}204 \text{ kN/cm}^2$$

$$\frac{0{,}238}{1{,}45} + \frac{1{,}204}{1{,}45} = 0{,}99 \sim 1{,}0$$

Conclui-se que de fato $N_{d\,res} = 41{,}0$ kN.

7.11.6.

Resolver o problema anterior, admitindo contraventamento que reduz o comprimento de flambagem a 1,50 m, em uma das direções principais.

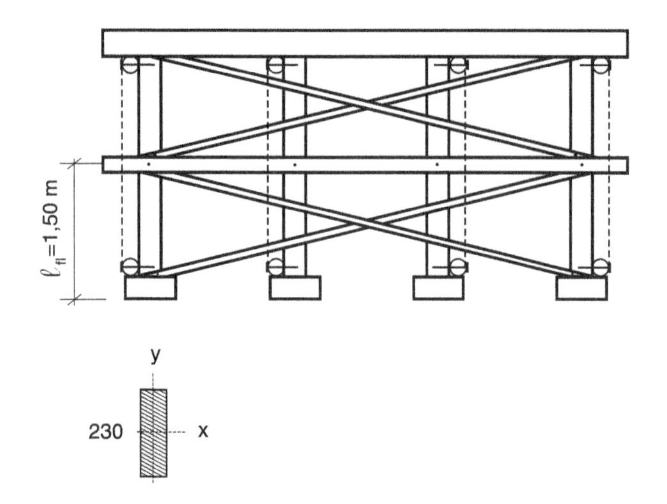

Fig. Probl. 7.11.6 Escolha da melhor orientação de escoras de um assoalho de edifício e cálculo de sua carga axial resistente.

Solução

a) A melhor orientação da peça é a que situa o eixo mais fraco no plano normal ao contraventamento mais eficaz, como indicado na figura. Dessa forma a flambagem em torno do eixo de menor inércia se dá com o menor comprimento de flambagem.

b) Como os comprimentos de flambagem são diferentes nas duas direções, o cálculo do índice de esbeltez deverá ser feito separadamente nas duas direções principais.

Direção do maior lado ($\ell_{f\ell_x}$ = 3,00 m) — flambagem em torno do eixo x

$$i_x = 23/\sqrt{12} = 6{,}64 \text{ cm} \quad (\ell_{f\ell}/i)_x = 300/6{,}64 = 45$$

Direção do menor lado ($\ell_{f\ell_y}$ = 1,50 m) — flambagem em torno do eixo y

$$(\ell_{f\ell}/i)_y = 150/2{,}17 = 69{,}1$$

A flambagem em torno do eixo y é determinante no cálculo do esforço normal resistente, já que está associada ao maior índice de esbeltez.

Esforço normal resistente

Para a madeira louro-preto E_c/f_c vale 251. Interpolando-se os valores das Tabelas A.8.2 (E_c/f_c = 240) e A.8.3 (E_c/f_c = 280) para $\ell_{f\ell}/i$ = 69, tem-se:

$$\rho = 0{,}606$$

$$N_{d\,\text{res}} = 7{,}5 \times 23 \times 0{,}606 \times 1{,}45 = 151{,}6 \text{ kN}$$

7.11.7.

Uma coluna birrotulada de 15 × 10 cm de pinho brasileiro (do Paraná) com altura de 2,25 m está sujeita a uma carga de projeto N_d igual a 30 kN, aplicada com uma excentricidade e = 0,2 h na direção da maior dimensão da seção (h).

Para carga de longa duração e Classe 2 de umidade verificar a segurança da coluna no estado limite último nas seguintes situações:

a) coluna com contenção lateral nos dois planos (xz e yz);

b) coluna com contenção lateral apenas no plano perpendicular ao plano da flexão imposta pela excentricidade da carga;

c) coluna sem contenção lateral.

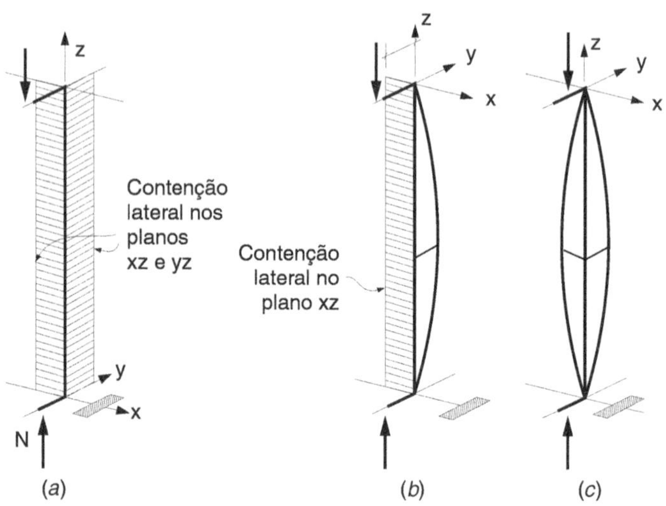

Fig. Probl. 7.11.7

Solução

Trata-se de coluna sujeita à flexocompressão em torno do eixo x (de maior inércia) com momento fletor constante do longo do vão.

Propriedades mecânicas da madeira

$$f_{cd} = 11{,}5 \text{ MPa}$$

$$E_{c\,\text{ef}} = 8526 \text{ MPa}$$

Propriedades geométricas da seção

$$A = 15 \times 10 = 150 \text{ cm}^2$$

$$I_x = \frac{10 \times 15^3}{12} = 2812 \text{ cm}^4;\ W_x = 375 \text{ cm}^3;\ i_x = 4{,}33 \text{ cm}$$

$$I_y = \frac{15 \times 10^3}{12} = 1250 \text{ cm}^4;\ W_y = 250 \text{ cm}^3;\ i_y = 2{,}89 \text{ cm}$$

a) *Coluna com contenção lateral nos dois planos*

Neste caso não há efeito de flambagem e verifica-se a resistência da seção com a Eq. (7.12).

$$\sigma_{N_d} = \frac{N_d}{A} = \frac{30}{150} = 0{,}20 \text{ kN/cm}^2$$

$$\sigma_{M_d} = \frac{M_d}{W_x} = \frac{N_d \times 0{,}2h}{W_x} = \frac{30 \times 0{,}2 \times 15}{375} =$$

$$= 0{,}24 \text{ kN/cm}^2$$

$$\text{(Eq. 7.12)} \left(\frac{0{,}20}{1{,}15}\right)^2 + \frac{0{,}24}{1{,}15} = 0{,}03 + 0{,}21 = 0{,}24 < 1$$

b) *Coluna com contenção lateral no plano xz*

Neste caso haverá flambagem no plano yz (flexão em torno do eixo x) e a resistência da coluna é verificada com a Eq. (7.15). O comprimento $\ell_{f\ell}$ é tomado igual a 2,25 m.

$$\left(\frac{\ell_{f\ell}}{i}\right)_x = \frac{225}{4{,}33} = 52 \therefore \text{ esbeltez intermediária}$$

$$e_a = 225/300 = 0{,}75 \text{ cm}$$

$$N_{cr} = \frac{\pi^2 EI_x}{\ell^2_{f\ell}} = \frac{\pi^2 \times 852{,}6 \times 2812}{225^2} = 467 \text{ kN}$$

$$\text{(Eq. 7.14}a\text{)}\ M_{d_x} = N_d(e_a + e_i)\frac{N_{cr}}{(N_{cr} - N_d)} = 30(0{,}75 +$$

$$+ 0{,}2 \times 15)\frac{467}{(467 - 30)} = 120{,}2 \text{ kNcm}$$

$$\text{(Eq. 7.15)}\ \frac{\sigma_{N_d}}{f_{cd}} + \frac{\sigma_{M_d}}{f_{cd}} = \left(\frac{30}{150} + \frac{120{,}2}{375}\right)\frac{1}{1{,}15} = 0{,}17 +$$

$$+ 0{,}28 = 0{,}45 < 1$$

Além da condição de estabilidade (Eq. (7.15)), a condição de resistência da seção (Eq. (7.12)) deve também ser verificada, mas neste caso não é determinante (ver o item (a)).

c) *Coluna sem contenção lateral*

Neste caso, o processo de flambagem pode ocorrer em um plano inclinado, sujeitando a coluna à flexocompressão oblíqua. Contudo, a NBR7190 permite a aplicação da condição de estabilidade a cada plano de forma independente.

A flambagem no plano yz foi verificada no item (b). Verifica-se agora a flambagem no plano xz (em torno de y).

$$\left(\frac{\ell_{f\ell}}{i}\right)_y = \frac{225}{2{,}89} = 78 \therefore \text{ esbeltez intermediária}$$

$$N_{cr} = \frac{\pi^2 \times 852{,}6 \times 1250}{225^2} = 208 \text{ kN}$$

$$M_{d_y} = 30 \times 0{,}75 \times \frac{208}{208 - 30} = 26{,}3 \text{ kNcm}$$

$$\frac{\sigma_{N_d}}{f_{cd}} + \frac{\sigma_{M_d}}{f_{cd}} = \left(\frac{30}{150} + \frac{26{,}3}{250}\right)\frac{1}{1{,}15} =$$

$$= 0{,}17 + 0{,}09 = 0{,}26 < 1$$

d) *Conclusão*

A coluna atende com folga aos critérios de segurança nos três casos analisados.

7.11.8.

Uma coluna de edifício tem o esquema estrutural mostrado na Fig. Probl. 7.11.8*a* e recebe as cargas de cada andar com excentricidade e = 100 mm em função de detalhe de apoio das vigas (Fig. Probl. 7.11.8*c*). Com estas cargas, a coluna fica sujeita ao diagrama de momentos fletores mostrado na Fig. Probl. 7.11.8*b*. No plano perpendicular ao ilustrado, a coluna está ligada a vigas de cada andar, porém as cargas oriundas destas vigas são desprezíveis. No nível de cada andar, o movimento horizontal é impedido pelo sistema de contraventamento da edificação. Verificar a segurança da coluna para as seguintes condições:

- cargas permanentes de pequena variabilidade
- $N_{1g} = N_{2g}$ = 25 kN; $N_{1q} = N_{2q}$ = 32 kN
- N_{3g} = 8 kN; N_{3q} = 10 kN
- combinação normal de ações; Classe 2 de umidade
- madeira laminada colada: pinho-do-paraná

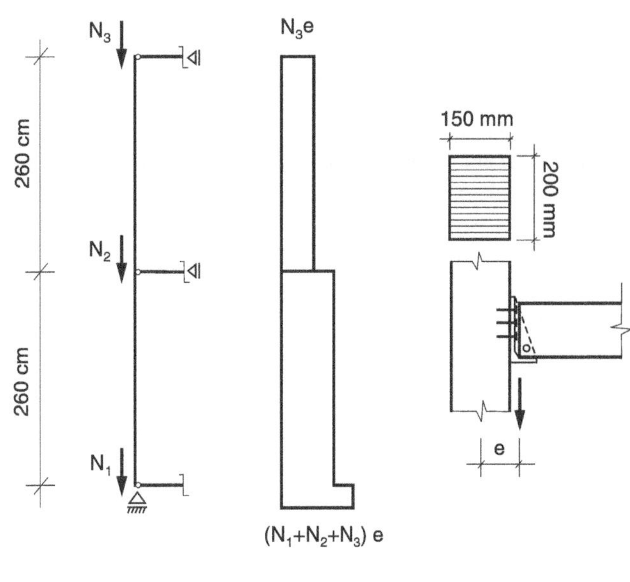

Fig. Probl. 7.11.8

Solução

a) *Propriedades mecânicas da madeira*

$$k_{mod} = 0{,}70 \times 1{,}0 \times 1{,}0 = 0{,}70$$

$$f_{cd} = 14{,}9 \text{ MPa}$$

$$E_{c\,ef} = 10\,657 \text{ MPa}$$

b) *Combinação normal de ações no estado limite último*

Esforços Normais

Entre o 1.º e 2.º pisos:

$N_d = 1{,}3(8 + 25) + 1{,}4\,(10 + 32) = 101{,}7$ kN

Na base da coluna:

$N_d = 1{,}3(8 + 2 \times 25) + 1{,}4\,(10 + 2 \times 32) = 179{,}0$ kN

c) *Verificação de estabilidade da coluna no vão inferior*

$$\frac{\ell_{fl}}{i} = \frac{260}{15/\sqrt{12}} = 60 < 80 \therefore \text{esbeltez intermediária}$$

$$e_a = \frac{\ell_{fl}}{300} = \frac{260}{300} = 0{,}87 \text{ cm}$$

$$e_i = 10 \text{ cm}$$

$$N_{cr} = \frac{\pi^2 \times 1065{,}7 \times 20 \times 15^3}{260^2 \times 12} = 875 \text{ kN}$$

$$M_d = 101{,}7 \times (0{,}87 + 10) \times \frac{875}{875 - 101{,}7} = 1251 \text{ kNcm}$$

Equação de Interação (7.15)

$$\frac{101{,}7}{20 \times 15 \times 1{,}49} + \frac{1251}{1{,}49 \times 20 \times 15^2/6} = 0{,}23 + 1{,}11 = $$
$$= 1{,}35 > 1{,}0$$

A coluna não atende ao critério de segurança quanto à estabilidade.

d) *Verificação da resistência da seção da base*

$$\left(\frac{179}{20 \times 15 \times 1{,}49}\right)^2 + \frac{179 \times 10}{1{,}49 \times 20 \times 15^2/6} =$$
$$= 0{,}16 + 1{,}60 = 1{,}76 > 1{,}0$$

A coluna também não atende ao critério de segurança quanto à resistência da seção da base.

7.11.9.

Resolver o Probl. 7.11.8 admitindo que um outro detalhe de ligação viga-pilar tenha sido adotado, de modo que não haja excentricidade de carga.

Solução

a) *Verificação da estabilidade da coluna no vão inferior*

$$M_d = 101{,}7 \times 0{,}87 \times \frac{875}{875 - 101{,}7} = 100 \text{ kNcm}$$

$$\frac{101{,}7}{20 \times 15 \times 1{,}49} + \frac{100}{1{,}49 \times 20 \times 15^2/6} = 0{,}23 + 0{,}09 =$$
$$= 0{,}32 < 1{,}0$$

b) *Verificação da resistência da coluna na seção da base*

$$\sigma_{N_d} = \frac{179}{20 \times 15} = 0{,}60 \frac{\text{kN}}{\text{cm}^2} < f_{cd} = 1{,}49 \frac{\text{kN}}{\text{cm}^2}$$

c) *Conclusão*

Sem as excentricidades de carga, a coluna atende com folga aos critérios de segurança.

7.11.10.

Uma viga laminada e colada de pinho (*Pinus elliottii*) tem seção I, com as dimensões mostradas na figura e vão de 15 m. As seções do apoio acham-se fixadas lateralmente por meio de quadros; não existe contraventamento efetivo no vão. Calcular o momento fletor resistente da viga para Classe 2 de umidade e combinação normal de ações.

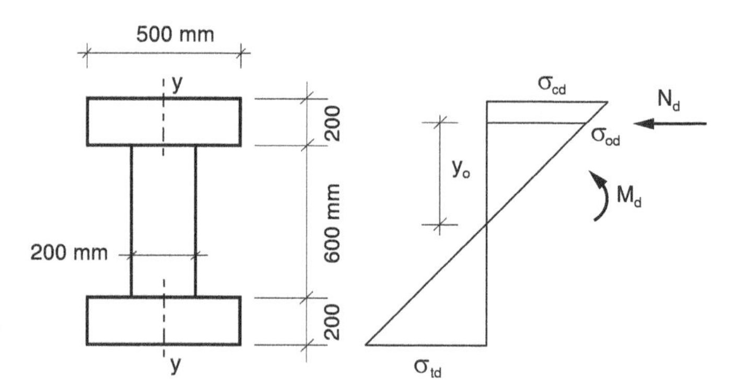

Fig. Probl. 7.11.10

Solução

a) *Propriedades mecânicas*

$$k_{mod} = 0{,}70 \times 1{,}0 \times 1{,}0 = 0{,}70$$

$$f_{cd} = 0{,}7 \times 0{,}7 \times 40{,}4/1{,}4 = 14{,}1 \text{ MPa}$$

$$f_{td} = 0{,}7 \times 0{,}7 \times 66{,}0/1{,}8 = 18{,}0 \text{ MPa}$$

$$E_{c\,ef} = 0{,}7 \times 11\,889 = 8\,322 \text{ MPa}$$

$$E_c/f_c = 294$$

$$\varphi = 0{,}8$$

b) *Propriedades geométricas*

$$I_x = 2 \times 50 \times \frac{20^3}{12} + 2 \times 50 \times 20 \times 40^2 +$$

$$+ 20 \times \frac{60^3}{12} = 3{,}63 \times 10^6 \text{ cm}^4$$

$$W_x = 7{,}25 \times 10^4 \text{ cm}^4$$

c) *Momento resistente com flambagem lateral* (ver Figs. 6.9 e 6.22)

A viga está sujeita à flambagem lateral entre pontos de contraventamento, $\ell_1 = 15$ m. Utiliza-se o critério aproximado do EUROCODE 5, segundo o qual se considera o flange comprimido como uma coluna isolada de vão ℓ_1 com tensão média σ_{0d} em flambagem no plano horizontal (ver item 6.6.3). O cálculo do esforço normal resistente N_d no flange comprimido é feito segundo a NBR7190.

$$\frac{\ell_{f\ell}}{i} = \frac{1500}{50/\sqrt{12}} = 104 \therefore \text{coluna esbelta}$$

Interpolando-se os valores referentes a $\varphi = 0{,}8$ nas Tabelas A.8.3 ($E_c/f_c = 280$) e A.8.4 ($E_c/f_c = 320$), chega-se a:

$$f'_{cd} = 0{,}304 \times 14{,}1 = 4{,}29 \text{ MPa}$$

$$\sigma_{0d} = \frac{M_d}{I} y_0 = \frac{M_d}{3{,}63 \times 10^6} \times 40 = 0{,}43 \frac{\text{kN}}{\text{cm}^2}$$

$$\therefore M_d = 390 \text{ kNm}$$

d) *Momento resistente determinado pela tensão de bordo*

$$\sigma_{cd} = \frac{M_d}{W} = \frac{M_d}{7{,}25 \times 10^4} < 1{,}41 \frac{\text{kN}}{\text{cm}^2} \therefore M_d = 1022 \text{ kNm}$$

7.11.11.

Uma coluna de seção I, cujo comprimento de flambagem é de 8,50 m, é formada por uma peça de 10 cm × 15 cm (alma) e duas peças de 7,5 cm × 30 cm (flanges) (ver Fig. Probl. 7.11.11). Verificar a segurança da coluna para as seguintes condições:

- madeira Ipê de 2.ª categoria em Classe 3 de umidade
- $N_d = 260$ kN (carga de longa duração).

Calcular as ligações necessárias, com pregos de 25 × 60.

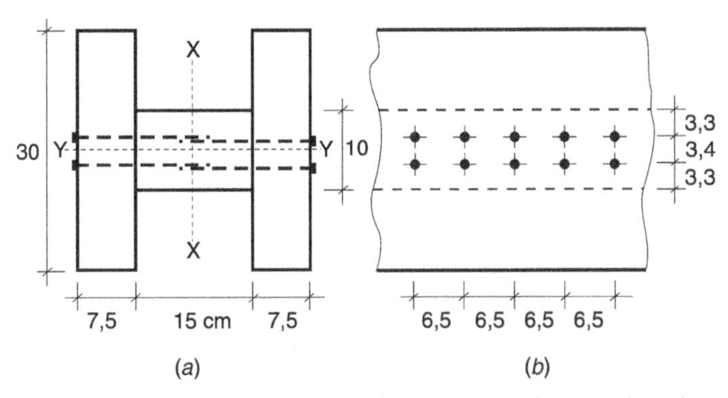

Fig. Probl. 7.11.11 Cálculo do esforço resistente de uma coluna de seção I pregada.

Solução

A seção tem as mesmas dimensões da peça maciça do Probl. 7.11.2 e as mesmas condições de projeto.

a) *Propriedades mecânicas*

$$k_{mod} = 0{,}7 \times 0{,}8 \times 0{,}8 = 0{,}45$$

$$f_{cd} = 17{,}0 \text{ MPa}$$

$$E_{c\,ef} = 8105 \text{ MPa}$$

b) *Flambagem em torno do eixo Y-Y*

Para flambagem em torno do eixo *Y*, a ineficiência da ligação não tem influência, porque todas as peças fletem em torno do mesmo eixo, não se desenvolvendo entre elas tensões de cisalhamento. O cálculo para seção maciça em madeira laminada colada no item (b) do Probl. 7.11.2 indicou que a coluna não atende aos critérios de segurança. Sabendo-se que as propriedades mecânicas da madeira serrada são inferiores às da madeira laminada e colada, chega-se então à mesma conclusão anterior.

c) *Flambagem em torno do eixo X-X*

Admitindo-se agora a seção contraventada no plano *X-Z*, ela só poderá flambar no plano *Y-Z*, isto é, em torno do eixo *X-X*. Com o coeficiente de redução 0,85 aplicado ao momento de inércia, o raio de giração valerá:

$$i_x = \sqrt{I_{xr}/A} = \sqrt{0{,}85 \times 61875/600} = 9{,}36 \text{ cm}$$

$$\ell_{f\ell}/i_x = 850/9{,}36 = 90{,}8 \therefore \text{coluna esbelta}$$

$$\sigma_{N_d} = \frac{260}{600} = 0{,}43 \text{ kN/cm}^2$$

$$N_{cr} = \frac{\pi^2 \times 810{,}5 \times 0{,}85 \times 61\,875}{850^2} = 582 \text{ kN}$$

$$e_a + e_c = 2{,}83 \exp\left(\frac{2{,}0 \times 260/1{,}4}{582 - 260/1{,}4}\right) = 7{,}22 \text{ cm}$$

$$\sigma_{M_d} = \frac{260 \times 7{,}22}{0{,}85 \times 61\,875/15} \times \frac{582}{(582 - 260)} = 0{,}968 \text{ kN/cm}^2$$

Equação de interação

$$\frac{0{,}43}{1{,}71} + \frac{0{,}968}{1{,}71} = 0{,}82 < 1$$

A coluna atende ao critério de segurança. Em relação ao resultado obtido para a coluna em madeira laminada e colada (a equação de interação forneceu 0,41) observa-se uma significativa redução da margem de segurança devido à ineficiência das ligações na seção composta e à redução das propriedades mecânicas da madeira serrada.

d) *Dimensionamento das ligações*

A ligação é feita com pregos de 170 × 76 (PB-58). O esforço transversal, a ser resistido pela ligação, pode ser calculado pela Eq. (7.20).

$$V_d = (e_0 + e_c)\ \frac{\pi}{\ell}\ \frac{N_{cr}}{N_{cr} - N_d} \times N_d = 7{,}22 \times$$

$$\times\ \frac{\pi}{850} \times \frac{582}{(582 - 260)} \times 260 = 4{,}8\% \times 260 = 12{,}5 \text{ kN}$$

Fluxo de cisalhamento no plano de ligação

$$\phi_d = \frac{V_d S}{I_r} = \frac{12{,}5 \times 30 \times 7{,}5 \times 11{,}25}{0{,}85 \times 61875} = 0{,}60 \text{ kN/cm}$$

As características dos pregos se encontram na Tabela 4.12*b*. O prego de 170 × 76 penetra na peça do meio:

$$170 - 75 = 95 \text{ mm} > t = 75 \text{ mm}$$

Resistência da madeira do embutimento

$$f_{ed} = f_{cd} = 17{,}0 \text{ MPa}$$

Resistência de um prego a corte simples

$$\frac{t}{d} = \frac{75}{7{,}6} = 9{,}9 > 1{,}25\sqrt{\frac{600/1{,}1}{17{,}0}} = 7{,}1$$

$$R_d = 0{,}5 \times 7{,}6^2\sqrt{17{,}0 \times 600/1{,}1} = 2781 \text{ N}$$

O espaçamento de cálculo entre pregos deverá ser

$$\frac{R_d}{\phi_d} = \frac{2781}{600} \cong 4{,}6 \text{ cm}$$

O espaçamento mínimo para esforço na direção das fibras é $6d$ = 45,6 mm.

Podem-se usar duas filas de pregos espaçados de 6,5 cm, como é indicado na Fig. Probl. 7.11.11*b*, o que corresponde a um espaçamento de cálculo de 3,25 cm entre pregos.

7.11.12.

Uma coluna formada por duas peças de angelim-ferro (2.ª categoria) de 5 × 15 cm, com espaçamento livre de 15 cm, e peças de ligação interpostas, tem um comprimento de 4 m e está sujeita a uma carga axial de projeto igual a 55 kN (carga de longa duração). Verificar a estabilidade da coluna múltipla e dimensionar os elementos transversais de ligação.

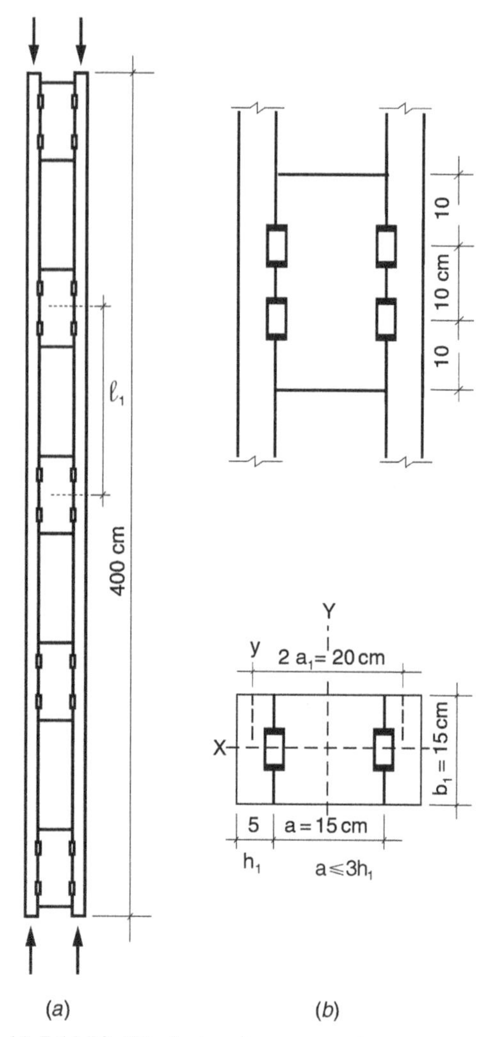

Fig. Probl. 7.11.12 Cálculo de coluna composta com peças interpostas ligadas por conectores de anel (cada conector é acompanhado de um parafuso, não mostrado, de 12 mm).

Solução

a) *Propriedades mecânicas para Classe 3 de umidade*

$$k_{mod} = 0{,}7 \times 0{,}8 \times 0{,}8 = 0{,}45$$

$$f_{cd} = 17{,}9 \text{ MPa}$$

$$f_{vd} = 1{,}59 \text{ MPa}$$

$$E_{c\,ef} = 9372 \text{ MPa}$$

$$E_c/f_c = 262$$

$$\varphi = 2{,}0$$

b) *Verificação da estabilidade da peça isolada*

Deve-se colocar no mínimo três ligações intermediárias (Fig. Probl. 7.11.12*b*)

$$\ell_1 = 370/4 = 92{,}5 \text{ cm}$$

$$i_1 = 5/\sqrt{12} = 1{,}44 \text{ cm}$$

$$\ell_1/i_1 = 64$$

Com auxílio das Tabelas A.8.2 e A.8.3 e interpolando os valores referentes a E_c/f_c iguais a 240 e 280, chega-se ao esforço normal resistente determinado pela flambagem da peça isolada

$$N_{d\,\text{res}} = 5 \times 15 \times 0{,}588 \times 1{,}79 = 78{,}9 \text{ kN} > \frac{55}{2} \text{kN}$$

c) *Verificação da estabilidade da coluna composta*

A estabilidade deve ser verificada para flambagem em torno dos dois eixos principais *X-X* e *Y-Y*.

Para flambagem em torno do eixo *X-X*, a verificação é feita como em coluna simples:

$$\ell_{f\ell}/i_x = 3{,}46 \frac{400}{15} = 92{,}3 \simeq 92$$

Com o auxílio das Tabelas A.8.2 e A.8.3, para seção retangular, chega-se a:

$$N_{d\,\text{res}} = 2 \times 15 \times 5 \times 0{,}279 \times 1{,}79 = 74{,}9 \text{ kN} > 55 \text{ kN}$$

Para flambagem em torno do eixo *Y-Y*, calcula-se o momento de inércia reduzido e aplica-se a equação de interação (7.25) com $\alpha = 1{,}25$ e $m = 4$.

$$I_Y = 2 \times 15 \times 5^3/12 + 2 \times 15 \times 5 \times 10^2 = 15\,313 \text{ cm}^4$$

$$I_{1y} = 15 \times 5^3/12 = 156 \text{ cm}^4$$

$$I_{Yr} = \frac{4^2 \times 156}{4^2 \times 156 + 1{,}25 \times 15\,313} \times 15\,313 = 1766 \text{ cm}^4$$

$$\left(\frac{\ell_{f\ell}}{i}\right)^*_Y = \frac{400}{\sqrt{1766/150}} = 116 \;\therefore\; \text{coluna esbelta}$$

$$N_{cr} = \frac{\pi^2 E I_{Yr}}{\ell_{f\ell}^2} = \frac{\pi^2 \times 937{,}2 \times 1766}{400^2} = 102 \text{ kN}$$

$$e_a + e_c = \frac{400}{300} \exp\left(\frac{2{,}0 \times 55/1{,}4}{102 - 55/1{,}4}\right) = 4{,}66 \text{ cm}$$

$$M_d = N_d(e_a + e_c) \frac{N_{cr}}{N_{cr} - N_d} = 55 \times 4{,}66 \times \frac{102}{102 - 55} =$$

$$= 556 \text{ kNcm}$$

Equação de interação (7.25)

$$\frac{55}{2 \times 15 \times 5} + \frac{556}{15 \times 5^2/6} \times \frac{156}{1766} +$$

$$+ \frac{556}{20 \times 75}\left(1 - 2 \times \frac{156}{1766}\right) = 1{,}46 \frac{\text{kN}}{\text{cm}^2} < 1{,}79 \frac{\text{kN}}{\text{cm}^2}$$

d) *Dimensionamento das peças transversais e ligações*

As peças interpostas devem ter dimensões suficientes para acomodar dois conectores de anel de 64 mm. Os espaçamentos mínimos construtivos para estes conectores são:

- distância entre conectores $1{,}5D = 96$ mm
- distância da extremidade $1{,}5D = 96$ mm

Comprimento mínimo da peça interposta:

$$3 \times 9{,}6 = 29 \text{ cm (adotado 30 cm).}$$

O esforço transversal ideal V_d é dado pela Eq. (7.26):

$$V_d = 2 \times A_1 \times f_{vd} = 2 \times 5 \times 15 \times 0{,}16 = 24 \text{ kN}$$

$$\therefore V_d = 45\%\, N_d$$

Calculando V_d a partir da Eq. (7.20), tem-se

$$V_d = (e_a + e_c) \frac{\pi}{\ell} \frac{N_{cr}}{N_{cr} - N_d} \times N_d =$$

$$= 4{,}66 \times \frac{\pi}{400} \times \frac{102}{102 - 55} \times 55 = 4{,}4 \text{ kN}$$

$$\therefore V_d = 8\%\, N_d$$

Tomando V_d conforme a NBR7190, o esforço cortante na peça interposta é calculado como indicado na Fig. 7.12 e Eq. (7.27):

$$Q_d = V_d \frac{\ell_1}{2a_1} = 24 \frac{92{,}5}{20} = 111 \text{ kN}$$

O esforço Q_d é resistido por dois conectores, cuja capacidade é o menor valor entre os seguintes:

$$2R_d = 2 \frac{\pi D^2}{4} f_{vd} = 2\,\pi \frac{6{,}4^2}{4} 0{,}16 = 10{,}3 \text{ kN}$$

$$2R_d = tDf_{cd} = 1{,}9 \times 6{,}4 \times 1{,}79 = 21{,}8 \text{ kN}$$

$$2R_d < Q_d$$

Tensão média de corte na peça interposta:

$$\tau_d = \frac{111}{30 \times 15} \cong 0{,}25 \text{ kN/cm}^2 > f_{vd}$$

De acordo com a NBR7190, a resistência da coluna fica limitada pela capacidade da peça interposta e suas ligações

7.11.13.

Uma coluna, cujo comprimento de flambagem é de 6,00 m, é formada por duas peças de pinho-do-paraná de 7,5 cm × 23 cm, com espaçamento livre de 30 cm, ligadas por tábuas laterais de 2,5 cm × 30 cm de pinho. A conexão é feita em cada face por meio de pregos de 21 × 39. Calcular o esforço axial resistente da coluna admitindo carga de longa duração e Classe 2 de umidade.

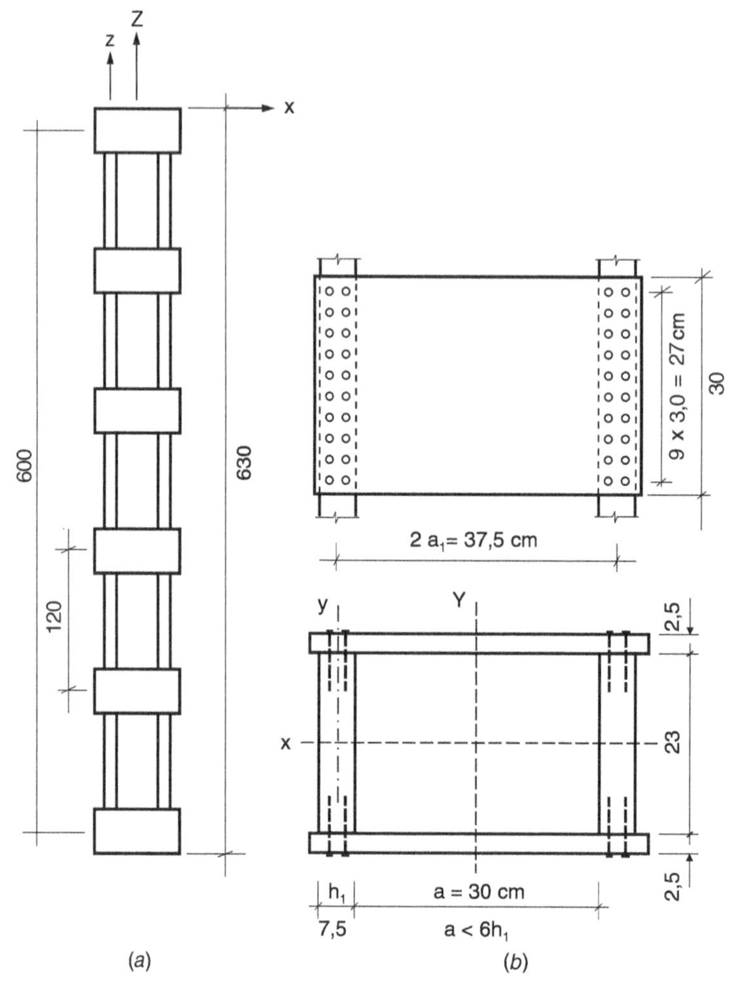

Fig. Probl. 7.11.13 Cálculo de coluna composta, com ligações em forma de quadro.

Solução

a) *Propriedades mecânicas*

$$f_{cd} = 11{,}5 \text{ MPa}$$

$$f_{vd} = 1{,}48 \text{ MPa}$$

$$E_{c\,ef} = 8526 \text{ MPa}$$

$$\varphi = 0{,}8$$

$$E_c/f_c = 372$$

b) *Flambagem da peça individual no plano x-z* (em torno do eixo *y-y*, passando no centro de gravidade da peça individual):

$$\ell_1/i_1 = 3{,}46 \times 120/7{,}5 = 55{,}3$$

$$f'_{cd} = 0{,}69 \times f_{cd} = 7{,}9 \text{ MPa}$$

$$N_{d\,res} = 0{,}79 \times 23 \times 7{,}5 = 137 \text{ kN}$$

c) *Flambagem em torno do eixo X-X* (comportamento de coluna simples)

$$\ell_{f\ell}/i_x = 3{,}46 \times 600/23 = 90{,}3$$

$$f'_{cd} = 0{,}409 \times 1{,}15 = 0{,}47 \text{ kN/cm}^2$$

$$N_{d\,res} = 0{,}47 \times 2 \times 23 \times 7{,}5 = 162 \text{ kN}$$

d) *Flambagem da peça múltipla em torno do eixo Y-Y*. O índice de esbeltez é calculado com a Eq. (7.23):

$$n = 2 \qquad \alpha = 2{,}25 \qquad (\ell_1/i_1) = 55{,}3$$

$$I_Y = 2 \times 23 \times 7{,}5^3/12 + 2 \times 23 \times 7{,}5(15 + 3{,}75)^2 = $$
$$= 122\,906 \text{ cm}^4$$

$$i_Y = \sqrt{122\,906/(2 \times 23 \times 7{,}5)} = 18{,}87 \text{ cm}$$

$$\frac{\ell_{f\ell}}{i_Y} = \frac{600}{18{,}87} = 31{,}8$$

$$(\ell_{f\ell}/i)^*_Y = \sqrt{31{,}8^2 + 2 \times 2{,}25 \times 55{,}3^2} = 121{,}5$$

$\therefore$ coluna esbelta

$$I_{Yr} = (i_Y^*)^2 \times A = \left(\frac{600}{121,5}\right)^2 \times 2 \times 23 \times 7,5 = 8413 \text{ cm}^4$$

$$N_{cr} = \frac{\pi^2 E}{(\ell_{f\ell}/i)_Y^{*2}} \times A = \frac{\pi^2 \times 856,3}{121,5^2} \times 345 = 197,5 \text{ kN}$$

O esforço normal resistente deve ser obtido por tentativas até que a equação de interação (7.25) se iguale a f_{cd}. As várias tentativas se encontram na tabela a seguir.

$$e_a + e_c = \frac{600}{300} \exp\left(\frac{0,8 \times N_d/1,4}{197,5 - N_d/1,4}\right)$$

$$M_d = N_d (e_a + e_c) \times \frac{197,5}{197,5 - N_d}$$

Equação de interação (7.25)

$$\frac{N_d}{345} + \frac{M_d}{2243} + \frac{M_d}{8008} = 1,15 \text{ kN/cm}^2$$

N_d (kN)	$e_a + e_c$ (cm)	M_d (kNcm)	Equação de interação (kN/cm²)
100	3,15	637,4	0,65
150	5,16	3221	2,27
125	3,87	1318	1,11 $\sim f_{cd}$

e) *Resistência das peças laterais*

O par de peças laterais está sujeito ao esforço cortante, indicado na Fig. 7.12, e que é produzido por um esforço transversal ideal V_d dado pela Eq. (7.26) de acordo com a NBR 7190.

$$V_d = 345 \times 0,148 = 51 \text{ kN} = 41\% \; N_d$$

Adotando o valor fornecido pela Eq. (7.20*a*) (EUROCODE 5), tem-se:

$$\rho = \frac{N_{d\,\text{res}}}{A\, f_{cd}} = \frac{125}{375 \times 1,15} = 0,290$$

$$V_d = \frac{N_d}{60\rho} = \frac{125}{60 \times 0,290} = 5,75\% \times 125 = 7,2 \text{ kN}$$

$$Q_d = V_d \frac{\ell_1}{2a_1} = 5,75\% \, \frac{120}{37,5} \, N_d = 18,4\% \, N_d$$

O esforço cortante resistente no par de talas de pinho (b = 2,5 cm, h = 30 cm) vale:

$$Q_{d\,\text{res}} = 2 f_{vd} \times b \times d = 2 \times 0,15 \times 2,5 \times 30 = 22,5 \text{ kN}$$

Em função deste valor, o esforço máximo de projeto valeria:

$$N_d = \frac{22,5}{0,184} = 122 \text{ kN}$$

Verifica-se que a resistência ao cisalhamento das peças laterais fornece o mesmo valor de esforço normal resistente que o critério de estabilidade da coluna múltipla ($N_{d\,\text{res}}$ = 122 kN $\simeq$ 125 kN).

f) *Resistência das conexões*

O prego de 21 × 39 em pinho tem esforço resistente igual a 563 N, a corte simples. A conexão do par de chapas laterais, em cada peça individual, é feita com 2 × 10 pregos de 21 × 39.

O esforço cortante Q_d produz, em cada prego, o esforço vertical $Q_d/40 = 0,0046 N_d$. Pode-se exprimir o esforço normal máximo de projeto da coluna múltipla em função da resistência do prego:

$$N_{d\,\text{res}} = \frac{0,563}{0,0046} = 122 \text{ kN}$$

g) *Conclusão*

O esforço normal de projeto ($N_{d\,\text{res}}$ = 122 kN) é determinado pela resistência ao esforço cortante nas talas e pelas ligações.

7.11.14.

O esquema estrutural de um galpão é mostrado na figura. As colunas de 300 × 150 mm em madeira laminada colada de pinho-do-paraná são rotuladas na base e fazem no plano xz parte de um pórtico. Na direção longitudinal y, as colunas são conectadas no topo a vigas horizontais com ligações flexíveis. Nos módulos extremos têm-se os contraventamentos em X. Dimensionar o contraventamento segundo a NBR 7190. Admitir que as colunas estão sujeitas ao esforço de compressão no topo N_d = 80 kN (combinação normal de ações) em ambiente Classe 3 de umidade.

Solução

a) *Determinação da área A_d da peça diagonal para atender ao critério de rigidez*

Para determinar a rigidez horizontal k oferecida pela diagonal tracionada de área A_d aplica-se um deslocamento δ unitário e calcula-se a força F resultante (a diagonal comprimida não é considerada ativa).

O alongamento da diagonal é δ_d e seu esforço de tração T (ver Fig. Probl. 7.11.14)

$$\delta_d = \delta \cos\theta \qquad T = \frac{EA_d}{\ell} \times \delta_d$$

A rigidez k vale: $k = \dfrac{F}{\delta} = \dfrac{T\cos\theta}{\delta_d/\cos\theta} = \dfrac{EA_d}{\ell}\cos^2\theta$

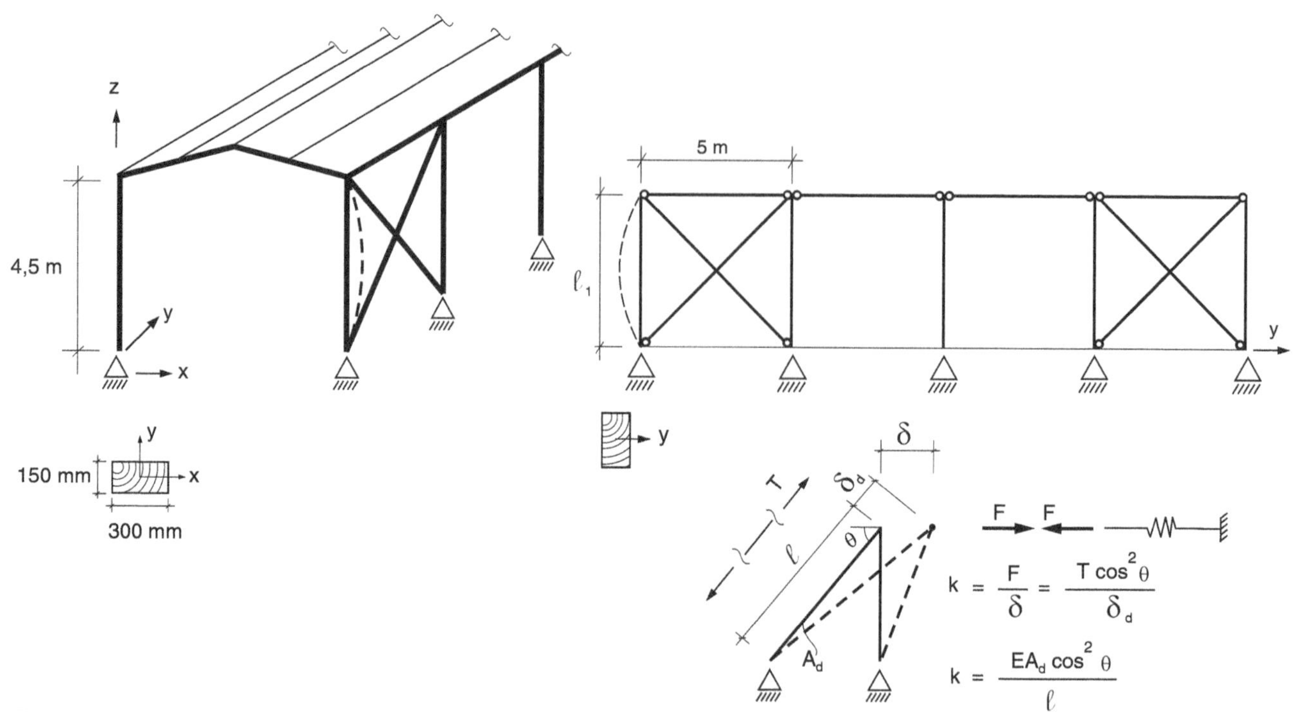

Fig. Probl. 7.11.14

Rigidez $k_{mín} = 2k_i$ necessária para estabilizar 1 coluna

$$k_{mín} = 2\pi^2 \frac{E_{c\,ef} I}{\ell_1^3} = 2\pi^2 \frac{(0,56 \times 1522,5)}{450^3} \times 30 \times \frac{15^3}{12} =$$

$$= 1,56 \ \frac{\text{kN}}{\text{cm}}$$

Para evitar que as vigas superiores fiquem comprimidas considera-se que um contraventamento estabilize 4 colunas (a 5.ª coluna é estabilizada pelo outro contraventamento sem mobilizar a viga superior).

Tem-se então pela Eq. (7.35) (admitindo peça de contraventamento de madeira):

$$\frac{EA_d}{\ell} \cos^2 \theta > \frac{2}{3} \times 4 \times 1,56 \ \frac{\text{kN}}{\text{cm}}$$

$$A_d > \frac{2}{3} \ \frac{4 \times 1,56 \times 673}{0,56 \times 1522,5 \times \cos^2 42°} = 5,94 \text{ cm}^2$$

Para o contraventamento executado com barras de aço pré-tracionadas (com esticadores), tem-se

$$A_d > \frac{2}{3} \ \frac{4 \times 1,56 \times 673}{20\,500 \cos^2 42°} = 0,25 \text{ cm}^2$$

b) *Dimensionamento pelo critério de resistência*

Força na diagonal tracionada para estabilizar 1 coluna

$$F_{brd} = N_d/150 = 80/150 = 0,53 \text{ kN}$$

Força na diagonal para estabilizar 4 colunas

$$T_d > \frac{2}{3} \ \frac{n\, F_{brd}}{\cos \theta} = \frac{2}{3} \ \frac{4 \times 0,53}{\cos 42°} = 1,90 \text{ kN}$$

Área A_d necessária para peça de madeira

$$\sigma_{cd} = \frac{T_d}{A_d} < f_{td} = 0,56 \times 0,70 \times \frac{9,31}{1,8} = 2,03 \text{ kN/cm}^2$$

$$A_d > \frac{1,90}{2,03} = 0,94 \text{ cm}^2$$

Área A_d necessária para barra de aço

$$A_d > \frac{1,42}{0,6 \times 25} \cong 0,10 \text{ cm}^2$$

c) *Conclusão*

O critério de rigidez é determinante (A_d = 5,94 cm^2) para peça em madeira. Para o contraventamento em madeira, a área mínima construtiva igual a 18 cm^2 (Tabela 2.1) e a esbeltez máxima de peça tracionada (igual a 170) condicionam o dimensionamento. No caso de barras de aço, o diâmetro ϕ10 mm atende com folga aos critérios do projeto.

7.11.15.

Uma peça 7,5 × 11,5 cm de pinho-do-paraná está sujeita a um esforço axial de compressão de $N_d = 36$ kN. Projetar uma emenda com duas talas de madeira aparafusadas segundo o critério da Norma Alemã (DIN 1052, 1969). A emenda não está situada junto a um nó de contraventamento, devendo apresentar inércia suficiente para impedir formação de um ponto anguloso.

Solução

a) *Dimensões das talas para atender ao requisito de inércia*

Chamando b à espessura da coluna, a largura b_1 da tala deve atender à condição:

$$\frac{2b_1^3}{12} \geq \frac{b^3}{12} \therefore b_1 \geq 0{,}79b \simeq 0{,}8b.$$

A tala deveria ter espessura de 0,8 × 7,5 = 6,0 cm. Como não se dispõe de peça padronizada com essa dimensão, adotam-se as talas com espessura de 7,5 cm (Fig. Probl. 7.11.15*b*).

b) *Dimensionamento da emenda, com apoio de topo (emenda de contato)*

As conexões devem ser dimensionadas para a metade do esforço axial. Cada tala recebe o esforço de cálculo de 9 kN. Admitindo-se parafusos ϕ19 mm, a resistência a corte de um parafuso nas condições do problema vale 6,5 kN. São necessários 2 parafusos. O comprimento mínimo da tala é dado por (Fig. Probl. 7.11.15*c*):

$$2 \times 3 \times 4d = 46 \text{ cm} \cong 50 \text{ cm}.$$

c) *Dimensionamento da emenda sem contato de topo entre as peças*

Se não houvesse contato de topo entre as peças, o esforço a ser transmitido por uma tala seria 18 kN, necessitando de 4 parafusos de 19 mm. O comprimento mínimo da tala seria (Fig. Probl. 7.11.15*d*):

$$2 \times 5 \times 4d = 76 \text{ cm} \cong 80 \text{ cm}.$$

7.11.16.

Uma peça roliça de pinho-do-paraná, com diâmetro na extremidade igual a 18 cm, deve ser emendada com 4 talas de pi-

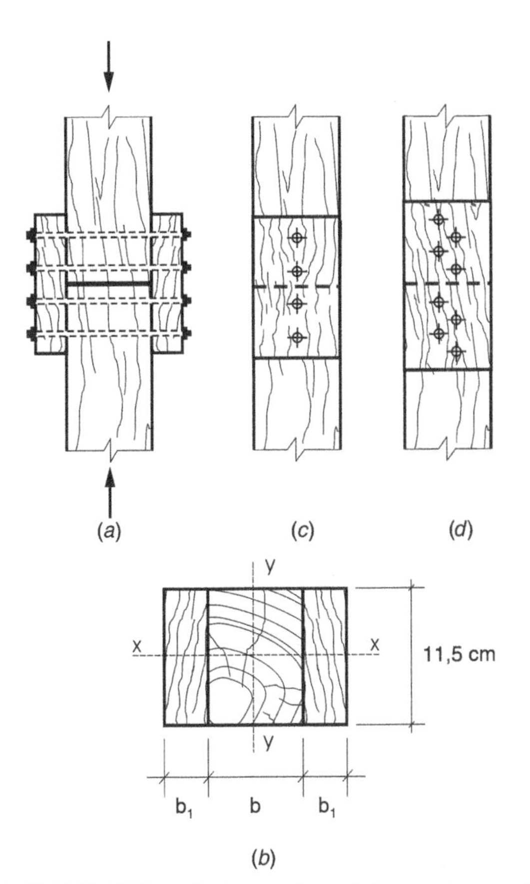

Fig. Probl. 7.11.15 Emenda de peça de madeira serrada, com duas talas laterais aparafusadas: (*a*) esquema de emenda; (*b*) seção transversal; (*c*) emenda de contato, com apenas 50% da carga transmitida pelas talas; (*d*) emenda sem contato de topo, com a totalidade das cargas transmitidas pelas talas.

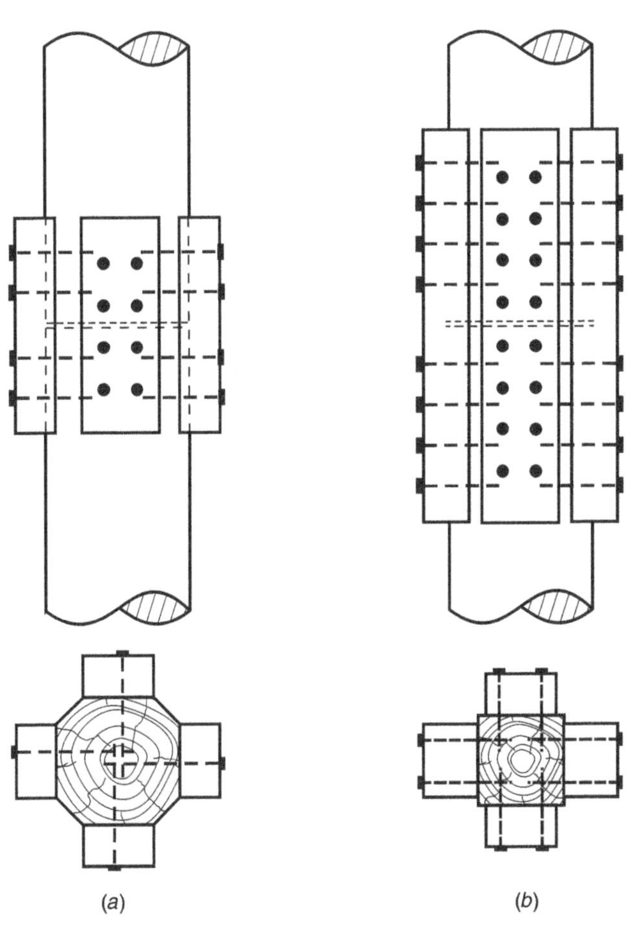

Fig. Probl. 7.11.16 Emenda de peças roliças, com apoio de topo entre as peças: (*a*) emenda situada junto a um nó de contraventamento; (*b*) emenda não adjacente a nó de contraventamento.

nho pregadas, fazendo-se o apoio de topo entre as peças antes da colocação das talas. Dimensionar a emenda sendo o esforço axial de projeto igual a 50 kN.

Solução

a) *Emenda junto a nó de contraventamento*

Neste caso, as talas não recebem esforço de cálculo, servindo apenas para manter as peças emendadas no lugar. Podem ser adotadas tábuas de 2,5 × 10, com 4 pregos 19 × 36 (Fig. Probl. 7.11.16*a*).

b) *Emenda não adjacente a nó de contraventamento*

Neste caso, cada uma das 4 talas transmitirá o esforço de cálculo de 50/(2 × 4) = 6,25 kN.

Admitindo-se talas de 3,8 cm × 10 cm, com pregos 20 × 39 (44 × 80), cujo esforço resistente nas condições do problema é 769 N, são necessários 8 pregos para o esforço de cálculo (Fig. Probl. 7.11.16*b*). A soma das inércias das talas na direção principal vale:

$$2 \times 3{,}8 \times 10^3/12 + 2 \times 10 \times 3{,}8^3/12 = 725 \text{ cm}^4.$$

Este valor é apenas 14% da inércia de cálculo do roliço de diâmetro 18 cm.

$$I_x = 5153 \text{ cm}^4.$$

Podem ser adotadas talas maiores, como, por exemplo, 7,5 cm × 12 cm, caso em que o comprimento dos pregos deve ser aumentado. A soma desses momentos de inércia vale, então,

$$2 \times 7{,}5 \times 12^3/12 + 2 \times 12 \times 7{,}5^3/12 = 3004 \text{ cm}^4.$$

A peça roliça fica reduzida a uma seção quadrada de 13 cm × 13 cm, cujo momento de inércia vale:

$$13 \times 13^3/12 = 2380 \text{ cm}^4.$$

Procedendo por tentativas, podem-se determinar as talas, de modo que a soma de seus momentos de inércia iguale o momento de inércia da seção circular aparada para dar apoio às talas. O momento de inércia obtido para as talas será da ordem de 50% do momento de inércia da seção roliça, não atendendo à prescrição da norma alemã.

Comparando-se as soluções (*a*) e (*b*), vê-se a grande vantagem em se colocar a emenda da coluna adjacente a um nó de contraventamento, pois neste caso as talas não recebem esforço de cálculo, nem precisam atender à condição de inércia mínima.

7.12. PROBLEMAS PROPOSTOS

7.12.1.

Um pilar de edifício industrial em madeira laminada colada de pinho-do-paraná, de seção 15 × 28 cm, está ligado a vigas em dois planos perpendiculares conforme ilustra a figura. Estas vigas estão associadas a sistemas de contraventamento vertical nos dois planos (ver Fig. 2.24) e por isso oferecem restrição ao deslocamento lateral do pilar. O local de instalação do edifício tem umidade relativa do ar média igual a 75%. Determinar o esforço de compressão de projeto para uma combinação normal de ações.

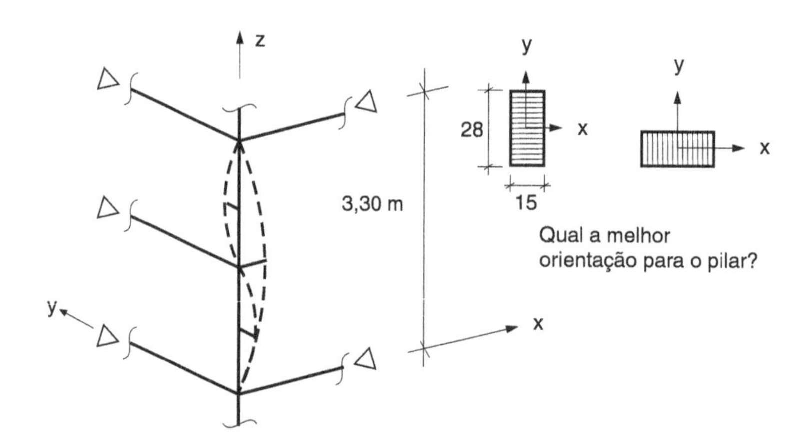

Fig. Probl. 7.12.1

7.12.2.

O banzo superior de uma treliça de telhado encontra-se comprimido por ação da carga de gravidade *G* e do vento *V*. Além disso, o banzo superior está sujeito à flexão, pois existe o apoio de terças entre os nós da treliça. Para o cálculo do momento fletor admite-se que o banzo é birrotulado (nos nós da treliça). Verificar a segurança do banzo superior com a seção transversal da Fig. Probl. 7.12.2*c* sob ação dos esforços e cargas mostrados na Fig. b. Admitir que há contenção lateral da treliça nos nós superiores. Adotar madeira conífera da classe C30, classe 2 de umidade.

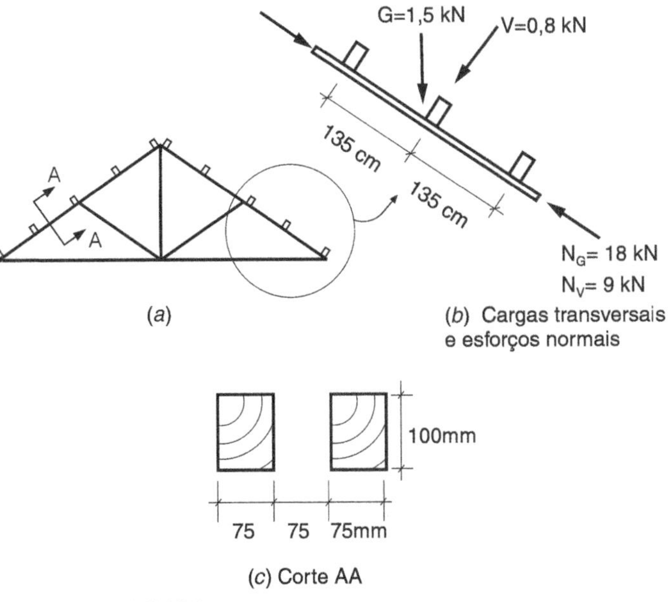

Fig. Probl. 7.12.2

7.12.3.

Uma coluna composta birrotulada de comprimento 325 cm é formada por duas peças de 7,5 × 15 afastadas de 12 cm e ligadas por peças interpostas e parafusos.

Determinar o esforço de compressão de projeto para madeira eucalipto de 2.ª categoria em ambiente classe 3 de umidade e combinação normal de ações.

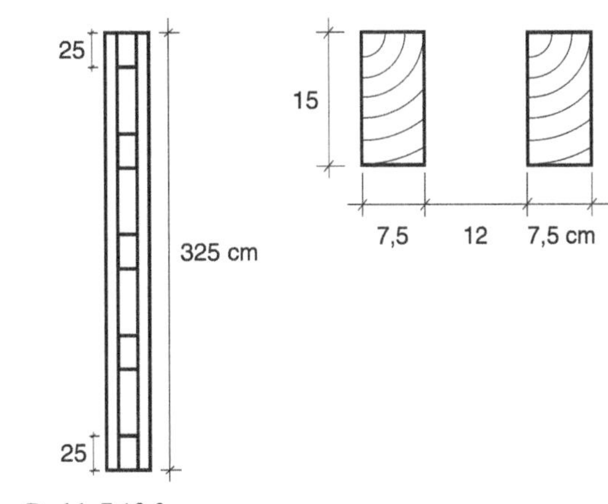

Fig. Probl. 7.12.3

Capítulo 8

VIGAS EM TRELIÇA

8.1. TIPOS ESTRUTURAIS

As vigas treliçadas são sistemas estruturais muito utilizados em coberturas e em pontes, conforme já exposto no item 2.9. Variando o posicionamento das diagonais e dos montantes, resultam diversas geometrias em geral conhecidas pelos nomes dos engenheiros que as popularizaram. As Figs. 8.1 a 8.3 apresentam alguns destes tipos.

As treliças de banzos paralelos (Fig. 8.1) são muito usadas na construção de pontes.

Para carga de gravidade, a viga Howe apresenta as diagonais comprimidas e os montantes tracionados. Na viga Pratt, as diagonais são tracionadas e os montantes comprimidos. A viga Warren apresenta parte das diagonais comprimidas e parte tracionada.

Na construção de vãos grandes, obtém-se economia dando ao banzo superior da treliça uma forma curva (Fig. 8.2), cujo efeito de arco reduz as solicitações das peças da alma (montantes ou diagonais).

Para construção de coberturas, é comum o emprego de treliças com o banzo superior inclinado (Fig. 8.3).

Nas vigas Howe das Figs. 8.3*a*, *b*, sob ação de cargas de gravidade, o banzo superior e as diagonais são comprimidos, enquanto o montante vertical e o banzo inferior são tracionados. Na Fig. 8.3*c* vê-se uma treliça cujas diagonais são tracionadas, sendo os montantes comprimidos (para cargas de gravidade), características análogas às da viga Pratt da Fig. 8.1*b*.

Para reduzir o efeito da flambagem no dimensionamento de montantes ou diagonais, há interesse em as peças comprimidas serem mais curtas. Sob esse aspecto, a treliça Pratt apresenta vantagem sobre a treliça Howe.

Na Fig. 8.3*d*, vê-se a treliça conhecida como do tipo belga, na qual os montantes comprimidos são perpendiculares ao banzo superior, sendo as diagonais tracionadas (sob cargas de gravidade). Observe-se que os montantes são mais curtos que as diagonais. A mesma característica favorável se nota na treliça composta, vista na Fig. 8.3*e*, e conhecida como treliça Polonceau ou Fink.

Um outro tipo de treliça triangular muito utilizada é o da Fig. 8.3*f*, denominada vulgarmente tesoura, devido ao cruzamento dos banzos inferiores.

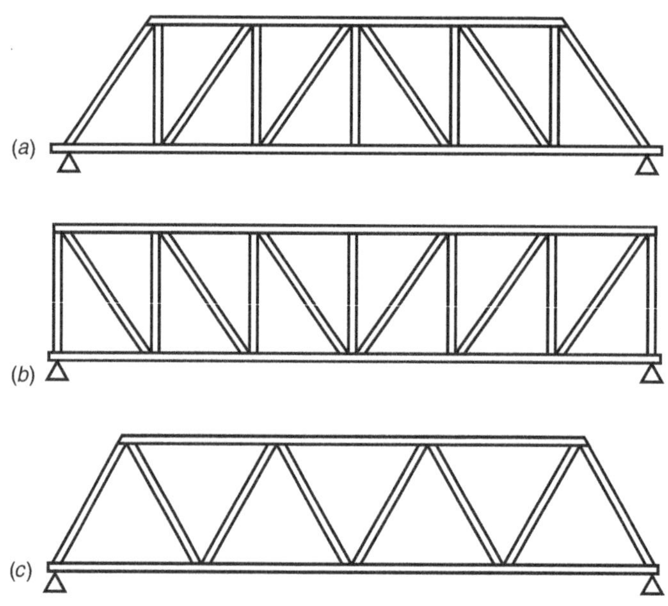

Fig. 8.1 Treliças simples: (*a*) treliça Howe; (*b*) treliça Pratt ou *N*; (*c*) treliça Warren.

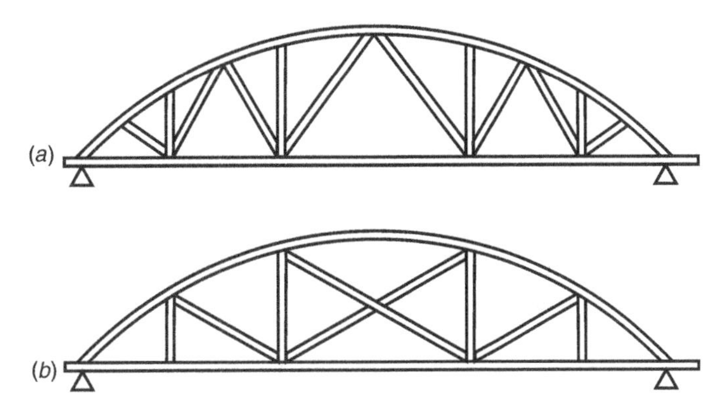

Fig. 8.2 Treliças com banzo superior curvo (Bowstring).

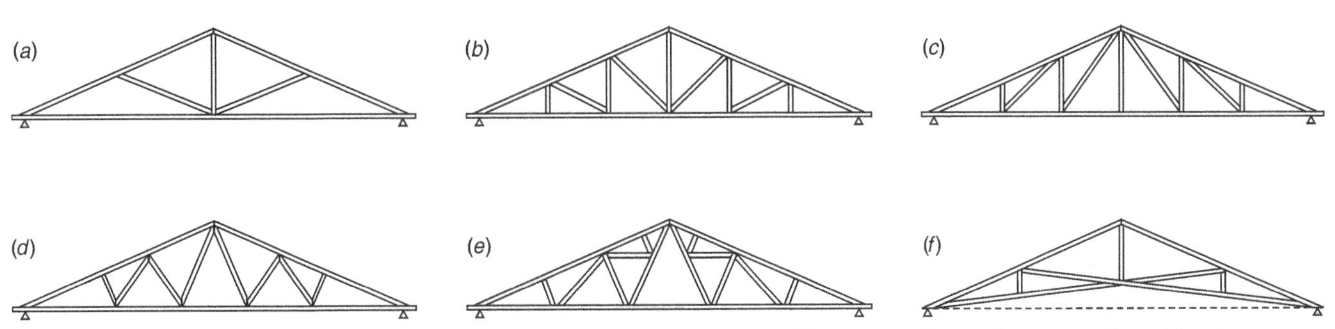

Fig. 8.3 Treliças de contorno triangular: (*a*) treliça Howe de um montante principal; (*b*) treliça tipo Howe; (*c*) treliça tipo Pratt; (*d*) treliça belga; (*e*) treliça Polonceau ou Fink; (*f*) treliça tipo tesoura.

8.2. DISPOSIÇÕES CONSTRUTIVAS

As formas e as inclinações das treliças de cobertura são, em geral, impostas por aspectos arquitetônicos. Entretanto, algumas regras referentes à relação altura/vão mais econômica podem ser indicadas:

– treliças de contorno triangular	1/6
– bowstring (banzo superior curvo)	1/8 a 1/6
– banzos paralelos	1/8 a 1/10

As barras das treliças podem ser simples ou múltiplas. A Fig. 8.4 mostra em corte nós de treliças com diversas possibilidades de arranjos de elementos de seção simples e seção múltipla. As dimensões transversais de peças simples ou múltiplas devem obedecer a valores mínimos construtivos, especificados na Tabela 2.1.

Como regra geral para o detalhamento das ligações, os eixos das hastes devem se cruzar em um ponto (nó de ligação), conforme ilustração da Fig. 8.5*a*. A excentricidade mostrada na Fig. 8.5*b*, além de sujeitar as peças a momentos fletores, introduz localmente tração normal às fibras, o que pode provocar fendilhamento (ver também Fig. 4.33).

As ligações entre os componentes de uma treliça podem ser executadas por meio de entalhes ou conectores, tais como pregos, parafusos, conectores de anel, placas denteadas etc., conforme apresentado no Cap. 4. A escolha do tipo de conector e arranjo da ligação depende de uma série de fatores:

- magnitude dos esforços a serem transmitidos;
- superfície disponível para a instalação dos conectores;
- grau de rigidez desejado para a ligação;
- natureza da estrutura, se temporária ou definitiva.

Em geral, a utilização de pregos e placas denteadas fica limitada à transmissão de esforços reduzidos. Já os conectores de anel e parafusos ajustados apresentam maior capacidade resistente e produzem ligações compactas. Os parafusos com folga compõem ligações mais flexíveis do que os citados anteriormente e devem estar acessíveis para reaperto após ser atingido o equilíbrio de umidade da madeira com o meio ambiente. Os parafusos são naturalmente selecionados nos casos de estruturas temporárias e desmontáveis.

Antes do advento de conectores metálicos de anel, que têm grande capacidade de transferência de esforços, as peças tracionadas de alma eram construídas freqüentemente com vergalhões metálicos, sendo as peças comprimidas ligadas por entalhes. Na Fig. 8.6, vêem-se pormenores construtivos de uma viga Howe, com 57 m de vão, para uma ponte rodoviária nos Estados Unidos.

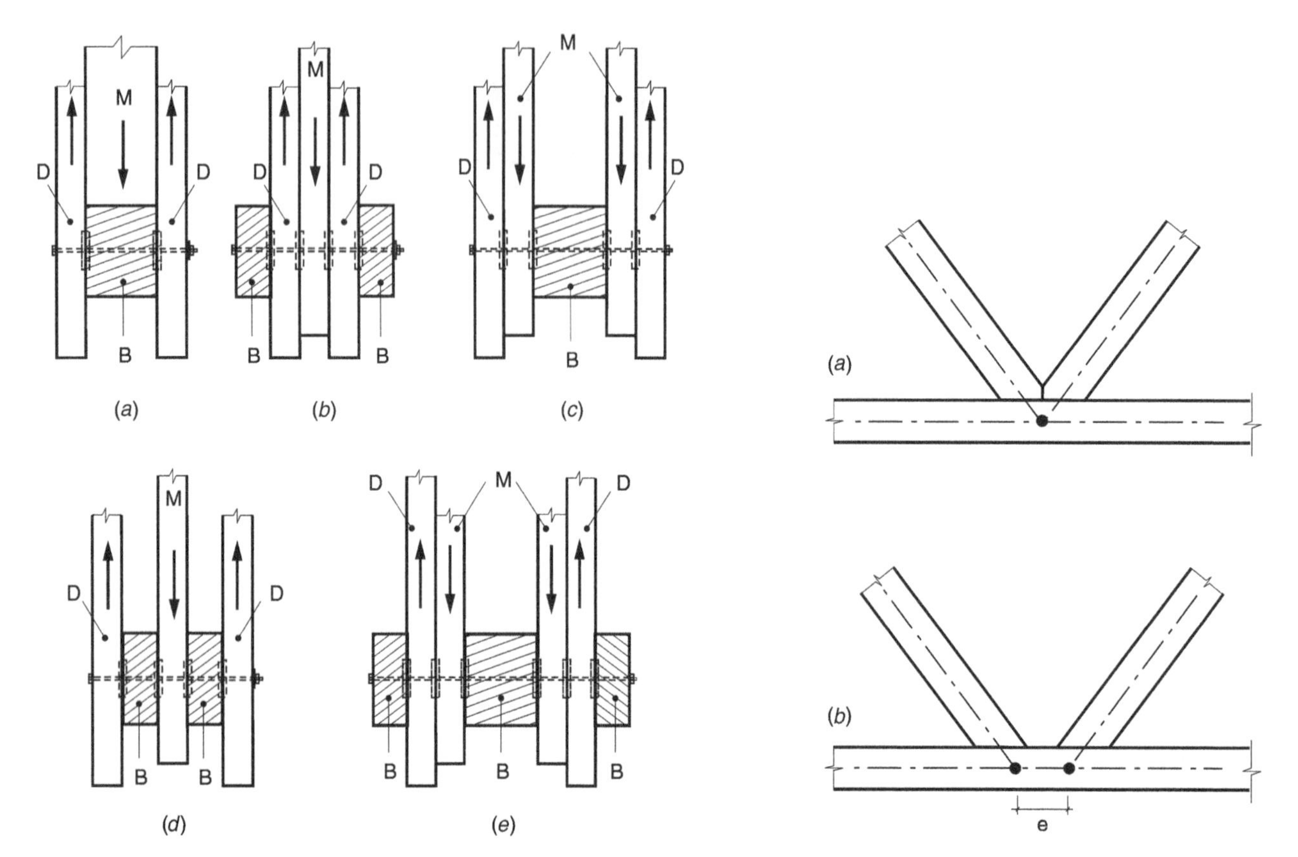

Fig. 8.4 Exemplos de nós de treliças com elementos de seção múltipla ligados por conectores de anel; *B* — banzo inferior; *D* — diagonal; *M* — montante.

Fig. 8.5 (*a*) Ligação centrada; (*b*) ligação excêntrica.

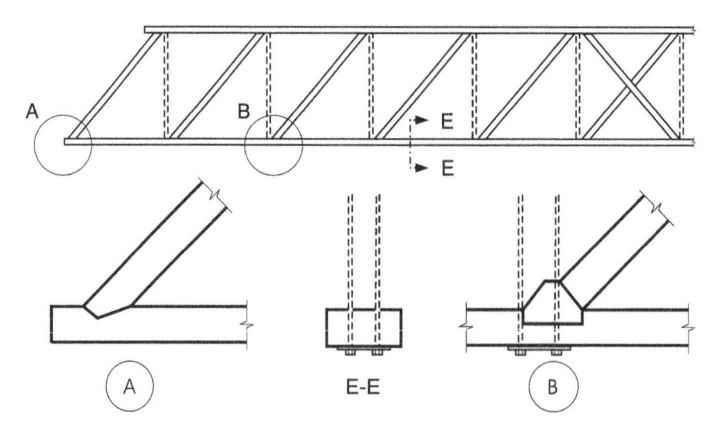

Fig. 8.6 Viga Howe com montantes metálicos, para pontes rodoviárias.

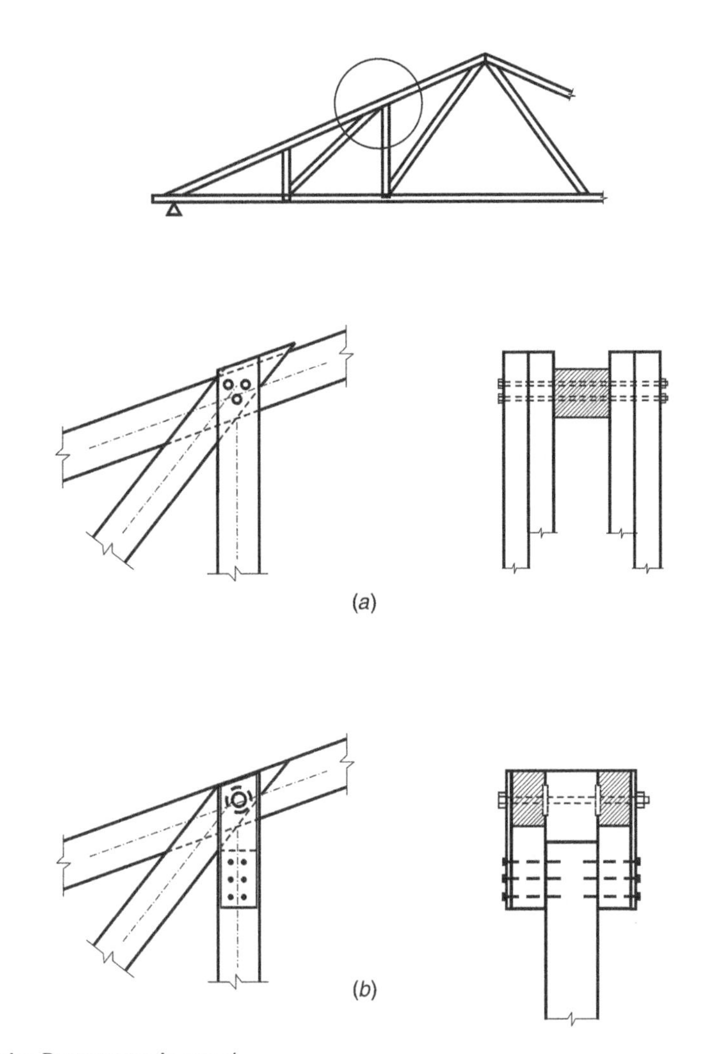

Fig. 8.7 Viga tipo Pratt triangular. Pormenores de um nó.

A Fig. 8.7 apresenta duas concepções para um nó de viga do tipo Pratt triangular. Na Fig. 8.7*a*, o banzo superior é composto de seção simples, enquanto a diagonal e o montante têm seção dupla. A ligação entre as peças é feita com três parafusos. No arranjo da Fig. 8.7*b*, a diagonal e o montante têm seção simples, enquanto o banzo superior é de seção dupla. A diagonal se liga diretamente às duas peças do banzo superior por meio de conectores de anel; já o montante é interrompido e o esforço é transferido através de duas talas laterais de madeira e mais duas talas metálicas externas.

8.3. MODELOS PARA ANÁLISE ESTRUTURAL

A escolha do tipo de conector e o arranjo adotado da ligação são fatores determinantes na modelagem estrutural. Em termos de seu comportamento momento (transmitido pela ligação) × rotação relativa (entre as peças), as ligações são idealmente classificadas de duas formas:

- rótula perfeita (rotação relativa livre, momento transmitido nulo);
- perfeitamente rígida (rotação relativa totalmente impedida).

Na verdade estes dois tipos são essencialmente modelos que podem representar de forma aproximada as ligações reais, que são semi-rígidas. Se as ligações da estrutura treliçada puderem ser assimiladas a rótulas perfeitas, tem-se o modelo estrutural de treliça (Fig. 8.8*a*), no qual as barras ficam solicitadas apenas a esforços axiais (desde que as cargas sejam aplicadas nos nós). Na ligação representada na Fig. 8.8*b*, a placa de aço do nó, aliada à configuração dos pregos (ou parafusos), produz impedimento à rotação relativa entre as barras e, neste caso, o modelo mais adequado seria o de pórtico com ligações semi-rígidas. Devido à rigidez do nó, mesmo no caso de cargas nodais, são introduzidos momentos fletores nas barras, os quais em geral decaem significativamente do nó para o meio do vão da barra. A restrição à rotação relativa pode ser evitada no caso da ligação da Fig. 8.8*b*, utilizando-se talas metálicas independentes (acrescidas de calços) para as ligações entre as peças.

De acordo com o EUROCODE 5, no caso de estruturas treliçadas, em geral as ligações podem ser consideradas rótulas perfeitas.

As vigas treliçadas são normalmente executadas com os banzos contínuos. Neste caso utiliza-se o modelo misto da Fig. 8.8*c*, no qual os banzos são modelados por elementos de pórtico e as diagonais e montantes, por elementos de treliça.

Segundo o EUROCODE 5, uma simplificação do modelo misto pode ser adotada desde que:

- o contorno externo da estrutura treliçada não tenha ângulo obtuso;
- uma parte da superfície do apoio se encontre diretamente sob o nó de apoio do modelo;
- $H > 0{,}15L$, $H > 10\ h_s$; $H > 10\ h_i$ (ver Fig. 8.8*d*).

O modelo misto simplificado consta de um modelo treliça para cálculo de esforços normais nas hastes, associado ao cálculo dos banzos contínuos como vigas simplesmente apoiadas nos nós da treliça. Os momentos fletores sobre os nós assim determinados devem ser reduzidos em 10% para levar em conta a semi-rigidez das ligações. Os momentos fletores nos vãos são conseqüentemente aumentados.

Nos casos em que ligações excêntricas, como as da Fig. 8.5*b*, não puderem ser evitadas, a excentricidade deve ser levada em consideração no modelo estrutural como ilustrado na Fig. 8.8*e*.

Um outro aspecto da modelagem estrutural diz respeito ao deslizamento que ocorre nas ligações, o qual altera a distribuição de esforços e conduz a maiores deslocamentos do sistema treliçado. A deformabilidade axial das ligações pode ser representada por molas axiais nas extremidades das barras (Fig. 8.8*f*), cuja rigidez depende do número de conectores e do módulo de deslizamento C determinado em ensaios como o ilustrado na Fig. 6.26. Alternativamente pode-se eliminar a mola introduzindo este efeito através de uma redução na área da seção da peça ligada com:

$$A_{\text{red}} = \frac{A}{1 + \dfrac{EA}{\ell}\left(\dfrac{1}{n_1 C} + \dfrac{1}{n_2 C}\right)} \quad (8.1)$$

onde n_1 e n_2 são os números de conectores em cada extremidade da peça.

Por sua vez, a NBR 7190 limita implicitamente o deslizamento nas ligações ao definir a resistência ao embutimento da madeira por um critério de deformabilidade (Fig. 4.5). De acordo com a NBR 7190, as ligações podem ser consideradas axialmente rígidas se satisfizerem as condições indicadas no item 4.13.

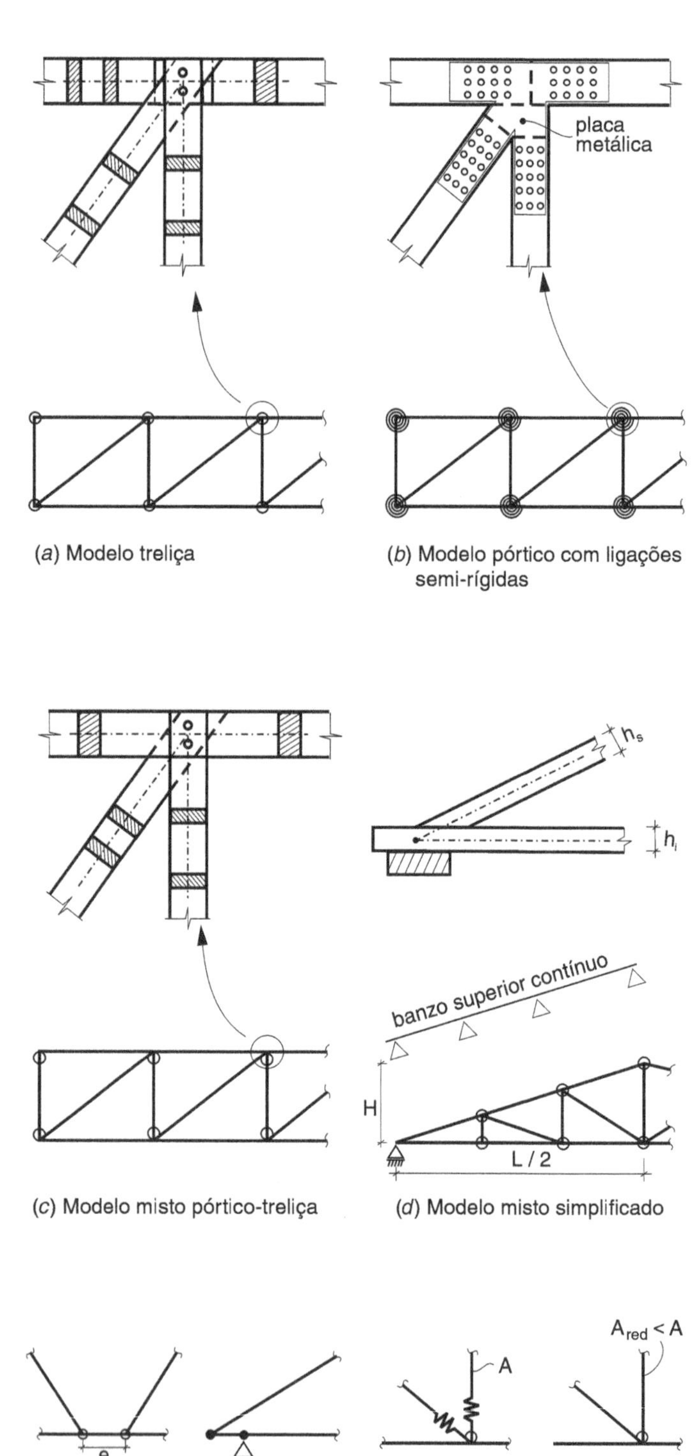

Fig. 8.8 Modelos estruturais para treliças.

8.4. DIMENSIONAMENTO DOS ELEMENTOS

A verificação de segurança dos elementos é feita com os critérios apresentados nos capítulos anteriores para compressão e tração axiais e para flexão composta.

Para as peças comprimidas utiliza-se o parâmetro de flambagem $K = 1$ (Eq. (7.8)) correspondente à coluna birrotulada tanto para flambagem no plano da viga treliçada quanto para flambagem fora de seu plano. Mesmo para as peças contínuas adota-se $K = 1$, desprezando-se o efeito favorável da continuidade estrutural. O comprimento de flambagem fora do plano da treliça é igual à distância entre dois pontos adjacentes de contenção lateral.

8.5. DESLOCAMENTOS E CONTRAFLECHAS

As treliças de madeira apresentam flechas decorrentes do trabalho elástico do material, da deformabilidade das ligações (nós, emendas) e da deformação lenta da madeira. Para contrabalançar esse fato, as treliças são construídas com contraflechas. Calcula-se a contraflecha para o meio do vão e supõem-se os demais pontos situados sobre uma parábola.

Aplicam-se às treliças os dados do item 3.7.2, referentes à limitação de deformações.

8.6. PROBLEMA RESOLVIDO

8.6.1

Elaborar o projeto de uma cobertura em treliça para uma edificação de planta retangular a ser utilizada como restaurante (Fig. Probl. 8.6.1*a*). Os requisitos arquitetônicos são:

- cobertura em telhas cerâmicas tipo francesa;
- cobertura aparente — sem forro;
- estrutura em treliça triangular de madeira serrada.

Adotar madeira da classe C40 dicotiledônea; 1.ª categoria; Classe 2 de umidade.

Solução

a) *Geometria da estrutura*

Para o uso de telhas cerâmicas francesas, a cobertura deve ter inclinação de 26°, o que conduz a uma altura de 3,6 m para o vão de 15 m (Fig. Probl. 8.6.1*a*). Com o intuito de minimi-

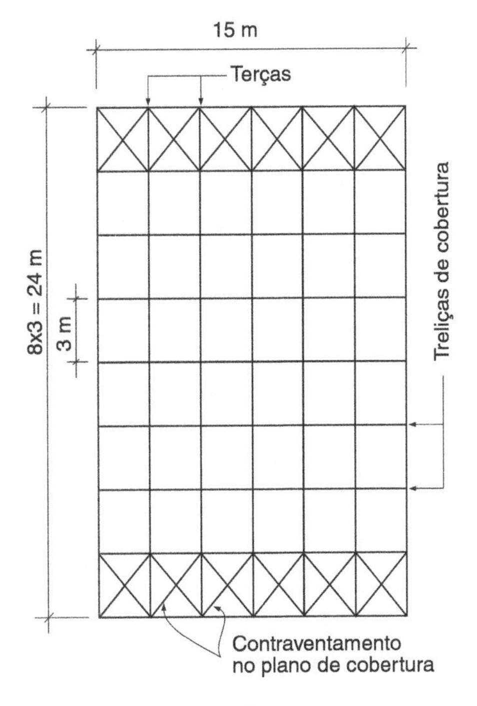

Fig. Probl. 8.6.1*a*

zar o número de ligações, adotou-se uma treliça com 5 nós superiores, sendo as terças apoiadas ora nos nós ora no meio do vão entre nós. A estrutura de apoio do telhamento consta de ripas, caibros e terças, conforme ilustrado na Fig. 2.13*a*. Selecionou-se uma viga treliçada do tipo Pratt, na qual as diagonais ficam tracionadas e os montantes, comprimidos para cargas de gravidade. As vigas treliçadas estão espaçadas de 3 m e, em cada painel de extremidade, prevê-se um treliçado no plano da cobertura para o contraventamento (Fig. Probl. 8.6.1*a*) do banzo superior das vigas treliçadas.

b) *Propriedades mecânicas da madeira de classe C40*

$$f_{ck} = 40 \text{ MPa}; f_{vk} = 6 \text{ MPa}; E_c = 19\,500 \text{ MPa}$$

$$f_{tk} = f_{ck}/0{,}77 = 51{,}9 \text{ MPa}$$

$$k_{\text{mod}} = 0{,}7 \times 1{,}0 \times 1{,}0 = 0{,}70$$

$$f_{cd} = 0{,}70 \times 40/1{,}4 = 20{,}0 \text{ MPa}$$

$$f_{td} = 0{,}70 \times 51{,}9/1{,}8 = 20{,}2 \text{ MPa}$$

$$f_{vd} = 0{,}70 \times 6/1{,}8 = 2{,}33 \text{ MPa}$$

$$E_{c\,\text{ef}} = 0{,}70 \times 19\,500 = 13\,650 \text{ MPa}$$

$$E_c/f_c = 19\,500/(40/0{,}7) = 340$$

$$\rho = 750 \text{ kg/m}^3$$

c) *Carregamentos*

A estrutura da cobertura está sujeita à ação de peso próprio ($G1$), peso do telhamento e seu vigamento de apoio ($G2$) e à ação do vento (V). A carga de peso da estrutura será estimada com base em valores da prática (Moliterno, 1980) e a carga de vento será calculada segundo a NBR 6123 — Forças devidas ao vento em edificações.

- Peso próprio da viga treliçada $G1$

$$24{,}5(1 + 0{,}33L) = 24{,}5(1 + 0{,}33 \times 15) = 150 \text{ N/m}^2$$
(L em metros)

- Peso das telhas e seu vigamento de apoio $G2$

telhas + 30% de peso por absorção de água	=	$1{,}3 \times 500$ N/m²
ripas	=	20
caibros	=	50
terças	=	60
		780 N/m² no plano do telhado

- Vento. As cargas de vento foram calculadas levando em conta a geometria da edificação e suas aberturas e as informações referentes à sua localização, chegando-se a dois casos de carga: um de sobrepressão ($V1$) e outro de sucção ($V2$), conforme ilustrado na Fig. Probl. 8.6.1*c*. Neste caso de cobertura sem forro, a pressão e a sucção internas atuam diretamente nas telhas. O caso $V2$ (de sucção resultante) atuando nas telhas não será transmitido à estrutura, pois as telhas cerâmicas não são firmemente fixadas às ripas (o que pode ocorrer neste caso é o levantamento momentâneo de telhas alterando a distribuição das pressões). Resta então o caso $V1$ apenas.

d) *Modelo estrutural para predimensionamento da treliça de cobertura*

Para o cálculo dos esforços normais utiliza-se o modelo treliça da Fig. Probl. 8.6.1*d*. Como a treliça é isostática externa e internamente, os esforços normais independem das seções das hastes. Neste modelo, as cargas foram aplicadas somente nos nós superiores da treliça. Para isto as reações de apoio das terças situadas entre os nós foram repartidas entre as terças adjacentes. O cálculo das cargas nodais é feito por área de influência do nó, lembrando que as ações $G2$ e V incidem sobre a superfície inclinada do telhado (ver Fig. Probl. 8.6.1*d*).

O banzo superior fica sujeito à flexocompressão, pois existem terças apoiadas entre os nós da treliça. Para o cál-

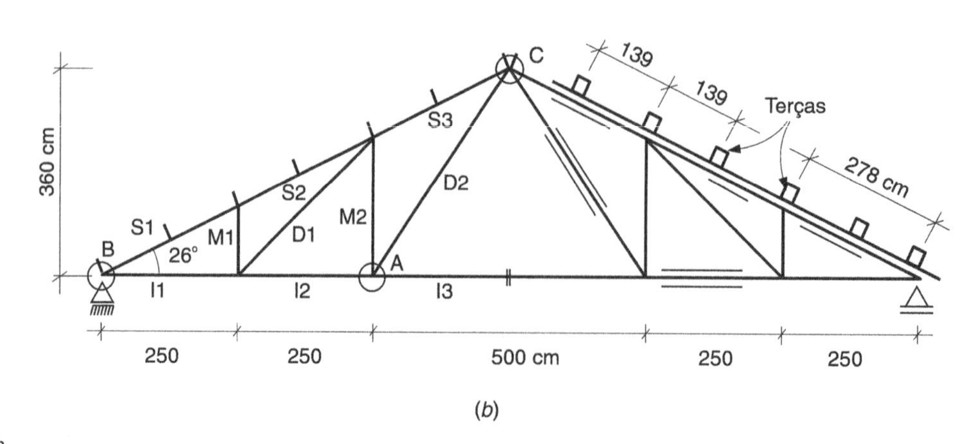

Fig. Probl. 8.6.1*b*

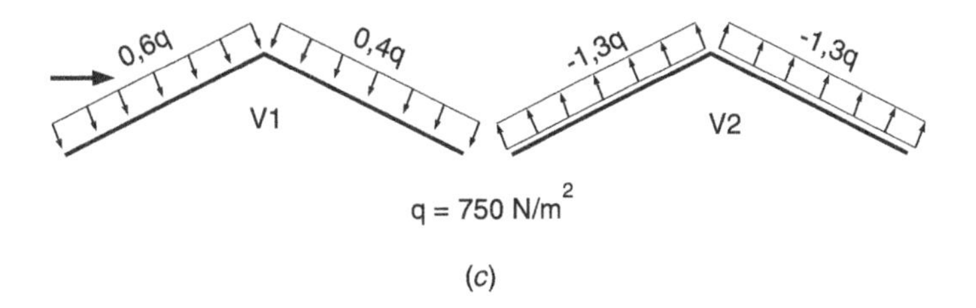

Fig. Probl. 8.6.1*c*

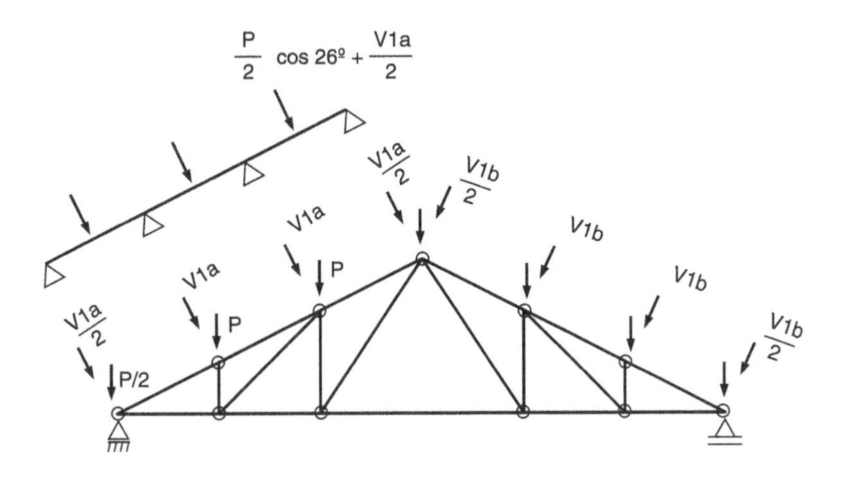

P = (0,15 + 0,78 / cos 26°) x 3 x 2,5 = 7,65 kN

V1a = 0,6 x 0,75 x 3 x 2,5 / cos 26° = 3,75 kN

V1b = 0,4 x 0,75 x 3 x 2,5 / cos 26° = 2,50 kN

Fig. Probl. 8.6.1*d* (*d*)

culo dos momentos fletores admite-se o banzo superior como uma viga apoiada rigidamente sobre os nós da treliça.

Os resultados dos esforços solicitantes obtidos com este modelo encontram-se na tabela a seguir. Nesta tabela, os elementos da treliça são denominados conforme mostrado na Fig. Probl. 8.6.1*b*. Somente os resultados para os elementos de meia treliça são mostrados, aqueles sob a carga de vento de maior intensidade. Os esforços mostrados na tabela são nominais (sem majoração).

Elementos	Carga permanente $G1 + G2$		Carga de vento $V1$	
	Esforço normal* N (kN)	Momento (kNm) vão/apoio à esq.	Esforço normal* N (kN)	Momento (kNm) vão/apoio à esq.
*S*1	−44,2	1,44/0	−16,9	0,93/0
*S*2	−44,2	0,82/−1,23	−18,8	0,53/−0,80
*S*3	−35,2	1,44/−1,23	−15,9	0,93/−0,80
*I*1	39,8		16,9	
*I*2	31,8		12,6	
*I*3	23,8		8,3	
*M*1	−7,6		−4,2	
*M*2	−11,4		−6,2	
*D*1	11,1		6,0	
*D*2	13,9		7,6	

* + tração

e) *Predimensionamento dos elementos da treliça*

Os banzos superior e inferior são peças contínuas emendadas no meio do vão da treliça.

Banzo inferior (tração)

$$N_d = 1{,}4 \times 39{,}8 + 1{,}4 \times 0{,}75 \times 16{,}9 = 73{,}5 \text{ kN}$$

$$\sigma_{td} = \frac{N_d}{A_n} < f_{td} \therefore A_n > \frac{73{,}5}{2{,}0} = 36{,}8 \text{ cm}^2$$

Admitindo $A_n = 0{,}7A_g$, tem-se: $A_g > 53$ cm^2

Para dar lugar às ligações, em geral adota-se uma área bem maior do que a necessária pelos cálculos de resistência. A princípio adota-se seção dupla 2 × 7,5 cm × 10 cm.

Banzo superior (flexocompressão no plano da treliça; compressão simples com flambagem fora do plano da treliça)

$$N_d = 1{,}4 \times 44{,}2 + 1{,}4 \times 0{,}75 \times 16{,}9 = 79{,}6 \text{ kN}$$

$$M_d^+ = 1{,}4 \times 1{,}44 + 1{,}4 \times 0{,}75 \times 0{,}93 = 3{,}0 \text{ kNm}$$

$$e_i = \frac{M_d^+}{N_d} = 0{,}0376 \text{ m}$$

– Flambagem fora do plano da treliça (há pontos de contenção lateral em cada nó da treliça — Fig. Probl. 8.6.1*a*)

$$\ell_{f\ell} = 250/\cos 26° = 278 \text{ cm}$$

Admitindo peça de largura $b = 7{,}5$ cm (dimensão fora do plano da treliça, Fig. Probl. 8.6.1*c*) tem-se:

$$\frac{\ell_{f\ell}}{i} = \frac{278}{7{,}5/\sqrt{12}} = 128 > 80; < 140.$$

Interpolando os valores das Tabelas A.8.4 e A.8.5 para $\varphi = 0{,}8$, tem-se $\rho = 0{,}260$

$$N_{d\,\text{res}} = 0{,}26 \times 2{,}0 \times 7{,}5 \times h > 79{,}6 \text{ kN} \therefore h > 20{,}5 \text{ cm}$$

Adota-se, a princípio, seção dupla 2 × 7,5 cm × 15 cm

– Flexocompressão com flambagem no plano da treliça

$$\frac{\ell_{f\ell}}{i} = \frac{278}{15/\sqrt{12}} = 64 < 80$$

$$e_a = \frac{278}{300} = 0{,}93 \text{ cm}; \quad e_i = 3{,}76 \text{ cm}$$

$$N_{cr} = \frac{\pi^2 \times 1365}{278^2} \times \frac{2 \times 7{,}5 \times 15^3}{12} = 735 \text{ kN}$$

$$M_d = 79{,}6 \times (3{,}76 + 0{,}93)\,\frac{735}{735 - 79{,}6} = 418{,}6 \text{ kN cm}$$

$$\frac{79{,}6}{2 \times 7{,}5 \times 15} + \frac{418{,}6}{2 \times 7{,}5 \times 15^2/6} = 0{,}35 + 0{,}74 =$$

$$= 1{,}09 \frac{\text{kN}}{\text{cm}^2} < \text{f}_{\text{cd}} = 2{,}0 \frac{\text{kN}}{\text{cm}^2}$$

Foi verificada a condição de estabilidade da barra. A condição de resistência da seção do apoio não é determinante já que $M^+ > M^-$.

Diagonais (tração)

$$N_d = 1{,}4 \times 13{,}9 + 1{,}4 \times 0{,}75 \times 7{,}6 = 27{,}4 \text{ kN}$$

$$\sigma_{td} = \frac{N_d}{A_n} < f_{td} \therefore A_n > 14{,}0 \text{ cm}^2$$

Admitindo $A_n = 0{,}6A_g$, tem-se $A_g > 23$ cm^2.

Para acomodar as ligações adota-se a seção 7,5 × 10 cm.

Montantes (compressão simples com flambagem)

$$N_d = 1{,}4 \times 11{,}4 + 1{,}4 \times 0{,}75 \times 6{,}2 = 22{,}5 \text{ kN}$$

$$\ell_{f\ell} \text{ (iguais nos dois planos)} = 244 \text{ cm}$$

Admitindo peça com largura $b = 10$ cm, tem-se

$$\frac{\ell_{f\ell}}{i} = 85.$$

Com o auxílio das Tabelas A.8.4 e A.8.5 chega-se a

$$N_{d\,\text{res}} = 0{,}43 \times 2{,}0 \times 10 \times h > 22{,}5 \text{ kN} \therefore h > 2{,}6 \text{ cm}$$

Adota-se seção simples 7,5 × 10 cm.

f) *Modelo estrutural para verificação*

Com as seções adotadas dos elementos (Fig. Probl. 8.6.1*e*), pode-se analisar a estrutura com o modelo mais realista da Fig. Probl. 8.6.1*f*, no qual os banzos contínuos são representados por elementos de pórtico e os montantes e diagonais, por elementos de treliça. As cargas devidas ao peso da cobertura e seu vigamento de apoio (*G*2) e ao vento (*V*1) são aplicadas nos pontos de apoio das terças. A carga de peso próprio da viga treliçada é calculada internamente pelo programa de computador a partir das áreas das seções e do peso específico $\gamma = 7{,}5$ kN/m^3, mais 5% do peso de madeira para levar em conta o peso de talas e conectores de ligação. A tabela a seguir mostra os resultados em termos de esforços nominais.

Elementos	Carga permanente $G1 + G2$		Carga de vento $V1$	
	Esforço normal* N (kN)	Momento (kNm) vão/apoio à esq.	Esforço normal* N (kN)	Momento (kNm) vão/apoio à esq.
$S1$	−44,6	1,77/0	−17,5	1,0/0
$S2$	−44,7	1,17/−0,82	−19,3	0,68/−0,53
$S3$	−36,4	1,58/−1,22	−16,4	0,95/−0,71
$I1$	39,6	0,18/0	16,9	0,05/0
$I2$	31,9	0/0,15	12,5	0,05/0,09
$I3$	23,4	0,15/−0,21	7,9	0/0
$M1$	−7,2		−4,3	
$M2$	−11,5		−6,6	
$D1$	10,5		6,1	
$D2$	14,8		8,1	

* + tração.

Comparando os resultados deste modelo com o modelo utilizado para o predimensionamento, observa-se que em termos de esforços normais as diferenças são desprezíveis. Já em termos de momentos fletores no banzo superior foram encontradas diferenças significativas, da ordem de 20% para o momento fletor no meio do vão extremo próximo ao apoio da treliça. A explicação está relacionada à rigidez dos apoios, considerada infinita no modelo para predimensionamento (Fig. Probl. 8.6.1*d*) e calculada em função da rigidez axial dos elementos que chegam em cada nó no modelo para verificação (Fig. Probl. 8.6.1*f*). Os momentos fletores que aparecem no banzo inferior devidos à sua continuidade são bastante reduzidos, já que não há cargas atuantes no meio das barras (exceto o peso próprio) e que as barras são bem esbeltas e sem excentricidades nas ligações.

g) *Verificação do dimensionamento dos elementos da treliça de cobertura*

Somente os cálculos referentes aos banzos superior e inferior são refeitos.

Banzo superior

– Flexocompressão com flambagem no plano da treliça

$$e_i = \frac{352}{80{,}8} = 4{,}37 \text{ cm}$$

$$M_d = 80{,}8\,(4{,}37 + 0{,}93)\,\frac{735}{735 - 80{,}8} = 481 \text{ kNcm}$$

$$\frac{80{,}8}{2 \times 7{,}5 \times 15} + \frac{481{,}0}{2 \times 7{,}5 \times 15^2/6} = 1{,}21 < f_{cd} = $$

$$= 2{,}0\ \frac{\text{kN}}{\text{cm}^2}$$

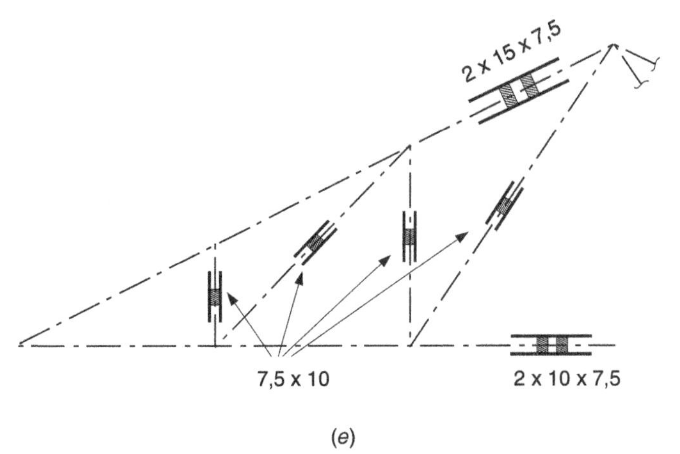

(*e*)

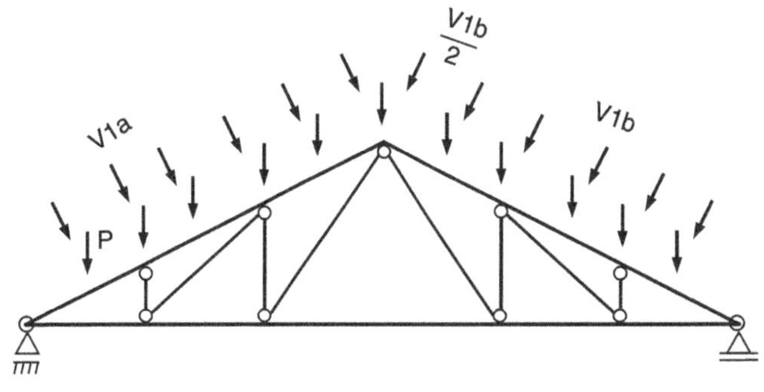

(*f*)

Fig. Probl. 8.6.1*e*,*f*

Banzo inferior (flexotração no nó)

$$A_n = 0{,}7A_g = 105 \text{ cm}^2$$

$$W_n = 2 \times 7{,}5(10^2 - 2 \times 1{,}25 \times 2{,}5^2)/6 = 211 \text{ cm}^3$$

$$\frac{73{,}2}{105} + \frac{30{,}5}{211} = 0{,}84 \frac{\text{kN}}{\text{cm}^2} < f_{td} = 2{,}0 \frac{\text{kN}}{\text{cm}^2}$$

h) *Dimensionamento das ligações*

São apresentados os cálculos e o detalhamento para três ligações típicas: os detalhes *A*, *B* e *C* da Fig. Probl. 8.6.1*b*. As ligações serão executadas com parafusos (f_{yk} = 240 MPa)

Detalhe A (Fig. Probl. 8.6.1*g*)

– Transferência da força da diagonal *D*2 para o banzo inferior com parafusos ϕ12 mm com duas seções de corte.

$$N_d = 1{,}4 \times 14{,}8 + 1{,}4 \times 0{,}75 \times 8{,1} = 29{,}2 \text{ kN}$$

$$f_{e\alpha d} = \frac{20 \times 8{,}5}{20 \text{ sen}^2\, 55° + 8{,}5 \cos^2 55°} = 10{,}5 \text{ MPa para o banzo inferior}$$

$$f_{ed} = 20 \text{ MPa para a diagonal}$$

$$\frac{t}{d} = \frac{50}{12} = 4{,}12 < 1{,}25 \sqrt{\frac{218}{10{,}5}} = 5{,}7$$

$$R_d = 0{,}4 \times 10{,}5 \times 50 \times 12 = 2520 \text{ N}$$

$$\text{N.º de parafusos} = \frac{29\,200}{2 \times 2520} = 5{,}8 \therefore 6 \text{ parafusos}$$

Para acomodar os parafusos, a diagonal teve sua seção alterada para 12 × 10 cm e o banzo inferior para 2 × 15 × 7,5 cm.

– Transferência de força do montante *M*2 para o banzo inferior

$$N_d = 1{,}4 \times 11{,}5 + 1{,}4 \times 0{,}75 \times 6{,}6 = 23{,}0 \text{ kN}$$

O esforço N_d é transferido do montante *M*2 para talas laterais que se apóiam (por contato) no banzo inferior

$$\sigma_{cnd} = \frac{N_d}{A} = \frac{23}{2 \times 7{,}5 \times 7{,}5} = 0{,}20 \frac{\text{kN}}{\text{cm}^2} < f_{cnd} =$$

$$= 0{,}25 f_{cd} = 0{,}5 \frac{\text{kN}}{\text{cm}^2}$$

Parafusos ø 12 mm em corte duplo nas talas

$$\frac{t}{d} = \frac{50}{12} = 4{,}12 \leq 1{,}25 \sqrt{\frac{218}{20}} = 4{,}12$$

$$R_d = 0{,}4 \times 20 \times 50 \times 12 = 4800 \text{ N}$$

$$n = \frac{23\,000}{2 \times 4800} = 2{,}3 \therefore 3 \text{ parafusos}$$

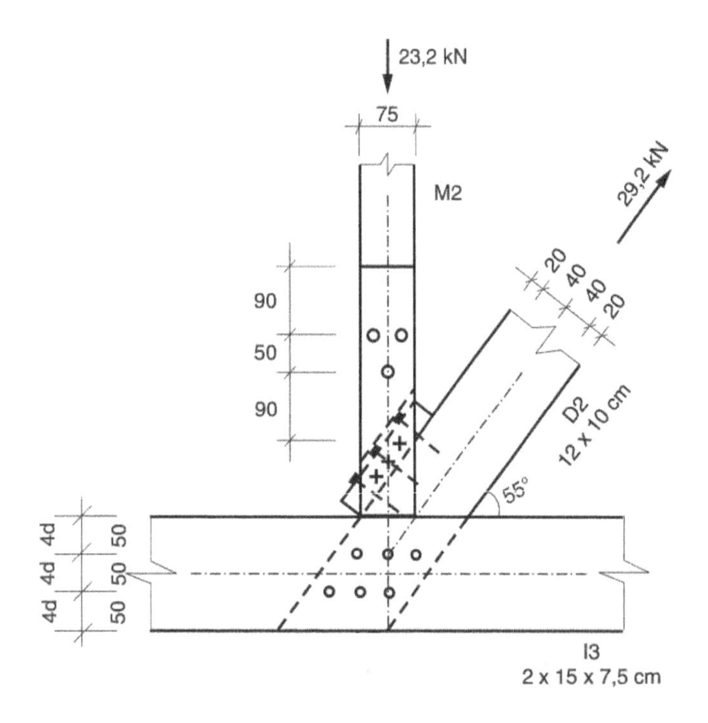

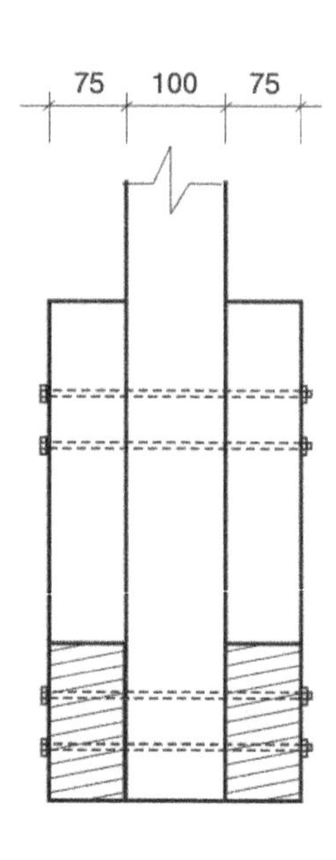

Detalhe A (dimensões em mm, exceto onde indicado)

(*g*)

Fig. Probl. 8.6.1*g*

Detalhe B — Fig. Probl. 8.6.1*h*

- Transferência da força N_d = 73,2 kN do banzo inferior para as talas laterais e interna de madeira

Parafusos ø 12 mm com quatro planos de corte

$$t = \text{mín}\left(5; \frac{7,5}{2}\right) = 3,75 \text{ cm}$$

$$\frac{t}{d} = \frac{37,5}{12} = 3,13 < 1,25\sqrt{\frac{240/1,1}{20}} = 4,13$$

$$R_d = 0,4 \times 20 \times 37,5 \times 12 = 3600 \text{ N}$$

$$\text{N.° de parafusos} = \frac{73\,200}{4 \times 3600} = 5,1 \rightarrow 6 \text{ parafusos}$$

- Transferência da força N_d = 80,8 kN do banzo superior para as talas com parafusos ø 12 mm

$$f_{end} = 0,25 f_{ed}\, \alpha_e = 0,25 \times 20 \times 1,7 = 8,5 \text{ MPa}$$

$$f_{e\alpha d} = \frac{20 \times 8,5}{20 \text{ sen}^2 26° + 8,5 \cos^2 26°} = 15,9 \text{ MPa}$$

$$\frac{t}{d} = 3,13 < 1,25\sqrt{\frac{240/1,1}{15,9}} = 4,6$$

$$R_d = 0,4 \times 15,9 \times 37,5 \times 12 = 2862 \text{ N}$$

$$\text{N.° de parafusos} = \frac{80\,800}{4 \times 2862} = 7,06 \therefore 8 \text{ parafusos ø } 12$$

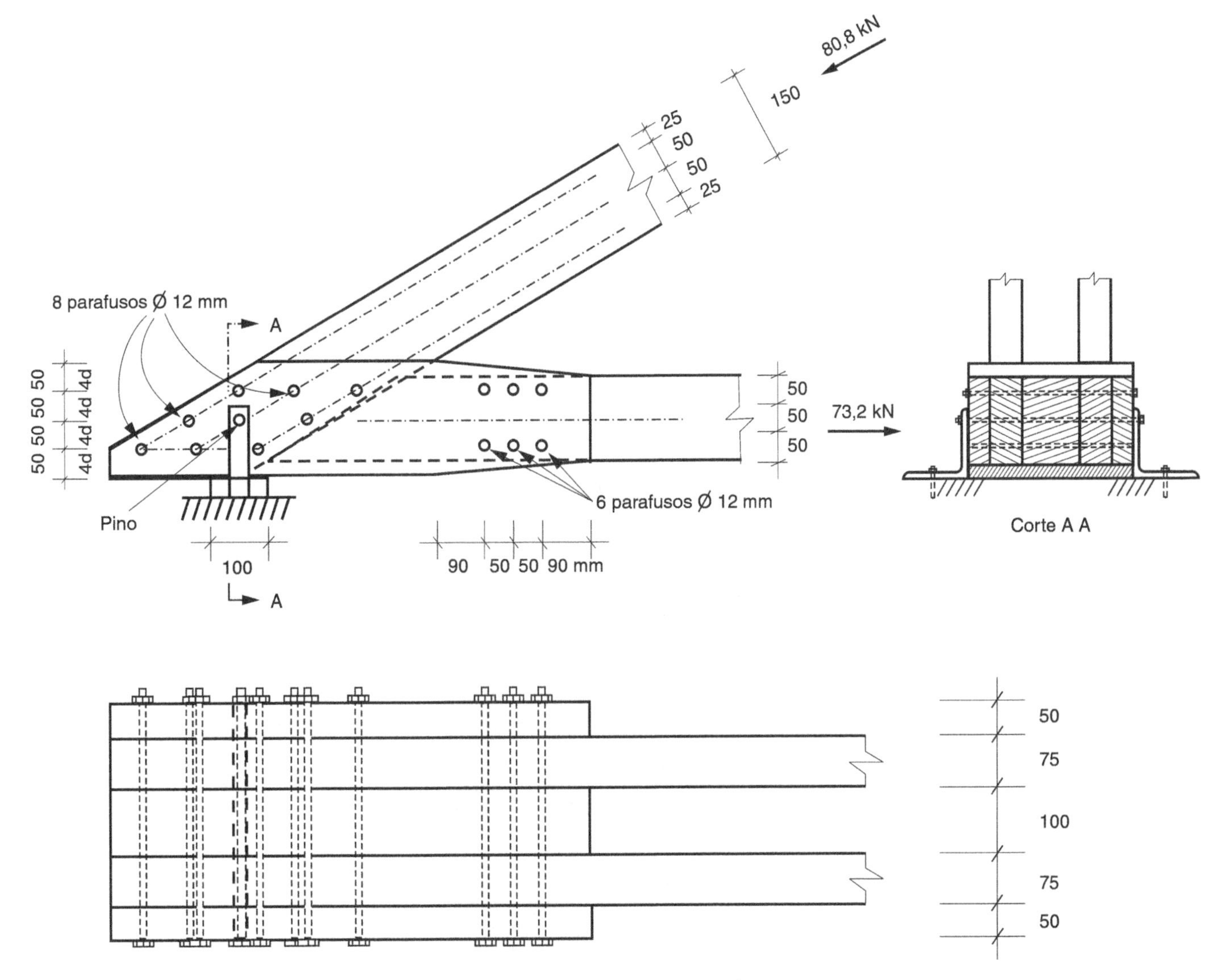

Fig. Probl. 8.6.1*h* (*h*)

– Largura necessária de apoio b para
$R_d = 1{,}4 \times 20{,}8 + 1{,}4 \times 0{,}75 \times 9{,}1 = 38{,}7$ kN

$$\sigma_{cnd} = \frac{38{,}7}{(2 \times 5 + 7{,}5) \times b} < f_{cnd} = 0{,}25 f_{cd} = 0{,}5 \text{ kN/cm}^2$$

$$b > 4{,}5 \text{ cm}$$

– Verificação da área líquida (furos com 0,5 mm de folga) do banzo inferior

$$A_n = 2 \times 7{,}5\,(15 - 2 \times 1{,}25) = 187 \text{ cm}^2 > 105 \text{ cm}^2$$

Detalhe C (Fig. Probl. 8.6.1*i*)

– Transferência da força da diagonal $D2$ para o banzo superior

$$N_d = 29{,}2 \text{ kN}$$

$$f_{e\alpha d} = \frac{20 \times 8{,}5}{20 \times \text{sen}^2\, 29° + 8{,}5 \cos^2 29°} = 15{,}2 \text{ MPa}$$

$$\frac{t}{d} = 4{,}12 < 1{,}25\sqrt{\frac{218}{15{,}2}} = 4{,}7$$

$$R_d = 0{,}4 \times 15{,}2 \times 50 \times 12 = 3648 \text{ N}$$

$$n = \frac{29\,200}{2 \times 3648} = 4{,}0$$

i) *Estado limite de utilização*

Para verificar o estado limite de deformação excessiva da treliça montada sem contraflecha as cargas são combinadas de acordo com a Eq. 3.24*a* neste caso com $\Psi_2 = 0$ para ação do vento.

Verificação de deslocamento do nó A (Fig. 8.6.1*b*) calculado com E_{cef} para carga G (desprezando a deformabilidade das ligações)

$$\delta = 6 \text{ mm} < \frac{l}{200} = 75 \text{ mm}$$

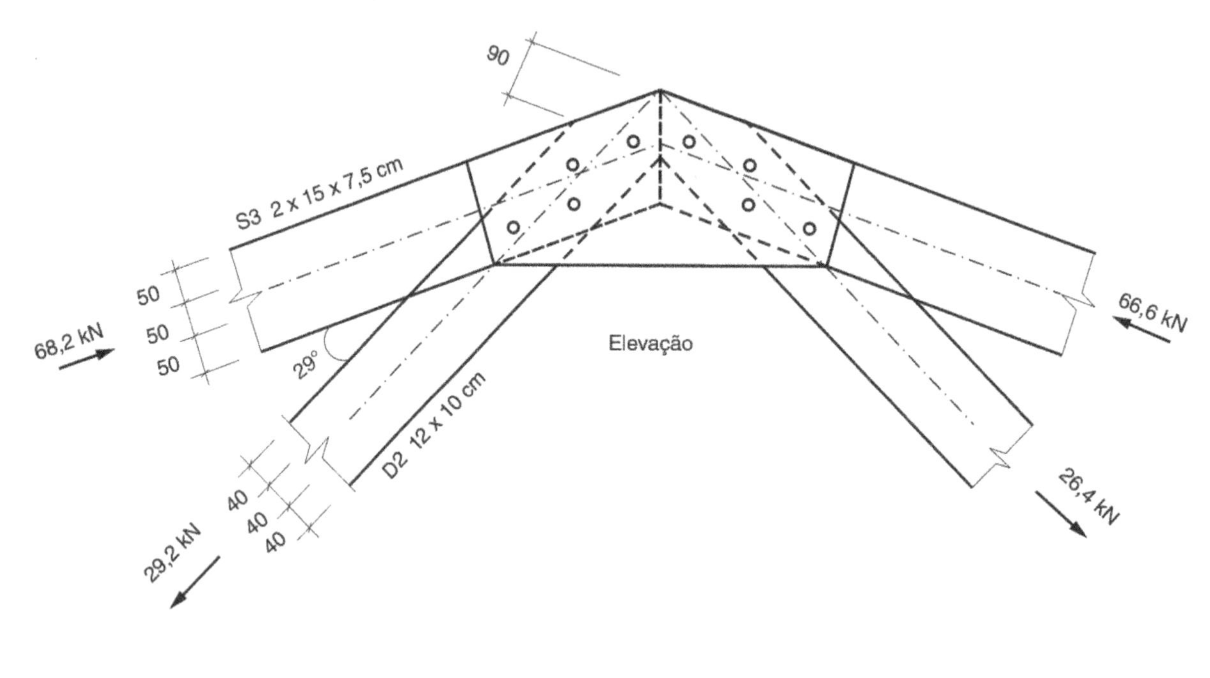

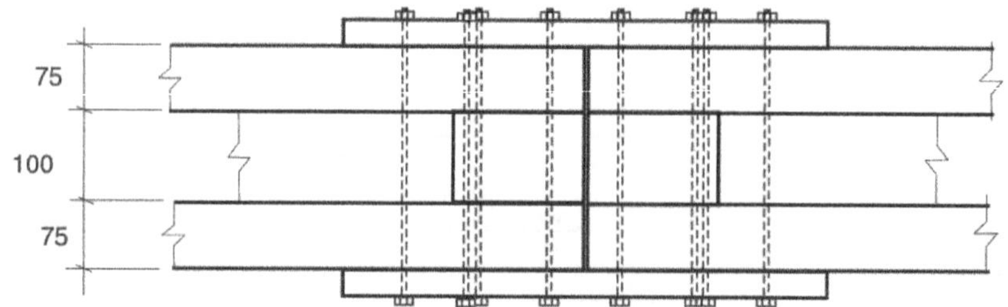

Vista superior

Detalhe C

Fig. Probl. 8.6.1*i* (*i*)

A estrutura de cobertura é bastante rígida e atende com folga o estado limite de deslocamento excessivo.

j) *Comentários finais sobre o projeto da treliça*
A reanálise da treliça com o modelo misto da Fig. Probl. 8.6.1*f*, agora incluindo a excentricidade da ligação do banzo superior com a diagonal *D*2, as alterações nas seções transversais resultaram em pequenas variações na distribuição de esforços normais. Já o diagrama de momentos fletores do banzo superior apresentou diferenças mais significativas, mas o valor máximo do momento resultou menor que o obtido da análise anterior e que foi usado na verificação estrutural daquele componente.

Verificou-se que a garantia de segurança das ligações e suas restrições construtivas, como espaçamentos de conectores, constituem o aspecto determinante do dimensionamento das peças.

ANEXO A

TABELAS

TABELA A.1.1 Valores médios de resistência e módulo de deformação longitudinal, para U = 12%, de madeiras dicotiledôneas nativas e de florestamento (NBR7190, 1996)

Nome comum (dicotiledôneas)	Nome científico	$\rho_{ap(12\%)}$ (kg/m^3)	f_c (MPa)	f_t (MPa)	f_{tn} (MPa)	f_v (MPa)	E_c (MPa)
Angelim-araroba	*Votaireopsis araroba*	688	50,5	69,2	3,1	7,1	12876
Angelim-ferro	*Hymenolobium* spp	1170	79,5	117,8	3,7	11,8	20827
Angelim-pedra	*Hymenolobium petraeum*	694	59,8	75,5	3,5	8,8	12912
Angelim-pedra Verdadeiro	*Dinizia excelsa*	1170	76,7	104,9	4,8	11,3	16694
Branquilho	*Termilalia* spp	803	48,1	87,9	3,2	9,8	13481
Cafearana	*Andira* spp	677	59,1	79,7	3,0	5,9	14098
Canafistula	*Cassia ferruginea*	871	52,0	84,9	6,2	11,1	14613
Casca Grossa	*Vochysia* spp	801	56,0	120,2	4,1	8,2	16224
Castelo	*Gossypiospermum praecox*	759	54,8	99,5	7,5	12,8	11105
Catiúba	*Qualea paraensis*	1221	83,8	86,2	3,3	11,1	19426
Cedro Amargo	*Cedrella odorata*	504	39,0	58,1	3,0	6,1	9839
Cedro Doce	*Cedrella* spp	500	31,5	71,4	3,0	5,6	8058
Champagne	*Dipterys odorata*	1090	93,2	133,5	2,9	10,7	23002
Cupiúba	*Goupia glabra*	838	54,4	62,1	3,3	10,4	13627
E. Alba	*Eucalyptus alba*	705	47,3	69,4	4,6	9,5	13409
E. Camaldulensis	*Eucalyptus camaldulensis*	899	48,0	78,1	4,6	9,0	13286
E. Citriodora	*Eucalyptus citriodora*	999	62,0	123,6	3,9	10,7	18421
E. Cloeziana	*Eucalyptus cloeziana*	822	51,8	90,8	4,0	10,5	13963
E. Dunnii	*Eucalyptus dunnii*	690	48,9	139,2	6,9	9,8	18029
E. Grandis	*Eucalyptus grandis*	640	40,3	70,2	2,6	7,0	12813
E. Maculata	*Eucalyptus maculata*	931	63,5	115,6	4,1	10,6	18099
E. Maidene	*Eucalyptus maidene*	924	48,3	83,7	4,8	10,3	14431
E. Microcorys	*Eucalyptus microcorys*	929	54,9	118,6	4,5	10,3	16782
E. Paniculata	*Eucalyptus paniculata*	1087	72,7	147,4	4,7	12,4	19881
E. Propinqua	*Eucalyptus propinqua*	952	51,6	89,1	4,7	9,7	15561
E. Punctata	*Eucalyptus punctata*	948	78,5	125,6	6,0	12,9	19360
E. Saligna	*Eucalyptus saligna*	731	46,8	95,5	4,0	8,2	14933
E. Tereticornis	*Eucalyptus tereticornis*	899	57,7	115,9	4,6	9,7	17198
E. Triantha	*Eucalyptus triantha*	755	53,9	100,9	2,7	9,2	14617
E. Umbra	*Eucalyptus umbra*	889	42,7	90,4	3,0	9,4	14577
E. Urophylla	*Eucalyptus urophylla*	739	46,0	85,1	4,1	8,3	13166
Garapa Roraima	*Apuleia leiocarpa*	892	78,4	108,0	6,9	11,9	18359
Guaiçara	*Luetzelburgia* spp	825	71,4	115,6	4,2	12,5	14624
Guarucaia	*Peltophorum vogelianum*	919	62,4	70,9	5,5	15,5	17212
Ipê	*Tabebuia serratifolia*	1068	76,0	96,8	3,1	13,1	18011
Jatobá	*Hymenaea* spp	1074	93,3	157,5	3,2	15,7	23607
Louro-preto	*Ocotea* spp	684	56,5	111,9	3,3	9,0	14185
Maçaranduba	*Manilkara* spp	1143	82,9	138,5	5,4	14,9	22733
Mandioqueira	*Qualea* spp	856	71,4	89,1	2,7	10,6	18971
Oiticica Amarela	*Clarisia racemosa*	756	69,9	82,5	3,9	10,6	14719

TABELA A.1.1 Valores médios de resistência e módulo de deformação longitudinal, para U = 12%, de madeiras dicotiledôneas nativas e de florestamento (NBR7190, 1996) (Cont.)

Nome comum (dicotiledôneas)	Nome científico	$\rho_{ap(12\%)}$ (kg/m^3)	f_c (MPa)	f_t (MPa)	f_{tn} (MPa)	f_v (MPa)	E_c (MPa)
Quarubarana	*Erisma uncinatum*	544	37,8	58,1	2,6	5,8	9067
Sucupira	*Diplotropis* spp	1106	95,2	123,4	3,4	11,8	21724
Tatajuba	*Bagassa guianensis*	940	79,5	78,8	3,9	12,2	19583

As propriedades de resistência e rigidez apresentadas neste anexo foram determinadas pelos ensaios realizados no Laboratório de Madeiras e de Estruturas de Madeiras (LaMEM) da Escola de Engenharia de São Carlos (EESC), da Universidade de São Paulo.
$\rho_{ap(12\%)}$ = massa específica aparente a 12% de umidade
f_c = resistência à compressão paralela às fibras
f_t = resistência à tração paralela às fibras
f_{tn} = resistência à tração normal às fibras
f_v = resistência ao cisalhamento
E_c = módulo de elasticidade longitudinal obtido no ensaio de compressão paralela às fibras

TABELA A.1.2 Valores médios de resistência e do módulo de deformação longitudinal, para U = 12%, de madeiras coníferas nativas e de florestamento (NBR7190, 1996)

Nome comum (coníferas)	Nome científico	$\rho_{ap(12\%)}$ (kg/m^3)	f_c (MPa)	f_t (MPa)	f_{tn} (MPa)	f_v (MPa)	E_c (MPa)
Pinho-do-paraná	*Araucaria angustifolia*	580	40,9	93,1	1,6	8,8	15225
Pinus caribea	*Pinus caribea var.caribea*	579	35,4	64,8	3,2	7,8	8431
Pinus bahamensis	*Pinus caribea var.bahamensis*	537	32,6	52,7	2,4	6,8	7110
Pinus elliottii	*Pinus elliottii var.elliottii*	560	40,4	66,0	2,5	7,4	11889
Pinus hondurensis	*Pinus caribea var.hondurensis*	535	42,3	50,3	2,6	7,8	9868
Pinus oocarpa	*Pinus oocarpa shiede*	538	43,6	60,9	2,5	8,0	10904
Pinus taeda	*Pinus taeda L.*	645	44,4	82,8	2,8	7,7	13304

$\rho_{ap(12\%)}$ = massa específica aparente a 12% de umidade
f_c = resistência à compressão paralela às fibras
f_t = resistência à tração paralela às fibras
f_{tn} = resistência à tração normal às fibras
f_v = resistência ao cisalhamento
E_c = módulo de elasticidade longitudinal obtido no ensaio de compressão paralela às fibras
Coeficiente de variação para resistências a solicitações normais δ = 18%
Coeficiente de variação para resistências a solicitações tangenciais δ = 28%

TABELA A.2.1 Dimensões de peças de madeira serrada

	Dimensões (cm)	
Nomenclatura	Padronização (PB-5)	Comerciais
Ripas	1,2 × 5,0	1,0 × 5,0 1,5 × 5,0 1,5 × 10,0 2,0 × 5,0
Tábuas	2,5 × 11,5 2,5 × 15,0 2,5 × 23,0	1,9 × 10 — 1,9 × 30 2,5 × 10 — 2,5 × 30
Sarrafos	2,2 × 7,5 3,8 × 7,5	2,0 × 10 2,5 × 10 3,0 × 15
Caibros	5,0 × 6,0 5,0 × 7,0 7,5 × 5,0 7,5 × 7,5	5,0 × 5,0 5,0 × 6,0 6,0 × 6,0 7,0 × 7,0
Vigas	5,0 × 15,0 5,0 × 20,0 7,5 × 11,5 7,5 × 15,0 15,0 × 15,0	5,0 × 16,0 6,0 × 12,0 6,0 × 15,0 6,0 × 16,0 10,0 × 10,0 12,0 × 12,0 20,0 × 20,0 25,0 × 25,0 25,0 × 30,0
Pranchões	7,5 × 23,0 10,0 × 20,0 15,0 × 23,0	3,0 × 30,0 4,0 × 20,0 até 4,0 × 40,0 6,0 × 20,0 até 6,0 × 30,0 9,0 × 30,0

Tabela A.2.2 Propriedades geométricas de madeiras serradas retangulares — dimensões nominais em polegadas. Nomenclatura e dimensões métricas segundo PB-5

$A = bh$

$I_x = bh^3/12 \qquad W_x = bh^2/6 \qquad i_x = h/\sqrt{12}$

$I_y = hb^3/12 \qquad W_y = hb^2/6 \qquad i_y = b/\sqrt{12}$

Nome	$b \times h$ (pol.)	$b \times h$ (cm)	A (cm^2)	I_x (cm^4)	W_x (cm^3)	i_x (cm)	I_y (cm^4)	W_y (cm^3)	i_y (cm)
Tábua	1″ × 4 1/2″	2,5 × 11,5	28,8	317	55,0	3,32	15,0	12,0	0,72
Tábua	1″ × 6″	2,5 × 15	37,5	703	94,0	4,34	19,5	15,6	0,72
Tábua	1″ × 9″	2,5 × 23	57,5	2535	220	6,65	30,0	24,0	0,72
Tábua	1″ × 12″	2,5 × 30,5	76,3	5911	388	8,82	39,7	31,8	0,72
Sarrafo	1 1/2″ × 3″	3,8 × 7,5	28,5	134	35,6	2,17	34,3	18,1	1,10
Caibro	3″ × 3″	7,5 × 7,5	56,3	264	70,3	2,17	264	70,3	2,17
Viga	2″ × 6″	5 × 15	75,0	1406	188	4,34	156	62,5	1,45
Viga	2″ × 8″	5 × 20	100,0	3333	333	5,78	208	83,3	1,45
Viga	3″ × 4 1/2″	7,5 × 11,5	86,3	951	165	3,32	404	108	2,17
Viga	3″ × 6″	7,5 × 15	112,5	2109	281	4,34	527	141	2,17
Viga	6″ × 6″	15 × 15	225,0	4219	563	4,34	4219	563	4,34
Pranchão	3″ × 9″	7,5 × 23	172,5	7604	661	6,65	809	216	2,17
Pranchão	4″ × 8″	10 × 20	200,0	6667	667	5,78	1667	333	2,89
Pranchão	6″ × 9″	15 × 23	345,0	15209	1323	6,65	6469	863	4,34
Couçoeira	3″ × 12″	7,5 × 30,5	228,8	17733	1163	8,82	1072	286	2,17

Tabela A.2.3 Propriedades geométricas de madeiras roliças

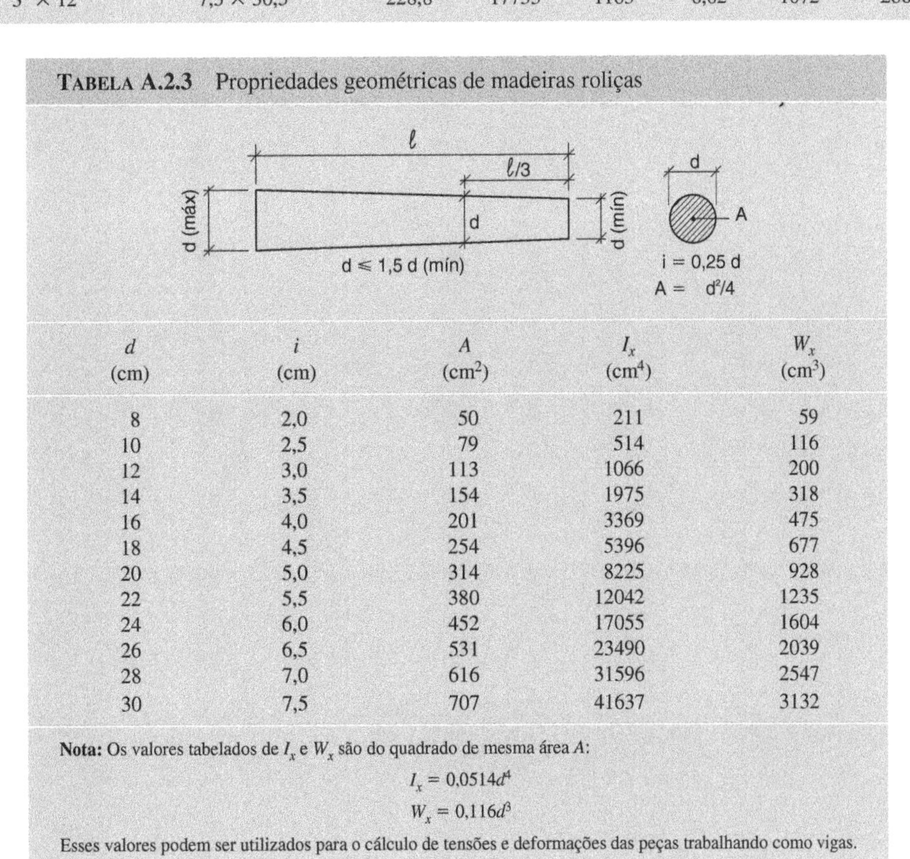

d (cm)	i (cm)	A (cm^2)	I_x (cm^4)	W_x (cm^3)
8	2,0	50	211	59
10	2,5	79	514	116
12	3,0	113	1066	200
14	3,5	154	1975	318
16	4,0	201	3369	475
18	4,5	254	5396	677
20	5,0	314	8225	928
22	5,5	380	12042	1235
24	6,0	452	17055	1604
26	6,5	531	23490	2039
28	7,0	616	31596	2547
30	7,5	707	41637	3132

Nota: Os valores tabelados de I_x e W_x são do quadrado de mesma área A:

$$I_x = 0{,}0514d^4$$

$$W_x = 0{,}116d^3$$

Esses valores podem ser utilizados para o cálculo de tensões e deformações das peças trabalhando como vigas.

TABELA A.3.1 Bitolas comerciais de pregos com cabeça de aço temperado

Bitola	d (mm)	ℓ (mm)	Quantidade de pregos por quilo	Penetração mínima* $12d$ (mm)
17 × 21	3,0	51	291	36
17 × 24		57	266	
17 × 27		63	242	
17 × 30		69	210	
18 × 24	3,4	57	230	41
18 × 27		63	198	
18 × 30		69	187	
18 × 33		76	171	
18 × 36		82	155	
19 × 27	3,9	63	155	47
19 × 30		69	143	
19 × 33		76	136	
19 × 36		82	121	
19 × 39		89	109	
20 × 30	4,4	69	106	53
20 × 33		76	98	
20 × 39		89	85	
20 × 42		95	77	
20 × 48		108	67	
21 × 33	4,9	76	77	59
21 × 45		101	59	
21 × 48		108	54	
21 × 54		127	49	
22 × 42	5,4	95	49	65
22 × 45		101	46	
22 × 48		108	44	
22 × 51		114	43	
22 × 54		127	38	
23 × 45	5,9	102	38	71
23 × 54		127	33	
23 × 60		140	29	
23 × 66		152	26	
24 × 60	6,4	140	25	77
24 × 66		152	23	
25 × 72	7,0	165	18	84
26 × 72	7,6	165	17	91
26 × 78		178	16	
26 × 84		190	14	

*Em ligações corridas, a penetração mínima é igual à espessura da peça mais delgada.
Fonte: Catálogo Gerdau

TABELA A.3.2 Resistência (N) a corte de pregos de diâmetro d e aço com f_{yk} = 600 MPa, de acordo com a NBR7190 (Eqs. (4.15) e (4.16)) para uma seção de corte

t = espessura da peça mais delgada
Resistência à compressão localizada da madeira (embutimento) f_{ed} = **5 MPa**

t (mm)	20	25	30	40	50	60	70	75	100
d (mm)					$R_d(N)$				
3,0	120	150	180	235					
3,4	136	170	204	272					
3,9	156	195	234	312	390				
4,4	176	220	264	352	440	506			
4,9	196	245	294	392	490	588			
5,4	216	270	324	432	540	648	756		
5,9	236	295	354	472	590	708	826	885	909
6,4	256	320	384	512	640	768	896	960	1070
7,6	304	380	456	608	760	912	1064	1140	1508

TABELA A.3.3 Resistência (N) a corte de pregos de diâmetro d e aço com f_{yk} = 600 MPa, de acordo com a NBR7190 (Eqs. (4.15) e (4.16)) para uma seção de corte

t = espessura da peça mais delgada
resistência à compressão localizada da madeira (embutimento) f_{ed} = **10 MPa**

t (mm)	20	25	30	40	50	60	70	75	100
d (mm)					$R_d(N)$				
3,0	240	300	332	332					
3,4	272	340	408	427					
3,9	312	390	468	562	562				
4,4	352	440	528	704	715	715			
4,9	392	490	588	784	887	887			
5,4	432	540	648	864	1077	1077	1077		
5,9	472	590	708	944	1180	1285	1285	1285	1285
6,4	512	640	768	1024	1280	1513	1513	1513	1513
7,6	608	760	912	1216	1520	1824	2128	2133	2133

Tabela A.3.4 Resistência (N) a corte de pregos de diâmetro d e aço com f_{yk} = 600 MPa, de acordo com a NBR7190 (Eqs. (4.15) e (4.16)) para uma seção de corte

t = espessura da peça mais delgada
Resistência à compressão localizada da madeira (embutimento) f_{ed} **= 15 MPa**

t (mm)	20	25	30	40	50	60	70	75	100
d (mm)				$R_d(N)$					
3,0	360	407	407	407					
3,4	408	510	523	523					
3,9	468	585	688	688	688				
4,4	528	660	792	876	876	876			
4,9	588	735	882	1086	1086	1086			
5,4	648	810	972	1296	1319	1319	1319		
5,9	708	885	1062	1416	1574	1574	1574	1574	1574
6,4	768	960	1152	1536	1852	1852	1852	1852	1852
7,6	912	1140	1368	1824	2280	2612	2612	2612	2612

Tabela A.3.5 Resistência (N) a corte de pregos de diâmetro d e aço com f_{yk} = 600 MPa, de acordo com a NBR7190 (Eqs. (4.15) e (4.16)) para uma seção de corte

t = espessura da peça mais delgada
Resistência à compressão localizada da madeira (embutimento) f_{ed} **= 20 MPa**

t (mm)	20	25	30	40	50	60	70	75	100
d (mm)				$R_d(N)$					
3,0	470	470	470	470					
3,4	544	604	604	604					
3,9	624	780	794	794	794				
4,4	704	880	1011	1011	1011	1011			
4,9	784	980	1176	1254	1254	1254			
5,4	864	1080	1296	1523	1523	1523	1523		
5,9	944	1180	1416	1818	1818	1818	1818	1818	1818
6,4	1024	1280	1536	2048	2139	2139	2139	2139	2139
7,6	1216	1520	1824	2432	3016	3016	3016	3016	3016

Tabela A.3.6 Resistência (N) a corte de pregos de diâmetro d e aço com f_{yk} = 600 MPa, de acordo com a NBR7190 (Eqs. (4.15) e (4.16)) para uma seção de corte

t = espessura da peça mais delgada
Resistência à compressão localizada da madeira (embutimento) f_{ed} **= 25 MPa**

t (mm)	20	25	30	40	50	60	70	75	100
d (mm)				$R_d(N)$					
3,0	525	525	525	525					
3,4	675	675	675	675					
3,9	780	888	888	888	888				
4,4	880	1100	1130	1130	1130	1130			
4,9	980	1225	1402	1402	1402	1402			
5,4	1080	1350	1620	1703	1703	1703	1703		
5,9	1180	1475	1770	2032	2032	2032	2032	2032	2032
6,4	1280	1600	1920	2392	2392	2392	2392	2392	2392
7,6	1520	1900	2280	3040	3372	3372	3372	3372	3372

TABELA A.4.1 Parafusos comuns — Bitolas em polegadas — Rosca padrão americano

Aço comum S-24 (f_{yk} = 240 MPa)

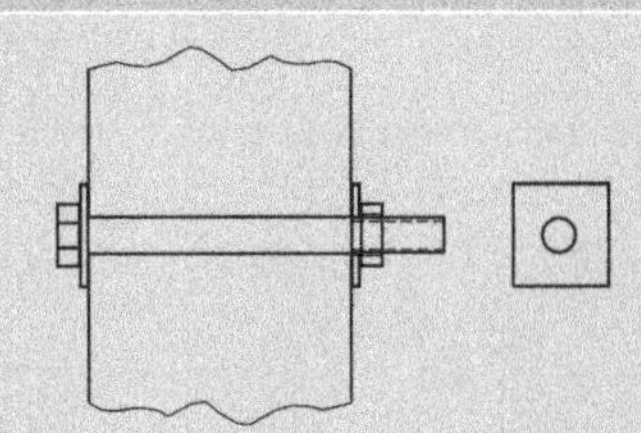

Diâmetro do fuste d		Área bruta A	Área do núcleo A_n	Esforço admissível à tração $\overline{F} = 1{,}4A_n$	Diâmetro do furo d'		Arruelas de chapa Lado	Arruelas de chapa Espessura
(pol.)	(cm)	(cm²)	(cm²)	(kN)	(pol.)	(cm)	(cm)	(pol.)
3/8	0,95	0,71	0,44	6,2	7/16	1,1	4,5	3/16
1/2	1,27	1,27	0,81	11,3	9/16	1,4	6,0	1/4
5/8	1,59	1,98	1,30	18,2	11/16	1,7	7,5	5/16
3/4	1,90	2,85	1,95	27,4	13/16	2,1	9,5	3/8
7/8	2,22	3,88	2,70	37,8	15/16	2,4	11,0	1/2
1	2,54	5,07	3,56	50,0	1 1/16	2,7	12,5	1/2
1 1/8	2,86	6,43	4,47	62,5	1 1/4	3,2	14,5	5/8
1 1/4	3,18	7,92	5,74	80,4	1 3/8	3,5	16,0	3/4
1 3/8	3,50	9,58	6,77	94,7	1 1/2	3,8	18,0	3/4
1 1/2	3,81	11,40	8,32	116,5	1 5/8	4,1	20,0	7/8
1 3/4	4,45	15,52	11,23	157,0	1 7/8	4,8	25,0	1
2	5,08	20,27	14,84	208,0	2 1/8	5,4	26,0	1 1/8

Notas:

1. Os diâmetros de furos d' são os recomendados nas Normas Americanas.
2. As arruelas são do tipo pesado, padrão americano, com capacidade de transmitir à madeira, com tensão de apoio de 3 MPa, o esforço admissível à tração do parafuso ($\overline{F}$).

TABELA A.4.2 Resistência (N) a corte de parafusos de diâmetro d e aço com f_{yk} = 240 MPa, de acordo com a NBR7190 (Eqs. (4.15) e (4.16)) para uma seção de corte

t = espessura da peça mais delgada

Resistência à compressão localizada da madeira (embutimento) f_{ed} = **5 MPa**

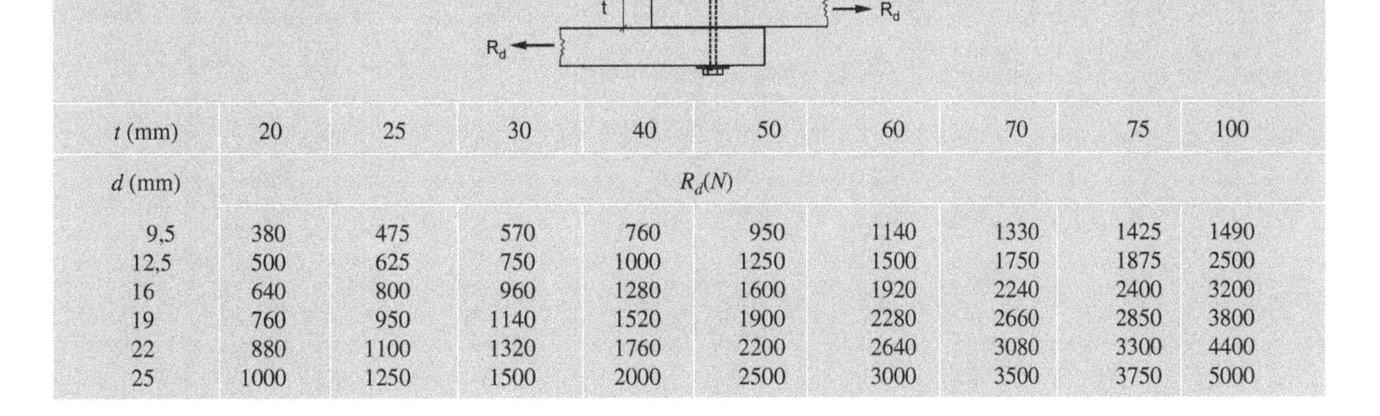

t (mm)	20	25	30	40	50	60	70	75	100
d (mm)	$R_d(N)$								
9,5	380	475	570	760	950	1140	1330	1425	1490
12,5	500	625	750	1000	1250	1500	1750	1875	2500
16	640	800	960	1280	1600	1920	2240	2400	3200
19	760	950	1140	1520	1900	2280	2660	2850	3800
22	880	1100	1320	1760	2200	2640	3080	3300	4400
25	1000	1250	1500	2000	2500	3000	3500	3750	5000

TABELA A.4.3 Resistência (N) a corte de parafusos de diâmetro d e aço com f_{yk} = 240 MPa, de acordo com a NBR7190 (Eqs. (4.15) e (4.16)) para uma seção de corte

t = espessura da peça mais delgada
Resistência a compressão localizada da madeira (embutimento) f_{ed} = **10 MPa**

t (mm)	20	25	30	40	50	60	70	75	100
d (mm)					$R_d(N)$				
9,5	760	950	1140	1520	1900	2108	2108	2108	2108
12,5	1000	1250	1500	2000	2500	3000	3500	3649	3649
16	1280	1600	1920	2560	3200	3840	4480	4800	5979
19	1520	1900	2280	3040	3800	4560	5320	5700	7600
22	1760	2200	2640	3520	4400	5280	6160	6600	8800
25	2000	2500	3000	4000	5000	6000	7000	7500	10000

TABELA A.4.4 Resistência (N) a corte de parafusos de diâmetro d e aço com f_{yk} = 240 MPa, de acordo com a NBR7190 (Eqs. (4.15) e (4.16)) para uma seção de corte.

t = espessura da peça mais delgada
Resistência à compressão localizada da madeira (embutimento) f_{ed} = **15 MPa**

t (mm)	20	25	30	40	50	60	70	75	100
d (mm)					$R_d(N)$				
9,5	1140	1425	1710	2280	2581	2581	2581	2581	2581
12,5	1500	1875	2250	3000	3750	4469	4469	4469	4469
16	1920	2400	2880	3840	4800	5760	6720	7200	7323
19	2280	2850	3420	4560	5700	6840	7980	8550	10326
22	2640	3300	3960	5280	6600	7920	9240	9900	13200
25	3000	3750	4500	6000	7500	9000	10500	11250	15000

TABELA A.4.5 Resistência (N) a corte de parafusos de diâmetro d e aço com f_{yk} = 240 MPa, de acordo com a NBR7190 (Eqs. (4.15) e (4.16)) para uma seção de corte

t = espessura da peça mais delgada
Resistência à compressão localizada da madeira (embutimento) f_{ed} = **20 MPa**

t (mm)	20	25	30	40	50	60	70	75	100
d (mm)					$R_d(N)$				
9,5	1520	1900	2280	2981	2981	2981	2981	2981	2981
12,5	2000	2500	3000	4000	5000	5161	5161	5161	5161
16	2560	3200	3840	5120	6400	7680	8455	8455	8455
19	3040	3800	4560	6080	7600	9120	10640	11400	11923
22	3520	4400	5280	7040	8800	10560	12320	13200	15986
25	4000	5000	6000	8000	10000	12000	14000	15000	20000

TABELA A.4.6 Resistência (N) a corte de parafusos de diâmetro d e aço com f_{yk} = 240 MPa, de acordo com a NBR7190 (Eqs. (4.15) e (4.16)) para uma seção de corte

t = espessura da peça mais delgada
Resistência à compressão localizada da madeira (embutimento) f_{ed} **= 25 MPa**

t (mm)	20	25	30	40	50	60	70	75	100
d (mm)	$R_d(N)$								
9,5	1900	2375	2850	3333	3333	3333	3333	3333	3333
12,5	2500	3125	3750	5000	5770	5770	5770	5770	5770
16	3200	4000	4800	6400	8000	9453	9453	9453	9453
19	3800	4750	5700	7600	9500	11400	13300	13331	13331
22	4400	5500	6600	8800	11000	13200	15400	16500	17873
25	5000	6250	7500	10000	12500	15000	17500	18750	23080

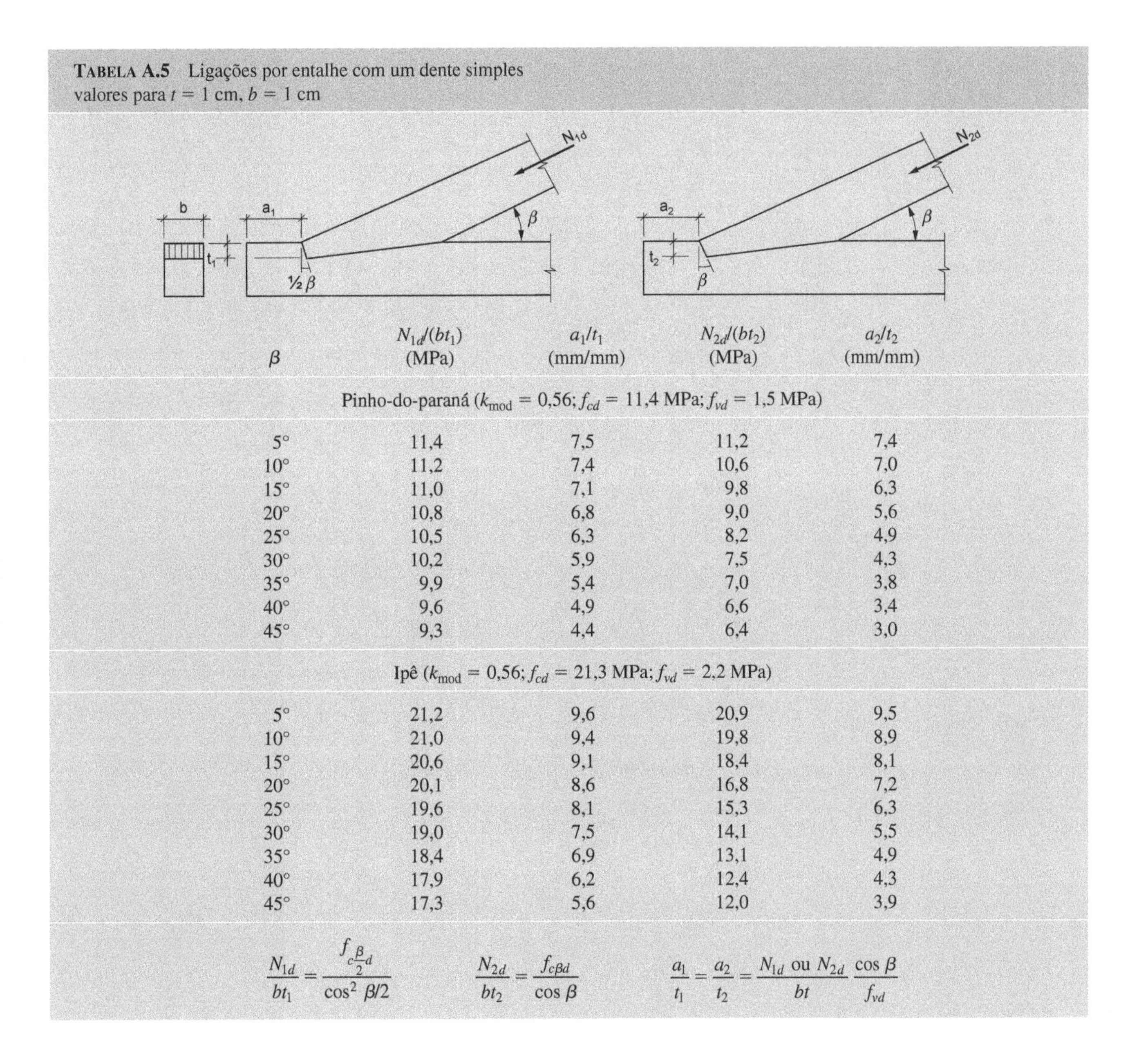

TABELA A.5 Ligações por entalhe com um dente simples
valores para t = 1 cm, b = 1 cm

β	$N_{1d}/(bt_1)$ (MPa)	a_1/t_1 (mm/mm)	$N_{2d}/(bt_2)$ (MPa)	a_2/t_2 (mm/mm)
Pinho-do-paraná (k_{mod} = 0,56; f_{cd} = 11,4 MPa; f_{vd} = 1,5 MPa)				
5°	11,4	7,5	11,2	7,4
10°	11,2	7,4	10,6	7,0
15°	11,0	7,1	9,8	6,3
20°	10,8	6,8	9,0	5,6
25°	10,5	6,3	8,2	4,9
30°	10,2	5,9	7,5	4,3
35°	9,9	5,4	7,0	3,8
40°	9,6	4,9	6,6	3,4
45°	9,3	4,4	6,4	3,0
Ipê (k_{mod} = 0,56; f_{cd} = 21,3 MPa; f_{vd} = 2,2 MPa)				
5°	21,2	9,6	20,9	9,5
10°	21,0	9,4	19,8	8,9
15°	20,6	9,1	18,4	8,1
20°	20,1	8,6	16,8	7,2
25°	19,6	8,1	15,3	6,3
30°	19,0	7,5	14,1	5,5
35°	18,4	6,9	13,1	4,9
40°	17,9	6,2	12,4	4,3
45°	17,3	5,6	12,0	3,9

$$\frac{N_{1d}}{bt_1} = \frac{f_{c\frac{\beta}{2}d}}{\cos^2 \beta/2} \qquad \frac{N_{2d}}{bt_2} = \frac{f_{c\beta d}}{\cos \beta} \qquad \frac{a_1}{t_1} = \frac{a_2}{t_2} = \frac{N_{1d} \text{ ou } N_{2d}}{bt} \frac{\cos \beta}{f_{vd}}$$

TABELA A.6.1 Carga admissível paralela às fibras em 1 conector de anel (NDS, 1997) (ver item 4.8.4) referente a madeira seca ($U < 19\%$) e cargas de longa duração

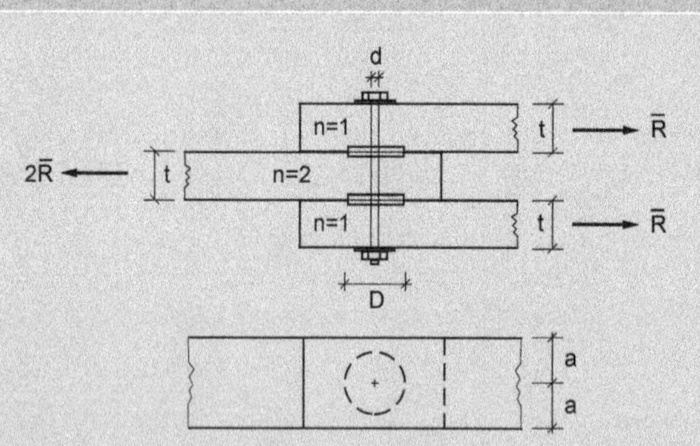

Classe	ρ_{12} (t/m³)
A	0,852-1,12
B	0,657-0,834
C	0,515-0,64
D	0,38-0,50

D (mm)	*d* (mm)	*n*	*t* (mm)	*a* (mm)	Classe da madeira A	B	C	D
					$\bar{R}$ (0°) (kN)			
63,5	12,7	1	25,4 mín	44	11,9	10,3	8,62	7,44
			38 ou maior		14,3	12,4	10,4	8,89
		2	38	44	11,0	9,52	7,98	6,85
			51 ou maior		14,3	12,4	10,4	8,89
101,6	19,0	1	25,4 mín	70	18,5	15,9	13,2	11,4
			38		27,3	23,4	19,4	16,8
			41,3 ou maior		27,8	23,8	19,8	17,2
		2	38	70	18,6	15,9	13,3	11,5
			51		22,4	19,3	16,0	13,8
			63		26,4	22,7	18,9	16,3
			76 ou maior		27,8	23,8	19,8	17,2

Nota: Os espaçamentos dos Ábacos B.2 e B.3 devem ser obedecidos para que a carga $\bar{R}$ seja atingida.

Tabela A.6.2 Carga admissível normal às fibras em 1 conector de anel (NDS, 1997) (ver item 4.8.4) referente à madeira seca ($U < 19\%$) e cargas de longa duração

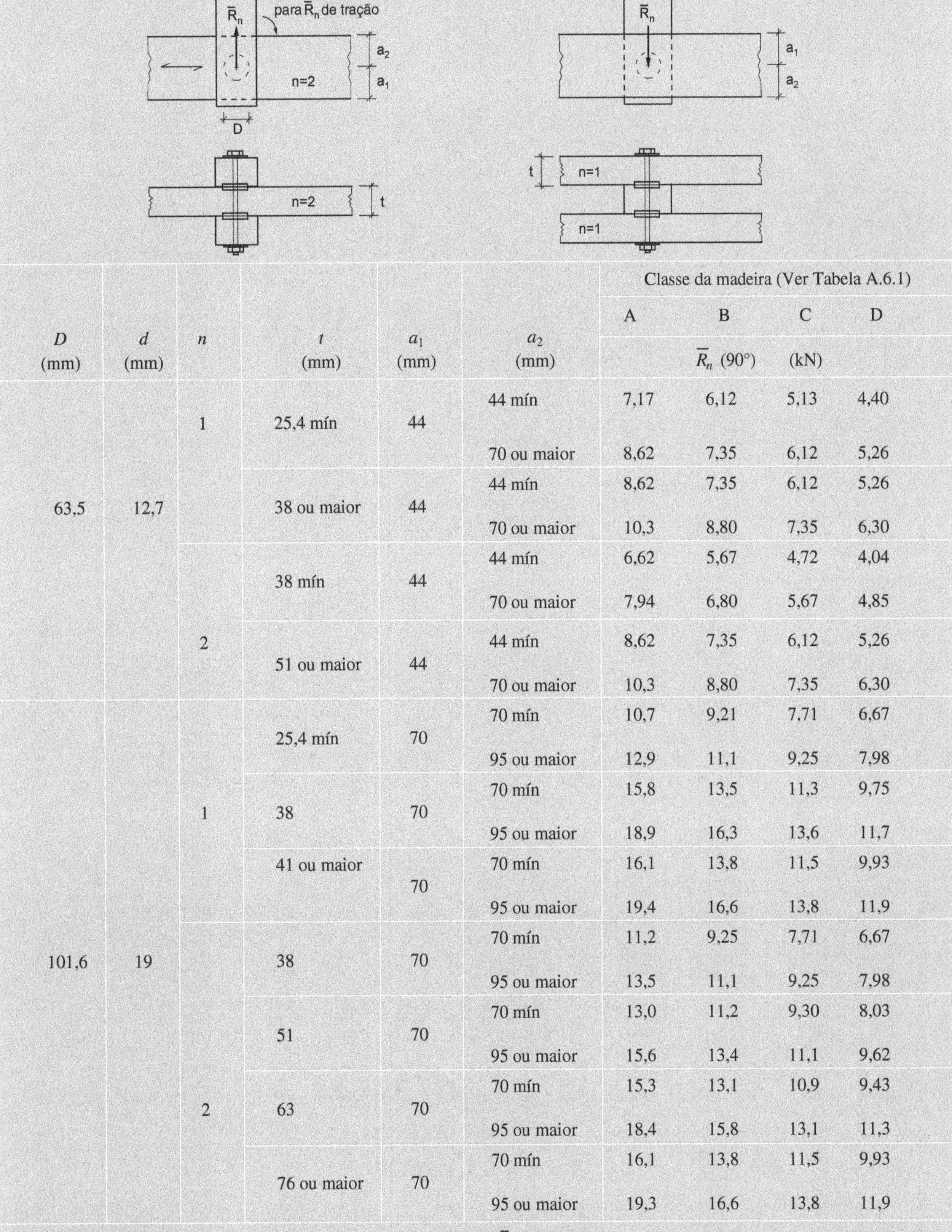

D (mm)	d (mm)	n	t (mm)	a_1 (mm)	a_2 (mm)	Classe da madeira (Ver Tabela A.6.1)			
						A	B	C	D
						$\bar{R}_n$ (90°) (kN)			
63,5	12,7	1	25,4 mín	44	44 mín	7,17	6,12	5,13	4,40
					70 ou maior	8,62	7,35	6,12	5,26
			38 ou maior	44	44 mín	8,62	7,35	6,12	5,26
					70 ou maior	10,3	8,80	7,35	6,30
		2	38 mín	44	44 mín	6,62	5,67	4,72	4,04
					70 ou maior	7,94	6,80	5,67	4,85
			51 ou maior	44	44 mín	8,62	7,35	6,12	5,26
					70 ou maior	10,3	8,80	7,35	6,30
101,6	19	1	25,4 mín	70	70 mín	10,7	9,21	7,71	6,67
					95 ou maior	12,9	11,1	9,25	7,98
			38	70	70 mín	15,8	13,5	11,3	9,75
					95 ou maior	18,9	16,3	13,6	11,7
			41 ou maior	70	70 mín	16,1	13,8	11,5	9,93
					95 ou maior	19,4	16,6	13,8	11,9
		2	38	70	70 mín	11,2	9,25	7,71	6,67
					95 ou maior	13,5	11,1	9,25	7,98
			51	70	70 mín	13,0	11,2	9,30	8,03
					95 ou maior	15,6	13,4	11,1	9,62
			63	70	70 mín	15,3	13,1	10,9	9,43
					95 ou maior	18,4	15,8	13,1	11,3
			76 ou maior	70	70 mín	16,1	13,8	11,5	9,93
					95 ou maior	19,3	16,6	13,8	11,9

Nota: Os espaçamentos dos Ábacos B.2 e B.3 devem ser obedecidos para que a carga $\bar{R}_n$ seja atingida.
D = diâmetro do conector
d = diâmetro do parafuso
n = n.º de faces da peça com conectores sob o mesmo parafuso
a_1 = distância ao bordo não solicitado
a_2 = distância ao bordo solicitado

TABELA A.7.1 Vigas de seção retangular de madeira dura (dicotiledônea) C20 — Carga combinada máxima de projeto p_d determinada por tensões de flexão ou cisalhamento e carga combinada máxima p no estado limite de utilização (ver Probl. 6.11.7)

- Madeira dicotiledônea C20; $k_{mod} = 0{,}56$
  $f_{cd} = 8$ MPa; $f_{vd} = 1{,}2$ MPa; $E_{c\,ef} = 5320$ MPa
- flecha máxima = $\ell/200$
- carga uniformemente distribuída
  E. L. Último $\quad p_d = \gamma_g G + \gamma_q Q$
  E. L. Utilização $\quad p = G + \psi_2 Q$
- contraventamento lateral contínuo

Vão (cm)	Perfil $b \times h$ (cm × cm)													
	7,5 × 7,5		7,5 × 11,5		7,5 × 15		7,5 × 23		7,5 × 30,5		5 × 15		5 × 20	
	p_d (kN/m)	p (kN/m)	p_d (kN/m)	p (kN/m)	p_d (kN/m)	p (kN/m)	p_d (kN/m)	p (kN/m)	p_d (kN/m)	p (kN/m)	p_d (kN/m)	p (kN/m)	p_d (kN/m)	p (kN/m)
75	8,00		18,81		24,89		38,16		50,61		16,59		22,12	
100	4,50		10,58		18,00		28,62		37,96		12,00		16,59	
125	2,88		6,77		11,52		22,90		30,36		7,68		13,27	
150	2,00		4,70		8,00		18,81		25,30		5,33		9,48	
175	1,47		3,45		5,88		13,82		21,69		3,92		6,97	
200	1,13		2,65		4,50		10,58		18,61		3,00		5,33	
225	0,89		2,09		3,56		8,36		14,70		2,37		4,21	
250	0,72	0,62	1,69		2,88		6,77		11,91		1,92		3,41	
275	0,60	0,46	1,40		2,38		5,60		9,84		1,59		2,82	
300	0,50	0,36	1,18		2,00		4,70		8,27		1,33		2,37	
325	0,43	0,28	1,00		1,70		4,01		7,05		1,14		2,02	
350	0,37	0,22	0,86	0,81	1,47		3,45		6,08		0,98		1,74	
375			0,75	0,66	1,28		3,01		5,29		0,85		1,52	
400			0,66	0,54	1,13		2,65		4,65		0,75		1,33	
425			0,59	0,45	1,00		2,34		4,12		0,66		1,18	
450			0,52	0,38	0,89		2,09		3,68		0,59		1,05	
475			0,47	0,32	0,80		1,88		3,30		0,53	0,48	0,95	1,13
500			0,42	0,28	0,72	0,62	1,69		2,98		0,48	0,41	0,85	0,97
525			0,38	0,24	0,65	0,53	1,54		2,70		0,44	0,35	0,77	0,84
550			0,35	0,21	0,60	0,46	1,40	1,67	2,46	3,89	0,40	0,31	0,71	0,73
575			0,32	0,18	0,54	0,40	1,28	1,46	2,25	3,40	0,36	0,27	0,65	0,64
600			0,29	0,16	0,50	0,36	1,18	1,28	2,07	2,99	0,33	0,24	0,59	0,56

Notas: $p_d = \text{mín}\left[f_{vd}\, bh\, \frac{4}{36},\ f_{cd}\, bh^2\, \frac{8}{6\ell^2}\right]$

$$p = \frac{384\, E_{c\,ef}\, bh^3}{5 \times 12 \times 200\, \ell^3}$$

TABELA A.7.2 Vigas de seção retangular de madeira dura (dicotiledônea) C30 — Carga combinada máxima de projeto p_d determinada por tensões de flexão ou cisalhamento e carga combinada máxima p no estado limite de utilização (ver Probl. 6.11.7)

- Madeira dicotiledônea C30; $k_{mod} = 0{,}56$
  $f_{cd} = 12$ MPa; $f_{vd} = 1{,}6$ MPa; $E_{c\,ef} = 8120$ MPa
- flecha máxima = $\ell/200$
- carga uniformemente distribuída
  E. L. Último $p_d = \gamma_g G + \gamma_q Q$
  E. L. Utilização $p = G + \psi_2 Q$
- contraventamento lateral contínuo

	Perfil $b \times h$ (cm × cm)													
	7,5 × 7,5		7,5 × 11,5		7,5 × 15		7,5 × 23		7,5 × 30,5		5 × 15		5 × 20	
Vão (cm)	p_d (kN/m)	p (kN/m)	p_d (kN/m)	p (kN/m)	p_d (kN/m)	p (kN/m)	p_d (kN/m)	p (kN/m)	p_d (kN/m)	p (kN/m)	p_d (kN/m)	p (kN/m)	p_d (kN/m)	p (kN/m)
75	12,00		23,85		31,11		47,70		63,26		20,74		27,65	
100	6,75		15,87		23,33		35,78		47,44		15,56		20,74	
125	4,32		10,16		17,28		28,62		37,96		11,52		16,59	
150	3,00		7,05		12,00		23,85		31,63		8,00		13,83	
175	2,20		5,18		8,82		20,44		27,11		5,88		10,45	
200	1,69		3,97		6,75		15,87		23,72		4,50		8,00	
225	1,33		3,13		5,33		12,54		21,09		3,56		6,32	
250	1,08	0,94	2,54		4,32		10,16		17,86		2,88		5,12	
275	0,89	0,71	2,10		3,57		8,39		14,76		2,38		4,23	
300	0,75	0,54	1,76		3,00		7,05		12,40		2,00		3,56	
325	0,64	0,43	1,50		2,56		6,01		10,57		1,70		3,03	
350	0,55	0,34	1,30	1,23	2,20		5,18		9,11		1,47		2,61	
375			1,13	1,00	1,92		4,51		7,94		1,28		2,28	
400			0,99	0,83	1,69		3,97		6,98		1,13		2,00	
425			0,88	0,69	1,49		3,51		6,18		1,00		1,77	
450			0,78	0,58	1,33		3,13		5,51		0,89		1,58	
475			0,70	0,49	1,20		2,81		4,95		0,80	0,73	1,42	1,73
500			0,63	0,42	1,08	0,94	2,54		4,47		0,72	0,63	1,28	1,48
525			0,58	0,37	0,98	0,81	2,30		4,05		0,65	0,54	1,16	1,28
550			0,52	0,32	0,89	0,71	2,10	2,54	3,69	5,93	0,60	0,47	1,06	1,12
575			0,48	0,28	0,82	0,62	1,92	2,23	3,38	5,19	0,54	0,41	0,97	0,98
600			0,44	0,25	0,75	0,54	1,76	1,96	3,10	4,57	0,50	0,36	0,89	0,86

Nota: $p_d = \text{mín}\left[f_{vd}\, bh\, \frac{4}{36},\ f_{cd}\, bh^2\, \frac{8}{6\ell^2}\right]$

$$p = \frac{384\, E_{c\,ef}\, bh^3}{5 \times 12 \times 200\, \ell^3}$$

TABELA A.7.3 Vigas de seção retangular de madeira dura (dicotiledônea) C40 — Carga combinada máxima de projeto p_d determinada por tensões de flexão ou cisalhamento e carga combinada máxima p no estado limite de utilização (ver Probl. 6.11.7)

- Madeira dicotiledônea C40; $k_{mod} = 0,56$
  $f_{cd} = 16$ MPa; $f_{vd} = 1,9$ MPa; $E_{c\,ef} = 10\,920$ MPa
- flecha máxima = $\ell/200$
- carga uniformemente distribuída
  E. L. Último $p_d = \gamma_g G + \gamma_q Q$
  E. L. Utilização $p = G + \psi_2 Q$
- contraventamento lateral contínuo

p ou p_d — h — b — ℓ

	Perfil $b \times h$ (cm × cm)													
	7,5 × 7,5		7,5 × 11,5		7,5 × 15		7,5 × 23		7,5 × 30,5		5 × 15		5 × 20	
Vão (cm)	p_d (kN/m)	p (kN/m)	p_d (kN/m)	p (kN/m)	p_d (kN/m)	p (kN/m)	p_d (kN/m)	p (kN/m)	p_d (kN/m)	p (kN/m)	p_d (kN/m)	p (kN/m)	p_d (kN/m)	p (kN/m)
75	16,00		28,62		37,33		57,24		75,91		24,89		33,19	
100	9,00		21,16		28,00		42,93		56,93		18,67		24,89	
125	5,76		13,54		22,40		34,35		45,55		14,93		19,91	
150	4,00		9,40		16,00		28,62		37,96		10,67		16,59	
175	2,94		6,91		11,76		24,53		32,53		7,84		13,93	
200	2,25		5,29		9,00		21,16		28,47		6,00		10,67	
225	1,78		4,18		7,11		16,72		25,30		4,74		8,43	
250	1,44	1,26	3,39		5,76		13,54		22,77		3,84		6,83	
275	1,19	0,95	2,80		4,76		11,19		19,68		3,17		5,64	
300	1,00	0,73	2,35		4,00		9,40		16,54		2,67		4,74	
325	0,85	0,58	2,00		3,41		8,01		14,09		2,27		4,04	
350	0,73	0,46	1,73	1,66	2,94		6,91		12,15		1,96		3,48	
375	0,64	0,37	1,50	1,35	2,56		6,02		10,58		1,71		3,03	
400	0,56	0,31	1,32	1,11	2,25		5,29		9,30		1,50		2,67	
425	0,50	0,26	1,17	0,93	1,99		4,69		8,24		1,33		2,36	
450	0,44	0,22	1,04	0,78	1,78		4,18		7,35		1,19		2,11	
475	0,40	0,18	0,94	0,66	1,60	1,47	3,75		6,60		1,06	0,98	1,89	
500	0,36	0,16	0,85	0,57	1,44	1,26	3,39		5,95		0,96	0,84	1,71	
525	0,33	0,14	0,77	0,49	1,31	1,09	3,07		5,40		0,87	0,73	1,55	
550			0,70	0,43	1,19	0,95	2,80	3,42	4,92	7,42	0,79	0,63	1,41	
575			0,64	0,37	1,09	0,83	2,56	3,00	4,50	6,25	0,73	0,55	1,29	1,31
600			0,59	0,33	1,00	0,73	2,35	2,64	4,13	5,31	0,67	0,49	1,19	1,16

Nota:

$$p_d = \text{mín}\left[f_{vd}\, bh \frac{4}{36},\ f_{cd}\, bh^2 \frac{8}{6\ell^2}\right]$$

$$p = \frac{384\, E_{c\,ef}\, bh^3}{5 \times 12 \times 200\, \ell^3}$$

TABELA A.7.4 Vigas de seção retangular de madeira dura (dicotiledônea) C60 — Carga combinada máxima de projeto p_d determinada por tensões de flexão ou cisalhamento e carga combinada máxima p no estado limite de utilização (ver Probl. 6.11.7)

- Madeira dicotiledônea C60; $k_{mod} = 0{,}56$
  $f_{cd} = 24$ MPa; $f_{vd} = 2{,}5$ MPa; $E_{c\,ef} = 13\,720$ MPa
- flecha máxima = $\ell/200$
- carga uniformemente distribuída
  E. L. Último $p_d = \gamma_g G + \gamma_q Q$
  E. L. Utilização $p = G + \psi_2 Q$
- contraventamento lateral contínuo

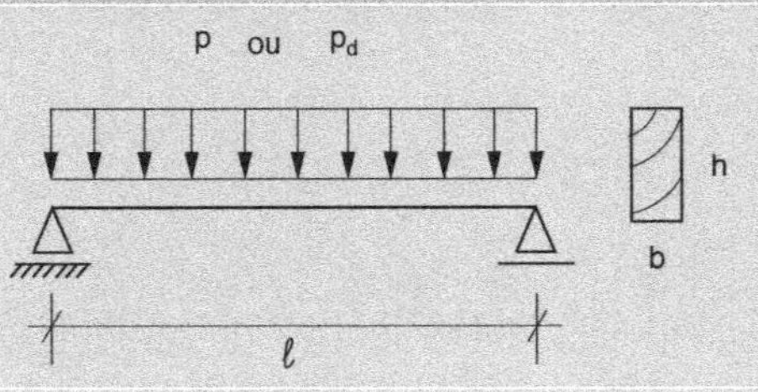

	Perfil $b \times h$ (cm × cm)													
	7,5 × 7,5		7,5 × 11,5		7,5 × 15		7,5 × 23		7,5 × 30,5		5 × 15		5 × 20	
Vão (cm)	p_d (kN/m)	p (kN/m)	p_d (kN/m)	p (kN/m)	p_d (kN/m)	p (kN/m)	p_d (kN/m)	p (kN/m)	p_d (kN/m)	p (kN/m)	p_d (kN/m)	p (kN/m)	p_d (kN/m)	p (kN/m)
75	24,00		38,16		49,78		76,33		101,21		33,19		44,25	
100	13,50		28,62		37,33		57,24		75,91		24,89		33,19	
125	8,64		20,31		29,87		45,80		60,73		19,91		26,55	
150	6,00		14,11		24,00		38,16		50,61		16,00		22,12	
175	4,41		10,36		17,63		32,71		43,38		11,76		18,96	
200	3,38		7,94		13,50		28,62		37,96		9,00		16,00	
225	2,67	2,18	6,27		10,67		25,08		33,74		7,11		12,64	
250	2,16	1,59	5,08		8,64		20,31		30,36		5,76		10,24	
275	1,79	1,19	4,20	4,30	7,14		16,79		27,60		4,76		8,46	
300	1,50	0,92	3,53	3,31	6,00		14,11		24,81		4,00		7,11	
325	1,28	0,72	3,00	2,61	5,11	5,78	12,02		21,14		3,41		6,06	
350	1,10	0,58	2,59	2,09	4,41	4,63	10,36		18,23		2,94		5,22	
375	0,96	0,47	2,26	1,70	3,84	3,76	9,03		15,88		2,56		4,55	
400	0,84	0,39	1,98	1,40	3,38	3,10	7,94		13,95		2,25		4,00	
425	0,75	0,32	1,76	1,16	2,99	2,59	7,03		12,36		1,99		3,54	
450	0,67	0,27	1,57	0,98	2,67	2,18	6,27		11,03		1,78		3,16	
475	0,60	0,23	1,41	0,83	2,39	1,85	5,63		9,90		1,60	1,23	2,84	
500	0,54	0,20	1,27	0,72	2,16	1,59	5,08		8,93		1,44	1,06	2,56	2,51
525	0,49	0,17	1,15	0,62	1,96	1,37	4,61		8,10		1,31	0,91	2,32	2,17
550	0,45	0,15	1,05	0,54	1,79	1,19	4,20	4,30	7,38	10,03	1,19	0,80	2,12	1,88
575	0,41	0,13	0,96	0,47	1,63	1,04	3,84	3,76	6,75	8,78	1,09	0,70	1,94	1,65
600	0,38	0,11	0,88	0,41	1,50	0,92	3,53	3,31	6,20	7,72	1,00	0,61	1,78	1,45

Nota: $p_d = \text{mín}\left[f_{vd}\, bh \dfrac{4}{3\ell},\ f_{cd}\, bh^2 \dfrac{8}{6\ell^2}\right]$

$$p = \frac{384\, E_{c\,ef}\, bh^3}{5 \times 12 \times 200\, \ell^3}$$

TABELA A.7.5 Vigas de seção retangular de madeira macia (conífera) C20 — Carga combinada máxima de projeto p_d determinada por tensões de flexão ou cisalhamento e carga combinada máxima p no estado limite de utilização (ver Probl. 6.11.7)

- Madeira conífera C20; $k_{mod} = 0{,}56$
  $f_{cd} = 8$ MPa; $f_{vd} = 1{,}2$ MPa; $E_{c\,ef} = 1960$ MPa
- flecha máxima = $\ell/200$
- carga uniformemente distribuída
  E. L. Último $p_d = \gamma_g G + \gamma_q Q$
  E. L. Utilização $p = G + \psi_2 Q$
- contraventamento lateral contínuo

p ou p_d — h — b — ℓ

Vão (cm)	Perfil $b \times h$ (cm × cm)													
	7,5 × 7,5		7,5 × 11,5		7,5 × 15		7,5 × 23		7,5 × 30,5		5 × 15		5 × 20	
	p_d (kN/m)	p (kN/m)	p_d (kN/m)	p (kN/m)	p_d (kN/m)	p (kN/m)	p_d (kN/m)	p (kN/m)	p_d (kN/m)	p (kN/m)	p_d (kN/m)	p (kN/m)	p_d (kN/m)	p (kN/m)
75	8,00	8,40	18,81		24,89		38,16		50,61		16,59		22,12	
100	4,50	3,54	10,58		18,00		28,62		37,96		12,00		16,59	
125	2,88	1,81	6,77	6,54	11,52		22,90		30,36		7,68		13,27	
150	2,00	1,05	4,70	3,79	8,00		18,81		25,30		5,33		9,48	
175	1,47	0,66	3,45	2,38	5,88	5,29	13,82		21,69		3,92	3,53	6,97	
200	1,13	0,44	2,65	1,60	4,50	3,54	10,58		18,61		3,00	2,36	5,33	
225	0,89	0,31	2,09	1,12	3,56	2,49	8,36		14,70		2,37	1,66	4,21	3,93
250	0,72	0,23	1,69	0,82	2,88	1,81	6,77	6,54	11,91		1,92	1,21	3,41	2,87
275	0,60	0,17	1,40	0,61	2,38	1,36	5,60	4,91	9,84		1,59	0,91	2,82	2,15
300	0,50	0,13	1,18	0,47	2,00	1,05	4,70	3,79	8,27		1,33	0,70	2,37	1,66
325	0,43	0,10	1,00	0,37	1,70	0,83	4,01	2,98	7,05	6,94	1,14	0,55	2,02	1,31
350			0,86	0,30	1,47	0,66	3,45	2,38	6,08	5,56	0,98	0,44	1,74	1,04
375			0,75	0,24	1,28	0,54	3,01	1,94	5,29	4,52	0,85	0,36	1,52	0,85
400			0,66	0,20	1,13	0,44	2,65	1,60	4,65	3,72	0,75	0,30	1,33	0,70
425			0,59	0,17	1,00	0,37	2,34	1,33	4,12	3,10	0,66	0,25	1,18	0,58
450			0,52	0,14	0,89	0,31	2,09	1,12	3,68	2,62	0,59	0,21	1,05	0,49
475			0,47	0,12	0,80	0,26	1,88	0,95	3,30	2,22	0,53	0,18	0,95	0,42
500			0,42	0,10	0,72	0,23	1,69	0,82	2,98	1,91	0,48	0,15	0,85	0,36
525					0,65	0,20	1,54	0,71	2,70	1,65	0,44	0,13	0,77	0,31
550					0,60	0,17	1,40	0,61	2,46	1,43	0,40	0,11	0,71	0,27
575					0,54	0,15	1,28	0,54	2,25	1,25	0,36	0,10	0,65	0,24
600					0,50	0,13	1,18	0,47	2,07	1,10			0,59	0,21

Nota: $p_d = \text{mín}\left[f_{vd}\, bh \dfrac{4}{3\ell},\; f_{cd}\, bh^2 \dfrac{8}{6\ell^2} \right]$

$$p = \frac{384\, E_{c\,ef}\, bh^3}{5 \times 12 \times 200\, \ell^3}$$

TABELA A.7.6 Vigas de seção retangular de madeira maciça (conífera) C25 — Carga combinada máxima de projeto p_d determinada por tensões de flexão ou cisalhamento e carga combinada máxima p no estado limite de utilização (ver Probl. 6.11.7)

- Madeira conífera C25; $k_{mod} = 0{,}56$
  $f_{cd} = 10$ MPa; $f_{vd} = 1{,}6$ MPa; $E_{c\,ef} = 4760$ MPa
- flecha máxima = $\ell/200$
- carga uniformemente distribuída
  E. L. Último $p_d = \gamma_g G + \gamma_q Q$
  E. L. Utilização $p = G + \psi_2 Q$
- contraventamento lateral contínuo

	Perfil $b \times h$ (cm × cm)													
	7,5 × 7,5		7,5 × 11,5		7,5 × 15		7,5 × 23		7,5 × 30,5		5 × 15		5 × 20	
Vão (cm)	p_d (kN/m)	p (kN/m)	p_d (kN/m)	p (kN/m)	p_d (kN/m)	p (kN/m)	p_d (kN/m)	p (kN/m)	p_d (kN/m)	p (kN/m)	p_d (kN/m)	p (kN/m)	p_d (kN/m)	p (kN/m)
75	10,00		23,51		31,11		47,70		63,26		20,74		27,65	
100	5,63		13,23		22,50		35,78		47,44		15,00		20,74	
125	3,60		8,46		14,40		28,62		37,96		9,60		16,59	
150	2,50	2,55	5,88		10,00		23,51		31,63		6,67		11,85	
175	1,84	1,61	4,32		7,35		17,27		27,11		4,90		8,71	
200	1,41	1,08	3,31	3,88	5,63		13,23		23,26		3,75		6,67	
225	1,11	0,76	2,61	2,72	4,44		10,45		18,38		2,96		5,27	
250	0,90	0,55	2,12	1,99	3,60		8,46		14,88		2,40		4,27	
275	0,74	0,41	1,75	1,49	2,98		7,00		12,30		1,98		3,53	
300	0,63	0,32	1,47	1,15	2,50	2,55	5,88		10,34		1,67		2,96	
325	0,53	0,25	1,25	0,90	2,13	2,01	5,01		8,81		1,42	1,34	2,52	
350	0,46	0,20	1,08	0,72	1,84	1,61	4,32		7,59		1,22	1,07	2,18	
375	0,40	0,16	0,94	0,59	1,60	1,31	3,76		6,62		1,07	0,87	1,90	
400	0,35	0,13	0,83	0,48	1,41	1,08	3,31	3,88	5,81		0,94	0,72	1,67	
425	0,31	0,11	0,73	0,40	1,25	0,90	2,93	3,23	5,15		0,83	0,60	1,48	1,42
450			0,65	0,34	1,11	0,76	2,61	2,72	4,59		0,74	0,50	1,32	1,19
475			0,59	0,29	1,00	0,64	2,34	2,32	4,12		0,66	0,43	1,18	1,02
500			0,53	0,25	0,90	0,55	2,12	1,99	3,72		0,60	0,37	1,07	0,87
525			0,48	0,21	0,82	0,48	1,92	1,72	3,38		0,54	0,32	0,97	0,75
550					0,74	0,41	1,75	1,49	3,08	3,48	0,50	0,28	0,88	0,65
575					0,68	0,36	1,60	1,31	2,81	3,04	0,45	0,24	0,81	0,57
600					0,63	0,32	1,47	1,15	2,58	2,68	0,42	0,21	0,74	0,50

Nota: $p_d = \text{mín}\left[f_{vd}\, bh\, \frac{4}{36},\ f_{cd}\, bh^2\, \frac{8}{6\ell^2}\right]$

$$p = \frac{384\, E_{c\,ef}\, bh^3}{5 \times 12 \times 200\, \ell^3}$$

TABELA A.7.7 Vigas de seção retangular de madeira macia (conífera) C30 — Carga combinada máxima de projeto p_d determinada por tensões de flexão ou cisalhamento e carga combinada máxima p no estado limite de utilização (ver Probl. 6.11.7)

- Madeira conífera C30; $k_{mod} = 0{,}56$
  $f_{cd} = 12$ MPa; $f_{vd} = 1{,}9$ MPa; $E_{c\,ef} = 8120$ MPa
- flecha máxima = $\ell/200$
- carga uniformemente distribuída
  E. L. Último $p_d = \gamma_g G + \gamma_q Q$
  E. L. Utilização $p = G + \psi_2 Q$
- contraventamento lateral contínuo

p ou p_d — h — b — ℓ

	Perfil $b \times h$ (cm × cm)													
	7,5 × 7,5		7,5 × 11,5		7,5 × 15		7,5 × 23		7,5 × 30,5		5 × 15		5 × 20	
Vão (cm)	p_d (kN/m)	p (kN/m)	p_d (kN/m)	p (kN/m)	p_d (kN/m)	p (kN/m)	p_d (kN/m)	p (kN/m)	p_d (kN/m)	p (kN/m)	p_d (kN/m)	p (kN/m)	p_d (kN/m)	p (kN/m)
75	12,00		28,21		37,33		57,24		75,91		24,89		33,19	
100	6,75		15,87		27,00		42,93		56,93		18,00		24,89	
125	4,32		10,16		17,28		34,35		45,55		11,52		19,91	
150	3,00	4,35	7,05		12,00		28,21		37,96		8,00		14,22	
175	2,20	2,74	5,18		8,82		20,73		32,53		5,88		10,45	
200	1,69	1,84	3,97	6,62	6,75		15,87		27,91		4,50		8,00	
225	1,33	1,29	3,13	4,65	5,33		12,54		22,05		3,56		6,32	
250	1,08	0,94	2,54	3,39	4,32		10,16		17,86		2,88		5,12	
275	0,89	0,71	2,10	2,54	3,57		8,39		14,76		2,38		4,23	
300	0,75	0,54	1,76	1,96	3,00	4,35	7,05		12,40		2,00		3,56	
325	0,64	0,43	1,50	1,54	2,56	3,42	6,01		10,57		1,70	2,28	3,03	
350	0,55	0,34	1,30	1,23	2,20	2,74	5,18		9,11		1,47	1,83	2,61	
375	0,48	0,28	1,13	1,00	1,92	2,23	4,51		7,94		1,28	1,48	2,28	
400	0,42	0,23	0,99	0,83	1,69	1,84	3,97	6,62	6,98		1,13	1,22	2,00	
425	0,37	0,19	0,88	0,69	1,49	1,53	3,51	5,52	6,18		1,00	1,02	1,77	2,42
450	0,33	0,16	0,78	0,58	1,33	1,29	3,13	4,65	5,51		0,89	0,86	1,58	2,04
475	0,30	0,14	0,70	0,49	1,20	1,10	2,81	3,95	4,95		0,80	0,73	1,42	1,73
500	0,27	0,12	0,63	0,42	1,08	0,94	2,54	3,39	4,47		0,72	0,63	1,28	1,48
525			0,58	0,37	0,98	0,81	2,30	2,93	4,05		0,65	0,54	1,16	1,28
550			0,52	0,32	0,89	0,71	2,10	2,54	3,69	5,93	0,60	0,47	1,06	1,12
575			0,48	0,28	0,82	0,62	1,92	2,23	3,38	5,19	0,54	0,41	0,97	0,98
600			0,44	0,25	0,75	0,54	1,76	1,96	3,10	4,57	0,50	0,36	0,89	0,86

Nota: $p_d = \text{mín}\left[f_{vd}\, bh\, \frac{4}{36},\ f_{cd}\, bh^2\, \frac{8}{6\ell^2}\right]$

$$p = \frac{384\, E_{c\,ef}\, bh^3}{5 \times 12 \times 200\, \ell^3}$$

TABELA A.8.1 Valores da relação ρ entre a tensão resistente à compressão com flambagem f'_{cd} e a tensão resistente à compressão sem flambagem f_{cd} (Eqs. (7.18) e (7.19)) para peças de seção retangular de madeira com

$E_c/f_c = 200$; $N_{d\,res} = f'_{cd}\,A$										
	$\rho = f'_{cd}/f_{cd}$									
ℓ_{fl}/i	0	1	2	3	4	5	6	7	8	9
40	0,751	0,743	0,735	0,727	0,718	0,710	0,701	0,693	0,684	0,676
50	0,667	0,658	0,649	0,640	0,631	0,622	0,613	0,604	0,595	0,586
60	0,577	0,569	0,560	0,551	0,542	0,533	0,525	0,516	0,508	0,500
70	0,491	0,483	0,475	0,467	0,459	0,452	0,444	0,437	0,429	0,422
80	0,415									
$\varphi = 0,8$										
80		0,345	0,339	0,333	0,327	0,321	0,316	0,310	0,305	0,299
90	0,294	0,289	0,284	0,279	0,275	0,270	0,266	0,261	0,257	0,253
100	0,249	0,245	0,241	0,238	0,234	0,230	0,227	0,223	0,220	0,217
110	0,213	0,210	0,207	0,204	0,201	0,198	0,195	0,193	0,190	0,187
120	0,184	0,182	0,179	0,177	0,174	0,172	0,170	0,167	0,165	0,163
130	0,161	0,159	0,157	0,155	0,153	0,151	0,149	0,147	0,145	0,143
140	0,141									
$\varphi = 2,0$										
80		0,286	0,280	0,276	0,270	0,265	0,260	0,256	0,251	0,247
90	0,242	0,238	0,234	0,230	0,226	0,222	0,219	0,215	0,211	0,208
100	0,205	0,201	0,198	0,195	0,192	0,189	0,186	0,183	0,180	0,177
110	0,175	0,172	0,170	0,167	0,165	0,162	0,160	0,158	0,155	0,153
120	0,151	0,149	0,147	0,145	0,143	0,141	0,139	0,137	0,135	0,133
130	0,132	0,130	0,128	0,127	0,125	0,123	0,122	0,120	0,119	0,117
140	0,116									

TABELA A.8.2 Valores da relação ρ entre a tensão resistente à compressão com flambagem f'_{cd} e a tensão resistente à compressão sem flambagem f_{cd} (Eqs. (7.18) e (7.19)) para peças de seção retangular de madeira com

	$E_c/f_c = 240;\ N_{d\,res} = f'_{cd}\,A$									
	$\rho = f'_{cd}/f_{ca}$									
ℓ_{fl}/i	0	1	2	3	4	5	6	7	8	9
40	0,763	0,756	0,748	0,741	0,734	0,726	0,719	0,711	0,704	0,696
50	0,688	0,680	0,672	0,664	0,657	0,649	0,640	0,632	0,624	0,616
60	0,608	0,600	0,592	0,584	0,576	0,568	0,560	0,552	0,544	0,536
70	0,529	0,521	0,513	0,506	0,498	0,491	0,483	0,476	0,469	0,462
80	0,455									
$\varphi = 0,8$										
80	0,389	0,383	0,377	0,369	0,364	0,358	0,352	0,347	0,340	0,335
90	0,329	0,324	0,319	0,314	0,309	0,304	0,299	0,294	0,290	0,285
100	0,282	0,277	0,273	0,269	0,264	0,260	0,257	0,253	0,249	0,246
110	0,242	0,239	0,235	0,232	0,228	0,225	0,222	0,219	0,216	0,213
120	0,210	0,207	0,205	0,202	0,199	0,197	0,194	0,192	0,189	0,187
130	0,184	0,182	0,179	0,177	0,175	0,173	0,171	0,169	0,166	0,164
140	0,163									
$\varphi = 2,0$										
80	0,326	0,320	0,314	0,309	0,303	0,298	0,293	0,288	0,283	0,278
90	0,274	0,269	0,264	0,260	0,256	0,251	0,247	0,243	0,240	0,236
100	0,232	0,228	0,225	0,221	0,218	0,214	0,211	0,208	0,205	0,202
110	0,199	0,196	0,193	0,190	0,188	0,185	0,182	0,180	0,177	0,175
120	0,172	0,170	0,168	0,165	0,163	0,161	0,159	0,157	0,155	0,153
130	0,151	0,149	0,147	0,145	0,143	0,141	0,139	0,138	0,136	0,134
140	0,133									

TABELA A.8.3 Valores da relação ρ entre a tensão resistente à compressão com flambagem f'_{cd} e a tensão resistente à compressão sem flambagem f_{cd} (Eqs. (7.18) e (7.19)) para peças de seção retangular de madeira com

$E_c/f_c = 280$; $N_{d\,res} = f'_{cd}\,A$

$\rho = f'_{cd}/f_{ca}$

ℓ_{fl}/i	0	1	2	3	4	5	6	7	8	9
40	0,771	0,764	0,758	0,751	0,744	0,737	0,731	0,724	0,717	0,710
50	0,703	0,696	0,688	0,681	0,674	0,667	0,659	0,652	0,645	0,637
60	0,630	0,623	0,615	0,608	0,600	0,593	0,586	0,578	0,571	0,564
70	0,556	0,549	0,542	0,535	0,528	0,521	0,514	0,507	0,500	0,493
80	0,486									
$\varphi = 0,8$										
80		0,414	0,408	0,401	0,396	0,389	0,383	0,377	0,371	0,366
90	0,359	0,354	0,349	0,344	0,339	0,333	0,328	0,323	0,319	0,314
100	0,309	0,305	0,300	0,296	0,292	0,288	0,283	0,279	0,275	0,271
110	0,267	0,264	0,260	0,257	0,253	0,250	0,246	0,243	0,240	0,236
120	0,234	0,231	0,227	0,224	0,222	0,219	0,216	0,213	0,211	0,208
130	0,205	0,203	0,200	0,198	0,196	0,193	0,191	0,189	0,186	0,184
140	0,182									
$\varphi = 2,0$										
80		0,350	0,344	0,339	0,332	0,326	0,322	0,316	0,311	0,305
90	0,300	0,296	0,291	0,286	0,282	0,277	0,273	0,269	0,265	0,260
100	0,256	0,252	0,248	0,245	0,241	0,238	0,234	0,231	0,227	0,224
110	0,221	0,218	0,214	0,211	0,209	0,205	0,203	0,200	0,197	0,194
120	0,192	0,189	0,187	0,184	0,182	0,180	0,177	0,175	0,173	0,170
130	0,168	0,166	0,164	0,162	0,160	0,158	0,156	0,154	0,152	0,150
140	0,149									

TABELA A.8.4 Valores da relação ρ entre a tensão resistente à compressão com flambagem f'_{cd} e a tensão resistente à compressão sem flambagem f_{cd} (Eqs. (7.18) e (7.19)) para peças de seção retangular de madeira com

	$E_c/f_c = 320$; $N_{d\,res} = f'_{cd}\,A$									
	$\rho = f'_{cd}/f_{cd}$									
ℓ_{fl}/i	0	1	2	3	4	5	6	7	8	9
40	0,777	0,771	0,764	0,758	0,752	0,745	0,739	0,733	0,726	0,720
50	0,713	0,707	0,700	0,693	0,687	0,680	0,673	0,666	0,660	0,653
60	0,646	0,639	0,632	0,625	0,618	0,612	0,605	0,598	0,591	0,584
70	0,577	0,571	0,564	0,557	0,550	0,544	0,537	0,530	0,524	0,517
80	0,511									
$\varphi = 0,8$										
80		0,440	0,435	0,428	0,422	0,416	0,409	0,404	0,397	0,392
90	0,386	0,381	0,375	0,370	0,365	0,359	0,354	0,349	0,345	0,339
100	0,334	0,330	0,325	0,321	0,317	0,311	0,307	0,303	0,299	0,295
110	0,291	0,288	0,284	0,280	0,276	0,272	0,269	0,265	0,262	0,258
120	0,255	0,251	0,249	0,246	0,242	0,239	0,236	0,233	0,231	0,228
130	0,225	0,222	0,219	0,217	0,214	0,212	0,209	0,207	0,205	0,202
140	0,199									
$\varphi = 2,0$										
80	0,382	0,376	0,370	0,364	0,358	0,352	0,346	0,341	0,335	0,330
90	0,325	0,320	0,315	0,311	0,305	0,301	0,296	0,291	0,287	0,283
100	0,278	0,274	0,270	0,267	0,263	0,259	0,255	0,252	0,248	0,244
110	0,241	0,237	0,234	0,231	0,228	0,225	0,221	0,219	0,215	0,213
120	0,210	0,207	0,205	0,202	0,199	0,196	0,195	0,192	0,189	0,187
130	0,185	0,182	0,180	0,178	0,176	0,174	0,171	0,169	0,167	0,165
140	0,164									

TABELA A.8.5 Valores da relação ρ entre a tensão resistente à compressão com flambagem f'_{cd} e a tensão resistente à compressão sem flambagem f_{cd} (Eqs. (7.18) e (7.19)) para peças de seção retangular de madeira com

	$E_c/f_c = 360$; $N_{d\,res} = f'_{cd}\,A$									
	$\rho = f'_{cd}/f_{cd}$									
ℓ_{fl}/i	0	1	2	3	4	5	6	7	8	9
40	0,781	0,775	0,769	0,763	0,758	0,752	0,746	0,739	0,733	0,727
50	0,721	0,715	0,709	0,702	0,696	0,690	0,684	0,677	0,671	0,664
60	0,658	0,652	0,645	0,639	0,632	0,626	0,619	0,613	0,607	0,600
70	0,594	0,587	0,581	0,575	0,568	0,562	0,556	0,549	0,543	0,537
80	0,531									
$\varphi = 0{,}8$										
80		0,462	0,456	0,450	0,444	0,438	0,432	0,426	0,421	0,415
90	0,409	0,403	0,398	0,392	0,387	0,381	0,376	0,371	0,365	0,360
100	0,356	0,351	0,346	0,342	0,337	0,332	0,329	0,324	0,320	0,316
110	0,312	0,308	0,303	0,300	0,296	0,292	0,288	0,285	0,281	0,278
120	0,274	0,271	0,268	0,264	0,261	0,258	0,255	0,252	0,249	0,246
130	0,243	0,240	0,237	0,235	0,232	0,229	0,227	0,224	0,221	0,219
140	0,216									
$\varphi = 2{,}0$										
80		0,399	0,392	0,386	0,380	0,374	0,368	0,362	0,357	0,352
90	0,346	0,341	0,336	0,331	0,326	0,321	0,316	0,312	0,307	0,303
100	0,298	0,294	0,290	0,286	0,282	0,278	0,275	0,270	0,266	0,263
110	0,259	0,256	0,252	0,249	0,246	0,242	0,239	0,236	0,233	0,230
120	0,227	0,224	0,221	0,218	0,216	0,213	0,210	0,208	0,205	0,203
130	0,200	0,198	0,195	0,193	0,190	0,188	0,186	0,184	0,182	0,180
140	0,177									

Anexo B

Ábacos e Mapa

Ábaco B.1 Tensão inclinada às fibras

(Eq. (3.14))

f = tensão paralela às fibras

f_n = tensão normal às fibras

f_β = tensão inclinada de β em relação às fibras

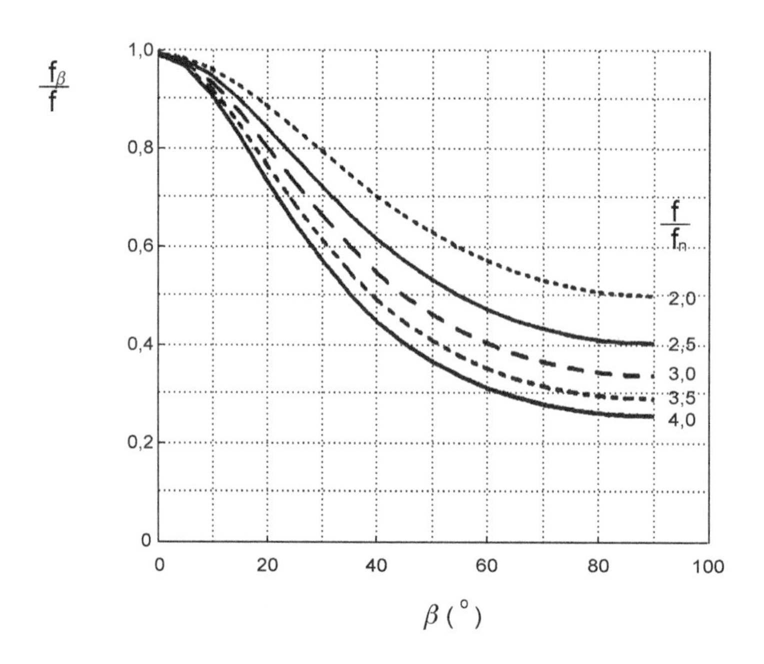

ÁBACO B.2 ESPAÇAMENTOS DE CONECTORES DE ANEL 63 MM

(VER O ITEM 4.8.2)

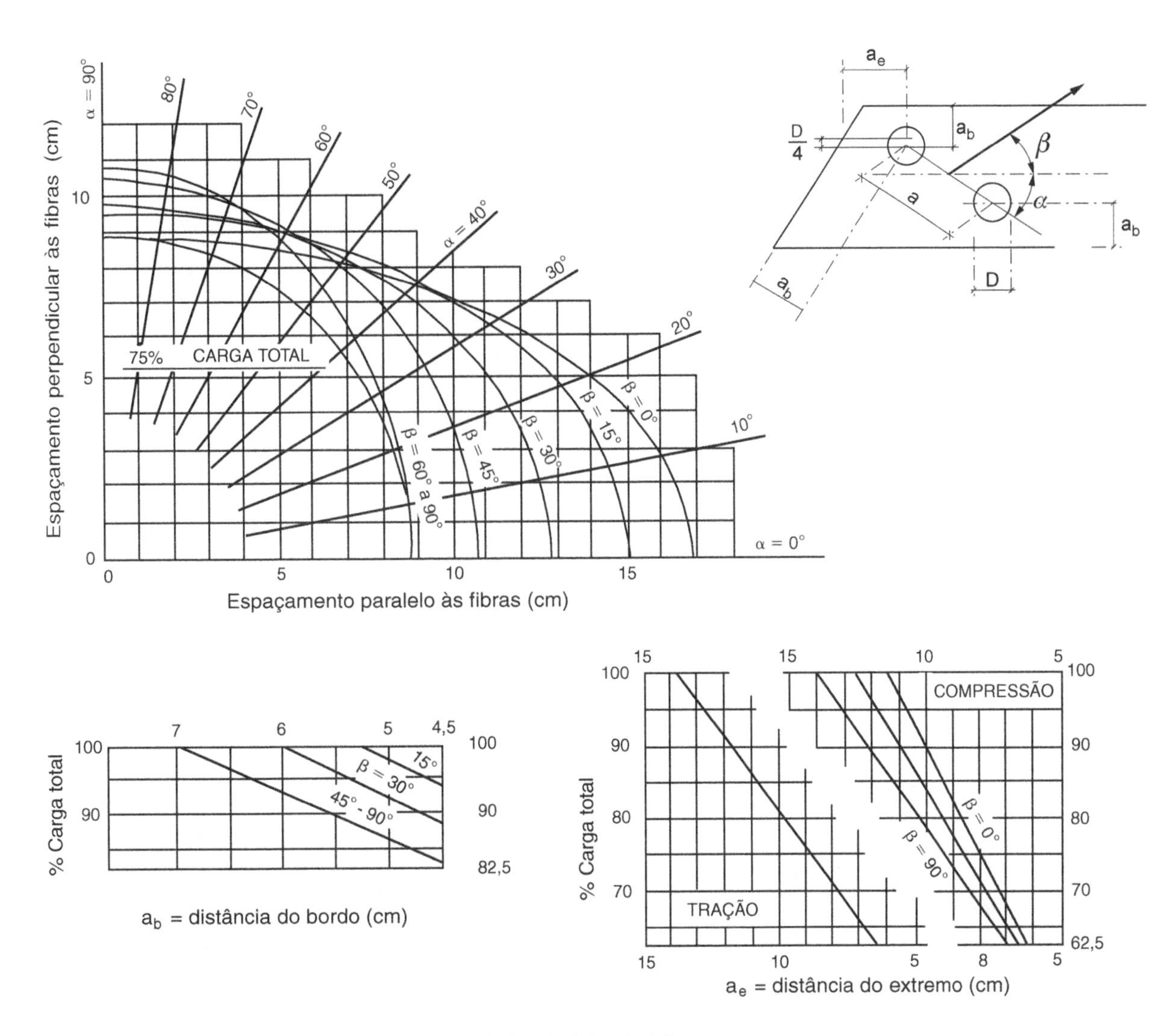

Nota: Valores da carga total encontram-se nas Tabelas A.6.1 e A.6.2.

ÁBACO B.3 ESPAÇAMENTOS DE CONECTORES DE ANEL 102 MM

(VER O ITEM 4.8.2)

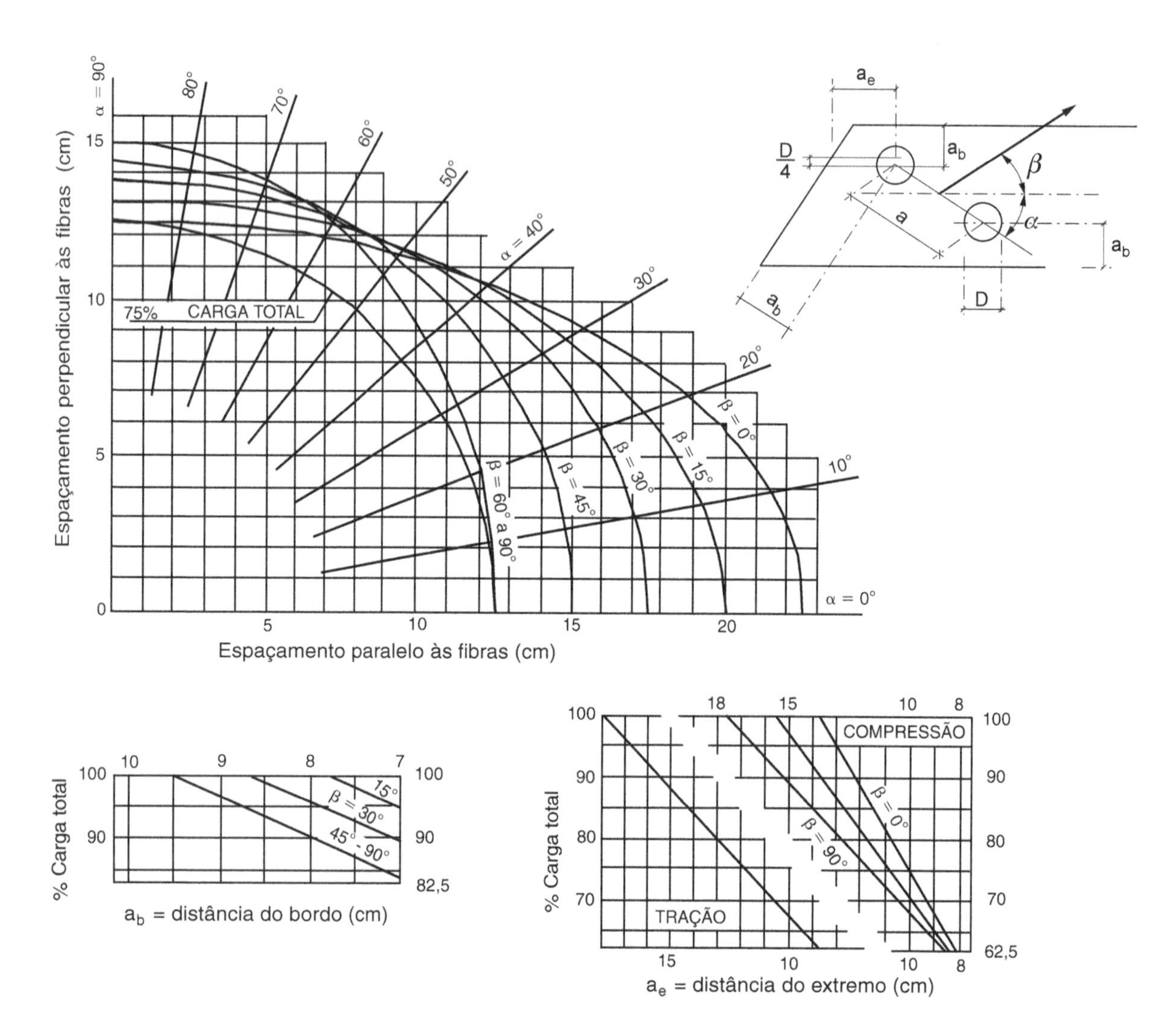

Nota: Valores da carga total encontram-se nas Tabelas A.6.1 e A.6.2.

ÁBACO B.4 MAPA DE UMIDADE RELATIVA ANUAL DO AR

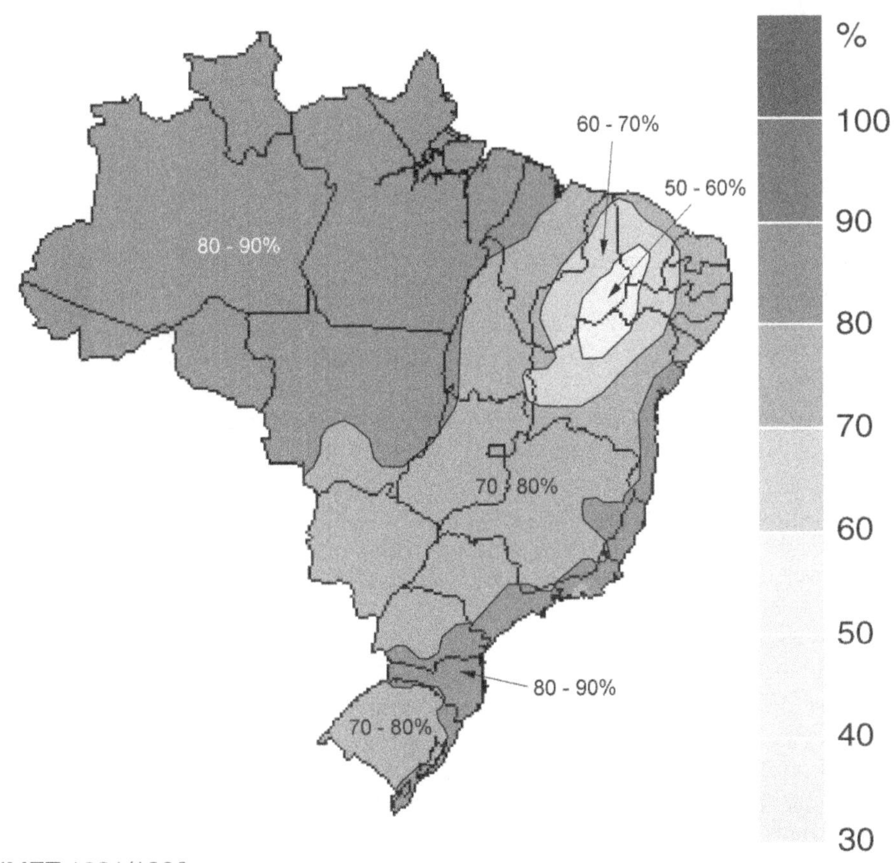

Fonte: INMET 1931/1990

REFERÊNCIAS BIBLIOGRÁFICAS

ABCP — Associação Brasileira de Cimento Portland; Fôrmas de madeira para estruturas de concreto armado de edifícios comuns, São Paulo, 1944.

ABNT — Associação Brasileira de Normas Técnicas, NBR 7190/1982 (antiga NB11/1951) — Cálculo e Execução de Estruturas de Madeira, Rio de Janeiro.

ABNT — Associação Brasileira de Normas Técnicas, NBR 7190/1997 — Projeto de Estruturas de Madeira, Rio de Janeiro.

ABNT, NBR 8800/86 — Projeto e Execução de Estruturas de Aço de Edifícios, Rio de Janeiro.

ABPM — Associação Brasileira de Produtores de Madeira; Madeira serrada de coníferas provenientes de reflorestamento para uso geral — Classificação (CB 205), Medição e quantificação de defeitos (NB 1381), Ed. Spectrum Comunicação Ltda., Caxias do Sul, 1990.

AF&PA — American Forest and Paper Association, National Design Specification (NDS) for Wood Construction and Supplement, 1997 ed, Washington, USA.

ASTM — American Society for Testing and Materials, D2555-88 — Standard Test for Establishing Clear Wood Strength Values, ASTM Vol. 04.09 Wood, 1992, USA.

ASTM — American Society for Testing and Materials, D245-92 — Standard Practice for Establishing Structural Grades and Related Allowable Properties for Visually Graded Lumber, Vol. 04.09 Wood, 1992, USA.

BODIG, J., JAYNE, B. *Mechanics of Wood and Wood Composites*, Van Nostrand Reinhold Co., USA, 1982.

BREYER, D., FRIDLEY, K., COBEEN, K. *Design of Wood Structures — ASD*, 4th ed., McGraw-Hill, USA, 1999.

CALLIA, V.W. *A madeira laminada e colada de pinho-do-paraná nas estruturas*, Boletim n.º 47 IPT (Instituto de Pesquisas Tecnológicas), São Paulo, 1958.

DIN — Deutshe Industrie Normen 1052, Holzbauwerke, Berechnung und Ausführung, 1969.

EUROCODE 5 — Calcul des Structures en Bois, Ed. Eyrolles, Paris, France, 1996.

FOSCHI, R.O. *Reliability applications in wood design, Progress in structural engineering and materials*, Vol. 2, pp. 238-246, John Wiley & Sons Ltd., UK, 2000.

GALAMBOS, T. *Guide to Stability Design Criteria for Metal Structures*, 5th Ed., John Wiley & Sons Inc., USA, 1998.

GARFINKEL, G. *Wood Engineering*, Southern Forest Products Association, USA, 1973.

GERE, J., TIMOSHENKO, S. *Mechanics of Materials*, 3rd Ed. PWS — KENT Publ. Co., 1990.

HOLZBAU TASCHENBUCH, 7; Auflage, W. Ernst und Sohn, 1974.

HOOL, KINNE. *Steel and Timber Structures*, McGraw-Hill, 2nd Ed., New York, 1942.

IBDF — Instituto Brasileiro de Desenvolvimento Florestal, Ministério da Agricultura; Norma para Classificação de Madeira Serrada de Folhosas, 1983.

JOHANSEN, K.W. *Theory of Timber Connections*, Memoires de l'Association Internationale de Ponts et Chaussées (IABSE), Vol. 9, pp. 249-262, Suisse, 1949.

KALSEN, G.G. et al. *Wooden Structures*, Mir Publishers, Moscow, 1967.

KIRBY, P.A., NETHERCOT, D.A. *Design for Structural Stability*, Wiley, New York, 1979.

LAM, F. *Modern Structural Wood Products, Progress in Structural Engineering and Materials*, Vol. 3, pp. 238-245, 2001.

MAINIERI, C., CHINELO, J.P. *Fichas de Características das Madeiras Brasileiras*, Instituto de Pesquisas Tecnológicas — IPT, São Paulo, 1989.

MOLITERNO, A. *Caderno de Projetos de Telhados em Estruturas de Madeira*, Ed. Edgard Blücher Ltda., São Paulo, 1980.

MORLIER, P. *Creep in Timber Structures*, Rilem (The International Union of Testing and Research Laboratories for Materials and Structures), E&F Spon, London, UK, 1994.

PFEIL, W. *Cimbramentos*, LTC — Livros Técnicos e Científicos Editora S.A., Rio de Janeiro, 1987.

PFEIL, W., PFEIL, M.S. *Estruturas de Aço — Dimensionamento Prático*, 7.ª ed., LTC — Livros Técnicos e Científicos Editora S.A., Rio de Janeiro, 2000.

RANTAKOKKO, T., SALOKANGAS, L. *Design of the Vihantasalmi Bridge — Finland*, Journal of the International Association for Bridge and Structural Engineering (IABSE), Vol. 10, N. 3, Switzerland, 2000.

STEP — Structural Timber Education Program; *Structures en bois aux états limites*, SEDIBOIS, Paris, France, 1996.

TIMBER ENGINEERING COMPANY. *Design Manual* — Teco Timber Construction, USA.

TIMOSHENKO, S., GERE, J. *Theory of Elastic Stability*, 2nd Ed., McGraw-Hill Kogamusha Ltd., 1961.

TIMOSHENKO, S., GOODIER, J.N. *Theory of Elasticity*, McGraw-Hill, 3rd Ed., 1970.

WANGAARD, F.F. *Wood: its structure and properties*, The Pennsylvania State University, USA, 1979.

WHITE, R., SALMON, C. *Building Structural Design Handbook*, Chapter 25: Wood Structures, John Wiley & Sons, USA, 1987.

WINTER, G. *Lateral Bracing of Columns and Beams*, Trans. ASCE, Vol. 125. Part 1, pp. 809-825, 1960.

YOUNG, F., MINDNESS S., GRAY, R. e BENTUR, A. *The Science and Technology of Civil Engineering Materials*, Prentice Hall, USA, 1998.

ZENID, G.J. *Qualificação de produtos de madeira para construção civil*, IPT, São Paulo.

ÍNDICE

U

V